图解园林施工图系列

4　园林建筑设计

深圳市北林苑景观及建筑规划设计院　编著

中国建筑工业出版社

图书在版编目（CIP）数据

4 园林建筑设计/深圳市北林苑景观及建筑规划设计院编著. —北京：中国建筑工业出版社，2010.8
（图解园林施工图系列）
ISBN 978-7-112-12185-4

Ⅰ. ①4… Ⅱ. ①深… Ⅲ. ①园林建筑-园林设计-图集 Ⅳ. ①TU986.4-64

中国版本图书馆 CIP 数据核字（2010）第 116030 号

责任编辑：郑淮兵 杜 洁
责任设计：赵明霞
责任校对：赵 颖 姜小莲

图解园林施工图系列
4 园林建筑设计
深圳市北林苑景观及建筑规划设计院 编著
*
中国建筑工业出版社出版、发行（北京西郊百万庄）
各地新华书店、建筑书店经销
霸州市顺浩图文科技发展有限公司
北京云浩印刷有限责任公司印刷
*
开本：880×1230 毫米 横 1/16 印张：17½ 字数：426 千字
2011 年 7 月第一版 2014 年 2 月第三次印刷
定价：**55.00** 元
ISBN 978-7-112-12185-4
（19160）

编 委 会

主编单位：深圳市北林苑景观及建筑规划设计院
主　　编：何 昉
副 主 编：黄任之 千 茜
编　　委：叶 枫 周西显 金锦大 叶永辉 王 涛 宁旨文 蒋华平 夏 媛 徐 艳 王永喜 肖洁舒
撰　　稿：（按姓氏笔画排序）
丁 蓓 王 兴 王顺有 方拥生 许初元 严廷平 李 远 李 勇 李亚刚 杨春梅 杨政华 何 伟 邹复成 陈新香 林晓晨 胡 炜 洪琳燕 徐宁曼 资清平 黄秀丽 章锡龙 蔡锦淮 谭 庆

序　一

“风景园林”(Landscape Architecture) 是一门由艺术与科学多学科综合而成的“规划设计”学科（Discipline），它是把地球上自然界的物质因素（诸如土地、空气、水、植被），生态系统，资源、能源，与一切人工营造的因素结合起来而创造出的各种各样的、不同用途的、人类生产、生活在物质与精神上所需求的，诸如工业、农业、商业、科学、艺术、文化、教育所需的千变万化的社区，城市及农村环境，风景园林，及其构筑物与建筑物的规划设计学科。设计师要把这种自然与人工因素的创造与结合变为现实，除了有好的方案设计，还需掌握科学、标准的施工图设计方法。园林施工图需要将设计师的意图精准地反映到图纸上，它是设计师与施工方对话的桥梁与载体。

明代造园家计成在他所著《园冶》中谈到“虽由人作，宛自天开”，以种植设计为例，中国自然山水园林的植物造景是以大自然的地方植物群落、植被类型为原型的，再结合城市的地质、土壤、空气、水文、生物圈、气候条件因地制宜而布局的，植物搭配后的季相景观、林冠线、林缘线、透景线等能体现优美的园林的画境与意境，而这种“以造化为师”的植物造景手法对于施工图设计要求很高，设计师在布置二维平面的植物组团时一定要有多维空间概念。所以园林施工图是工程技术与空间艺术美学结合的设计图。

《图解园林施工图系列》包含了基本园林要素的工程做法，制图标准，表达清晰，构造科学，对于从事这一学科的各方人员提供了很好的专业参考资料。希望有更多的人能从中获益，将我们的生产、生活环境建设得更美好。

孙筱祥

2009 年 6 月 18 日

序　二

《易经·系辞》中有"形而上者谓之道，形而下者谓之器"一语，形象地表达了园林工程设计图的内涵，一方面，园林讲究视觉的愉悦，从而引发心灵的感知，所以园林是"无声的诗、立体的画"，在中国传统哲学理念上深得"人与天调，天下之大美生"之"道"，任何设计，先有道而有方案设计，是谓"形"；另一方面，现代园林工程的营造建设，是构成视觉美的物质基础，在尊重科学、实事求是的今天，方案成"形"之后，施工图的筚路蓝缕、深化解析是构成最终之"器"的前提，施工图表达要求科学、实用、清晰。

施工图的绘制者要讲科学、讲方法，同时要有很高的审美素养，很扎实的心智，才能完成从图纸之"形"蜕变为落地之"形"的解析，在园林行业发展突飞猛进的今天，很多人心态浮躁，不切实际的方案图满天飞，罔顾施工的可实施性，这就是缺乏施工图训练的表现。这套丛书的出版，是深圳市北林苑集多年的经验、智慧，奉献给广大从事园林设计的从业者的结晶，希望每个人都能从中获益。

2009年6月10日

前　言

随着社会发展的需要，环境美已成为当今城市生活迫切需要的必然趋势。风景园林设计是与城市规划、建筑学并列的三大学科之一，是自然与人文科学高度综合的一门应用性学科。施工图设计是继方案和初步设计阶段之后重要的实施设计文件，是完成最初设计方案构思的终结语言和指令，所以施工图的表达必须要达到全面性、完整性和准确性，并应符合相应的法规和规范。本系列丛书以大量的实际工程施工图为基础，分别详解园林施工图设计的几个主要内容包括设计步骤、设计方法和技巧，以及应遵守的有关法规、规范条文的做法。本书共分 7 个分册。

1　总图设计

2　铺装设计

3　单体设计

4　园林建筑设计

5　种植设计

6　园林设计全案图（一）

7　园林设计全案图（二）

目　　录

1 概　　述

园林景观设计中有许多小型建筑，它们除了有各自的功能作用外，对景观环境也起着美化、点缀和衬托作用。有些甚至是环境中的中心亮点和主题。这些建筑大部分功能较单一，体形较小。但是，俗话说“麻雀虽小，五脏俱全”，其设计原则也应符合节地、节能、节材、低碳、环保和安全的设计理念。施工图也应准确、规范，采用的措施应该因地制宜进行选定。由于各地气候状况、技术做法、经济条件等差异，应根据当地情况尽量采取地方性标准图。本册就园林建筑在施工图设计中常用的几个部位加以阐述。

2 园林建筑重点部位设计要点

2.1 墙体

1. 墙体的类型。墙体按其所处部位和性能分为：

(1) 外墙：包括承重墙、非承重墙（如框架结构填充墙）及幕墙。

(2) 内墙：包括承重墙、非承重墙（包括固定式和灵活隔断式）。

2. 墙体的常用材料：

(1) 用于承重墙的材料有：

1) 钢筋混凝土。

2) 蒸压砌块（砖）类：主要有蒸压加气混凝土砌块、蒸压灰砂砖、蒸压粉煤灰砖等。

3) 混凝土空心砌块类：主要有普通混凝土小型空心砌块。

4) 多孔砖类：主要有烧结多孔砖（孔洞率应不小于25%）、混凝土多孔砖（孔洞率应不小于30%）；烧结多孔砖主要有：非黏土、页岩、粉煤灰及煤矸石等品种。

5) 实心砖类：主要有非黏土、页岩、粉煤灰及煤矸石等品种（孔洞率不大于25%）。

(2) 用于非承重墙的砌块材料有：蒸压加气混凝土砌块（包括砂加气混凝土和粉煤灰加气混凝土）、复合保温砌块、装饰混凝土小型空心砌块、轻集料混凝土小型空心砌块（轻集料主要包括：黏土陶粒、页岩陶粒、粉煤灰陶粒、浮石、火山渣、煤渣、自然煤矸石、膨胀矿渣珠、膨胀珍珠岩等材料，轻集料的粒径不宜大于10mm）、石膏砌块（包括实心、空心）、多孔砖（包括烧结多孔砖和混凝土多孔砖）、实心砖（包括烧结实心砖和蒸压实心砖）等。

(3) 用于非承重墙的板材有：预制钢筋混凝土或GRC墙板、钢丝网抹水泥砂浆墙板、彩色钢板或铝板墙板、轻集料混凝土墙板、加气混凝土墙板、石膏圆孔墙板、轻钢龙骨石膏板或硅钙板等材料、玻璃隔断等。

3. 墙体材料的选用必须遵照国家和地方有关禁止或限制使用黏土砖的规定。

4. 砌体结构房屋墙体的一般构造要求。

(1) 砌体结构墙体砌块和砂浆的强度等级见表2-1。

墙体材料的强度等级　　表2-1

材料名称	强度等级划分												
烧结普通砖、烧结多孔砖	—	—	—	—	—	MU30	MU25	MU20	MU15	MU10	—	—	—
蒸压灰砂砖、蒸压粉煤灰砖	—	—	—	—	—	—	MU25	MU20	MU15	MU10	—	—	—
砌块	—	—	—	—	—	—	—	MU20	MU15	MU10	MU7.5	MU5	—
石材	MU100	MU80	MU60	MU50	MU40	MU30	—	MU20	—	—	—	—	—
砂浆	—	—	—	—	—	—	—	—	M15	M10	M7.5	M5	M2.5
									Mb15	Mb10	Mb7.5	Mb5	—

注：本表摘自《砌体结构设计规范》GB 50003—2001。

(2) 砌体结构用作承重外墙时，材料应符合强度和稳定性要求，以及保温、隔热、防水、防火、隔声等要求。

(3) 砌体结构房屋墙体的允许高厚比应符合表2-2的限值。

砌体墙的允许高厚比　　表2-2

砂浆强度等级	墙的高厚比
M2.5	22
M5.0	24
≥M7.5	26

注：本表摘自《砌体结构设计规范》GB 50003—2001。

(4) 五层及五层以上房屋的墙，以及受振动或层高大于6m的墙所用砌块强度等级不应低于MU7.5，砖强度等级不应低于MU10，石材强度等级不应低于MU30，砌筑砂浆强度等级不应低于M5。对安全等级为一级或设计使用年限大于50年的房屋，其材料的强度等级应至少提高一级。

(5) 地面以下或防潮层以下的砌体、潮湿房间的墙，所用材料的最低强度等级应符合表2-3的要求。

地面以下或防潮层以下的砌体、潮湿房间墙所用材料的最低强度等级

表 2-3

基土潮湿程度	烧结普通砖、蒸压灰砂砖		混凝土砌块	石材	水泥砂浆
	严寒地区	一般地区			
稍潮湿的	MU10	MU10	MU7.5	MU30	M5
很潮湿的	MU15	MU10	MU7.5	MU30	M7.5
含水饱和的	MU20	MU15	MU10	MU40	M10

注：1. 在冻胀地区，地面以下或防潮层以下的砌体，不宜采用多孔砖，如采用时，其孔洞应用水泥砂浆灌实。当采用混凝土砌块砌体时，其孔洞应用强度等级不低于 Cb20 的混凝土灌实。

2. 对安全等级为一级或设计使用年限大于 50 年的房屋，表中材料强度等级应至少提高一级。

3. 本表摘自《砌体结构设计规范》GB 50003—2001。

（6）填充墙、隔墙应采取措施与周边构件可靠连接。

（7）砌块墙应分皮错缝搭砌，上下皮搭砌长度不得小于 90mm。不能满足时，应在水平灰缝内设置不小于 2ϕ4 的焊接钢筋网片（横向钢筋的间距不宜大于 200mm）。网片每端均应超过该垂直缝，其长度不得小于 300mm。

（8）砌块墙与后砌隔墙交接处，应沿墙高每 400mm 在水平灰缝内设置不少于 2ϕ4、横筋间距不大于 200mm 的焊接钢筋网片。

（9）混凝土空心砌块房屋，宜将纵横墙交接处、距墙中心线每边不小于 300mm 范围内的孔洞，采用不低于 Cb20 灌孔混凝土灌实，灌实高度应为墙体全高。

（10）在砌体中留槽及埋设管道对砌体的承载力影响较大，因此，不应在截面长边小于 500mm 的承重墙体内埋设管线，不宜在墙体中穿行暗线或预留、开凿沟槽。

（11）砌体墙应有防止或减轻墙体开裂的构造措施：

1）在底层的窗台下墙体灰缝内设置 3 道焊接钢筋网片或 2ϕ6 钢筋，并伸入两边窗间墙内不小于 600mm。

2）采用钢筋混凝土窗台板，窗台板嵌入窗间墙内不小于 600mm。

（12）砌体墙上的孔洞超过 200mm×200mm 时要预留，不得随意打凿。孔洞周边应做好防渗漏处理。

5. 混凝土小型空心砌块墙的设计要点：

（1）可用于建筑物的承重和非承重墙体。

（2）应采用适宜的建筑模数。平面模数网格宜采用 3M 或 2M（即 300mm 或 200mm 的倍数），竖向模数网格宜采用 1M（即 100mm 的倍数）。

（3）设计时应根据平、立面建筑墙体尺寸绘制砌块排列图，设计预留的洞口及门窗、卫生设备的固定应在排块图上标注。电线管应在墙体内上下贯通的砌块孔中设置，不宜在墙体内水平设置。当必须水平设置时，应采取现浇水泥砂浆带或细石混凝土带等加强措施。

6. 蒸压加气混凝土砌块墙的设计要点：

（1）加气混凝土砌块强度与其干体积密度有关，干体积密度越大强度等级越高。其密度级别与强度级别的关系见表 2-4。

蒸压加气混凝土砌块的密度级别与强度级别的关系　　表 2-4

干体积密度级别		B03	B04	B05	B06	B07	B08
干体积密度（kg/m³）	优等品≤	300	400	500	600	700	800
	合格品≤	325	425	525	625	725	825
强度级别	优等品≥	A1.0	A2.0	A3.5	A5.0	A7.5	A10.0
	合格品≥			A2.5	A3.5	A5.0	A7.5

注：1. 用于非承重墙，宜以 B05 级、B06 级、A2.5 级、A3.5 级为主。

2. 用于承重墙，宜以 A5.0 级以上。

3. 作为墙体保温材料用时，宜采用低密度级别的产品，如 B03 级、B04 级。

（2）蒸压加气混凝土砌块墙主要用于建筑物的框架填充墙和非承重内隔墙，以及多层横墙承重的建筑。用于外墙时厚度不应小于 200mm，用于内隔墙时厚度不应小于 75mm。

（3）建筑物防潮层以下的外墙，长期处于浸水和化学侵蚀及干湿或冻融交替环境，作为承重墙表面温度经常处于 80℃以上的部位，不得采用加气混凝土砌块。

（4）加气混凝土砌块应采用专用砂浆砌筑。

（5）加气混凝土砌块用作外墙时应做饰面防护层。

（6）加气混凝土砌块用作多层房屋的承重墙体，横墙间距不宜超过 4.2m，且宜使横墙对正贯通，每层每开间均应设现浇混凝土圈梁。当地震设防烈度为 6 或 7 度时，应在内外墙交接处设置拉结钢筋，沿墙高度每 600mm 应设置 2ϕ6 钢筋，伸入墙内的长度不得小于 1m。且每开间均应设置现浇钢筋混凝土构造柱。当地震设防烈度为 8 度时，除应按上述要求设置拉结钢筋外，还应在内外纵横墙连接处设置现浇钢筋混凝土构造柱。构造柱的最小截面应为 180mm×200mm，最小配筋应为 4ϕ12，混凝土强度等级不应低于 C20。构造柱与加气混凝土砌块的相接处宜砌成马牙互咬交错状（即先砌砌块后浇构造柱）。

（7）强度低于 A3.5 的加气混凝土砌块非承重墙与楼地面交接处应在墙底部做导墙。导墙可采用烧结砖或多孔砖砌筑，高度应不小于 200mm。

（8）加气混凝土外墙的凸出部分（如横向装饰线条、出挑构件和窗台等）应做好排水、滴水等构造，以避免因墙体干湿交替或局部冻融造成破坏。

7. 轻集料混凝土空心砌墙的设计要点：

（1）主要用于建筑物的框架填充外墙和内隔墙。

（2）用于外墙或较潮湿房间隔墙时，强度等级不应小于 MU5.0，用于一般内墙时强度等级不应小于 MU3.5。

（3）抹面材料应与砌块基材特性相适应，以减少抹面层龟裂的可能。宜根据砌块强度等级选用与之相对应的专用抹面砂浆或聚丙烯纤维抗裂砂浆，忌用水泥砂浆抹面。

（4）砌块墙体上不应直接挂贴石材、金属幕墙。

2.2 墙身

1. 墙身防潮

（1）吸水性大的墙体（如非黏土多孔砖墙），为防止墙基毛细水上升，一般在室内地坪下 0.06m 处（地面混凝土垫层厚度范围内）设防潮层。

（2）当墙身两侧的室内地坪有高差时，应在高差范围的墙身内侧做防潮层（图 2-1）。

（3）当墙基为混凝土、钢筋混凝土或石砌体时，可不做墙身防潮层（图 2-2）。

（4）防潮层一般为 1∶2.5 水泥砂浆内掺水泥重量 3%～5%的防水剂 20mm 厚，或 5mm 厚的聚合物水泥砂浆。

（5）处于高湿度环境的墙体应采用混凝土或混凝土砌快等耐水性好的材料。不宜采用吸湿性强的材料，更不应采用因吸水变形、腐烂导致强度降低的材料。墙面应有防潮措施。高湿度房间（如卫浴间、厨房）的墙面或有直接被水淋湿的墙（如淋浴间、小便槽处），应做墙面防水隔层。受水冲淋的部位应尽量避免靠外墙设置。

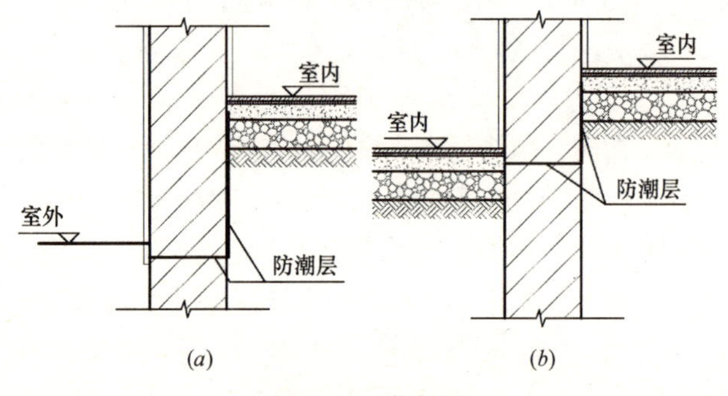

图 2-1 防潮层

2. 墙体防水

（1）内隔墙：石膏板隔墙用于卫浴间、厨房时，应做墙面防水处理，根部应做 C20 混凝土条基，条基高度距完成面不低于 100mm。

（2）外墙：建筑物外墙应根据工程性质、当地气候条件、所采用的墙体材料及饰面材料等因素确定防水做法。一般外墙防水做法采用防水砂浆。如：20mm 厚 1∶2.5 水泥砂浆掺入水泥重量 5%的防水剂或 5mm 厚的聚合物水泥砂浆。设计时应注意细部的构造处理，如：

1）不同墙体材料交接处应在饰面找平层中铺设钢丝网或玻纤网格布。

2）对于墙体采用空心砌块或轻质砖的建筑，在风压值大于 0.6kPa 或雨量充沛地区，以及对防水有较高要求的建筑等，外墙或迎风面外墙宜采用 20mm 厚防水砂浆或 7mm 厚聚合物水泥砂浆抹面后，再做外饰面层。

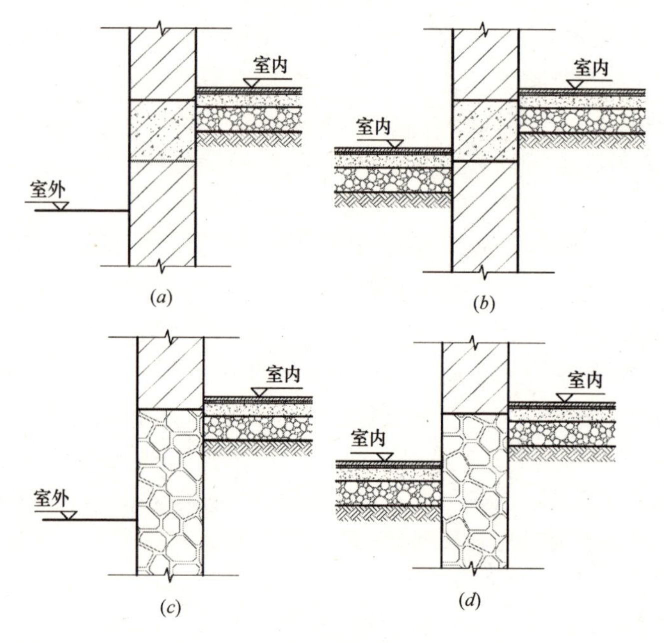

图 2-2 无防潮层

3）加气混凝土外墙应采用配套砂浆砌筑，配套砂浆抹面或加钢丝网抹面。

4）填充墙与框架梁柱间加200mm宽20mm×20mm网格$\phi1$的钢丝网或玻纤网格布抹灰。

5）凸出外墙面的横向线脚、窗台、挑板等出挑构件上部与墙交接处应做成小圆角并向外找坡不小于3%，以利于排水，且下部应做滴水槽。

6）外门窗洞口四周的墙体与门窗框之间应采用发泡聚氨酯等柔性材料填塞严密，且最外表的饰面层与门窗框之间应留约7mm×7mm的凹槽，并满嵌耐候防水密封膏。

7）安装在外墙上的构件、管道等均宜采用预埋方式连接，也可用螺栓固定，但螺栓需用树脂粘结严密。

3. 防火及抗震

（1）防火

1）建筑高度不大于24m的民用建筑设计按《建筑设计防火规范》GB 50016—2006执行。

2）低（多）层建筑墙体的燃烧性能和耐火极限不应低于表2-5的规定。

3）建筑外墙保温系统和材料选型、外墙装饰材料除应符合现行国家有关建筑设计防火规范的规定外，还应符合公安部、住房和城乡建设部联合发布的"《民用建筑外保温系统及外墙装饰防火暂行规定》的通知"（公通字[2009]46号）文件的要求。民用建筑外保温材料的燃烧性能宜为A级，且不应低于B2级。

4）高度小于24m的建筑，其保温材料的燃烧性能不应低于B2级。其中，当采用B2级保温材料时，每三层应设置水平防火隔离带。

5）外保温系统应采用不燃或难燃材料做防护层。防护层应将保温材料完全覆盖。首层的防护层厚度不应小于6mm，其他层不应小于3mm。

6）采用外墙外保温系统的建筑，其基层墙体耐火极限应符合现行防火规范的有关规定。

7）按本规定需要设置防火隔离带时，应沿楼板位置设置宽度不小于300mm的A级保温材料。防火隔离带与墙面应进行全面积粘贴。

8）建筑外墙的装饰层，除采用涂料外，应采用不燃材料。当建筑外墙采用可燃保温材料时，不宜采用着火后易脱落的瓷砖等材料。

（2）抗震

1）建筑物抗震设计应按各地规定的抗震设防烈度进行各专业全面抗震设计。

2）多层砌体结构建筑墙体的抗震要求：

①一般情况下，房屋的层数和总高度应符合表2-6的规定。医院、教学楼等横墙较少的多层砌体房屋，总高度应比表中规定降低3m，总层数相应减少一层；各层横墙很少的多层砌体房屋，还应减少一层。（注："横墙很少"指同一楼层内开间大于4.2m的房间占该层总面积40%以上）

②层高：多孔砖、砌块砌体承重房屋的层高不应超过3.6m；底部框架-抗震墙房屋的底部和内框架房屋的层高不应超过4.5m。

墙体耐火极限和燃烧性能　　表2-5

部位	建筑耐火等级				备注
	一级	二级	三级	四级	
防火墙	不燃烧体 3.00h	不燃烧体 3.00h	不燃烧体 3.00h	不燃烧体 3.00h	—
承重墙	不燃烧体 3.00h	不燃烧体 2.50h	不燃烧体 2.50h	难燃烧体 0.50h	—
非承重外墙	不燃烧体 1.00h	不燃烧体 1.00h	不燃烧体 0.50h	燃烧体	—
楼梯间、前室的墙，电梯井墙、分户墙	不燃烧体 2.00h	不燃烧体 2.00h	不燃烧体 1.50h	难燃烧体 0.50h	—
疏散走道两侧墙	不燃烧体 1.00h	不燃烧体 1.00h	不燃烧体 0.50h (0.75h)	难燃烧体 0.25h (0.75h)	一级、二级耐火等级建筑执行困难时，可宽限到不燃烧体0.75h。括号中数据引自《住宅建筑规范》(GB 50368—2005)
房间隔墙	不燃烧体 0.75h	不燃烧体 0.50h	难燃烧体 0.50h	难燃烧体 0.25h	二级时且≤100m²的房间可宽限到不燃烧体0.03h
同一建筑内住宅部分与非住宅部分之间的隔墙	不燃烧体 2.00h				—
居住建筑首、二层中商业服务网点之间的隔墙					且不允许开设门窗洞口
变压器室之间、变压器室与配电室之间隔墙					—
集体宿舍、公寓、公共建筑和工厂中的公共厨房隔墙					乙级防火门

多层砌体结构建筑的层数和总高度限值　　表 2-6

墙体类别		抗震设防烈度	6度		7度		8度		9度	
		最小墙厚(mm)	高度(m)	层数	高度(m)	层数	高度(m)	层数	高度(m)	层数
多层砌体	普通砖	240	21	7	21	7	18	6	12	4
	多孔砖	240	21	7	21	7	18	6	9	3
		190	21	7	18	6	15	5	—	—
	小砌块	190	21	7	21	7	18	6	—	—
底部框架-抗震墙砌体		240	22	7	22	7	16	5	—	—

注：1. 房屋的总高度指室外地面到主要屋面板板顶或檐口的高度，半地下室从地下室室内地面算起，全地下室和嵌固条件好的半地下室应允许从室外地面算起；对带阁楼的坡屋面应算至山尖墙的1/2高度处；
2. 室内外高差大于0.6m时，房屋总高度应允许比表中数据适当增加，但不应多于1m；
3. 本表中小砌块砌体房屋不包括配筋混凝土小型空心砌块砌体房屋；
4. 本表摘自《建筑抗震设计规范》GB 50011—2010。

③ 房屋最大高宽比宜符合表2-7的要求，单面走廊房屋的总宽度不包括走廊宽度。

④ 抗震横墙最大间距不应超过表2-8的规定。

多层砌体房屋最大高宽比　　表 2-7

设防烈度	6度	7度	8度	9度
高宽比	2.5	2.5	2.0	1.5

注：建筑平面接近正方形时，其高宽比宜适当减小。

房屋抗震横墙的间距（m）　　表 2-8

房屋类别 \ 设防烈度		6度	7度	8度	9度
多层砌体	现浇或装配整体式钢筋混凝土楼、屋盖	15	15	11	7
	装配式钢筋混凝土楼、屋盖	11	11	9	4
	木楼、屋盖	9	9	4	—
底部框架抗震墙	上部各层	同多层砌体房屋			—
	底层或底部两层	18	15	11	—

注：1. 多层砌体房屋的顶层，最大横墙间距应允许适当放宽。除木屋盖外的最大横墙间距应允许适当放宽，但应采取相应加强措施；
2. 多孔砖抗震横墙厚度为190mm时，最大横墙间距应比表中数值减小3m；
3. 本表摘自《建筑抗震设计规范》GB 50011—2010

⑤ 房屋的局部尺寸应符合表2-9的规定。

房屋局部尺寸限值（m）　　表 2-9

部位 \ 设防烈度	6度	7度	8度	9度
承重窗间墙最小宽度	1.0	1.0	1.2	1.5
承重外墙尽端至门窗洞边最小距离	1.0	1.0	1.2	1.5
非承重外墙尽端至门窗洞边最小距离	1.0	1.0	1.0	1.0
内墙阳角至门窗洞边最小距离	1.0	1.0	1.5	2.0
无锚固女儿墙(非出入口)的最大高度	0.5	0.5	0.5	0.0

注：1. 局部尺寸不足时应采取局部加强措施弥补，且最小宽度不宜小于1/4层高和表列数据的80%；
2. 出入口处的女儿墙应有锚固；
3. 本表摘自《建筑抗震设计规范》GB 50011—2010。

⑥ 当房屋立面高差在6m以上、有错层且楼板高差较大或各部分结构刚度、质量截然不同时，宜设置防裂缝。缝两侧均应设置墙体，缝宽应根据设防烈度和房屋高度确定，可采用50～100mm。

⑦ 墙体拉结钢筋：在外墙转角和内墙交接处，未设构造柱时，应沿墙高每隔0.5m高度设置2ϕ6拉结钢筋，每边伸入墙内大于等于1m。

⑧ 砌筑女儿墙厚度宜不小于200mm。设防烈度为6度、7度、8度地区无锚固的女儿墙高度不应超过0.5m，超过时应加设构造柱及厚度不小于60mm的钢筋混凝土压顶圈梁。构造柱应伸至女儿墙顶与现浇混凝土压顶整浇在一起。当女儿墙高度大于等于0.5m或小于等于1.5m时，构造柱间距不应大于3.0m；当女儿墙高度大于1.5m时，构造柱间距应随之减小。位于建筑物出口上方的女儿墙应加强抗震设施。

⑨ 下列做法不利于抗震：

a. 局部设地下室。

b. 大部分房间在顶层端部。

c. 楼梯间设在建筑端部和转角处。

d. 附墙排烟道、自然通风道及垃圾道削弱墙体结构。

3）现浇钢筋混凝土房屋的最大高度应符合表2-10的规定。

4）钢结构房屋的最大高度及宽度比应符合表2-11的规定。

5）框架结构的非承重砌体隔墙的抗震要求：

① 材料：隔墙应采用空心砖、加气混凝土砌块等轻质材料。

② 加气混凝土砌块墙和复合材料墙应按相关规范设置配筋带和在门窗洞口顶位置加设圈梁。

现浇钢筋混凝土房屋适用的最大高度（m）　　　　表 2-10

结构类型 \ 设防烈度	6度	7度	8度(0.2g)	8度(0.3g)	9度
框架	60	55	40	35	24
框架-抗震墙	130	120	100	80	50
抗震墙	140	120	100	80	60
部分框支抗震墙	120	100	80	50	不应采用
框架-核心筒	150	130	100	90	70
筒中筒	180	150	120	100	80
板柱-抗震墙	40	35	55	40	不应采用

注：本表摘自《建筑抗震设计规范》GB 50011—2010。

钢结构房屋的最大高度及宽度比限值　　　　表 2-11

设防烈度	6、7度(0.10g)		8度(0.20g)		9度(0.40g)	
结构类型	高度(m)	最大高宽比	高度(m)	最大高宽比	高度(m)	最大高宽比
框架	110	6.5	90	6.0	50	5.5
框架-中心支撑(抗震墙板)	220		180		120	
筒体(框筒、筒中筒、桁架筒、束筒)和巨型框架	300		260		180	

注：1. 房屋高度指室外地面到主要屋面板板顶的高度（不包括局部凸出的屋顶部分）。
2. 超过表内高度的房屋，应进行专门研究和论证，采取有效的加强措施。

③ 墙柱交接处应加拉筋，一般高度每 0.5m 间距设置 2Φ6 钢筋，伸入墙内长 1m（若建筑平面与空间布局难以满足以上要求，应与结构设计人员协商采取措施加以解决）。

6）女儿墙优先采用现浇钢筋混凝土。

4. 墙身保温、隔热、节能、遮阳

(1) 建筑物应按所处气候分区的不同要求，依据国家或地方标准，对墙体采取保温、隔热等措施。

(2) 建筑物朝向宜采用南北向或接近南北向，主要房间应避开冬季主导风向。

(3) 建筑物体形系数宜小于等于 0.3。若大于 0.3，则应对外墙和屋顶加强保温，使其传热系数符合限值规定。体形系数＝外表面积÷包围的体积。

(4) 公共建筑外墙节能设计要求：

1）各气候分区公共建筑外墙（含不透明幕墙部分）包括结构性热桥在内的平均传热系数不应超过表 2-12 的限值。

外墙平均传热系数　　　　表 2-12

气候分区	传热系数 K[W/(m²·K)]	
	体形系数≤0.3	0.3<体形系数≤0.4
严寒地区 A 区	≤0.45	≤0.40
严寒地区 B 区	≤0.50	≤0.45
寒冷地区	≤0.60	≤0.50
夏热冬冷地区	≤1.0	
夏热冬暖地区	≤1.5	

注：本表摘自《公共建筑节能设计标准》GB 50189—2005。

2）外墙与屋面的热桥部位的内表面温度不应低于室内空气露点温度。

(5) 外墙保温设计要点：

1）外墙保温应选择安全、可靠、技术成熟的系统。选择外墙外保温系统时，应考虑系统的耐候性。

2）各种外保温系统都具有特定的材料组成和构造形式，设计中不应随意更改。

3）采用粘贴聚苯板作保温层者，需注意胶粘剂及聚苯板表面所抹树脂胶泥的质量；聚苯板与墙体间留有空隙，其底部应注意防鼠、防虫；表面不应用面砖等重质材料饰面；聚苯板密度不宜低于 20kg/m³。

4）采用钢丝网架聚苯板作保温层者，需注意固定件的强度及其间距是否满足保温层抗剥离的要求；表面抹水泥砂浆，低层建筑可用面砖饰面。

5）外墙内保温设计要点：

① 外墙内保温节能系统由于难于消除外墙结构性热桥影响，会使外墙整体保温性能减弱，外墙平均传热系数与主体外墙典型断面传热系数差距较大，因此需要进行平均传热系数的计算。

② 严寒和寒冷地区一般情况下不应采用外墙内保温系统。夏热冬暖地区可选用。

③ 公共建筑中采用外墙内保温时宜选用保温层为 A 级不燃材料的内保温系统。

(6) 外墙夹心保温设计要点：

1）应充分估计热桥的影响，节能计算时应取考虑热桥影响后的平均传热系数。

2）应做好热桥部位的保温构造设计，避免出现内表面结露现象。

3）夹心保温做法易造成外页墙在温度作用下的裂缝，设计时应注意采取加强和防止雨水渗透措施。

（7）太阳辐射强度较大地区的建筑，宜采用浅色外墙装饰面、外墙反射隔热材料、通风隔热构造墙体或加设遮阳板、墙面绿化等遮阳措施解决隔热问题。

（8）当采用加气混凝土砌块作外保温材料时，对于寒冷地区，贴在框架梁、柱外的加气混凝土砌快厚度不应小于50mm。

（9）为利于外保温系统的施工，同时利于墙体防水，当在砌筑墙体外做外保温时，宜在墙体外先做一层找平层。

（10）根据工程实际情况，也可采用外墙内保温、外保温相结合的墙体节能方案。

5. 玻璃幕墙

（1）建筑设计仅进行幕墙的外部尺寸，确定幕墙的立面线条分格比例、色调、玻璃类别、构图、虚实组成、建筑整体，包括与环境的协调和材料要求等。幕墙的具体细部设计、制作、施工必须由有相应资质的专业公司进行。建筑设计院进行配合，并准确地设计好埋设件的位置，达到相应的强度要求。不准用膨胀螺丝作固定龙骨的联接件。

（2）幕墙的设计要求：

1）玻璃幕墙（明框或隐框）应采用钢化玻璃、夹层玻璃等安全玻璃。

2）玻璃幕墙下部宜设置绿化带，入口处宜设置遮阳棚或雨罩。

3）当楼面的外缘无实体窗下墙时，应设置防撞栏杆。

4）玻璃幕墙的防火设计应符合现行国家标准《建筑设计防火规范》GB 50016—2006及《高层民用建筑设计防火规范》GB 50045—95的有关规定。

5）玻璃幕墙的窗间墙及窗坎墙的填塞材料，应采用不燃烧材料（当外墙面采用耐火极限大于等于1h，高度大于等于0.8m的不燃体时，其墙内填充材料可采用难燃烧体）。

6）玻璃幕墙与每层楼板、隔墙处的缝隙应采用不燃烧材料严密填实，并注意防潮。

7）玻璃幕墙无窗间墙和窗槛墙者，应在每层楼板外沿设置耐火极限大于等于1h，高度大于等于0.8m的非燃烧体实体墙裙。

8）立面横向分格要考虑楼板位置、开启扇位置。竖向分格要考虑玻璃尺寸、竖向龙骨的变形，一般龙骨间距不大于1.5m，石材幕墙单块面积不宜大于1.5m^2。

9）幕墙的开启面积宜小于等于15%幕墙面积，并宜采用上悬式。

10）靠近幕墙的首层地面处宜设置绿化带，防止行人靠近幕墙。

11）幕墙应有自身的防雷体系，并应与主体结构防雷体系相连接。

12）玻璃幕墙与主体结构连接的预埋件，应在主体结构施工时按设计要求埋设。埋件应牢固、位置准确，埋件的标高误差不应大于10mm，水平误差不应大于20mm。

6. 墙体外装修

（1）墙体外装修设计时，应充分考虑建筑保温做法。当采用外墙外保温时，应根据外保温系统的情况选择适当的饰面材料及做法。

（2）涂料饰面：

1）常用的外墙涂料分为合成树脂乳液涂料、溶剂型涂料、复层涂料和无机涂料。

2）合成树脂乳液涂料包括丙烯酸系列涂料、硅丙复合乳液涂料和水性氟碳涂料等。

3）溶剂型涂料包括热塑型丙烯酸酯涂料、聚氨酯改性涂料和氟碳涂料等。

4）复层涂料一般由底涂层、中间涂层（主涂层）和面涂层组成。底涂层可增强附着力，中间层形成装饰效果，面涂层用于着色和保护。底涂层和面涂层可采用乳液型和溶剂型涂料，中间的主涂层可采用以聚合物水泥、合成树脂乳液、反应固化型合成树脂乳液等粘结料配制的厚质涂层。

5）无机涂料是以碱金属硅酸盐及硅溶胶等无机高分子为主要成膜物质，加入适量固化剂、填料、颜料及助剂配制而成的涂料。

（3）面砖饰面：

1）墙面使用面砖的种类按其物理性质的差别分为：全陶质面砖（吸水率小于10%）、陶胎釉面砖（吸水率3%～5%）、全瓷质面砖又称通体砖（吸水率小于1%）。

2）用于室外的面砖应尽量选用吸水率小的产品，北方地区外墙尽量不用陶质面砖，以免因面砖含水量高发生冻融破坏或剥落。一般选用全瓷质面砖最为安全可靠，吸水率应不大于3%。

3）外墙外保温做法面层上能否采用面砖以及粘贴技术的选择，均应符合国家或地方相关规定。

（4）石材饰面

1）装饰石材的品种：

① 天然石材，包括花岗石、大理石、板石、石灰石和砂岩等。

② 复合石材，包括木基石材复合板、玻璃基石材复合板、金属基石材

复合板（包括金属蜂窝石材复合板）、陶瓷基石材复合板等。

③ 人造石材，包括建筑装饰用微晶玻璃、水磨石、实体面材、人造合成石和人造砂岩等。

2）设计要点

① 选用天然石材时，材料所含的放射性物质应符合《天然石材产品放射性防护分类控制标准》的规定：A类产品的使用范围不受限制，B类产品不能用于居室，C类产品只能用于室外。一般颜色越深的石材含放射性物质越多，选用时应注意。

② 大理石一般不宜用于室外以及与酸有接触的部位。

③ 干挂石材厚度当选用光面和镜面板材时应不小于25mm，选用粗面板材时应不小于28mm，单块板的面积不宜大于1.5m²，选用砂岩、洞石等质地疏松的石材时应不小于30mm。

3）石材的安装方法：

① 湿挂法：用钢筋绑扎石材，背后填充水泥砂浆。这种做法易使石材表面出现返碱、湿渍、锈斑等变色现象，在外墙做法中不宜使用。即使在内墙采用，也应在石材背面预先涂封闭剂，以确保石材不被污染。

② 干挂法：用金属挂件和高强度锚栓将石板材安装于建筑外侧的金属龙骨。根据挂件形式可分为缝挂式和背挂式。这种做法可避免湿挂法的弊病，被广泛用于外墙装饰。干挂法要求墙体预留埋件，因此比较适用于钢筋混凝土墙体。若墙体为砌块填充墙，宜在层间适当位置增加现浇钢筋混凝土带，使埋件的间距减小，有利于龙骨受力的合理分布。

③ 胶粘法：采用胶粘剂将石材粘贴在墙体基层上。这种做法适用于厚度5～8mm的超薄天然石材，石材尺寸不宜大于600mm×800mm。

④ 所有金属龙骨及挂件均应做防腐处理，或采用不锈钢材料。

2.3 楼地面

底层地面的基本构造层宜为面层、垫层和地基；楼层地面的基本构造层宜为面层和楼板。当基本构造层不能满足要求时，可增设结合层、防水层、填充层、找平找坡层、附加垫层及防潮层等。

1. 楼地面材料及构造

有给水设备或有浸水可能的楼地面，应采取防水措施：

(1) 楼地面面层应采用不透水材料和构造。

(2) 有水源的楼地面应设防水层和找坡层。

(3) 防水层在墙、柱部位翻起高度应不小于100mm。

(4) 当管道穿过楼板时，应做严密的防水处理，其防水层翻起高度应不小于100mm。

(5) 应设置地漏或排水沟。

(6) 楼地面排水坡度一般为1%，不应小于0.5%；面层粗糙的楼地面应采用较大坡度，以防排水不畅。

(7) 有排水的楼地面标高，一般应低于相邻房间或走道20mm或做挡水门槛，以防止水流出房间。

(8) 现浇水磨石面层宜采用铜分格条、表面经氧化处理的铝分格条。或玻璃条。

(9) 水泥砂浆面层需注意基层处理，防止开裂、空鼓。有条件时宜采用细石混凝土一次抹光，可防止表面起砂、开裂、空鼓现象。

(10) 有较高清洁要求的楼地面宜采用现浇水磨石、涂料或块材面层；有高清洁度及空气洁净要求的房间，其地面面层应易于除尘、清洗，如树脂胶泥自流平、树脂砂浆或PVC板材等。

(11) 需经常冲洗的楼地面，应采用不易吸水、易冲洗、防滑的面层材料，并应设防水层。

(12) 公共建筑中有大量人流、有小型推车行驶的地面，其面层应采用防滑、耐磨、不易起尘的无釉地砖、花岗石、微晶玻璃石板或经增强的细石混凝土等材料。

2. 找坡层、找平层

找平层一般用1∶3水泥砂浆，厚度为20mm；找坡层则用C15细石混凝土，厚度大于等于30mm，表面抹平。

3. 防水层

(1) 涂膜防水施工方便，并可降低造价，宜优先采用。材料有：

1) 沥青基聚氨酯涂层（≥1.5mm厚）。

2) 硅橡胶涂层（≥1.2mm厚）。

3) 丙烯酸防水涂层（≥1.2mm厚）。

4) 水乳型橡胶涂层（≥1.2mm厚）。

5) 乳化沥青防水涂层（≥1.2mm厚）。

6) 聚合物水泥基防水涂膜1.5mm厚（单层防水）。或聚合物水泥砂浆7mm厚衬底，面层聚合物水泥基防水涂膜1.0厚mm（二道防水设防）。

(2) 防水卷材可适当采用，很少用于刚性防水。

防水层设置于找坡层之上，如面层厚度小于20mm，防水层则设于找坡层之下。

4. 地面垫层

(1) 地面垫层的厚度应根据地面的使用要求、地面荷载及土壤的耐压力等因素，并按《建筑地面设计规范》GB 50037—96 的方法计算确定。一般应不低于如下规定：

1) 砂、碎石、卵石垫层，最小厚度 60mm。

2) 砂石、碎石三合土垫层，3∶7 灰土垫层，最小厚度 100mm。

3) 混凝土垫层（C15），最小厚度 60mm。

(2) 凡可能有积水的地面，应采用混凝土刚性垫层，不应采用砂、碎石、三合土及灰土等柔性垫层。

(3) 混凝土垫层需按《建筑地面设计规范》GB 50037 的要求分仓浇筑或设缝。沿纵向设置缩缝，采用平头缝或企口缝，其间距宜为 3～6m。采用企口缝时，垫层厚度不宜小于 150mm。拆模时，混凝土强度不应低于 3MPa。横向缩缝宜采用假缝，其间距宜为 6～12m（高温季节施工时为 6m），宽度为 5～20mm，高度宜为垫层厚度的 1/3，缝内填水泥砂浆。

(4) 设有管沟的地面，管沟盖板上的垫层厚度不宜小于 50mm。该垫层与地面垫层间应加设不小于 300mm 宽的 $\phi4@150$ 钢筋网拉结，以免出现裂缝。

5. 地基

(1) 地面地基应均匀密实，耕土、腐殖土、淤泥等必须挖除。

(2) 回填土地基不应回填耕土、腐殖土及膨胀土等。其压实系数不应小于 0.9，其含水量应控制在《建筑地面设计规范》GB 50037 许可范围内。

(3) 软弱土地基可用卵石、碎石夯入土中加固，也可附加灰土、三合土等附加垫层，其施工要求见《建筑地面工程施工质量验收规范》GB 50209—2002。

6. 地面防冻胀

(1) 季节性冰冻地区非采暖房间的地面，当土壤标准冻深大于 600mm（北京为 780mm），且在冻深范围内为冻胀土（由地质报告描述）或强冻胀土时，应在地面垫层下增设防冻胀层。上述地区采暖房间竣工后尚未采暖时，应采取适当的越冬防冻胀措施。

(2) 防冻胀层的材料一般为中粗砂、砂卵石、炉渣或炉渣灰土等。

炉渣灰土的配合比为炉渣∶素土∶熟化石灰＝7∶2∶1，其压实系数不宜小于 0.85。冻前龄期应大于 30d。

防冻胀层应注意排水。

(3) 防冻胀层厚度可根据当地经验确定。亦可按表 2-13 选用。

防冻胀层厚度（mm）　　表 2-13

土壤标准冻深	土壤为冻胀土	土壤为强冻胀土
600～800	100	150
1200	200	300
1800	350	450
2200	500	600

注：1. 土壤的标准冻深及冻胀性分类，见《建筑地基基础设计规范》GB 50007—2002；
2. 本表摘自《建筑地面设计规范》GB 50037—96。

2.4 屋面

1. 材料

(1) 耐火等级为一级和二级的建筑物（含高层建筑），屋面承重结构均应为非燃烧体。其耐火极限应符合防火规范的有关规定。

(2) 建筑物的屋面面层及屋面凸出部分均应采用非燃烧体。但一、二级耐火等级的建筑物，在其非燃烧体的屋面基层上可采用可燃的柔性防水材料。

(3) 为了节约木材，一般情况下，不应采用木望板作为屋面基层。

(4) 各种不同材料的屋面，其适用坡度见表 2-14。

屋面坡度　　表 2-14

屋面材料		适用坡度
块瓦	由非黏土、混凝土、塑料、金属材料制成的硬性屋面瓦，含平瓦、鱼鳞瓦、牛舌瓦、石板瓦、J 型瓦、S 型瓦、金属彩板仿平瓦等	≥30% 当≥50%(≈27°)所有瓦片均需固定
波形瓦	含沥青波形瓦、金属波形瓦、树脂波形瓦、水泥波形瓦等	≥20%
玻纤胎沥青瓦(油毡瓦)	—	≥20%
卷材(涂膜)屋面、刚性防水层屋面	—	2%～3%
种植屋面的平屋层	—	1%～2%
金属板屋面	压型钢板、夹芯板	≥5%
	防水卷材(基层为压型钢板)	≥3%

2. 屋面排水

(1) 屋面排水宜采用有组织排水。三层及三层以下或檐高小于等于 10m 的中、小型建筑物可采用无组织排水。无组织排水的挑檐尺寸不宜小于

0.6m，散水再宽出挑檐0.3m，且不宜做暗散水。

（2）有组织排水有外排水和内排水或内、外排水相结合的方式。多层建筑可采用有组织外排水。高层建筑和屋面面积较大的多层建筑可采用有组织内排水，也可采用内、外排水相结合的方式。内排水由于材料和施工的关系易造成渗漏，后果严重，修补也不易，应尽可能少采用。

（3）每一屋面或天沟，一般不宜少于两个排水孔。

（4）天沟、檐沟的纵向坡度不应小于1%。个别情况确有困难时，可小于1%，但不得小于0.5%。金属檐沟、天沟的宽度可适当减小，沟底水落差不得大于200mm。

（5）两个雨水口的间距，一般不宜大于下列数值：

有外檐天沟24m；

无外檐天沟、内排水15m。

（6）雨水口中心距端部女儿墙内边不宜小于0.5m。

（7）凹形天沟宽度应满足安装雨水口所需的净空要求。

（8）雨水管材料应符合下列规定：

1）外排水时可采用UPVC管、玻璃钢管、金属管等。

2）内排水时可采用铸铁管、镀锌钢管、UPVC管等。内排水管在拐弯时应设掏堵口；由于施工和日后检修等缘故，尽量不采用内排水设计。

3）雨水管内径不得小于100mm。阳台排水管直径可为75mm。

（9）内排水设计应由建筑和给排水专业共同商定，并由给排水专业绘制施工图。

（10）每个雨水口的汇水面积不得超过按当地降水条件计算所得的最大值（由给排水专业进行计算）。

3. 屋面构造

（1）屋面构造一般可分为保护层、防水层（平屋面时为卷材、涂膜或刚性防水层，坡屋面时为瓦屋面）、找平层、保温（隔热）层、找坡层、隔汽层和结构基层等。倒置式屋面为保温层在防水层之上，使防水层受到保护从而减缓老化趋势，并且挤塑聚苯板作保温层几乎不吸水，保温效果好，优点十分突出，有条件的场所可尽量采用“倒置式”屋面设计。

（2）屋面防水等级：

1）屋面防水等级应按建筑物的性质、重要程度、使用功能要求以及防水层合理使用年限确定其屋面防水等级和屋面防水构造，并符合表2-15的要求。

2）除按表2-15的要求外尚应结合所在地区的具体降水条件。例如：雨量特别稀少的干热地区，可适当减少防水道数，并选用能耐较大变形的防水材料和采用能防止暴晒的保护层，以适应当地的特殊气候条件。

屋面防水等级和设防要求　　表2-15

项目	屋面防水等级			
	Ⅰ	Ⅱ	Ⅲ	Ⅳ
建筑物类别	特别重要或对防水有特殊要求的建筑	重要的建筑和高层建筑	一般的建筑	非永久性的建筑
防水层合理使用年限	25年	15年	10年	5年
设防要求	三道或三道以上防水设防	二道防水设防	一道防水设防	一道防水设防
防水层选用材料	宜选用合成高分子防水卷材、高聚物改性沥青防水卷材、金属板材、合成高分子防水涂料、细石防水混凝土等材料	宜选用高聚物改性沥青防水卷材、合成高分子防水卷材、金属板材、合成高分子防水涂料、高聚物改性沥青防水涂料、细石防水混凝土、平瓦、油毡瓦等材料	宜选用高聚物改性沥青防水卷材、合成高分子防水卷材、三毡四油沥青防水卷材、金属板材、高聚物改性沥青防水涂料、合成高分子防水涂料、细石防水混凝土、平瓦、油毡瓦等材料	可选用二毡三油沥青防水卷材，高聚物改性沥青防水涂料等材料

注：1. 本表中采用的沥青均指石油沥青，不包括煤沥青和煤焦油等材料；
2. 石油沥青纸胎油毡和沥青复合胎柔性防水卷材，系限制使用材料；
3. 在Ⅰ、Ⅱ级屋面防水设防中，如仅做一道金属板材时，应符合有关技术规定；
4. 本表摘自《屋面工程技术规范》GB 50345—2004。

3）按不同屋面防水等级决定其所需的防水道数。等级提高时，道数随之增加。一道设防只能独立起到防水功能的防水层。不同的防水材料可组合成复合的多道防水层。但相邻的材料之间应具有相容性，同一种材料做成两道设防属于叠层使用，但仅限于卷材。

（3）平屋面构造：

1）一般平屋面的构造自上而下依次为：保护层（隔离层）、防水层、找平层、找坡层、保温（隔热）层、（隔汽层）和结构基层。当有两道或两道以上的防水层时，第二道或第三道防水层也可位于保温层之下。当保温层位于全部防水层之上时，则称为倒置屋面。

2）保护层。在柔性防水层（卷材、涂膜）之上应设保护层，不上人的柔性防水层上的保护层则为细石混凝土或硬质块体材料。

3）隔离层。在刚性防水层或块体材料、水泥砂浆、细石混凝土等刚性保护层与柔性防水层之间，应设置隔离层。隔离层材料可采用铺塑料膜、土工布或卷材，也可采用低强度等级的砂浆，如石灰砂浆等。

4）找平层：

① 找平层可采用水泥砂浆或细石混凝土，并宜掺入聚丙烯或尼龙短纤维。

② 找平层厚度在板状保温层上时，应为20～25mm。当找平层厚度大于或等于30mm时，应采用C20细石混凝土。

③ 找平层应设分格缝并嵌填密封材料，其纵横间距不宜大于6m。

5）隔汽层。当室内空气中的水蒸气有可能透过屋面结构而渗入保温层时，应在保温层之下设置隔汽层，以防止保温层中含水量的增加而降低保温性能，甚至引起冻胀等，导致保温层破坏，为此：

① 常年湿度很大，且经常处于饱和湿度状态的房间，如室内游泳馆、公共浴室、厨房主食蒸煮间等，在其屋面保温层下应设置隔汽层。

② 一般情况下，在北纬40°以北地区且室内空气湿度大于75%，或其他地区室内空气湿度常年大于80%时，保温层下应设隔汽层。如虽符合以上条件，但经计算，保温层内不致产生冷凝水时，也可不设隔汽层。

③ 隔汽层在屋面中应形成全封闭，即其周边至女儿墙根处应上翻至与屋面防水层相连接。当需设置隔汽层的屋面为局部时，则隔汽层应外延至需设隔汽层的房间周边不少于1000mm。

④ 一般情况下，当金属屋面板下采用保温棉作保温层时，宜设隔汽层。当室内空气湿度较大或室内外温差较大时，则必须设隔汽层。当保温棉或其他吸水性较大的保温材料位于金属或其他装配式板材之上时，也应设隔汽层。

⑤ 隔汽层可采用防水卷材或涂料，并宜选择其蒸汽渗透阻较大者。

6）平屋面找坡层：

① 屋面坡度大于3%时，且单坡长度大于9m时，宜选用结构找坡。屋面坡度小于等于3%时，宜用找坡层找坡。

② 宜采用轻质材料找坡，如陶粒、浮石、膨胀珍珠岩、炉渣、加气混凝土碎块等轻集料混凝土，找坡层的坡度宜为2%。

③ 也可利用现制保温层兼作找坡层。

（4）卷材（含防水涂料）屋面：

1）防水卷材品种选择应符合下列规定：

① 根据当地历年最高气温、最低气温、屋面坡度和使用条件等因素，应选择耐热度、柔性相适应的卷材。例如：在严寒和寒冷地区应选择低温柔性好的卷材；在炎热和日照强烈的地区，应选择耐热性好的卷材。

② 根据地基变形程度、结构形式、当地年温差、日温差和振动等因素，应选择拉伸性能相适应的卷材。

③ 根据屋面防水卷材的暴露程度，应选择耐紫外线、耐穿刺、热老化保持率或耐霉烂性能相适应的卷材。

④ 自粘橡胶沥青防水卷材和自粘聚酯胎改性沥青防水卷材（铝箔覆面者除外），不得用于外露的防水层。

⑤ 屋面坡度大于25%时，应采取防止卷材下滑的措施。

2）每道卷材或涂抹防水层厚度选用应符合表2-16的规定。

卷材厚度选用表 **表2-16**

屋面防水等级	设防道数	合成高分子防水卷材	高聚物改性沥青防水卷材	沥青防水卷材和沥青复合胎柔性防水卷材	自粘聚酯胎改性沥青防水卷材	自粘橡胶沥青防水卷材
Ⅰ	三道或三道以上设防	不应小于1.5mm	不应小于3mm	—	不应小于2mm	不应小于1.5mm
Ⅱ	二道设防	不应小于1.2mm	不应小于3mm	—	不应小于2mm	不应小于1.5mm
Ⅲ	一道设防	不应小于1.2mm	不应小于4mm	三毡四油	不应小于3mm	不应小于2mm
Ⅳ	一道设防	—	—	二毡三油	—	—

注：本表摘自《屋面工程技术规范》GB 50345—2004。

3）防水涂料品种选择应符合下列规定：

① 根据当地历年最高气温、最低气温、屋面坡度和使用条件等因素，应选择耐热度、柔性相适应的卷材。

② 根据地基变形程度、结构形式、当地年温差、日温差和振动等因素，应选择拉伸性能相适应的卷材。

③ 根据屋面防水涂膜的暴露程度，应选择耐紫外线、热老化保持率相适应的涂料。

④ 屋面坡度大于25%时，不宜采用干燥成膜时间过长的涂料。

4）每道涂膜防水厚度选用应符合表2-17的规定。

5）当卷材与涂膜复合使用时，卷材宜在上，涂膜宜在下。当多道卷材复合使用时，耐老化、耐穿刺的材料应在上面。

6）卷材、涂膜与刚性材料复合使用时，刚性材料应设置在柔性材料的上面。

涂膜厚度选用表　　表 2-17

屋面防水等级	设防道数	高聚物改性沥青防水涂料	合成高分子防水涂料和聚合物水泥防水涂料
Ⅰ	三道或三道以上设防	—	不应小于 1.5mm
Ⅱ	二道设防	不应小于 3mm	不应小于 1.5mm
Ⅲ	一道设防	不应小于 3mm	不应小于 2mm
Ⅳ	一道设防	不应小于 2mm	—

注：本表摘自《屋面工程技术规范》GB 50345—2004。

7）当结构基层为预制钢筋混凝土屋面板时，在预制屋面板的端部支座处卷材宜空铺，空铺宽度为 300mm。

8）屋面设置的防水处理应符合下列规定：

① 当屋面设施较重或有振动时，设施的基座应与结构层相连，防水层应包覆基座的全部，并在地脚螺栓周围做密封处理。

② 当屋面设施较轻且无振动时，设施也可放在屋面防水层之上，但设施下部的防水层应做卷材增强层。当该设施底部不平或有凸出物时，该处防水层上应加设 50mm 厚的 C20 细石混凝土垫块。

③ 屋面上需经常维护的设施，如太阳能集热板或电池板，在屋面出入口至设施之间，应铺设刚性保护层作为人行通道。

9）倒置式屋面也为卷材屋面的一种，只是保温层位于防水层之上。倒置式屋面应遵循以下原则：

① 倒置式屋面的保温层必须有足够的强度和耐水性，因此采用挤塑聚苯乙烯泡沫塑料板、发泡硬聚氨酯板或泡沫玻璃块等作为保温层。

② 保温层上应设保护层，如卵石或预制混凝土块及块状地面等。卵石保护层下应设隔离层。当为上人屋面时，不应采用卵石作为保护层。

③ 倒置式屋面的坡度不宜大于 3%，防水等级宜不低于Ⅱ级。

④ 严寒及多雪地区不宜采用倒置式屋面。

（5）刚性防水屋面：

1）刚性防水屋面是将防水细石混凝土作为屋面的防水层。其种类如下：

① 普通防水混凝土（掺减水剂）。

② 补偿收缩防水混凝土（掺塑料膨胀剂和合成短纤维）。

③ 渗透结晶防水混凝土（掺渗透结晶型防水剂、合成短纤维和减水剂）。

④ 钢纤维防水混凝土（掺钢纤维和塑化膨胀剂）。

一般情况下，宜选用补偿收缩型或渗透结晶型防水混凝土。

2）刚性防水层的基本要求：

① 细石混凝土的厚度应不小于 40mm，宜为 50mm；

② 应配筋 $\phi4$～$\phi6$mm，间距 100～200mm，双向，分缝处应断开。

3）刚性防水层应设分格缝，其纵横间距不宜大于 6m，缝宽宜为 5～30mm；与山墙、女儿墙等交界处也应留缝，缝宽 20～30mm，并用防水密封材料嵌实。

4）刚性防水层由于存在自重大，易开裂等缺点，不宜单独用于屋面防水，而宜与柔性防水材料组成两道或两道以上的复合多道设防的Ⅰ、Ⅱ级防水屋面。刚性防水层应设在柔性防水层的上面，两者之间应设隔离层。

（6）种植屋面：

1）种植屋面可分为简单式种植屋面（如植草皮、地被植物、小型灌木）和花园式种植屋面（用乔木、灌木和地被植物绿化并设置园路及园林小品等。）

2）简单式种植屋面的防水等级不应低于Ⅱ级，花园式种植屋面的防水等级不应低于Ⅰ级。

3）种植平屋面设计的基本构造如图 2-3 所示。

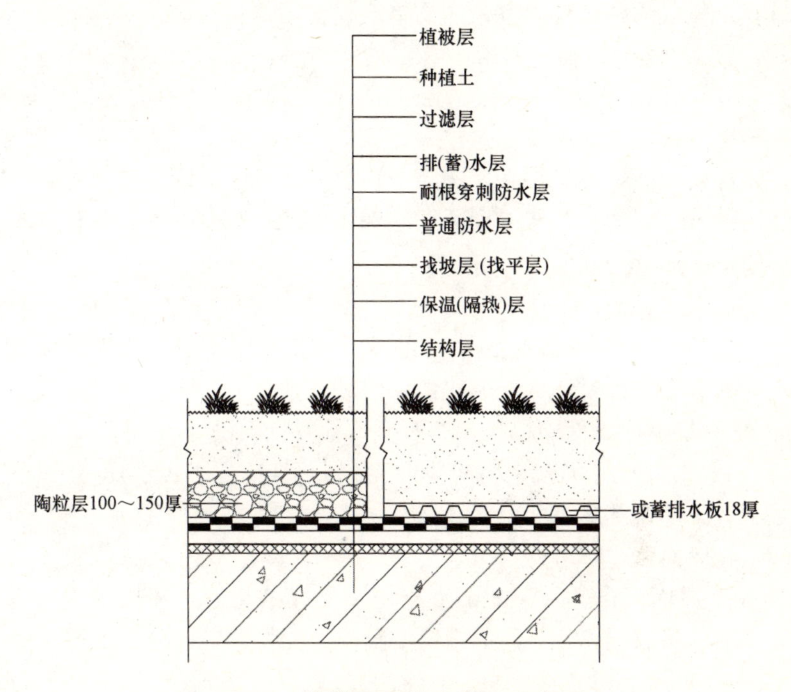

图 2-3　种植屋面基本构造示意图

4）种植屋面最上面一道防水层应能耐根穿刺。耐根穿刺的卷材或涂膜可按《种植屋面工程技术规》JGJ 155—2007 中所列品种选用。

5）高出室外地坪的地下室顶板的种植屋面，当地下室顶板采用防水混凝土时，可视为一道防水层。

6）种植屋面应选用改良或复合种植土，以减轻屋面荷载，其厚度不宜小于 100mm。种植屋面的设计荷载，应考虑湿土及种植物成长后的荷重。

7）种植屋面一般为平屋面。当用于坡屋面而屋面坡度大于 20％时，应采取防滑措施，如设暗挡或将屋面做成阶梯式屋面。种植屋面最大坡度不宜大于 50％。

8）种植土下应设排（蓄）水层。排水层可选用专用成品排水板，如凹凸型塑料排（蓄）水板、网状交织排（蓄）水板或陶粒等。陶粒粒径应大于 25mm。其铺设厚度宜为 100～150mm，排水层上应设无纺布（土工布）等作过滤层。种植介质四周应设挡墙，挡墙下部应设泄水孔。

9）当种植屋面上设置乔木类植物或有亭台、假山等荷载较大的设施时，应布置在顶柱或承重墙交叉处。

10）屋面上的水平管线应设在防水层之上。

11）地震区的种植屋面宜采用简单式种植屋面。当必须采用花园式种植屋面时，宜不种乔木。如有棚架、亭、廊等园林小品，应尽量采用轻型结构（如竹、木等）而不用钢筋混凝土或砖石结构。种植土的厚度也应尽量减薄。地下室顶板的种植屋面可不受此限。

12）种植屋面的灌溉可采用滴灌、喷灌和渗灌设施。

13）种植屋面的女儿墙，周边泛水和屋面檐口部位，宜设置隔离带，其宽度不应小于 300～500mm。

（7）倒置式屋面：

1）倒置式屋面的保温层必须有足够的强度和耐水性，因此应采用挤塑聚苯乙烯泡沫塑料板或泡沫玻璃块做保温层。

2）保温层上应设保护层，如卵石或预制混凝土块等。

3）倒置式屋面的防水等级应不低于Ⅱ级，坡度不宜大于 3％。严寒及多雪地区不宜采用倒置式屋面。

（8）瓦屋面：

1）平瓦屋面（含各种形式的混凝土瓦及烧结瓦等）在构造上应有阻止瓦片和其下的保温层、找平层等滑落的措施，如将檐口部分上翻等。

2）瓦上必须预留钉或绑扎瓦所需的孔眼。一般情况下，沿檐口两行、屋脊两侧的一行和沿山墙的一行瓦必须采取钉或绑的固定措施。

3）当瓦屋面坡度大于 30°或位于大风区和地震区（大于或等于设防烈度 7 度时），则所有的瓦均需固定。

4）当瓦屋面坡度大于或等于 30°时，坡面的下端应设置现浇钢筋混凝土檐口或女儿墙、栏杆等，以保证屋面维修人员的安全。

5）瓦屋面的檐沟宜为现浇钢筋混凝土或聚氯乙烯成品。

6）当瓦屋面的卧瓦（找平）层位于保温层之上时，则应与保温层下的钢筋混凝土基层有可靠的构造措施连接，如在混凝土板上伸出预留钢筋与卧瓦（找平）层内的钢筋（丝）网连接等。

（9）平屋面找坡层：

1）宜采用屋顶结构找坡。

2）平屋面宜采用轻质材料找坡，如 1：8 水泥陶粒等。

3）也可利用现制保温层兼作找坡层。

（10）保温（隔热）层：

1）保温层应按所在地区的节能标准或建筑热工要求确定其厚度。在计算其厚度时，所采用的保温材料的导热系数值应按《民用建筑热工设计规范》GB 50176—93 附表规定乘上其修正系数。

2）宜采用板（块）材做保温层。

3）在潮湿气候条件下施工的保温层，在设计上应考虑泄出水汽的措施。

4）隔热层可采用架空层、设隔热层、种植土屋面、蓄水屋面等。

5）采用架空隔热层时，架空的空间高度宜为 150～200mm，空气间层应有无阻滞的通风进、出口。架空板与女儿墙之间应留出不小于 250mm 的空隙。屋面宽度较大时，宜设通风屋脊。

6）夏热冬冷地区应同时按冬季保温和夏季隔热的要求，分别求出保温层和隔热层的厚度。两者取其厚者。

（11）找平层：

1）找平层可采用水泥砂浆或细石混凝土。

2）找平层厚度在板状保温层上时，不宜小于 20mm。当找平层厚度大于或等于 30mm 时，应采用 C20 细石混凝土。

3）找平层应设分格缝并嵌填密封材料，其纵横间距不宜大于 6m。

4）油毡瓦的找平层厚度应不小于 30mm。

（12）隔汽层：

1）常年湿度很大，且经常处于饱和湿度状态的房间，如公共浴室、厨房的主食蒸煮间等，在其屋面保温层下应设隔汽层。

2）一般情况下，在北纬 40°以北且室内空气湿度大于 75％或其他地区室内湿度大于 80%时，保温层下应设隔汽层。如虽符合以上条件，但经过计算，保温层内不致产生冷凝水时，也可不设隔汽层。

2.5 楼梯、台阶、坡道

1. 楼梯设计程序及功能要求

(1) 楼梯设计应满足功能使用和安全疏散的要求，应根据楼层中人数最多层的人数，计算楼梯所需的宽度，并按功能使用需要和疏散距离要求布置楼梯。

(2) 按规范计算楼梯总宽时应根据建筑物使用特征，主要依据每百人的宽度指标。人员密集疏散的建筑应根据控制疏散时间、人流总股数（每股 0.55m + 0 ～ 0.15m 宽)，并不少于两股人流及每股疏散能力等因素来计算宽度。

(3) 每个楼梯梯段的最小宽度应符合规范规定。多层建筑不应小于 1.1m，高层建筑不应小于 1.2m；医院病房不应小于 1.3m，医院、疗养院主楼梯梯段不得小于 1.65m；商店建筑的共用楼梯及电影院主楼梯梯段不应小于 1.4m。人员密集场所应符合人流股数。六层及六层以下单元式住宅中，一边设有栏杆的梯段净宽不应小于 1m。梯段改变方向时，平台净宽不应小于梯段净宽并不得小于 1.2m。

(4) 一幢楼房至少设两个楼梯，可设一个楼梯的条件为：

1) 按《建筑设计防火规范》GB 50016—2006 的规定，二、三层建筑（医院、疗养院、托儿所、幼儿园除外）设置一个疏散楼梯的条件见表 2-18。

设置一个疏散楼梯的条件　　表 2-18

耐火等级	最多层数	每层最大建筑面积(m^2)	人　数
一、二级	三层	500	第二层和第三层人数之和不超过 100 人
三级	三层	200	第二层和第三层人数之和不超过 50 人
四级	二层	200	第二层人数不超过 30 人

2) 设有不少于两个疏散楼梯的一、二级耐火等级的公共建筑，如顶层局部升高时，其高出部分的层数不超过两层，每层面积不超过 $200m^2$，人数之和不超过 50 人时，可设一个楼梯，但应另设一个直通平屋面的安全出口。

(5) 人员疏散比较集中和疏散人员较多的楼梯不宜采用围绕电梯布置方式。

(6) 当楼房内设有两个以上楼梯时，宜分主次，并按交通量大小和疏散便利的需要合理布置平面位置。主入口内明显位置宜有主楼梯。

(7) 楼梯间宜在各层的同一位置，以利于使用和紧急疏散，也不致因移位而浪费面积。特殊情况需要错位时必须有直接的衔接，不允许出现因寻找和不便而造成对紧急疏散的危害影响。除通向避难层错位的楼梯外，高层建筑的疏散楼梯间在各层的位置不应改变，首层应有直通室外的出口。

(8) 楼梯间的首层应设置直接对外的出口；当层数不超过四层时，可将对外出口设置在离楼梯间不超过 15m 处。

2. 楼梯设计要求

(1) 低、多层建筑直接通向公共走道的房间门至最近的外部出口或封闭楼梯间的距离应符合表 2-19 要求。

直接通向疏散走道的房间疏散门至最近安全出口的最大距离　　表 2-19

名称	直接通向疏散走道的房间疏散门至最近安全出口的最大距离(m)					
	位于两个外部出口或楼梯间之间的房间			位于袋形走道两侧或尽端的疏散门		
	耐火等级			耐火等级		
	一、二级	三级	四级	一、二级	三级	四级
托儿所、幼儿园	25	20	—	20	15	—
学校	35	30	—	22	20	—
其他民用建筑	40	35	25	22	20	15
医院疗养院	35	30	—	20	15	—

(2)《建筑设计防火规范》规定，五层及五层以下有自然采光通风的楼梯（病房楼除外）可不设封闭楼梯间。

3. 局部设计

(1) 楼梯梯段净宽一般系指墙面至扶手中心之间的水平距离或扶手中心之间的水平距离。楼梯应至少于一侧设扶手，楼梯净宽达三股人流及以上时应两侧设扶手。

(2) 楼梯平台净宽不得小于梯段净宽。直跑梯平台不应小于 1.1m。医院主楼梯和疏散楼梯的平台深度不宜小于 2m。

(3) 通行人的楼梯板或梁下净高不应低于 2m。梯段净高不应低于 2.2m，且包括梯段前后延伸 0.3m 范围。

(4) 楼梯正面门扇开足时宜保持 0.6m 平台净宽。侧墙门口距踏步不宜小于 0.4m，其门扇开足时不应减少梯段的净宽。

（5）楼梯窗台高度低于0.9m时，不论窗扇开启与否，均应有防护措施。

（6）每一梯段的踏步数，不应超过18级，亦不应少于3级。弧形楼梯及使用人少、非经常用或专用梯可略为超过。

（7）一个梯段内的各级踏步的高、宽尺寸需一致，并应避免首末两端因垫层或预制梯段与现浇平台相交构造考虑不周而高低不等。

（8）踏步前缘部分宜设防滑措施。

（9）楼梯井宽度小于0.2m时，不宜做高实栏板，因在楼梯转弯处两栏板间隙小，难以进行抹灰等装修操作。

（10）老年人、残疾人及其他专用服务楼梯按有关规范的规定设置。

4. 细部构造

（1）楼梯详图设计中，应在剖面及详图中注出各楼层的楼面做法（编号）及厚度，楼梯踏步面的做法及厚度，以便明确结构板面的准确标高。当楼层做法厚度与踏步做法厚度不同时，需注明楼梯各级踏步的结构高度不完全相等，起止步与其他步不同。

（2）室内楼梯栏杆扶手高度，自踏步前缘量起不应小于0.9m。靠梯井一侧水平扶手长度大于0.5m时，六层及六层以下建筑应大于或等于1.05m，六层以上建筑为1.1～1.2m。栏杆设计要坚固安全。栏杆过长时可在两端和中部采取加强措施，栏杆与踏步的连接必须可靠。

注：栏杆高度从楼地面至栏杆扶手顶面垂直高度计算，如底部有高度低于0.5m的可踏部位，应从可踏部位顶面起计算。

（3）住宅、托儿所、幼儿园、中小学及少年儿童专用活动场所的栏杆必须采用防止少年儿童攀登的构造，栏杆垂直杆件间的净距不应大于0.11m，并不得做便于攀爬的横向花格、花饰。

（4）栏杆（板）应用坚固、耐久的材料制作，并能承受规范规定的水平荷载，栏杆顶部的水平荷载应符合表2-20的规定。

栏杆顶部水平荷载 **表2-20**

建筑类型	栏杆顶部水平荷载(kN/m)
住宅、宿舍、办公楼、旅馆、医院、托儿所、幼儿园	0.5
学校、食堂、剧场、电影院、车站、礼堂、展览馆、体育场、商场营业厅	1.0

注：本表依据《建筑结构荷载规范》GB 50009—2001编制。

5. 台阶、坡道及平台

（1）室内台阶步宽不宜小于0.3m，步高不宜大于0.15m，连续踏步数不应小于二级。当高差不足二级时，宜按坡道设置。室外台阶步宽宜为0.35m左右，高宽比不宜大于1∶2.5。

（2）人员密集场所的台阶高度超过0.7m时，其侧面宜有护栏措施，如用栏杆、花台、花池等。残疾人使用的台阶超过三级时，在台阶两侧应设扶手并符合《城市道路和建筑物无障碍设计规范》的规定。

（3）室内坡道坡度（高/长）不宜大于1∶8，室外坡道坡度不宜大于1∶10，供少年儿童安全疏散的坡道及供轮椅使用的坡道坡度不应大于1∶12。

2.6 门窗

1. 设计选用

（1）设计中应尽量采用以3m为基本模数的标准洞口系列。在混凝土砌块建筑中，门窗洞口尺寸可以1m为基本模数并与砌块组合的尺寸相协调。

（2）凡有门窗标准图集的地区，门窗应尽量选用当地的标准图。

（3）凡门窗洞口面积的长或宽大于该系列门或窗的单樘最大长或宽时，应绘制拼樘立面图。弧形或折线形的门窗应绘制展开立面图。

（4）绘制门窗立面图标注高、宽时，应同时分别标注出洞口及窗框本身的高、宽以及洞口与窗框之间所留的缝隙尺寸。一般情况下，当饰面为涂料时，上下及两边各留出15～20mm，饰面为面砖时为20～25mm；当饰面为石材等时，缝隙宽尚应酌情增加，以饰面层厚度能盖过缝隙5～10mm左右为度。但又不宜压盖框料过多。

2. 门的开启方式及应用

（1）门的开启方式有平开、弹簧、推拉、旋转、上翻（滑）及卷帘等。

（2）公共建筑的出入口常用平开、弹簧、自动推拉及转门等。转门及自动推拉门旁应设平开的侧门。侧门的宽度应满足残疾人通行的要求。

（3）所有出入口的外门均应外开或双向开启的弹簧门（托、幼、小学等儿童活动场所除外）。位于疏散通道上的门应沿疏散方向开启。

（4）一般内门均内开，但有爆燃可能或其他紧急疏散等要求者应外开。

（5）弹簧门有单向及双向。宜采用地弹簧（地龙）或油压闭门器等以使关闭平缓。弹簧门门扇应为半玻璃或全玻璃，以免进出时相互碰撞。

（6）托儿所、幼儿园、小学或其他儿童集中活动的场所不得使用弹簧门。

3. 窗的开启方式及应用

（1）窗的常用开启方式有平开（分内开和外开）、推拉、上悬、中悬以及内开下悬（即既可内开又可下悬，又称平开内倒式）等。

(2) 多层建筑（小于或等于六层）常采用外开或推拉。高层建筑不应采用外开窗，应采用内开或推拉。

(3) 中、小学等需儿童擦窗的外窗应采用内开下悬式或内开式，并应采用长脚铰链等配件，使开启扇能180°开启，并使之紧贴窗面或与未开启窗重叠而不占据室内空间。

(4) 当经济条件许可时，提倡采用内开下悬式，以利于擦窗和通风。

(5) 卫生间窗宜用上悬或下悬。

(6) 外窗开启窗部位宜设纱窗。

(7) 外走廊内侧墙上的间接采光窗，应使窗扇开启时不致碰人。内走廊上的采光窗同此。

(8) 住宅等建筑首层窗外不宜设置凸出墙面的护栅，宜在窗洞内设置护栅或防盗卷帘。此时，首层窗不能采用外开窗，而应采用推拉或内开窗。

(9) 窗及内门上的亮子宜能开启，以利室内通风。

(10) 平开窗的开启扇，其净宽不宜大于0.6m，净高不宜大于1.4m。推拉窗的开启扇，其净宽不宜大于0.9m，净高不宜大于1.5m。

(11) 炎热地区应设计窗式或分体式空调，并应充分考虑室内外机的位置、冷凝水排放以及立面隐蔽处理。

4. 窗台

(1) 窗台高度应不低于0.8m（住宅窗台应为0.9m）。

(2) 窗台高度低于0.8m或住宅窗台低于0.9m时，应采取防护措施。

(3) 低于规定要求的窗台（以下简称低窗台），应采用护栏或在窗下部设置相当于栏杆高度的固定窗作为防护措施。作为防护措施的固定窗应采用夹层玻璃，其厚度不得小于6.38mm。玻璃边框的嵌固必须有足够的强度，以满足一定的冲撞要求。

(4) 低窗台防护措施的高度应不小于0.8m（住宅应不小于0.9m）。

1) 低窗台的防护高度应遵守以下规定：

① 低窗台高度低于0.5m时，护栏或固定扇的高度均自窗台面起算。

② 低窗台高度高于0.5m时，护栏或固定扇的高度可自地面起算。但护栏下部0.5m高度范围内不得设置水平栏栅或任何其他可踏部位。如有可踏部位则其高度应从可踏部位起算。

③ 当室内外高差小于或等于0.6m时，首层的低窗台可不加防护措施。

2) 凸窗（飘窗）的低窗台防护高度应遵守以下规定：

①凡凸窗范围内设有宽窗台可供人坐或放置花盆等用时，护栏或固定窗的防护高度一律从窗台面起算。

②当凸窗范围内无宽窗台，且护栏紧贴凸窗内墙面设置时，可按低窗台的规定执行。

(5) 外窗台面应低于内窗台面。

2.7 公用卫生间

1. 公共厕所应当增加女厕的建筑面积和厕位数量。厕所男蹲（坐、站）位与女蹲（坐）位的比例宜为1∶1～2∶3。独立式公共厕所宜为1∶1，商业区域内公共厕所宜为2∶3。

2. 厕所、盥洗室、浴室不应直接设置在餐厅、食品加工或贮存、变配电所等有严格卫生要求或防潮要求的用房上层。

3. 卫生间内应设洗手盆（台），宜配置镜子、手纸盒、衣钩等。

4. 卫生间宜设置前室。无前室的卫生间外门不宜同办公、居住等房门相对。外门应保持经常关闭状态，如设弹簧门、闭门器等。

5. 男女厕所宜相邻或靠近布置，便于寻找和上下水管道集中布置，但应隔墙到顶避免视线和声音干扰。

6. 室内各类卫生设备的数量应符合有关建筑设计规范的规定（确定总人数和男女比例后进行计算。小便槽按0.65m长度计作一件设备。盥洗槽按0.7m长度计作一件设备）。

7. 室内宜有自然采光和直接自然通风。无通风窗口的卫生间应有机械通风换气措施。

8. 厕所、盥洗室、浴室室内换气次数或换气量应符合表2-21的规定。

厕所、盥洗室、浴室室内换气次数或换气量　　表2-21

房间名称	每小时换气次数或换气量
公共厕所	每个大便器$40m^3$ 每个小便器$20m^3$
盥洗室	0.5～1次
浴室	1～3次

注：1. 每小时换气次数$=\frac{换气量(m^3/h)}{房屋容积(m^3)}$；

2. 当自然通风不能满足通风换气要求时，应采用机械通风。

9. 公共卫生间内产生噪声的设备（如水箱、水管等），不宜安装在与办公、宿舍、病房等相邻的墙上，否则，应有隔噪声措施。

10. 楼地面应防水、排水、防滑、易清洁、防渗漏。墙面和顶棚应防潮。有水直接冲刷部位（如小便槽处）和浴室内墙面应防水、防潮。吊顶应采用防潮的材料。

11. 清洁间宜单独设置。内设拖布池、拖布挂钩及清洁用具存放的柜架。

12. 厕所、浴室隔间最小尺寸应符合下列规定：厕所隔断高 1.5 ～ 1.8m；卫生设备间距的最小尺寸见图 2-4。

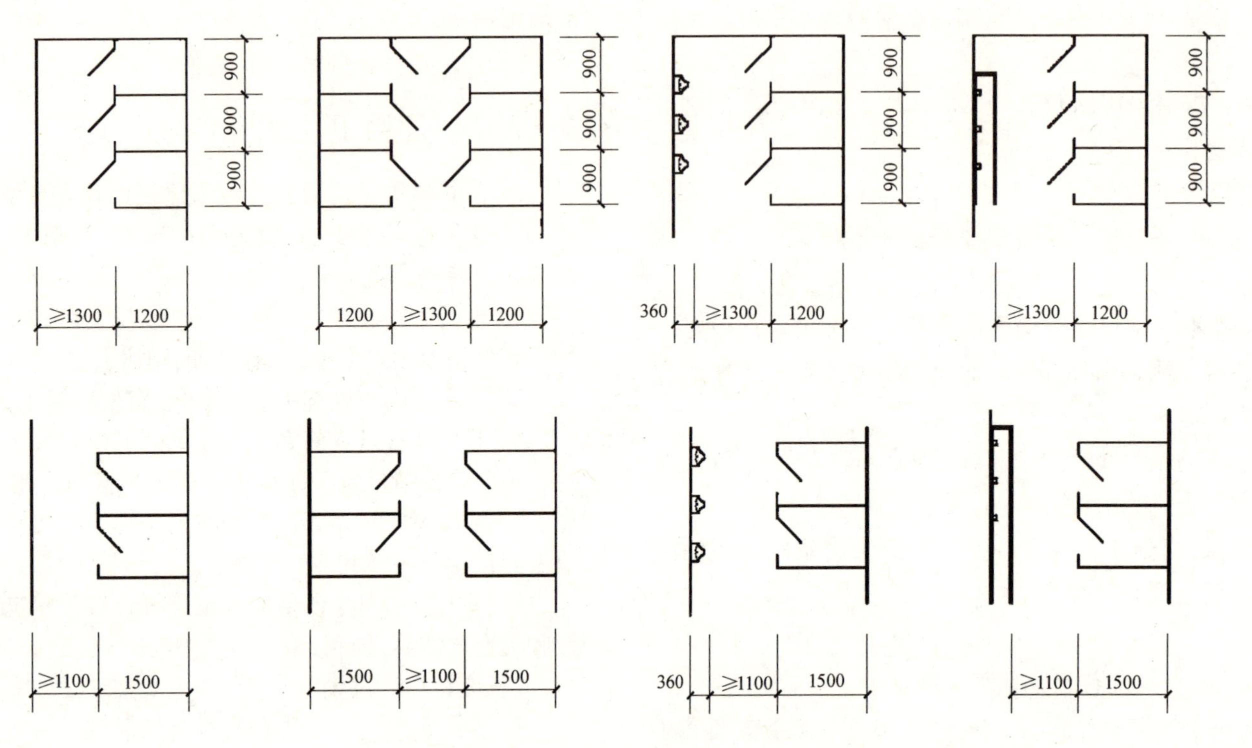

图 2-4　内外开门隔间与小便槽、小便斗间距

2.8　其他部位

1. 阳台栏杆（板）高度，六层及以下建筑应不低于 1.05m，六层以上建筑应不低于 1.10m，高层建筑不宜高于 1.20m。寒冷、严寒地区和高层建筑阳台宜采用实体栏板。

2. 栏杆（板）下部离地 0.10m 高度不应留空。

3. 住宅、托儿所、幼儿园及中小学等儿童活动场所以及公共建筑中儿童可到达场所的阳台栏杆应采用不易攀登的形式，垂直栏杆净距不得大于 0.11m。

4. 阳台栏杆（板）构造必须坚固、安全。栏杆（板）上加设花池时，必须解决花池泄水问题。有可能放置花盆处必须采取防坠落措施。

5. 顶层阳台应设置雨罩。各套住宅之间毗连的阳台宜采用具有一定强度的实心隔板。

6. 阳台和雨罩应采取有组织排水，各阳台设支管接入立管，立管一般不宜断开。封闭阳台可不做排水。雨罩应做防水。

7. 阳台地面比室内地面应不低于 0.02m；有困难时，可在阳台门下加设门槛。阳台地面应有排水坡度和防水措施，排水坡向支管。

3 园林建筑设计执行的主要规范

《城市道路和建筑物无障碍设计规范》JGJ 50—2001，J 114—2001

《城市道路交通规划设计规范》GB 50220—95

《建筑制图标准》GB/T 50104—2001

《房屋建筑制图统一标准》GB/T 50001—2001

《民用建筑设计通则》GB 50352—2005

《全国民用建筑工程设计技术措施》“规划．建筑．景观”2009 中国建筑标准设计研究院

《建筑设计防火规范》GB 50016—2006

《城市公共厕所设计标准》GJJ 14—2005

《种植屋面工程技术规程》JGJ 155—2007

《汽车库、修车库、停车场设计防火规范》GB 50067—97

《公园设计规范》CJJ 48—92

《民用建筑热工设计规范》GB 50176—93

《办公建筑设计规范》JGJ 67—2006

《建筑地面设计规范》GB 50037—96

《建筑采光设计标准》GB/T 50033—2001

《采暖通风与空气调节设计规范》GB J19—87（2001 年版）

《严寒和寒冷地区居住建筑节能设计标准》JGJ 26—2010

《公共建筑节能设计标准》GB 50189—2005

《饮食建筑设计规范》JGJ 64—89

《建筑抗震设计规范》GB 50011—2010

《夏热冬冷地区居住建筑节能设计标准》JGJ 134—2010

《夏热冬暖地区居住建筑节能设计标准》JGJ 75—2003

《城市绿地设计规范》GB 50420—2007

其他专用建筑设计规范

4　园林建筑分类图

共18个类型49项单体建筑施工图。除了管理办公类——抱石公园管理房和公共服务类——莲花山公厕为全套建筑施工图外，其余均为建筑施工图中主要的平、立、剖面图。

4.1 管理办公类

4.1.1 管理处

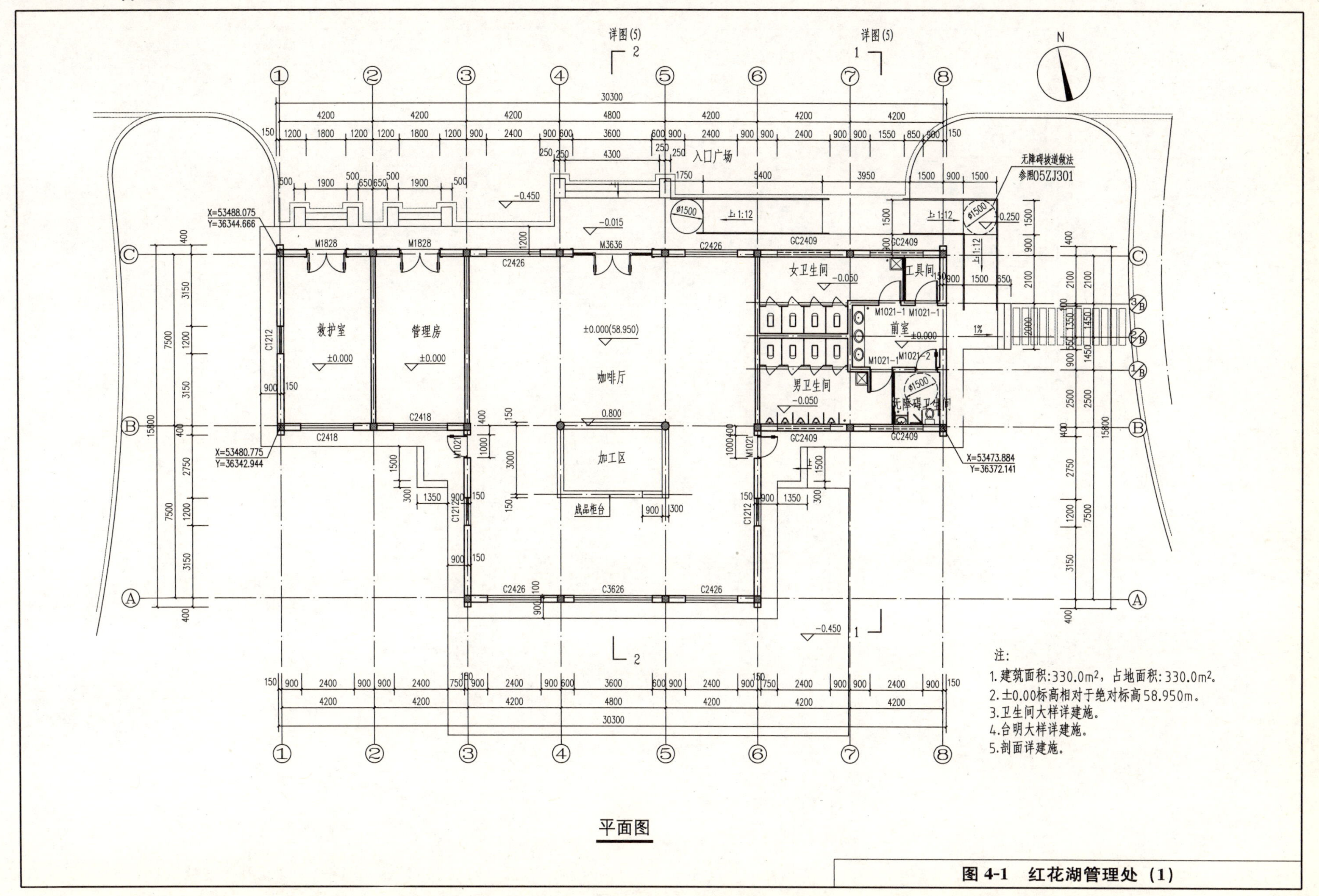

图 4-1 红花湖管理处（1）

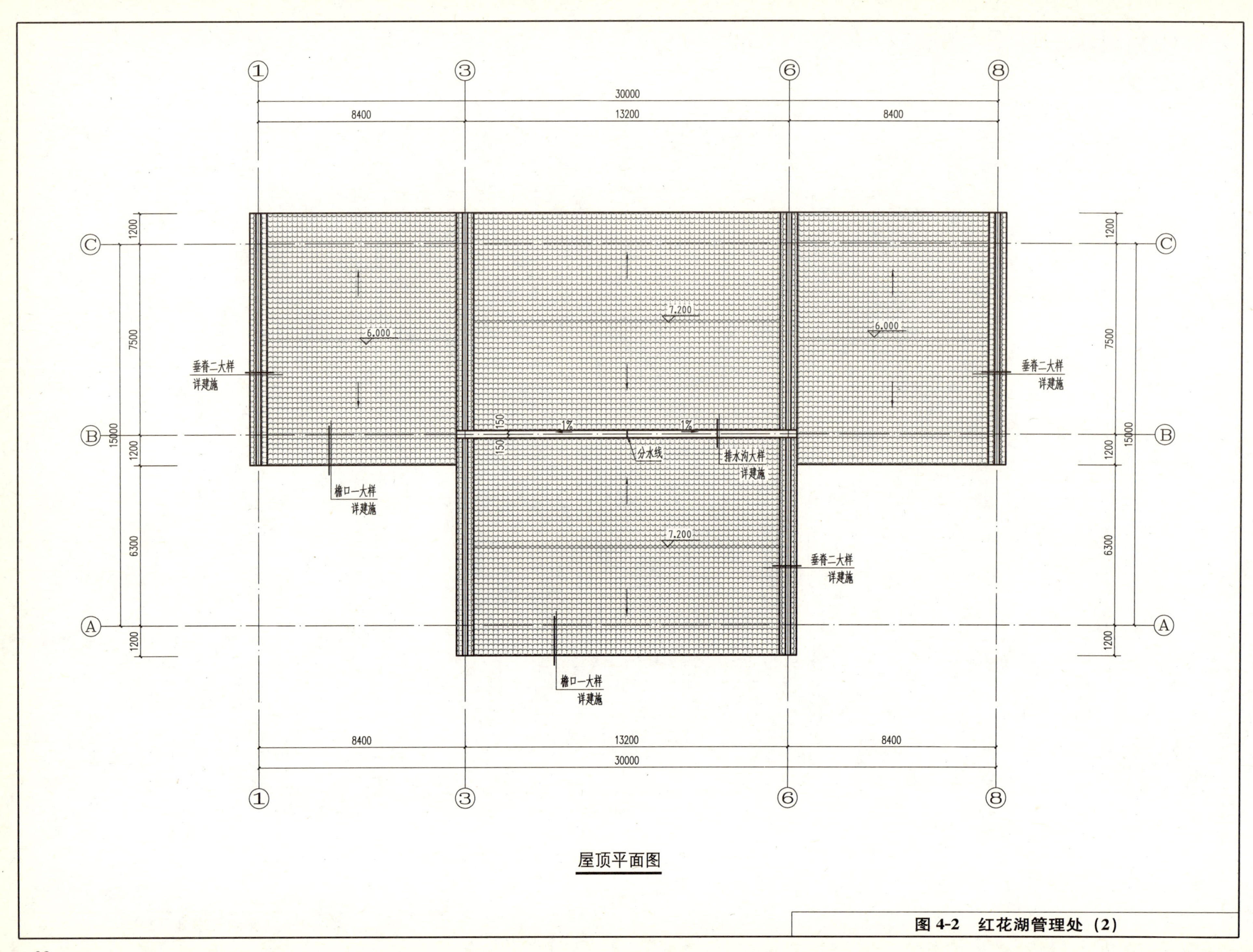

屋顶平面图

图 4-2　红花湖管理处（2）

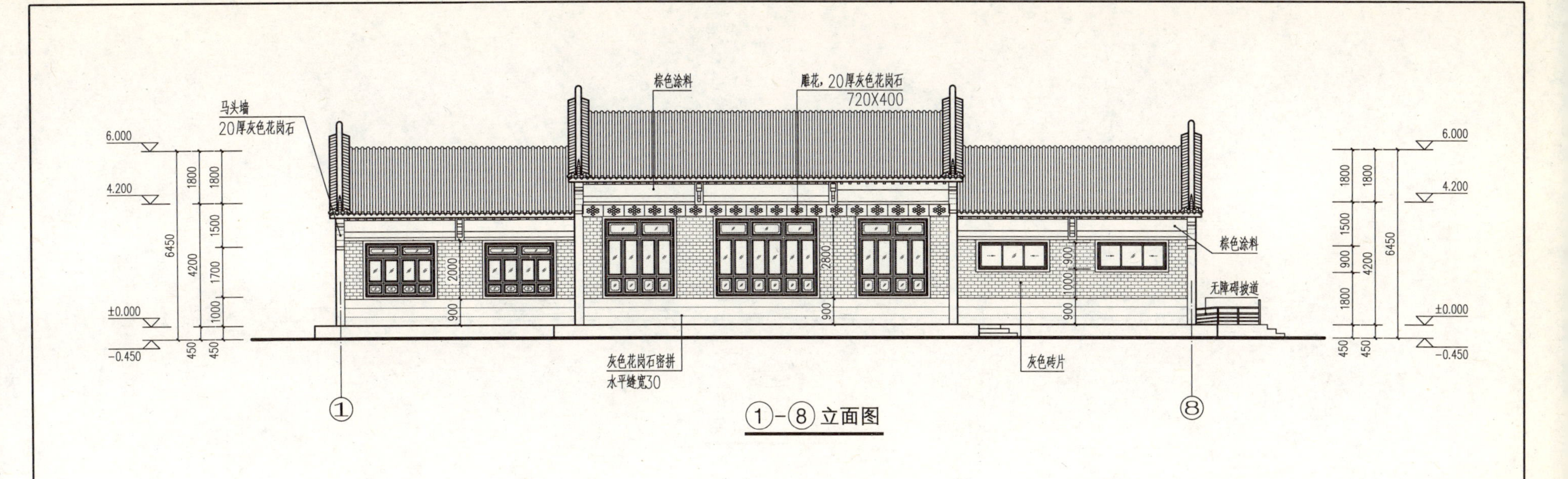

①-⑧立面图

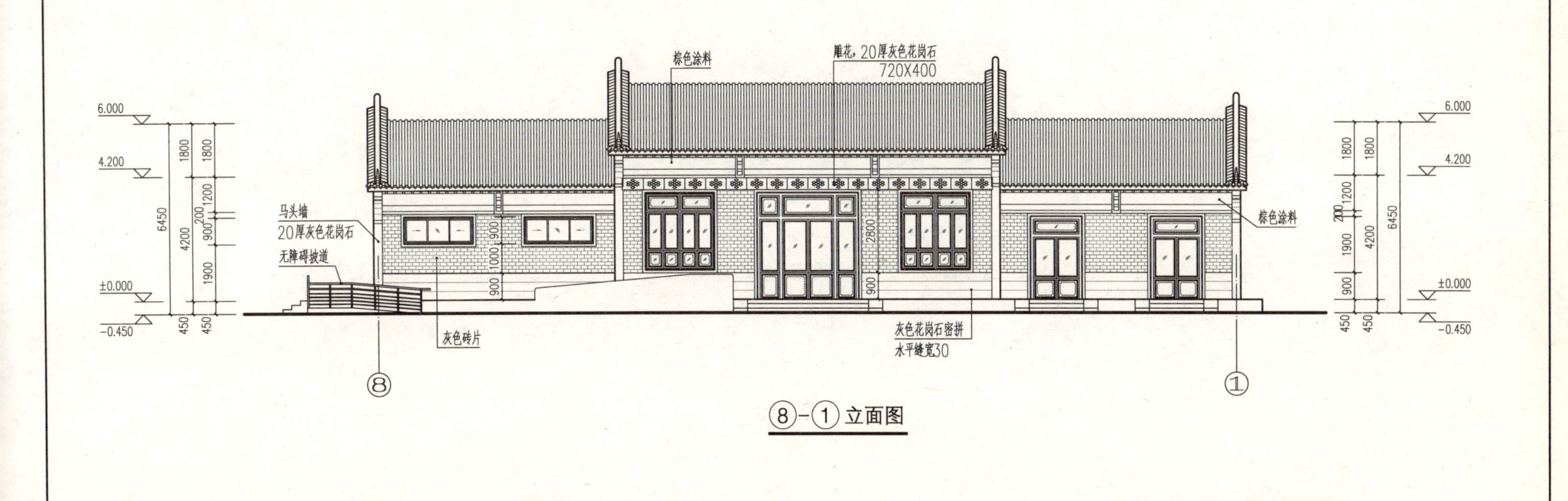

⑧-①立面图

图 4-3　红花湖管理处（3）

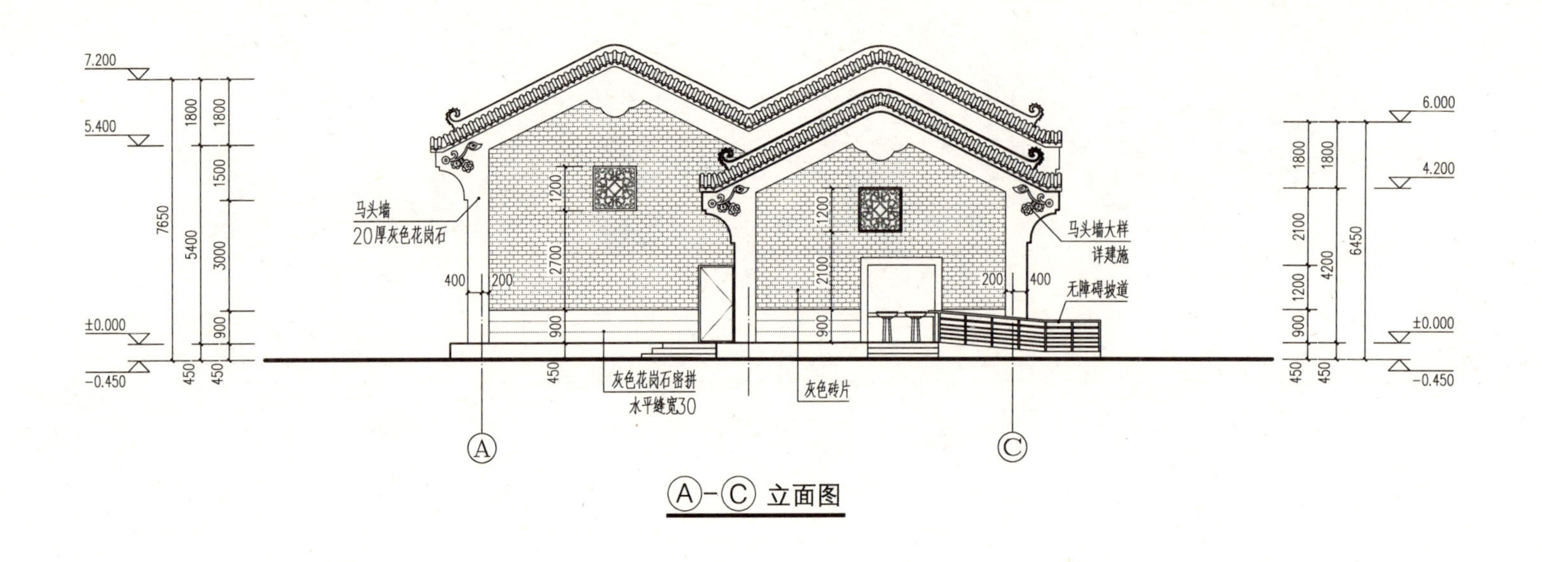

Ⓐ-Ⓒ 立面图

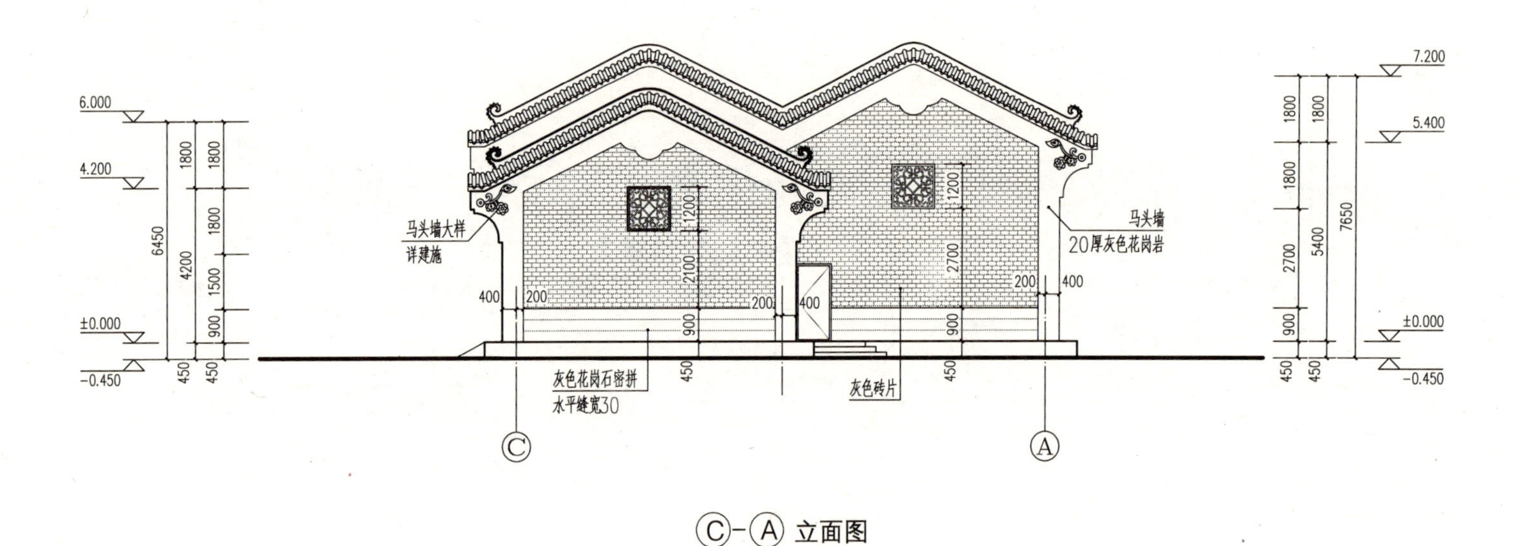

Ⓒ-Ⓐ 立面图

图 4-4　红花湖管理处（4）

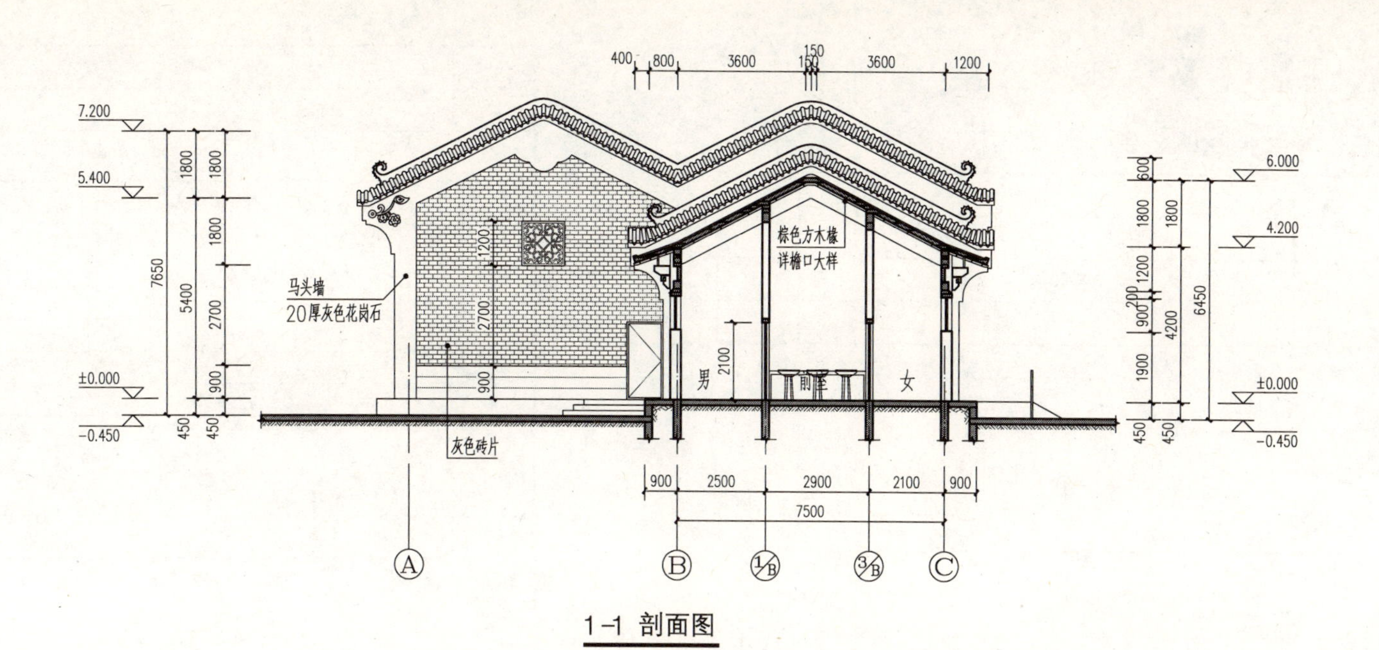
马头墙
20厚灰色花岗石
棕色方木椽
详檐口大样
灰色砖片
男
女
1-1 剖面图

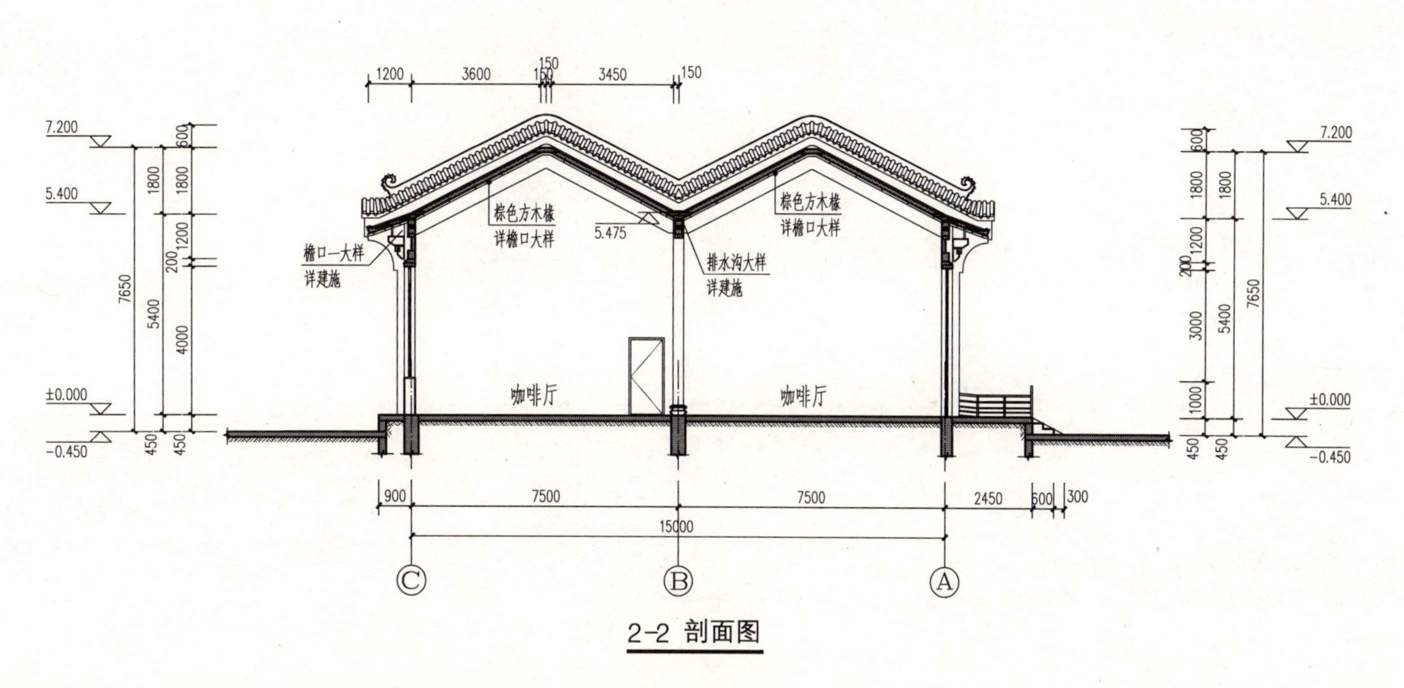
棕色方木椽
详檐口大样
檐口一大样
详建施
排水沟大样
详建施
咖啡厅
咖啡厅
2-2 剖面图

图 4-5 红花湖管理处（5）

抱石公园景观改造工程——管理房
建筑施工图设计出图状态表

序号	子项编号	子项名称	出图专业						备注
			各专业出图状态						
			总图	建筑	结施	水施	电施	暖通	
1	×××××××××	管理房	○	○	○	○	○	○	

注：状态一栏中 ●表示已发图纸，○表示现发图纸，□表示待发图纸，空白表示此专业不出图。图纸修改后原图自动作废。

总　目　录

子项名称：×××××××××

序号	图 纸 名 称	图号	规格	状态	附注
	建筑专业				
01	总目录	建施-00	A2	○	
02	建筑设计总说明	建施-01	A2	○	
03	建筑节能设计说明	建施-02	A2	○	
04	建筑材料一览表	建施-03	A2	○	
05	管理房平面定位图	建施-04	A1	○	
06	管理房底层平面图	建施-05	A1	○	
07	管理房屋顶平面图	建施-06	A1	○	
08	管理房立面图　大样图	建施-07	A1	○	
09	管理房剖面图　大样图	建施-08	A1	○	
10	门窗表（一）	建施-09	A1	○	
11	门窗表（二）　大样图	建施-10	A1	○	

注：状态一栏中 ●表示已发图纸，○表示现发图纸，□表示待发图纸，空白表示此专业不出图，图纸修改后原图自动作废。

序号	图 纸 名 称	图号	规格	状态	附注
	建筑专业				

采用标准图集目录

序号	图集代号	图集名称	序号	图集代号	图集名称
1	《横 04 J906》	××省标	7	《02J003》	国标
2	《横 03ZJ207》	××省标			
3	《横 04 J702》	××省标			
4	《横 04 J701》	××省标			
5	《03J926》	国标			
6	《06J403-1》	国标			

序号	图 纸 名 称	图号	规格	状态	附注
	结构专业				
01					
02					
03					
	给排水专业				
01					
02					
03					
	电气专业				
01					
02					
03					

图 4-6　抱石公园管理房——目录

建筑设计总说明

一、工程概况

1. 工程名称：抱石公园景观改造工程——管理房
2. 建设地点：江西省新余市
3. 建设单位：抱石公园改造工程领导小组办公室
4. 设计单位：××××
5. 建筑规模：860m²
6. 建筑性质：公共建筑
7. 建筑类别：二类
8. 结构类型：钢筋混凝土框架
9. 建筑耐久年限：50 年
10. 建筑物耐火等级：二级
11. 屋面防水等级：二级
12. 建筑物物抗震设防烈度：7 度
13. 主要技术经济指标：
    1. 总建筑面积：860m²
    2. 总建筑高度：
    3. 占地面积：1225m²

二、设计依据

相关文件	文件名称	文件编号	发文日期
☑设计任务书			
☑计划批文			
☑土地批文（设计要点）			
☑红线图			
☑地形测量图			
☑方案批文			
☑消防方案批文			
☑环保方案批文			
☑人防方案批文			
☑初步设计批文			
☑消防初步设计批文			
☑环保初步设计批文			
☑人防初步设计批文			
☑国家及省、市规范规程			

三、标高及单位

☑1. 本工程±0.000 标高相当于绝对标高 58.95m。

☑2. 本工程图纸所注尺寸除总平面及标高以米为单位外，其余均以毫米为单位。

四、建筑设计

1. 幕墙工程由专业厂家设计制作，所有玻璃均应经过节能计算，满足规定要求

2. 室外地面坡度不应小于 0.2%，且均坡向水沟

3. 其余未尽事宜在施工中各方及时沟通，共同商定

4. 钢结构材料采用 Q235（即 A3）钢材，钢材要求具有标准强度，伸长率，屈服强度及硫、磷含量的合格保证书，以及碳含量有保证书，符合 GB 700—88 结构钢技术条件。

五、建筑主要用材及构造

1. 墙体

本工程选用以下类型的墙体作填充墙：

☑A7.5 加气混凝土砌块 240mm 厚用于外墙体，200mm 厚用于房间隔墙，100mm 厚用于房间内隔墙，卫生间隔墙，采用 Mb5 专用砂浆砌筑。

☑低于室内一层地坪标高以下的墙体采用 MU10 非黏土砖，采用 M5 水泥砂浆砌筑。

□空心混凝土砌块厚用于厚用于

□2. 墙砌体均采用 M7.5 水泥砂浆砌筑（结构注明者除外）。

☑3. 墙体须按照砌体结构设计规范（GB 50003—2001）混凝土空心小型砌块建筑设计与施工规范（JGJ 14—95），多孔砖砌体结构技术规范（JGJ 137—2001）施工。

☑4. 填充墙与钢筋混凝土柱（墙）的连接构造详结施图。

☑5. 砌块墙转角处、丁字墙交接处应咬茬砌筑，咬茬砌筑有困难时，应在交接处灰缝内砌入 2ϕ6 拉结钢筋，钢筋垂直间距不大于 500mm，每边伸入墙内 1000mm 钢筋两端弯钩。

☑6. 到顶的非承重墙与楼板交接处应斜砌砌块与楼板顶牢，砂浆应密实，保证砌体与梁板紧密接触。

☑7. 在门窗洞边 200mm 内砌体应选用实心块或砂浆填实的空心块砌筑。

☑8. 门窗顶过梁及墙内圈梁设置均详结施。

☑9. 墙边柱边水管均先安管后用轻钢龙骨埃特平板包封。

☑10. 凡水电穿管线、固定管线插头、门窗框等连接构造及技术要求，均由制作厂家提供。

☑11. 除注明者外轴线或定位线过墙体中。

☑12. 除注明者外小门垛均为宽 250mm。

□13. 与混凝土砌体相接的空心砌块墙体当出现不符砌块模数的小墙垛时用非黏土砖砌筑小墙垛。

☑14. 墙身防潮层设在标高－0.05 处作法是抹 20mm 厚 1：2 水泥砂浆加 5%防水剂（有地梁且地梁面高于室外地坪时不设墙身防潮层）。

☑15. 小于 180mm 厚的女儿墙须做钢筋混凝土压顶和钢筋混凝土构造柱见结施图。

2. 楼地面

☑1. 室内外坡道面均作防滑处理。

□2. 现浇水磨石地楼面按不大 1000mm×1000mm 分格，除特别注明者外，普通水磨石面用 3mm 厚玻璃条分格，彩色水磨石面用 2mm 厚铜条分格。

☑3. 卫生间、厨房地楼面结构标高低于同层地楼面 20mm，阳台结构标高低于同层地楼面 80mm，由建筑找不小 1%坡，坡向地漏。

☑4. 建筑物四周无铺砌地面时应做散水，散水宽 800mm，（做法见说明）。散水坡度 5%，纵向按不大于 12m 设一道伸缩缝，散水与外墙设 20mm 宽缝，缝内填沥青砂浆。

3. 屋面

□1. 所有高出屋面的砌块墙体在高出屋面 300mm 以内须用 C20 素混凝土砌筑。

☑2. 屋面与高出屋面砌体交接处的抹灰均须做成圆弧形或 135°钝角。

☑3. 做屋面防水层前须仔细检查穿屋面管井或管道留洞是否有遗漏，避免做好防水层后再打洞

☑4. 屋面找坡坡向雨水口，在雨水口周围坡度加大形成积水区，雨水口位置及坡度坡向详屋顶平面。

☑5. 高屋面雨水排至低屋面时应在雨水管下方屋面嵌一块 500mm×500mm×30mm 细石混凝土板保护，四周找平纯水泥浆擦缝。

4. 门窗

☑1. 图中所注门窗尺寸为洞口尺寸，厂家制作门窗时须另留安装尺寸。

☑2. 门窗料采用何种系列玻璃厚度，门窗料断面厚度均由厂家按风压计算确定（外窗玻璃厚度不小于 5mm）门窗构造必须符合水密性气密性的要求。

☑3. 除注明者外，内门采用 6mm 厚玻璃。

☑4. 门窗短向中挺必须用整料，不得拼接。

☑5. 外开门双向开启门立樘于墙中，内开门立樘平开启方向粉刷面。

☑6. 内开门立樘平开启方向粉刷面时，立樘平墙面粉刷面一侧加做 50mm 宽 12mm 厚夹板贴脸。

☑7. 木门、塑料门后设磁性门碰，玻璃门后设胶面弹性门碰。

☑8. 除注明外，窗台高度低于 800mm 时，自距楼面 900mm 以下设铝合金成品安全护栏，铝合金成品安全护栏由制造铝合金窗的厂家设计制造安装。

□9. 防火门防盗门卷闸门等特殊门窗的安装要求由制造厂家提供，施工单位按厂家要求预留埋件和进行安装。

□10. 内窗台做 20mm 厚 350mm 宽大理石窗台板。

☑11. 主体工程完成后，门窗制作安装厂家应对门窗洞口尺寸进行复核，避免因施工误差过大而造成安装不便。

□12. 玻璃幕墙安装须严格按照现行的玻璃幕墙工程技术规范进行。

图 4-6　抱石公园管理房（1）

☑13. 玻璃门窗、玻璃隔断、玻璃栏板、天窗、橱窗等，其中安全玻璃的使用范围应遵照国家《建筑安全玻璃管理规定》（发改运行[2003] 2116号）执行。安全玻璃使用范围主要有玻璃幕墙、天窗、室内玻璃隔断，楼梯阳台、平台、走廊和中庭的玻璃栏板，门厅玻璃大门，单块面积大于1.5m的玻璃和落地窗，采光屋顶玻璃采用夹层玻璃，采用夹层玻璃时，夹层玻璃应放在底层。

5. 装饰

☑1. 室内抹灰为混合砂浆时，墙、柱及门洞口阳角处均作每侧100mm宽2000mm高厚度与相邻墙面相同的1∶2水泥砂浆护角。

□2. 汽车库、单车库内方柱须做2000mm高L50×5角钢护柱，角钢内侧焊$\phi 6$锚筋$L=400@500$锚筋埋，角钢外皮与柱面抹灰面平。

□3. 风道烟道竖井内壁砌筑灰缝须饱满，并随砌随原浆抹光。有检修门的管井内壁做1∶0∶3∶3混合砂浆粉刷。

□4. 砖砌电梯井道内壁随砌随将原浆刮平。

☑5. 有吊顶房间墙、柱、梁粉刷或装饰面仅做到吊顶标高以上100mm。

☑6. 木料与砌体接触部位须满涂防腐剂。

☑7. 墙体面层作喷涂或油漆须待粉刷基层干燥后进行。

☑8. 暴露在室内的各种立管待管道安装完毕后，用轻钢龙骨埃特平板外包至吊顶以上100mm，未表示检修门的管井均在检查口处开检修门300mm×300mm（木夹板门）挨特板板面及门扇表面颜色同相邻墙面，五金拉手配齐。

☑9. 本工程主要装饰材料（包括墙、柱、楼地面、天花、油漆等）的颜色均须先买样品，先作样板待甲方及设计单位认可后再大量购买和大片施工。

☑10. 凡贴墙、柱、楼地面的大理石、磨光花岗石颜色及纹理须经试排确定后方可施工。

☑11. 外墙不同材料墙体交接处须先加钢板网然后才能抹底灰，钢板网宽300mm，两边各搭接150mm钉紧绷牢。

☑六、无障碍设计

1. 设计依据—《城市道路和建筑物无障碍设计规程》（JGJ 50—2001）。

2. 设计范围及主要设施。

·建筑入口、入口平台及门：入口设轮椅坡道和扶手；门采用平开门。

·在入口处设置盲道、盲文指示，大厅设音响提示。

·公共通道：地面防滑，在地面高差处设坡道和扶手。

·楼梯：带休息平台的直线型楼梯，踏步有踢面和扶手。

·电梯：电梯厅和电梯轿厢的无障碍设施由电梯厂家协助设计，电梯可到达各停靠层。

·公共厕所：内设无障碍专用卫生间。

·停车位、人行道、公共绿地：均设有专用配套面积和无障碍设施。

☑七、环保及室内环境污染控制设计

1. 环境保护及污染防治设施应与主体工程同时设计、同时施工、同时使用的环保“三同时”原则。

2. 总体规划采取了有利于环保和控污的措施。

3. 各种污染物（如废气烟气、废水污水、垃圾、工业废渣、噪声、油污、各类建筑材料所含放射性和非放射性污染物等）均采取了有效措施控制和防治并达标。

4. 尽量采用可回收再利用的建筑材料，不使用焦油类、石棉类产品和材料。建筑材料在任何情况均不得散发有害气体。

5. 有白蚁地区，建设单位应委托专业公司预先采取防白蚁措施。

6. 厨房的油烟应经必要的过滤处理，方可排放

7. 冬季采暖和夏季空调器建施内应有新鲜空气补充措施。

8. 室内空气污染物控制指标见下表。

污染物名称	单位	浓度限值	备注
一氧化碳(CO)	mg/m^3	5	日平均浓度
二氧化碳(CO_2)	mg/m^3	0.10	日平均浓度
氨(NH_3)	mg/m^3	0.20	日平均浓度
甲醛(NCHO)	mg/m^3	0.08	小时平均浓度
苯(C_6H_6)	mg/m^3	0.90	小时平均浓度
总挥发性有机物(TVOC)	mg/m^3	0.60	日平均浓度
氡	mg/m^3	100	每年平均平衡当量浓度

八、其他

☑1. 所有露明铁件应先除锈，然后用红丹（防锈漆）打底再刷白色金属漆二道（注明构件除外），不露明的铁件只刷红丹二道。

☑2. 柔性防水基层处理剂；用于沥青类的基层处理剂用冷底子油；用与高分子防水材料的基层处理剂用氯丁胶、硅橡胶、丙烯酸的稀释液。

☑3. 聚合物水泥砂浆配合比

(1) 当为丙烯酸聚合物水泥砂浆，或EVA聚合物水泥砂浆时，聚合物：水泥：细砂=1∶2∶4用于面层，聚合物：水泥：中砂=1∶2∶6用于底层。

(2) 当为氯丁胶聚合物水泥砂浆或丁苯胶聚合物水泥砂浆时，聚合物：水泥：细砂=1∶2∶4。

☑4. 水电通风煤气等专业的各种设施的安装洞口须与各专业图纸配合施工。

☑5. 除注明者外，管道井检修门门洞底距地300mm检修门宽600mm高1800mm。

☑6. 设备房非承重墙应在设备安装完毕后再砌筑。

☑7. 防火门生产厂家及产品须有消防部门的鉴定认可。

☑8. 外墙面所有挑出构件在外墙抹灰时须认真做好滴水。

☑9. 外墙门窗与外墙接缝处用聚合物水泥砂浆封严。

☑10. 建筑施工图须与总图、结构、给排水、电气、空调、动力等有关专业图纸同时配合使用。

☑11. 本工程燃气部分由专业公司设计安装，但须满足消防及其规范要求。

☑12. 本工程施工、安装和质量验收均须严格遵守国家及本省本市现行各项规范规程。

注：以上诸项在方块上打钩者如☑适用本工程。

图4-7 抱石公园管理房（2）

建筑节能设计说明

一、工程概况

1. 工程名称：抱石公园景观改造工程——管理房
2. 建设地点：××××
3. 建筑单位：抱石公园改造工程领导小组办公室
4. 设计单位：××××
5. 建筑规模：860m²
6. 建筑性质：公共建筑
7. 建筑类别：二类
8. 结构类型：钢筋混凝土框架
9. 建筑耐久年限：50 年

二、设计依据

☑1.《民用建筑热工设计规范》(GB 50176—93)

☑2.《公共建筑节能设计标准》(GB 50189—2005)

三、公共建筑节能原则和措施

☑1. 选择最佳朝向或接近最佳建筑朝向。

☑2. 组织良好的自然通风、采光。

☑3. 建立生态绿光系统——适当采用内外部地面绿化、空中绿化、屋顶花园。

☑4. 控制窗、墙面积比，建筑各朝向窗（含透明幕墙）墙平均面积比≤0.70。

☑5. 控制屋顶天窗面积比，屋顶天窗面积不大于总面积的 20%。

☑6. 外窗可开启部分面积比≥30%，建筑透明幕墙部分设有可开启部分或通风换气装置。

☑7. 保温隔热材料施工前不得受潮。

☑8. 围护结构采取综合有效的保温隔热措施，其热工性能符合建筑节能标准的要求。

四、建筑节能设计指标

本建筑（新余抱石公园景观改造工程——管理房）位于江西省新余市，根据建筑气候分区情况属于夏热冬冷地区，建筑节能设计指标见附表 1。

五、指标计算结论

☑1. 屋面的传热系数满足建筑节能标准的要求。

☑2. 外墙的传热系数满足建筑节能标准的要求。

☑3. 外窗的传热系数、气密性、遮阳系数、可开启面积比满足建筑节能标准的要求。

☑4. 天窗的传热系统、遮阳系数、天窗透明部分的面积满足建筑节能标准的要求。

☑5. 外窗的窗墙面积比满足建筑节能标准的要求。

☑6. 地面的热阻满足建筑节能标准的要求。

结论：设计建筑的各项指标符合《公共建筑节能设计标准》(GB 50189—2005) 的建筑节能设计要求。

建筑节能设计指标表（按规定性指标） **附表 1**

<table>
<tr><th>序号</th><th colspan="3">项目内容/部位</th><th colspan="2">规定指标</th><th colspan="6">设计指标</th><th>节能措施</th></tr>
<tr><td>1</td><td>屋顶</td><td colspan="2">传热系数 K (W/m²·K)</td><td colspan="2">K≤0.70</td><td colspan="6">K=0.65</td><td>铺挤塑板 40 厚</td></tr>
<tr><td>2</td><td>外墙
（包括非透明幕墙）</td><td colspan="2">传热系数 K (W/m²·K)</td><td colspan="2">K≤1.0</td><td colspan="6">K=0.91</td><td>采用 240 厚蒸压加气混凝土砌块 20 厚保温砂浆</td></tr>
<tr><td>3</td><td>底层架空楼板
或外挑楼板</td><td colspan="2">传热系数 K (W/m²·K)</td><td colspan="2">K≤10</td><td colspan="6">—</td><td>—</td></tr>
<tr><td rowspan="12">4</td><td rowspan="12">单一朝向外窗
（包括透明幕墙）</td><td colspan="2" rowspan="3">窗墙面积比</td><td colspan="2">C≤0.7；当 C<0.4 时，玻璃的可见光透射比 Tr≥0.4</td><td colspan="6"></td><td></td></tr>
<tr><td rowspan="2">传热系数 K (W/m²·K)</td><td rowspan="2">遮阳系数 SC（东南西/北向）</td><td colspan="4">窗墙面积比 C</td><td rowspan="2">传热系数 K (W/m²·K)</td><td rowspan="2">遮阳系数 SC（东南西/北向）</td><td rowspan="2"></td></tr>
<tr><td>东</td><td>西</td><td>南</td><td>北</td></tr>
<tr><td colspan="2">C≤0.2</td><td>≤4.7</td><td>—</td><td></td><td></td><td>0.17</td><td>0.08</td><td>3.0</td><td>—</td><td>采用 Low-E 中空玻璃普通铝合金窗</td></tr>
<tr><td colspan="2">0.2<C≤0.3</td><td>≤3.5</td><td>≤0.55/—</td><td></td><td></td><td></td><td></td><td>—</td><td>—</td><td>—</td></tr>
<tr><td colspan="2">0.3<C≤0.4</td><td>≤3.0</td><td>≤0.50/0.6</td><td>0.39</td><td>0.36</td><td></td><td></td><td>3.0</td><td>0.50</td><td>采用 Low-E 中空玻璃普通铝合金窗</td></tr>
<tr><td colspan="2">0.4<C≤0.5</td><td>≤2.8</td><td>≤0.45/0.55</td><td></td><td></td><td></td><td></td><td>—</td><td>—</td><td>—</td></tr>
<tr><td colspan="2">0.5<C≤0.7</td><td>≤2.5</td><td>≤0.40/0.50</td><td></td><td></td><td></td><td></td><td>—</td><td>—</td><td>—</td></tr>
<tr><td rowspan="2">可开启面积</td><td>外窗</td><td colspan="2">≥30%外窗面积</td><td colspan="6">≥30%外窗面积</td><td>符合</td></tr>
<tr><td>透明幕墙</td><td colspan="2">有可开启部分或设置通风换气装置</td><td colspan="6">房间有通风换气窗，幕墙可以考虑设置部分开启和通分装置</td><td>采用 Low-E 中空玻璃普通铝合金框</td></tr>
<tr><td rowspan="2">气密性 q_0 (m/m³·h)</td><td>外窗</td><td colspan="2">≤1.5(4 级)</td><td colspan="6">4 级</td><td>气密性等级>6 级</td></tr>
<tr><td>透明幕墙</td><td colspan="2">≤2.5(3 级)</td><td colspan="6">3 级</td><td>气密性等级>3 级</td></tr>
<tr><td rowspan="3">5</td><td rowspan="3">天窗</td><td colspan="2">天窗面积/屋顶面积</td><td colspan="2">≤20%</td><td colspan="6">—</td><td rowspan="3">—</td></tr>
<tr><td colspan="2">传热系数 K(W/m²·K)</td><td colspan="2">K≤3.0</td><td colspan="6">—</td></tr>
<tr><td colspan="2">遮阳系数 SC</td><td colspan="2">SC≤0.40</td><td colspan="6">—</td></tr>
<tr><td rowspan="2">6</td><td>地面</td><td colspan="2" rowspan="2">热阻 R(m²·K/W)</td><td colspan="2" rowspan="2">R≥1.2</td><td colspan="6">1.2</td><td rowspan="2">符合</td></tr>
<tr><td>地下室外墙</td><td colspan="6">—</td></tr>
</table>

图 4-8　抱石公园管理房(3)

建筑材料一览表

项目		构造做法	使用部位
屋面	小青瓦坡屋面 （有保温层）	• 小青瓦用 20 厚 1∶1∶4 水泥石灰砂浆加水泥重的 3%麻刀卧铺（盖七留三） • 30 厚 1∶3 水泥砂浆 • 满铺 1 厚钢板网，菱孔 15×40，搭接处用 18 号镀锌钢丝绑扎，并与预埋 ϕ10 钢筋头绑牢，钢板网埋入 30 厚砂浆层中 • 40 层挤塑聚苯板用聚合物砂浆粘贴 • 水乳型聚合物水泥基防水涂膜 2 厚 • 20 厚 1∶3 水泥砂浆找平层 • 钢筋混凝土屋面板预埋 ϕ10 钢筋头，露出屋面 90，中距双向 900～1000 • 钢筋混凝土屋面板	（适用坡道 22.5°～45°屋面）
屋面	小青瓦坡屋面 （无保温层）	• 小青瓦用 20 厚 1∶1∶4 水泥石灰砂浆加水泥重的 3%麻刀卧铺（盖七留三） • 30 厚 1∶3 水泥砂浆 • 满铺 1 厚钢板网，菱孔 15×40，搭接处用 18 号镀锌钢丝绑扎，并与预埋 ϕ10 钢筋头绑牢，钢板网埋入 30 厚砂浆层中 • 水乳型聚合物水泥基防水涂膜 2 厚 • 20 厚 1∶3 水泥砂浆找平层 • 钢筋混凝土屋面板预埋 ϕ10 钢筋头，露出屋面 20，中距双向 900～1000 • 钢筋混凝土屋面板	连廊
外墙面	涂料墙面	• 丙烯酸乳液罩面涂料二遍（颜色见立面图） • 喷丙烯酸乳液为粘结剂，含细石英砂为骨料的中涂层 • 封底涂料一遍 • 6 厚聚合物水泥抗裂砂浆压实抹面，内压入两层耐碱玻纤网格布（当墙体没有保温要求的外墙时取消网格布） • 20 厚保温砂浆分层抹入压实 （当墙体没有保温要求的外墙时取消该层） • 12 厚 1∶3 水泥砂浆打底扫毛 • 喷刷加气混凝土界面处理剂一遍 • 墙体（当墙体为加气混凝土墙体时要清除加气混凝土墙体表面的浮灰）	（位置见立面图）
外墙面	花岗石块石墙面	• 贴 15 厚黄棕色花岗石块石，乱拼 （片径：200～400） • 10 厚聚合物水泥砂浆结合层 • 15 厚 1∶3 水泥砂浆打底扫毛 • 喷刷加气混凝土界面处理剂一遍 • 墙体	（位置见立面图）
内墙面	乳胶漆墙面	• 喷内墙白色乳胶漆涂料三至五遍 • 6 厚 1∶2.5 水泥砂浆罩面压光水刷带出小麻面 • 12 厚 1∶3 水泥砂浆打底扫毛 • 墙体（当墙体为加气混凝土墙体时要清除加气混凝土墙体表面的浮灰）	（除注明外 内墙面）
内墙面	瓷砖墙面	• 8 厚白瓷砖（200×400），白水泥擦缝 • 3 厚陶瓷墙地砖胶粘剂粘贴 • 6 厚聚合物水泥砂浆 • 12 厚 1∶3 水泥砂浆打底扫毛 • 墙体（当墙体为加气混凝土墙体时要清除加气混凝土墙体表面的浮灰）	厕所、厨房 （瓷片墙面到顶）

注：本工程做法除图中有注明外用，做法仅供参考，以二次装修为主。

建筑材料一览表

项目		构造做法	使用部位
地面	花岗石板地面	• 20 厚浅灰色磨面花岗石板（800×800），干水泥浆擦缝 • 撒素水泥面（洒适量清水） • 30 厚 1∶3 干硬性水泥砂浆结合层（内掺建筑胶） • 干铺无纺聚酯纤维布一层 • 聚合物水泥基防水涂膜 1.5 膜，周边上翻不小于 300 • 80 厚 C15 混凝土垫层 • 150 厚 3∶7 灰土 • 素土夯实，夯实系数>93%	多功能 活动室 门厅 餐厅 接待室
地面	防滑地砖地面	• 铺 10 厚浅灰色防滑地砖（300×300），干水泥浆擦缝 • 撒素水泥面（洒适量清水） • 30 厚 1∶3 干硬性水泥砂浆结合层（内掺建筑胶） • 干铺无纺聚酯纤维布一层 • 聚合物水泥基防水涂膜 1.5 厚，周边上翻不小于 300 • 1∶3 水泥砂浆找坡层，最薄处 20 厚，坡向地漏，一次抹平 • 80 厚 C15 混凝土垫层 • 150 厚 3∶7 灰土 • 素土夯实，夯实系数>93%	厕所 厨房
地面	烧土砖地面	• 浅土红色烧土方砖（350×350×30），45°斜拼 • 撒素水泥面（洒适量清水） • 30 厚 1∶3 干硬性水泥砂浆结合层（内掺建筑胶） • 80 厚 C15 混凝土垫层 • 150 厚 3∶7 灰土 • 素土夯实，夯实系数>93%	走廊 连廊
地面	抛光砖地面	• 铺 10 厚浅色抛光砖（600×600）地面，干水泥浆擦缝 • 撒素水泥面（洒适量清水） • 30 厚 1∶3 干硬性水泥砂浆结合层（内掺建筑胶） • 干铺无纺聚酯纤维布一层 • 聚合物水泥基防水涂膜 1.5 厚，周边上翻不小于 300 • 80 厚 C15 混凝土垫层 • 150 厚 3∶7 灰土 • 素土夯实，夯实系数>93%	（除注外 地面）
踢脚	150 高瓷砖踢脚	• 8 厚浅色瓷砖（150×300），白水泥擦缝 • 3 厚陶瓷墙地砖胶粘剂粘贴 • 6 厚聚合物水泥砂浆 • 12 厚 1∶3 水泥砂浆打底扫毛	抛光砖地面房间
踢脚	150 高花岗石板	• 15 厚深灰色花岗石板（150×400），干水泥浆擦缝 • 10 厚聚合物水泥砂浆 • 15 厚 1∶3 水泥砂浆打底扫毛	多功能活动室 门厅 餐厅 接待室
顶棚	乳胶漆顶棚	• 满刮腻子两道，砂纸磨平，喷内墙白色乳胶漆涂料二遍 • 7 厚 1∶2 水泥砂浆压实抹光 • 8 厚 1∶3 水泥砂浆找平 • 钢筋混凝土顶板	除吊顶外 顶棚
顶棚	轻钢龙骨石膏板吊顶	（二次设计）	坡屋面房间， 走廊
室内踏步	烧土砖地面踏步	• 浅土红色烧土方砖（30×300×30） • 撒素水泥面（洒适量清水） • 30 厚 1∶3 干硬性水泥砂浆结合层，向外坡 1% • 素水泥浆一道 • 80 厚 C15 混凝土垫层 • 150 厚 3∶7 灰土 • 素土夯实，夯实系数>93%	（位置见底 平面图）

图 4-9 抱石公园管理房（4）

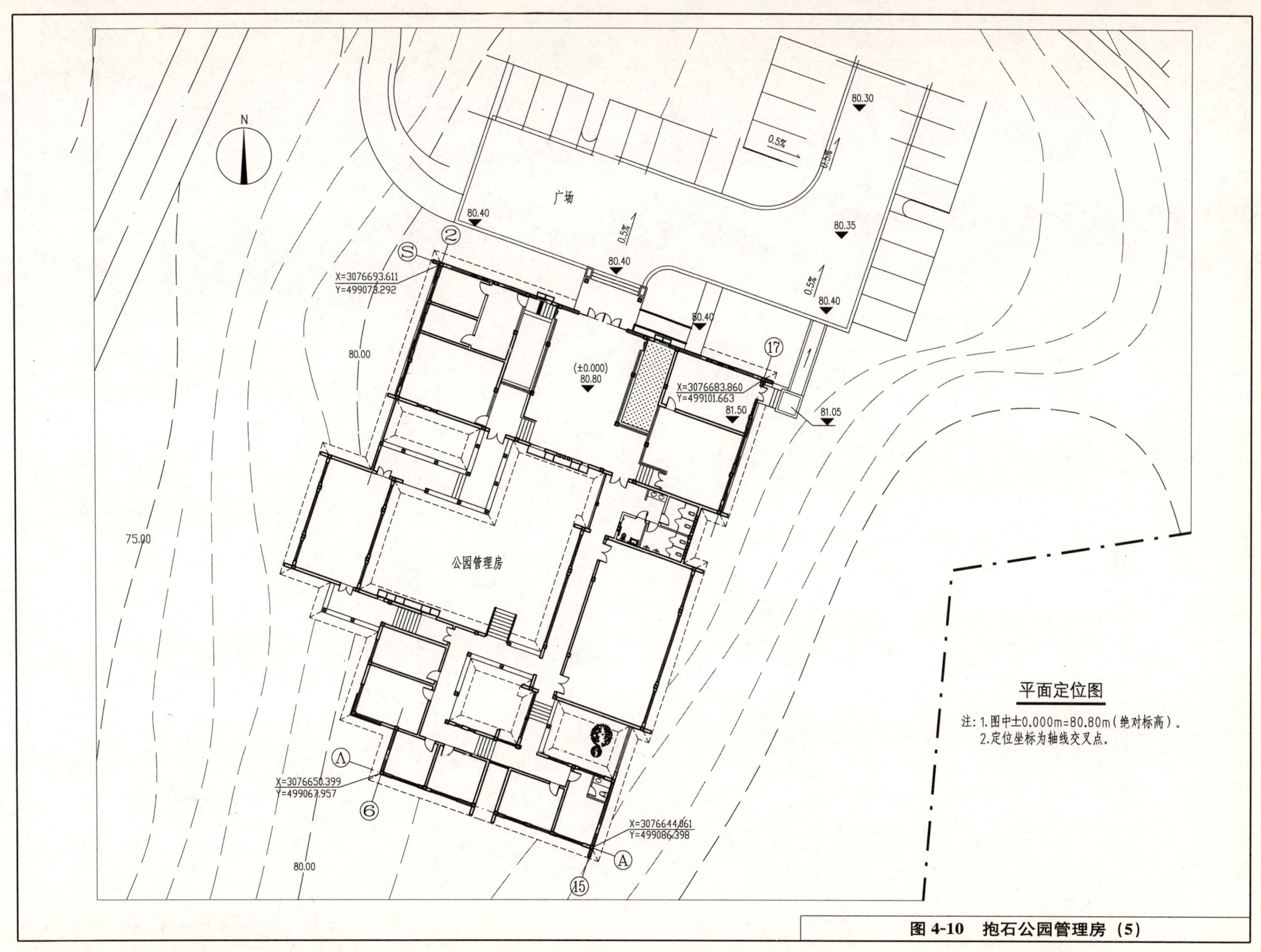

图 4-10　抱石公园管理房（5）

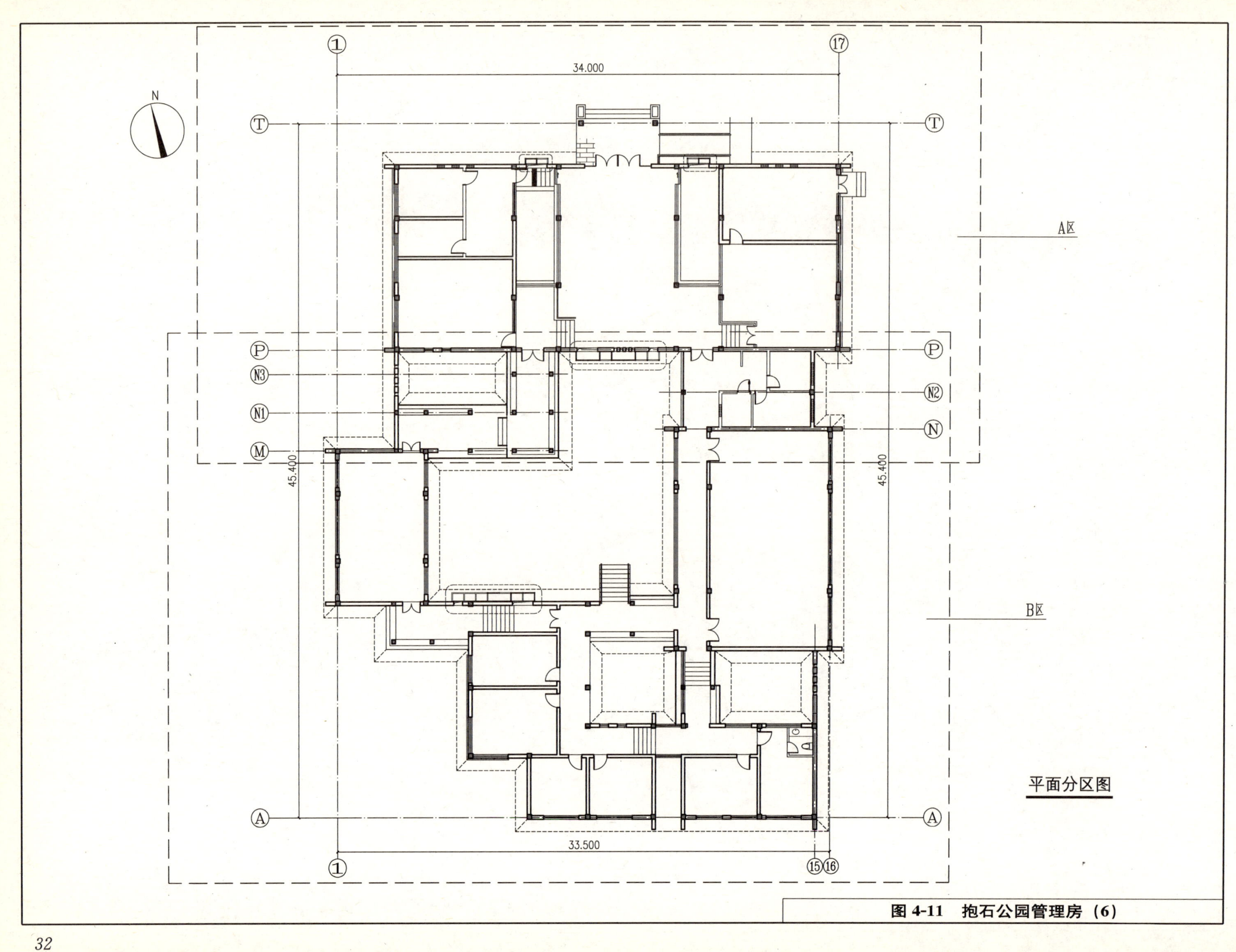

图 4-11　抱石公园管理房（6）

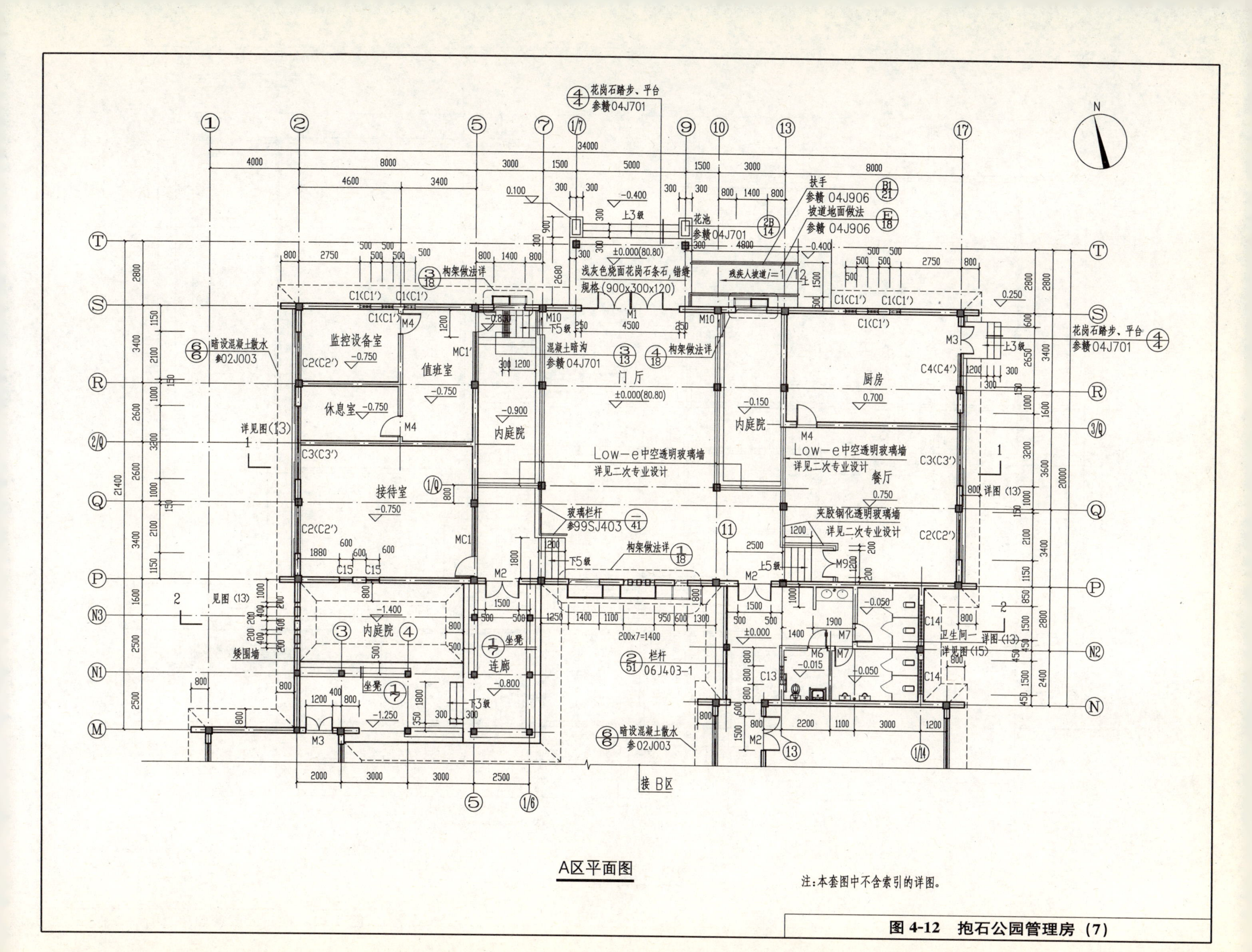

图 4-12 抱石公园管理房（7）

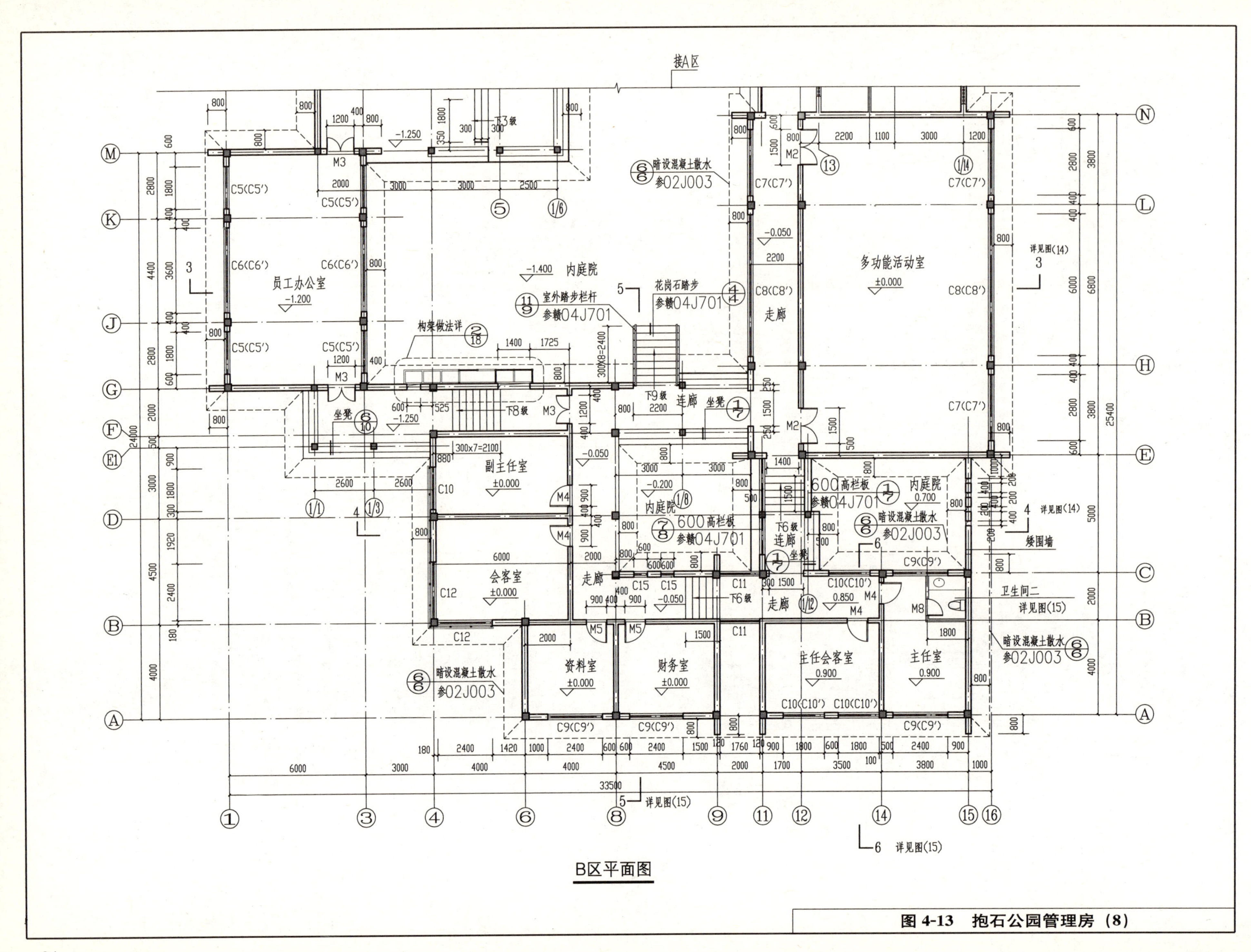

B区平面图

图 4-13　抱石公园管理房（8）

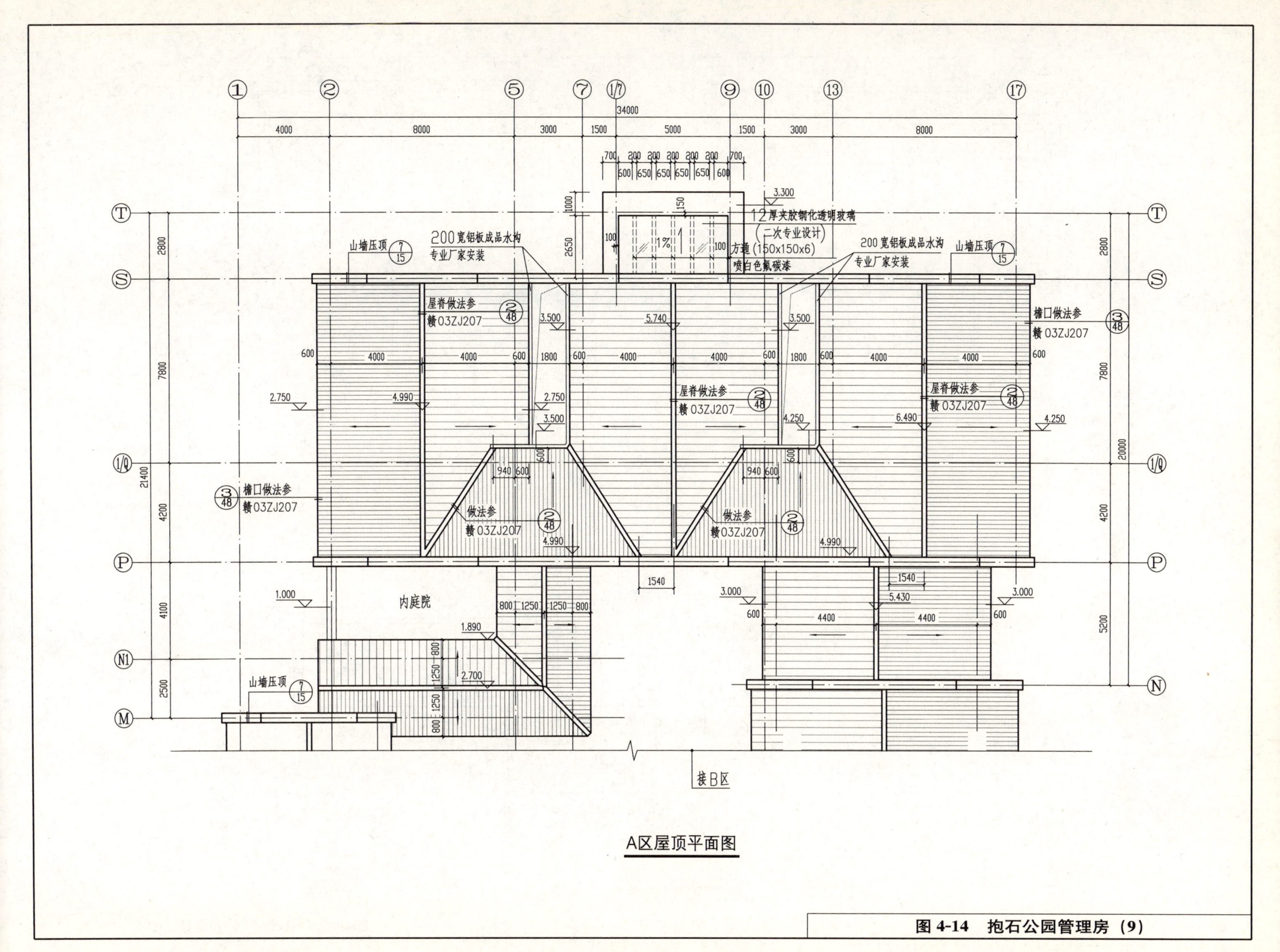

图 4-14　抱石公园管理房（9）

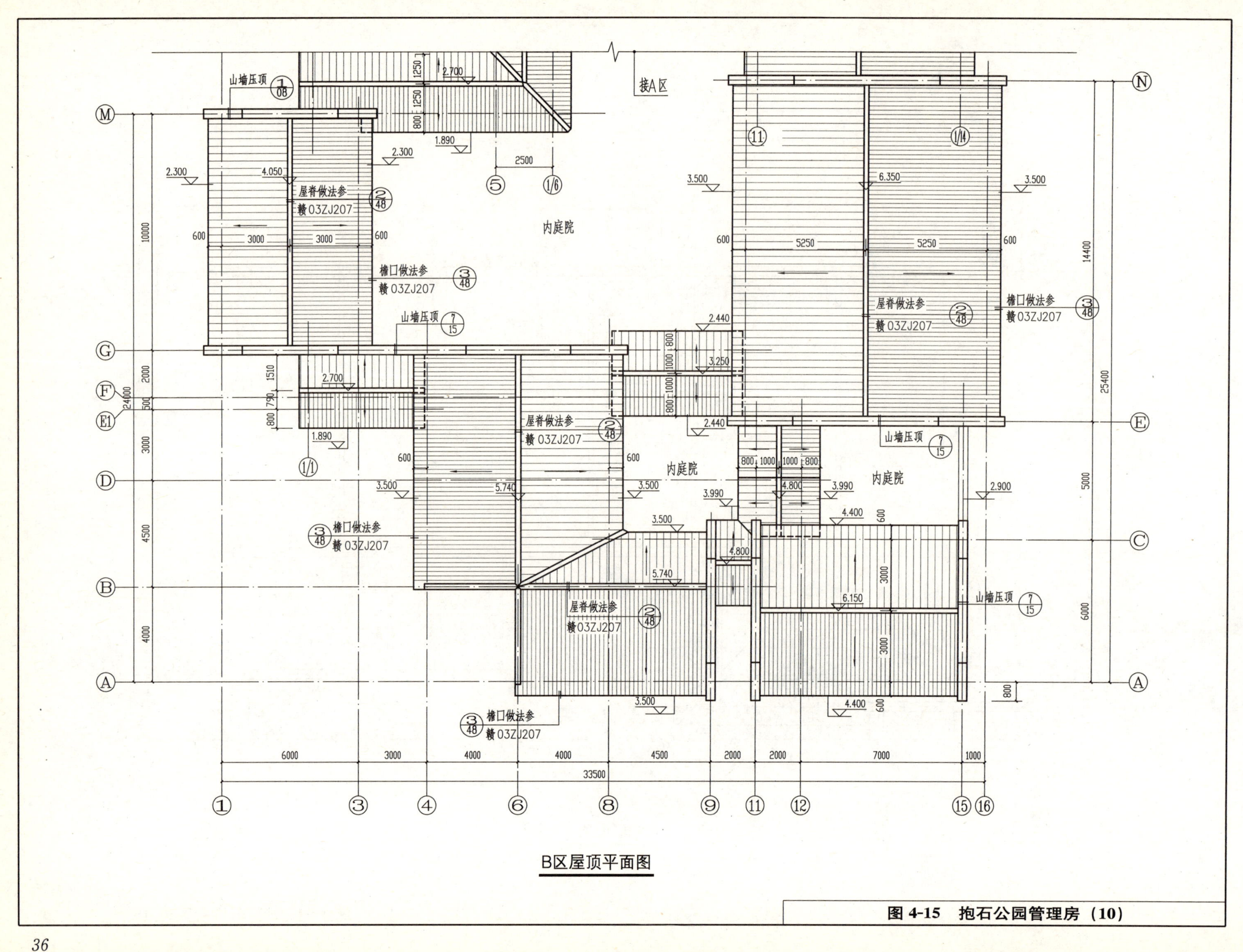

图 4-15　抱石公园管理房（10）

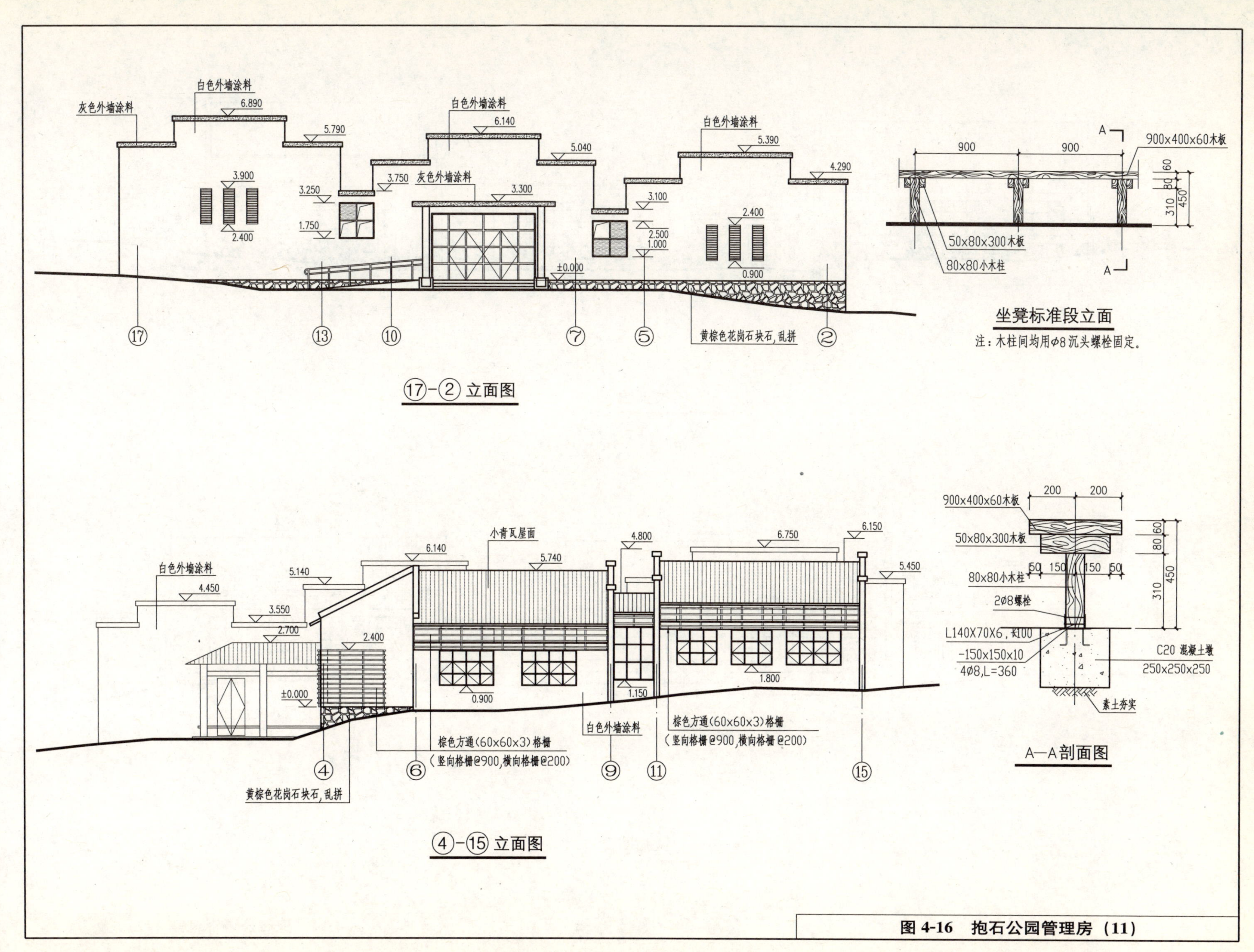

图 4-16　抱石公园管理房（11）

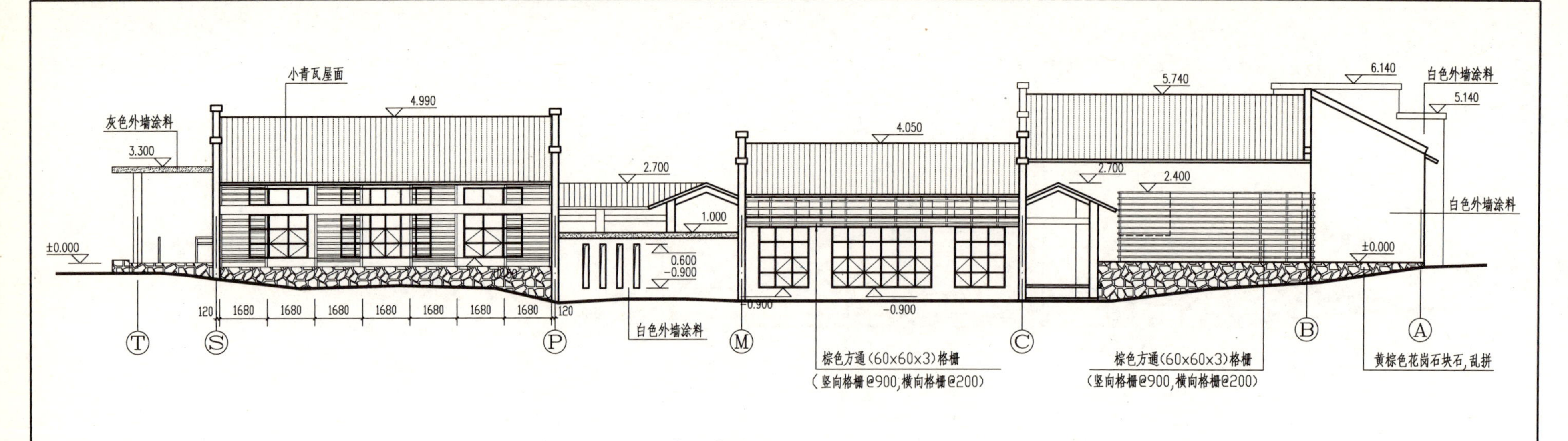

Ⓣ-Ⓐ 立面图

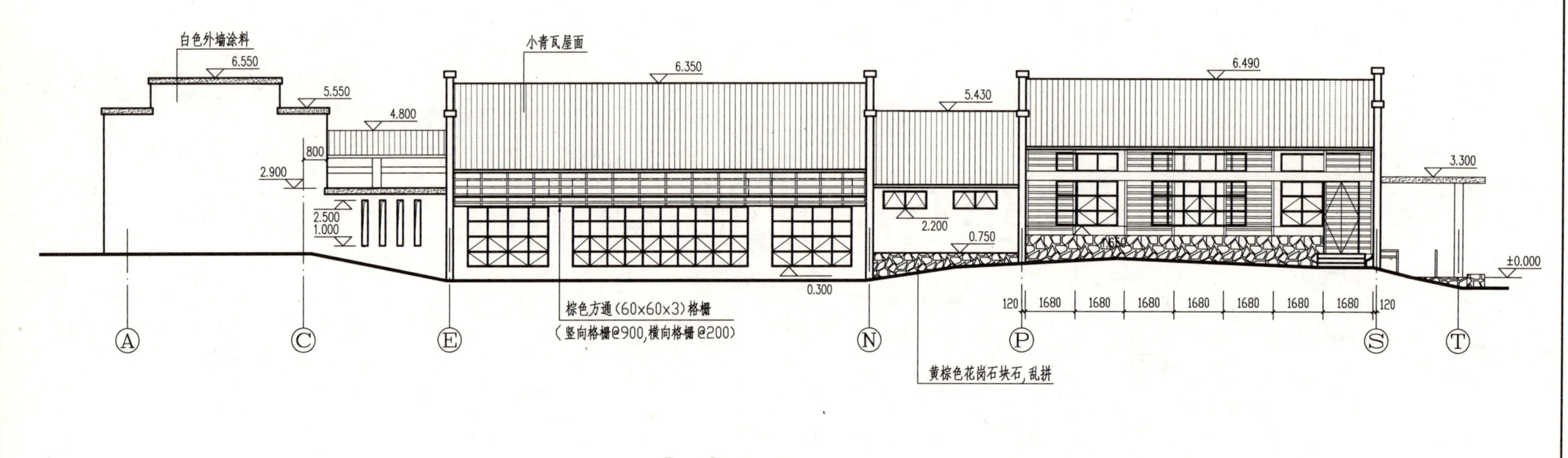

Ⓐ-Ⓣ 立面图

图 4-17　抱石公园管理房（12）

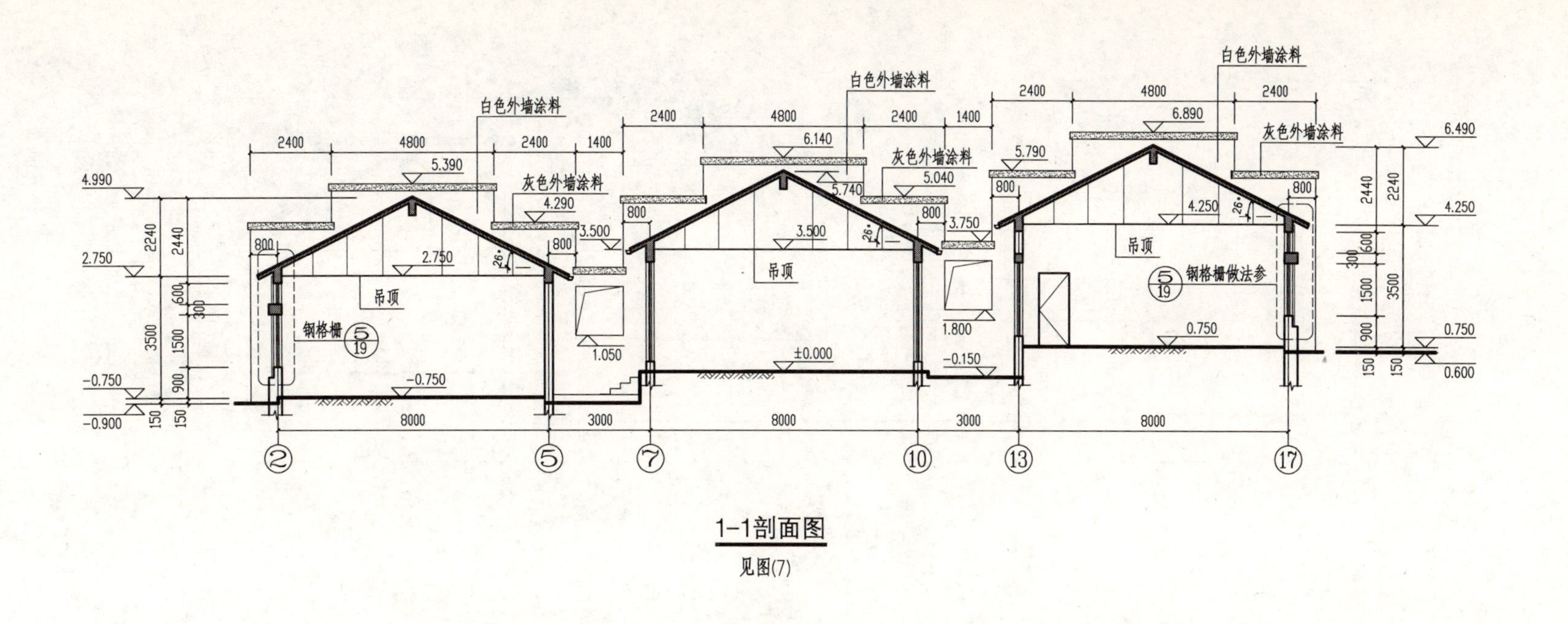

1-1剖面图

见图(7)

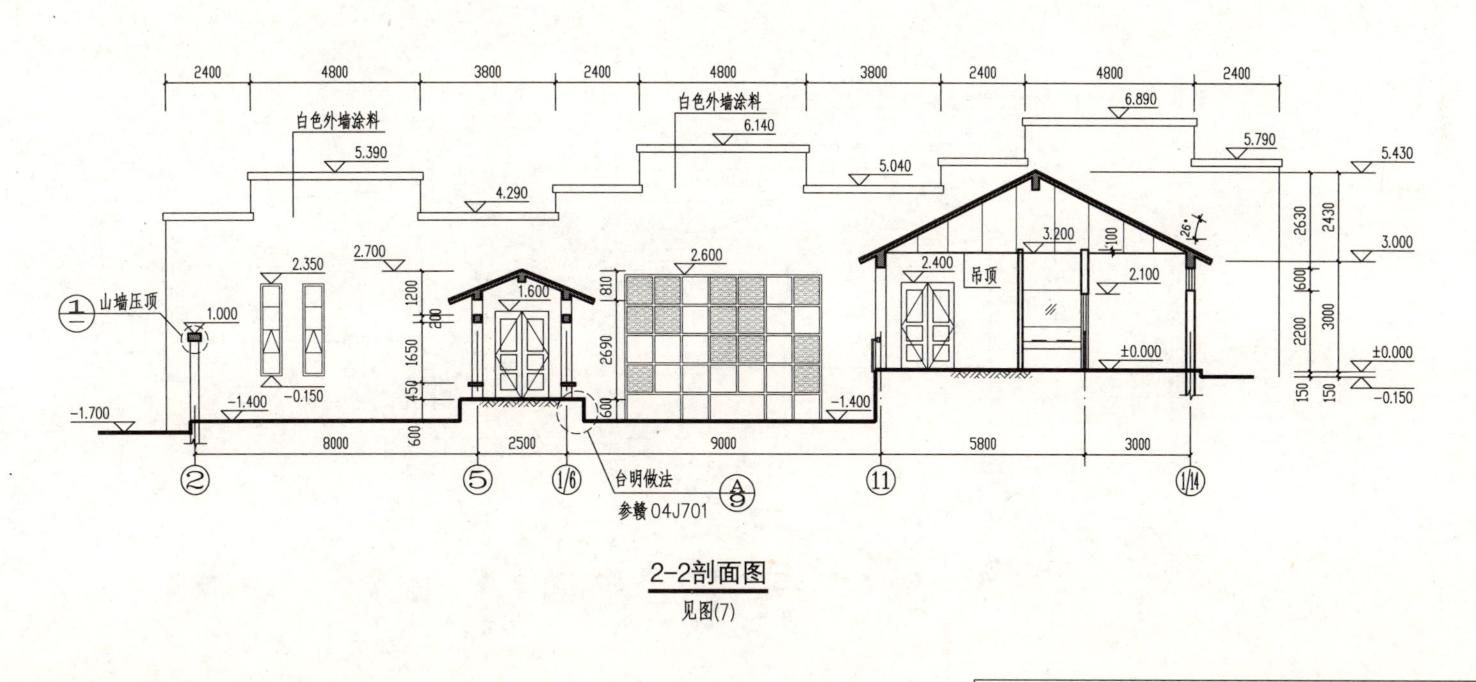

2-2剖面图

见图(7)

图 4-18　抱石公园管理房（13）

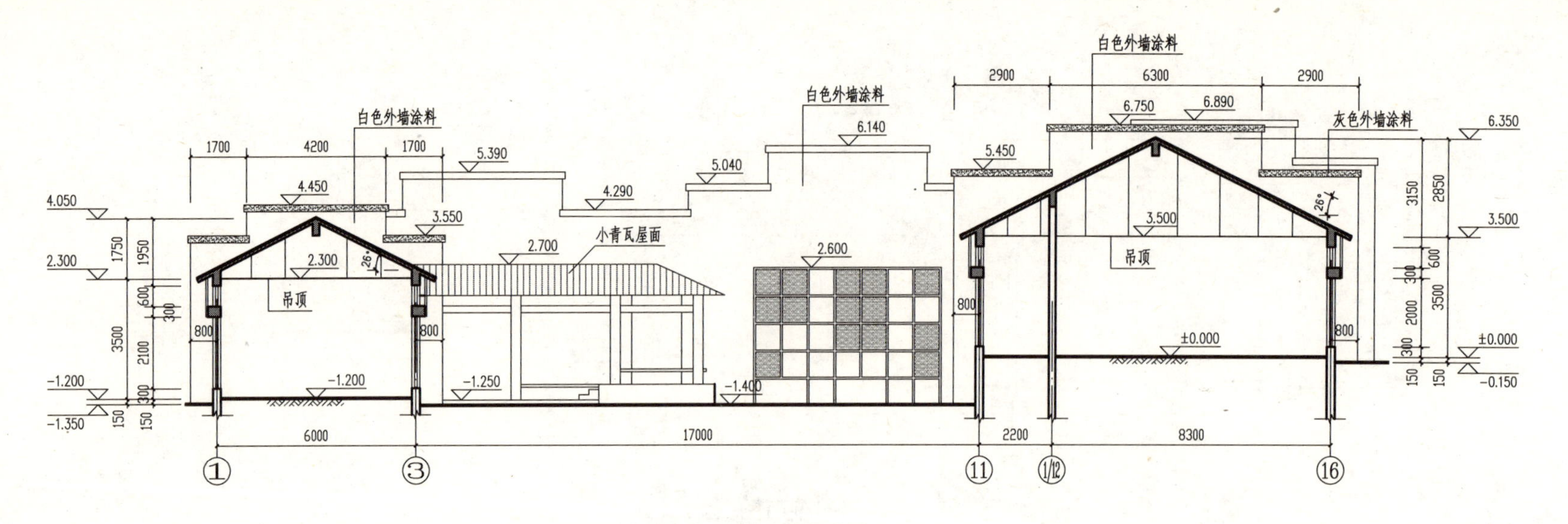

3-3剖面图

见图(8)

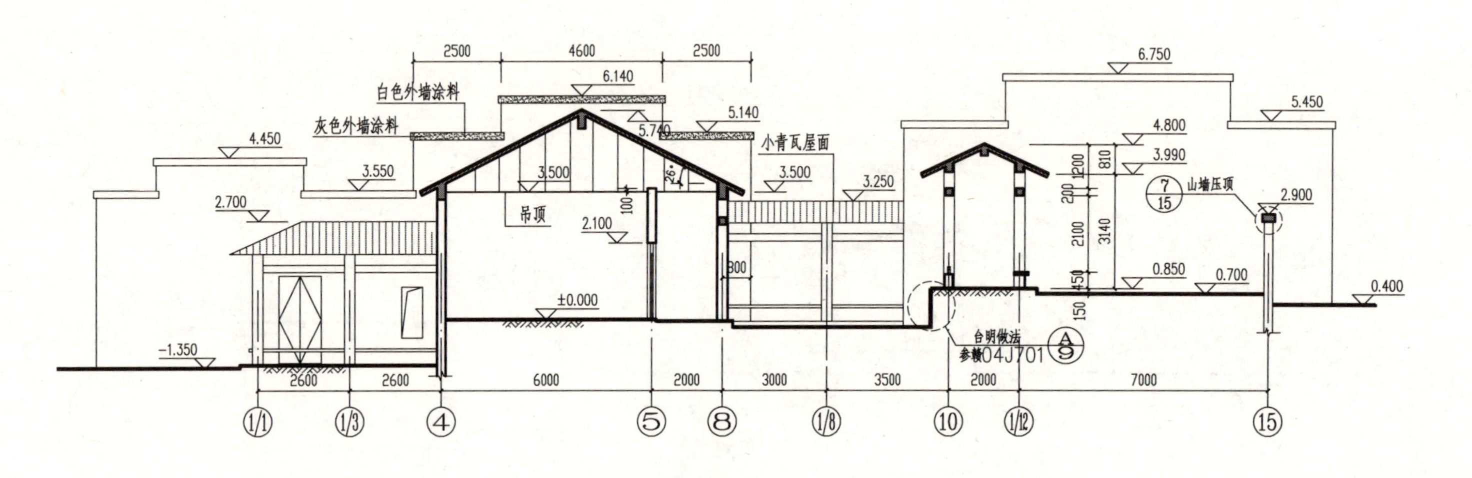

4-4剖面图

见图(8)

图 4-19　抱石公园管理房（14）

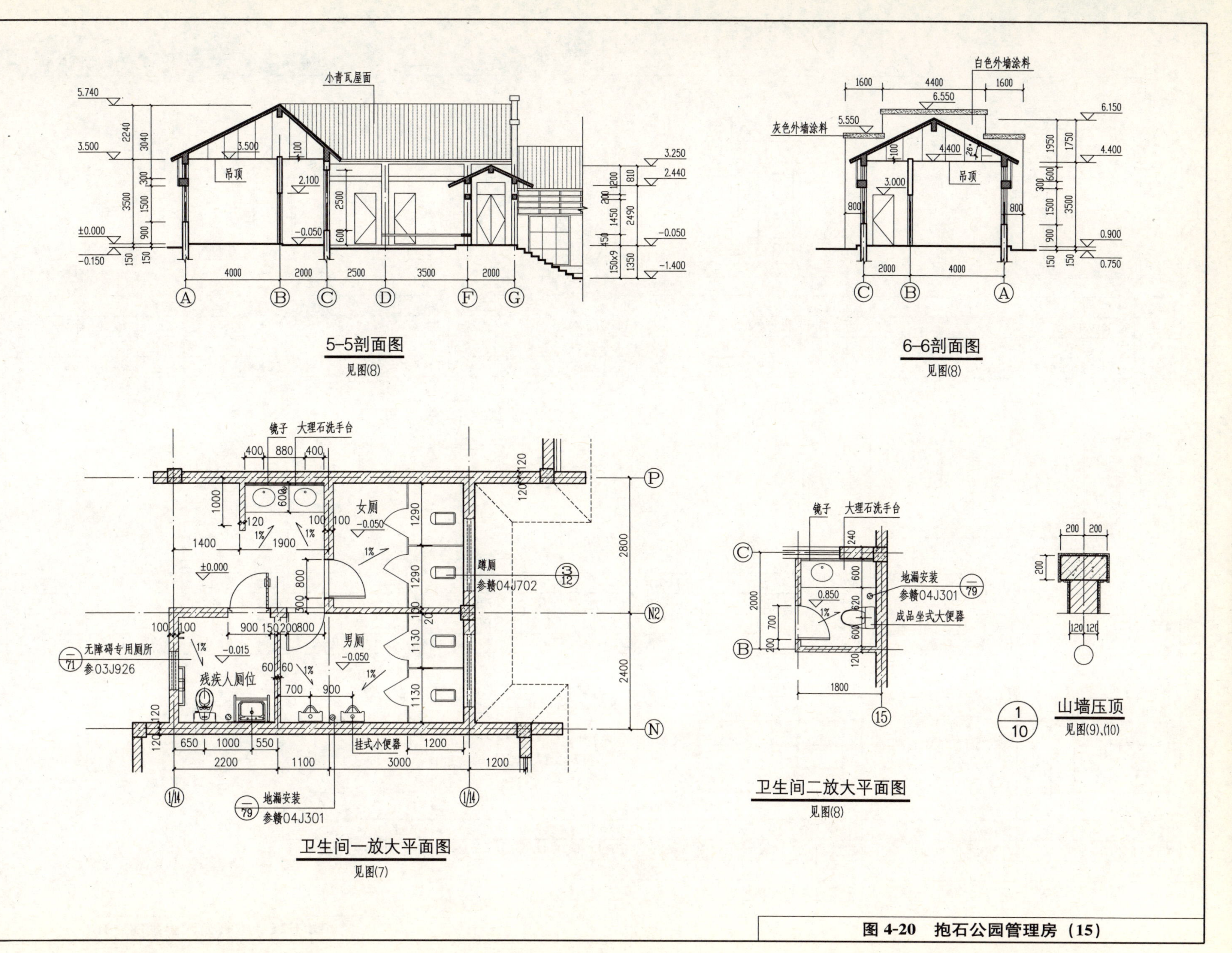

图 4-20　抱石公园管理房（15）

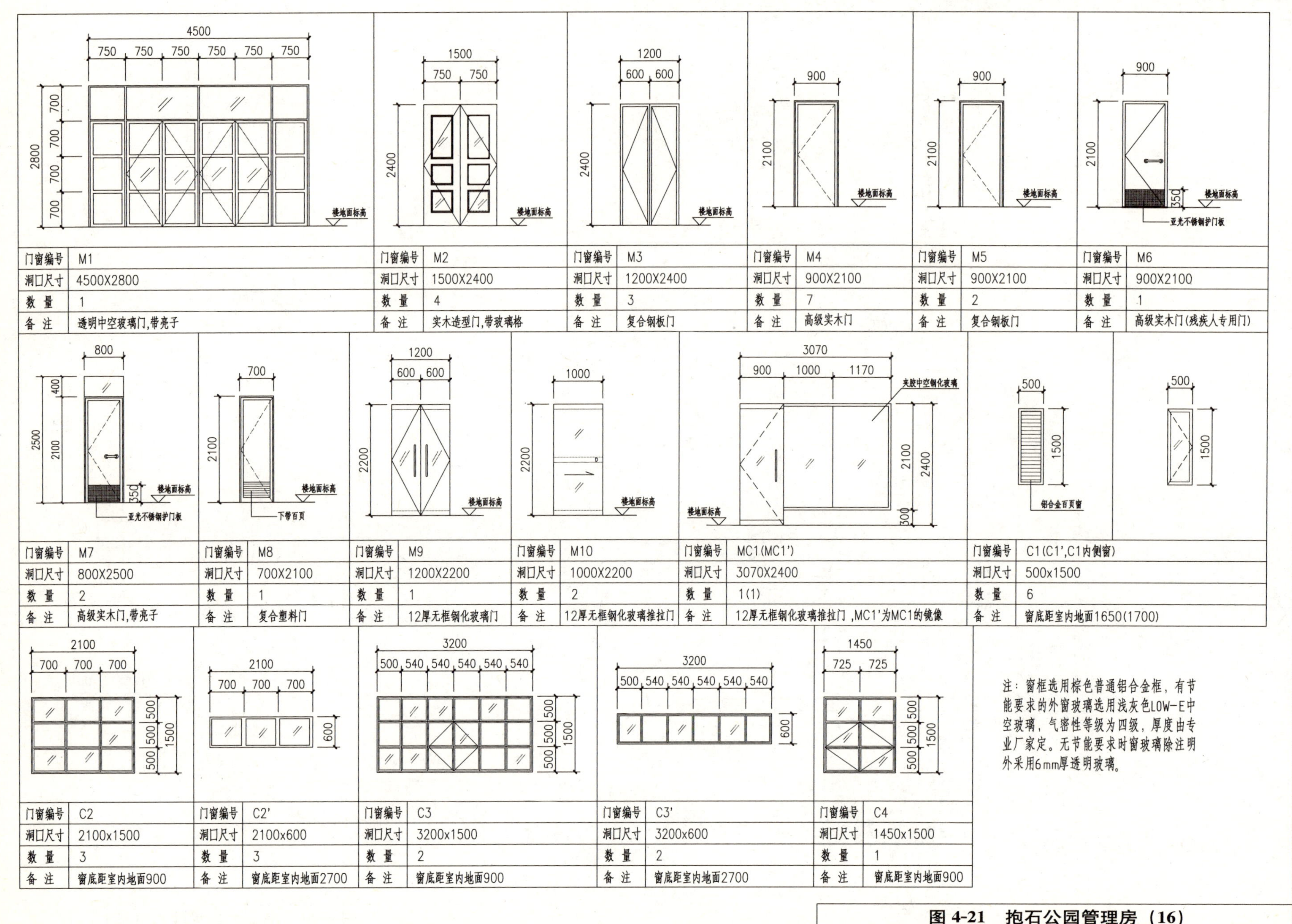

图 4-21　抱石公园管理房（16）

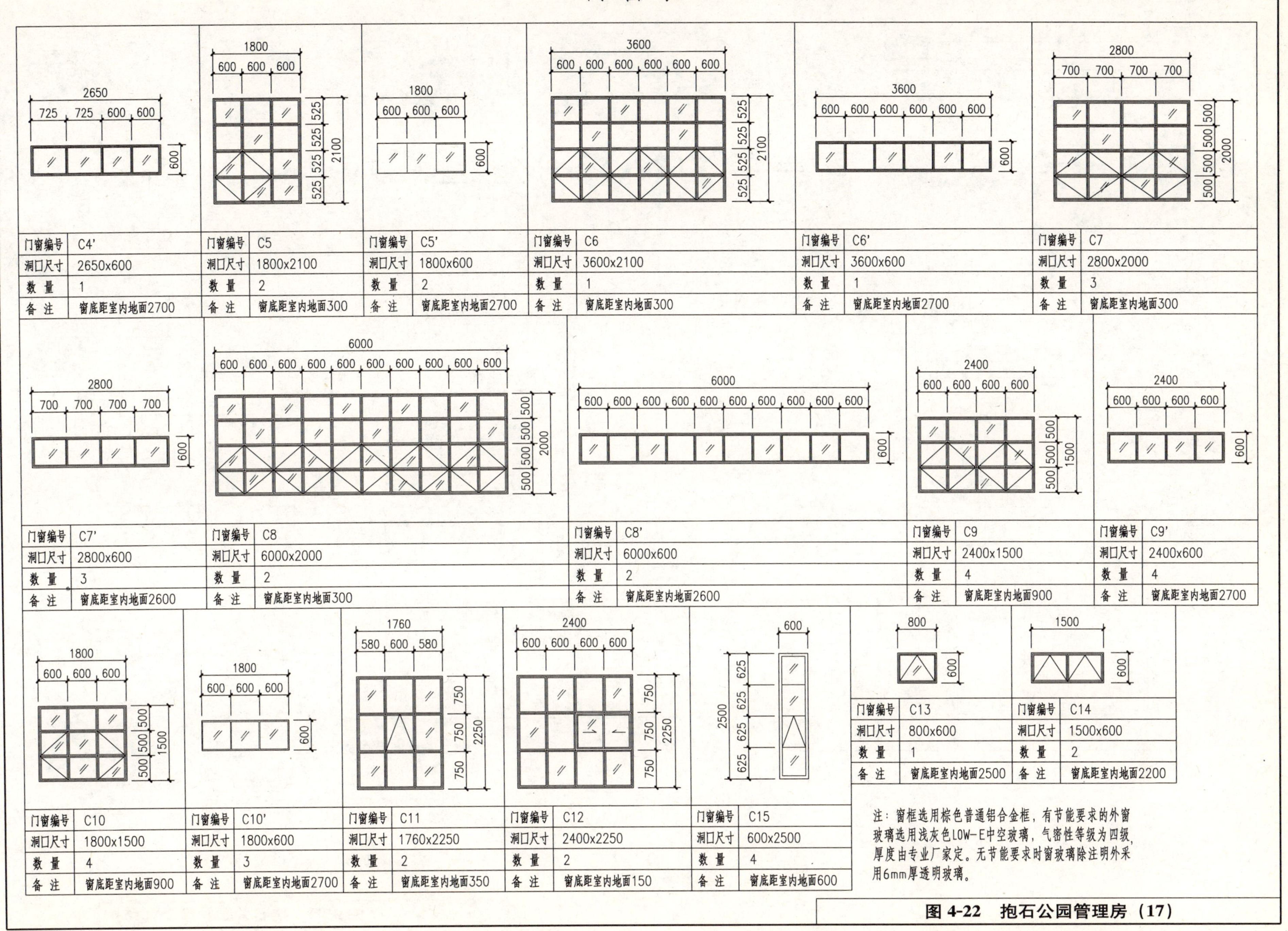

图 4-22　抱石公园管理房（17）

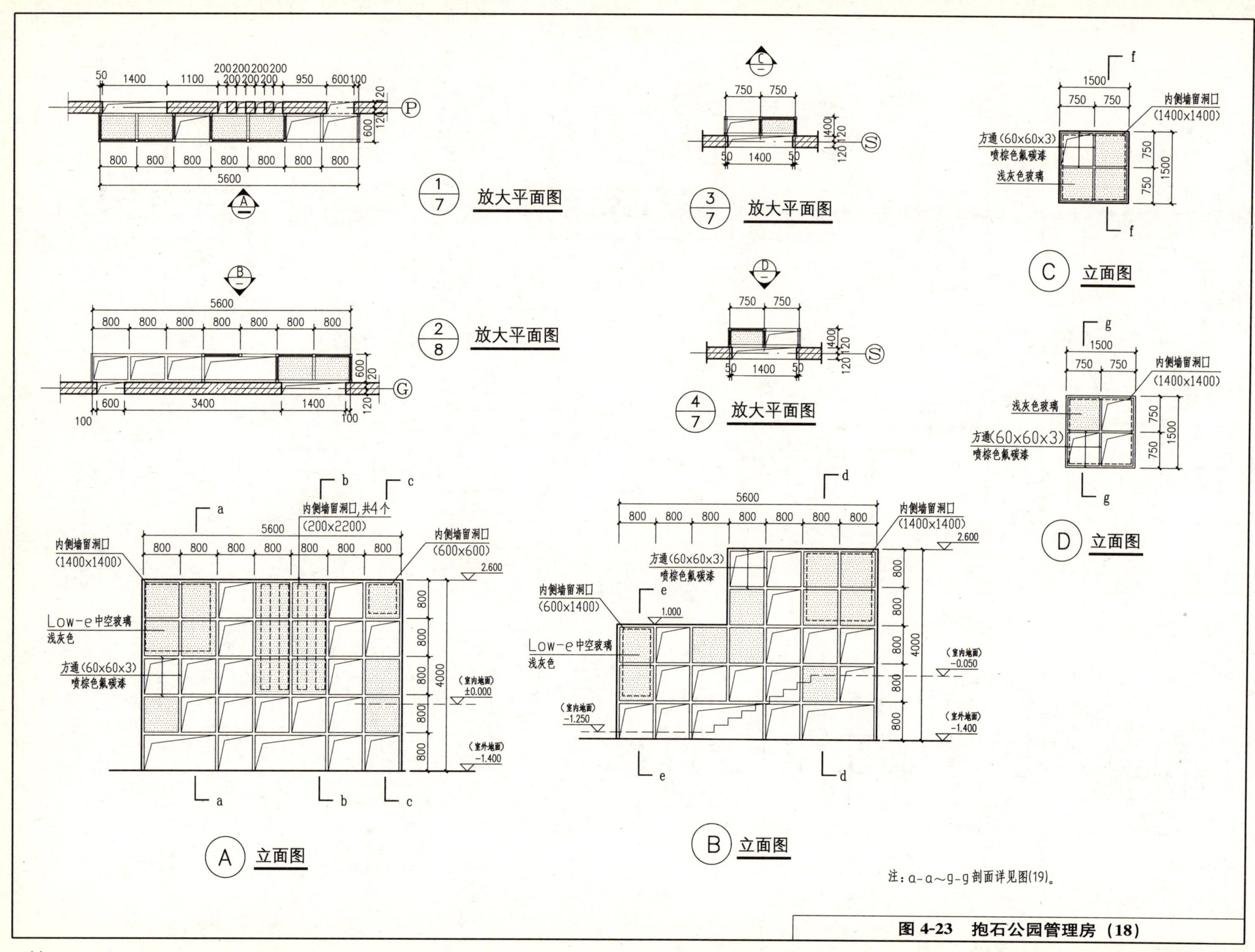

图 4-23 抱石公园管理房(18)

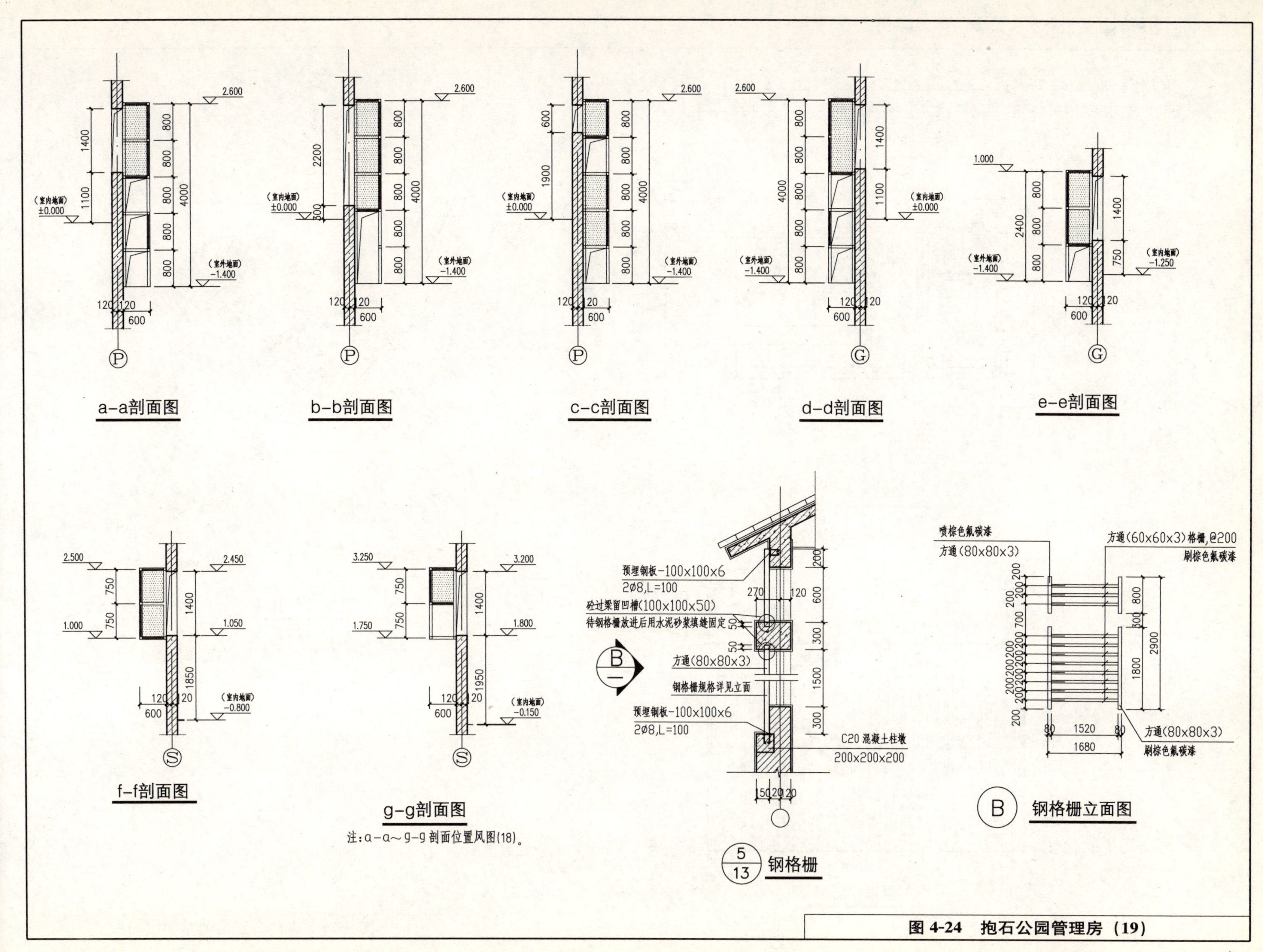

图 4-24　抱石公园管理房（19）

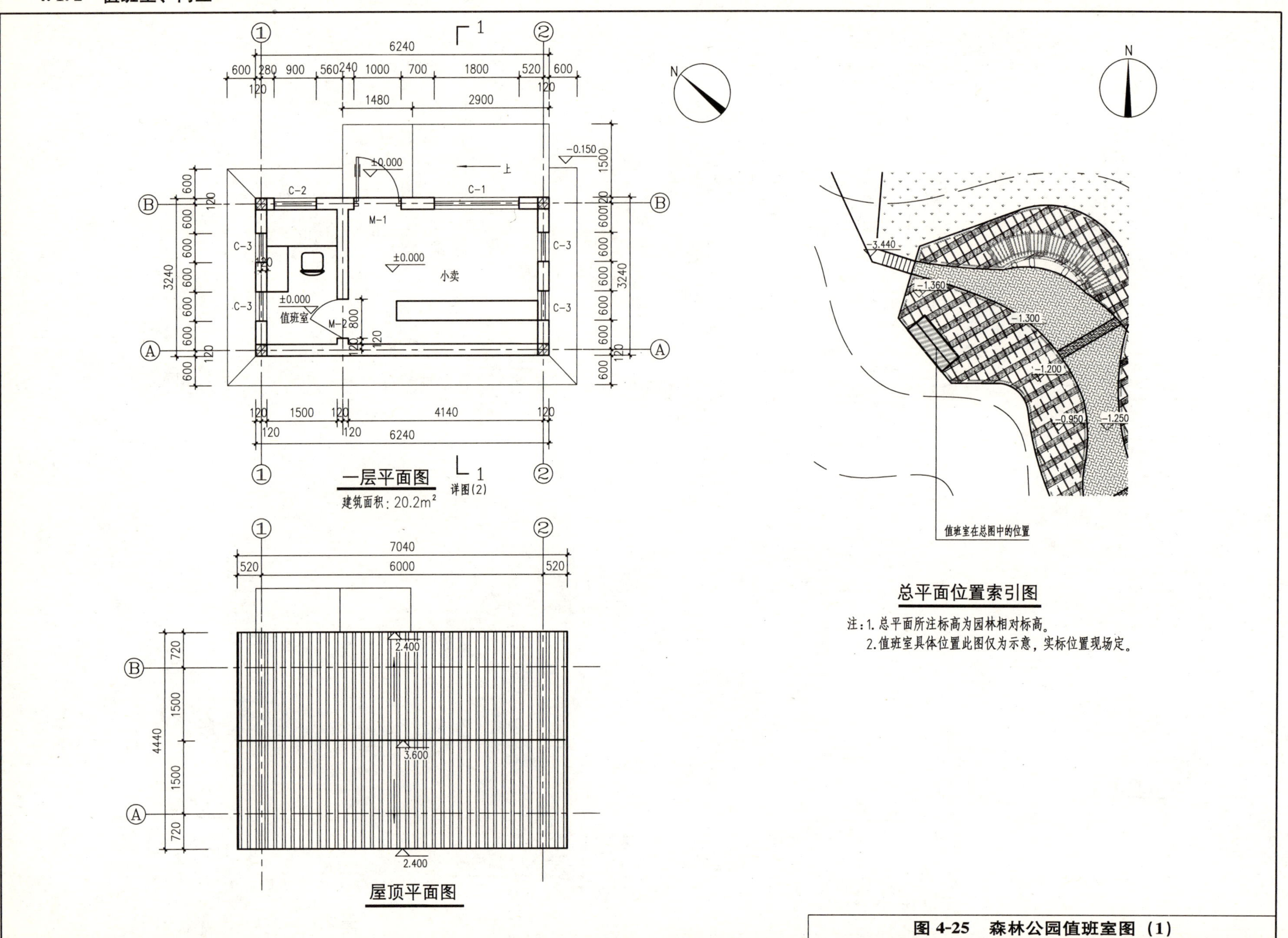

图 4-25 森林公园值班室图（1）

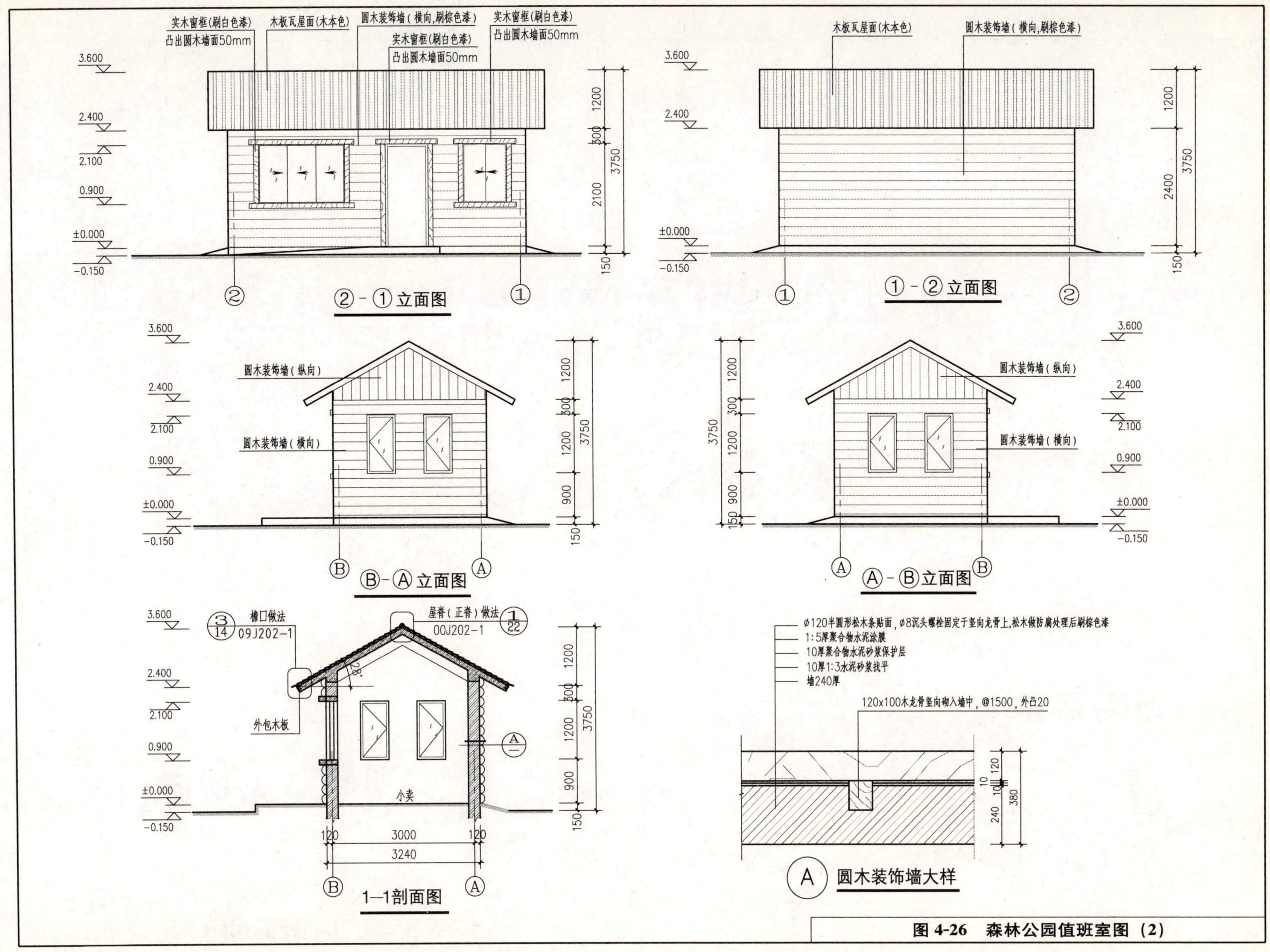

图 4-26　森林公园值班室图（2）

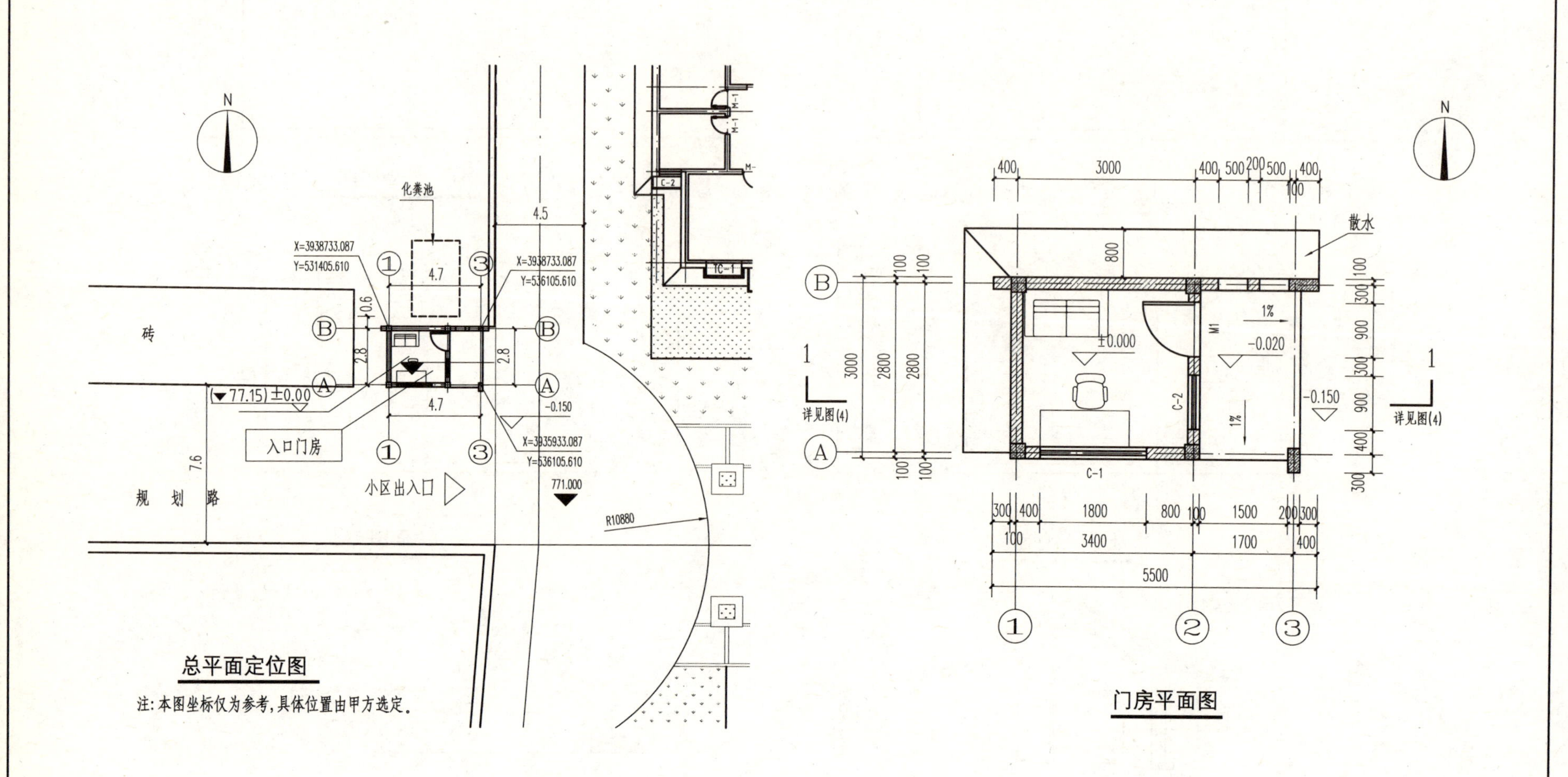

图 4-27 山水鉴园南北小区入口门房图（1）

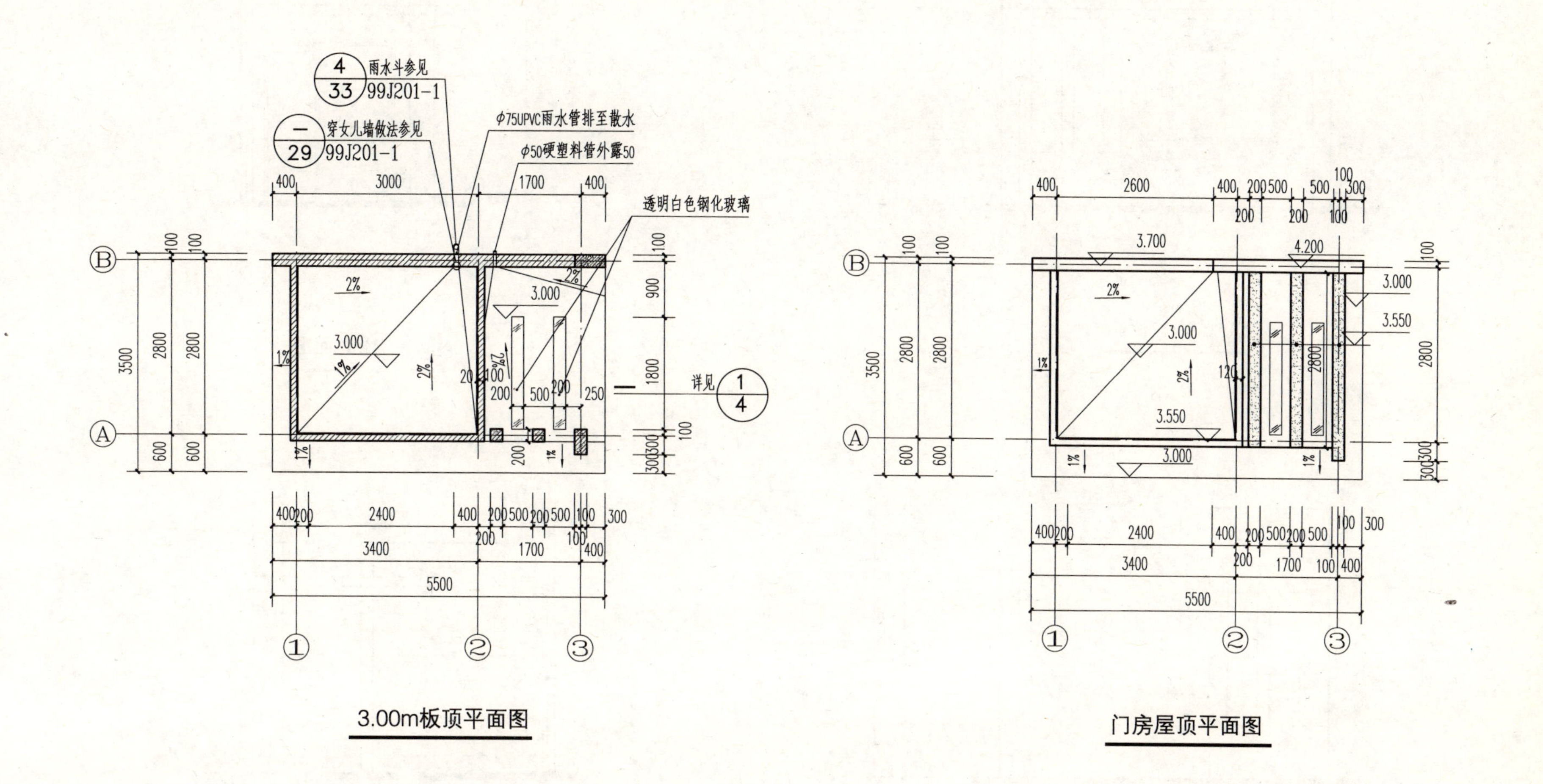

图 4-28　山水鉴园南北小区入口门房图（2）

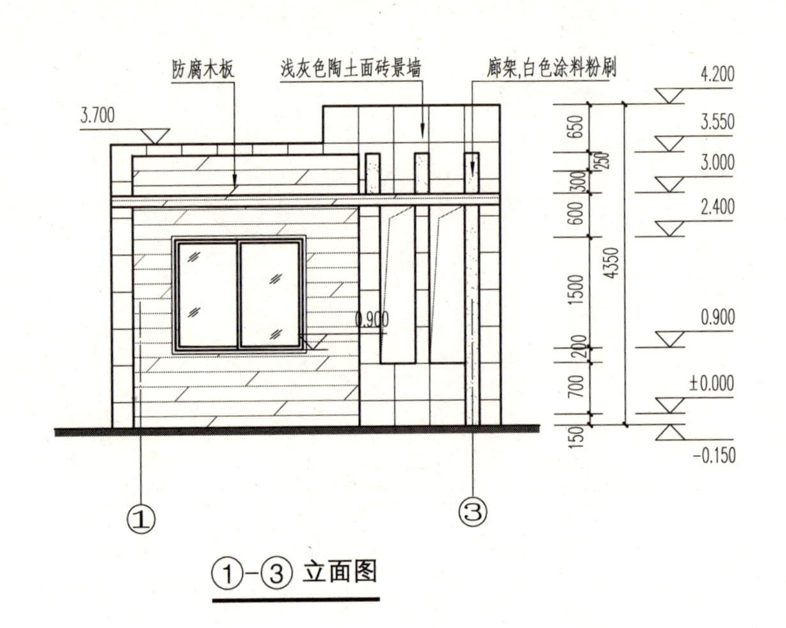

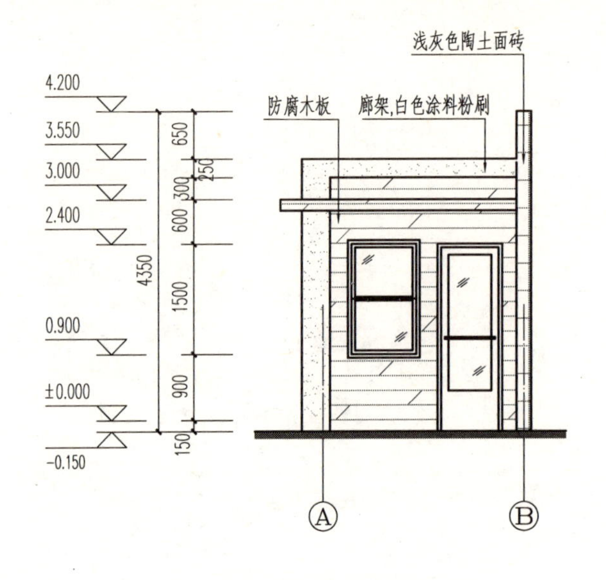

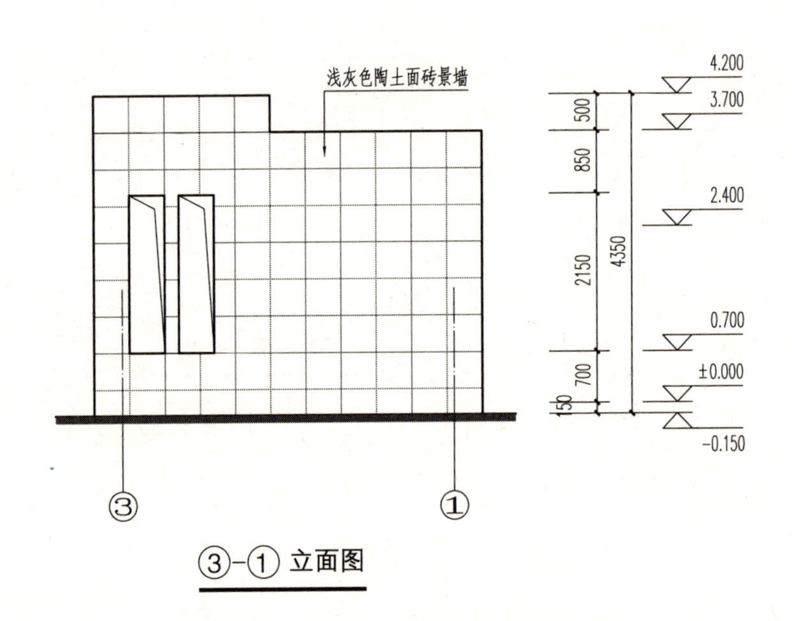

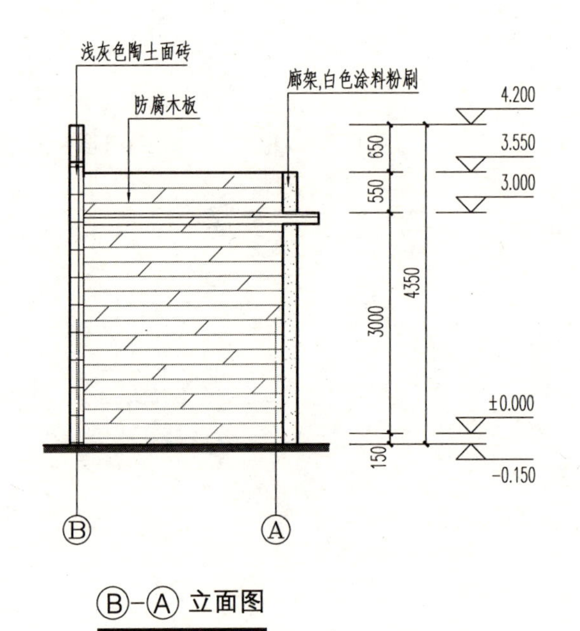

图 4-29　山水鉴园南北小区入口门房图（3）

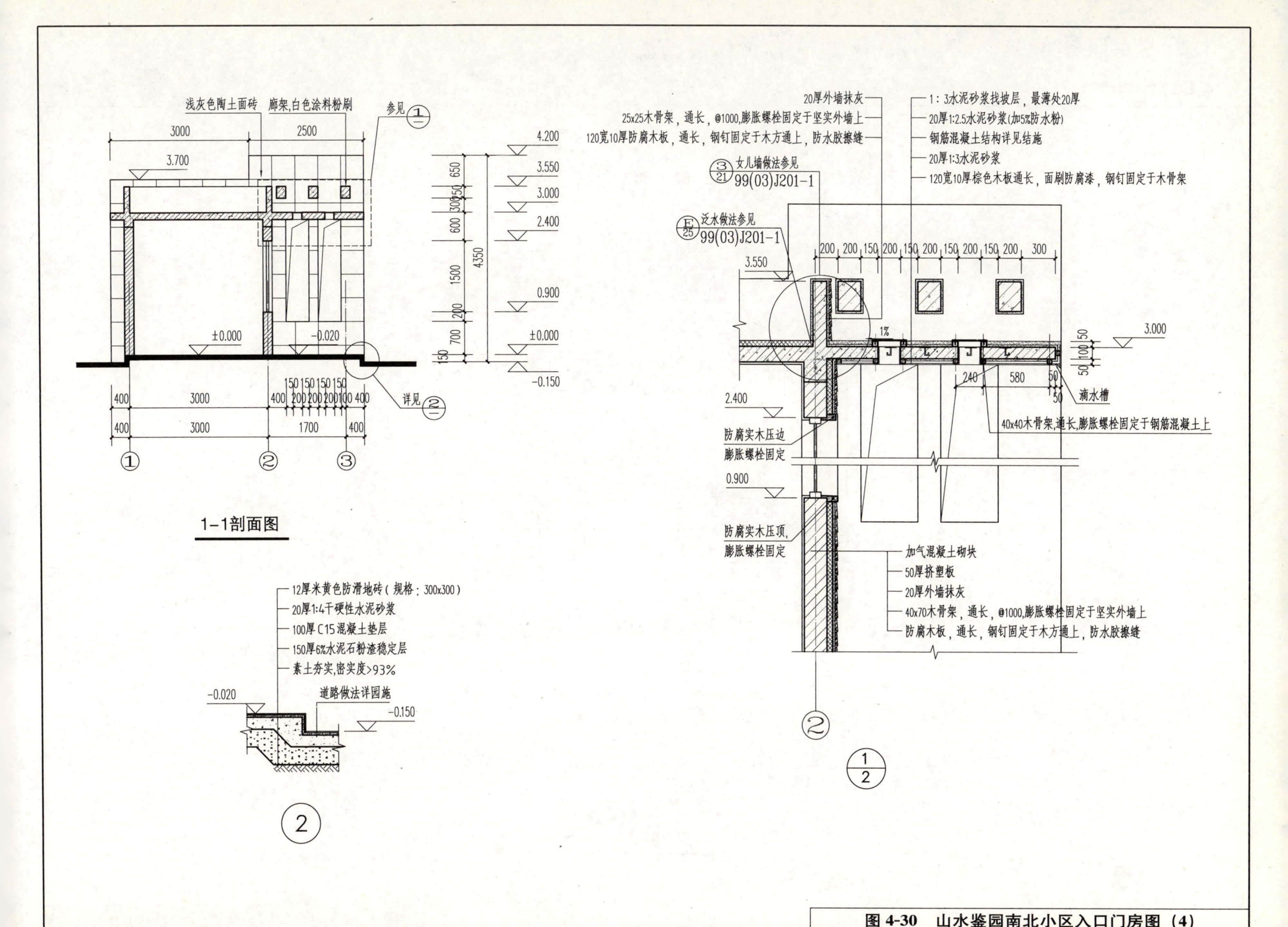

图 4-30　山水鉴园南北小区入口门房图（4）

4.2 公共服务类

4.2.1 小卖部

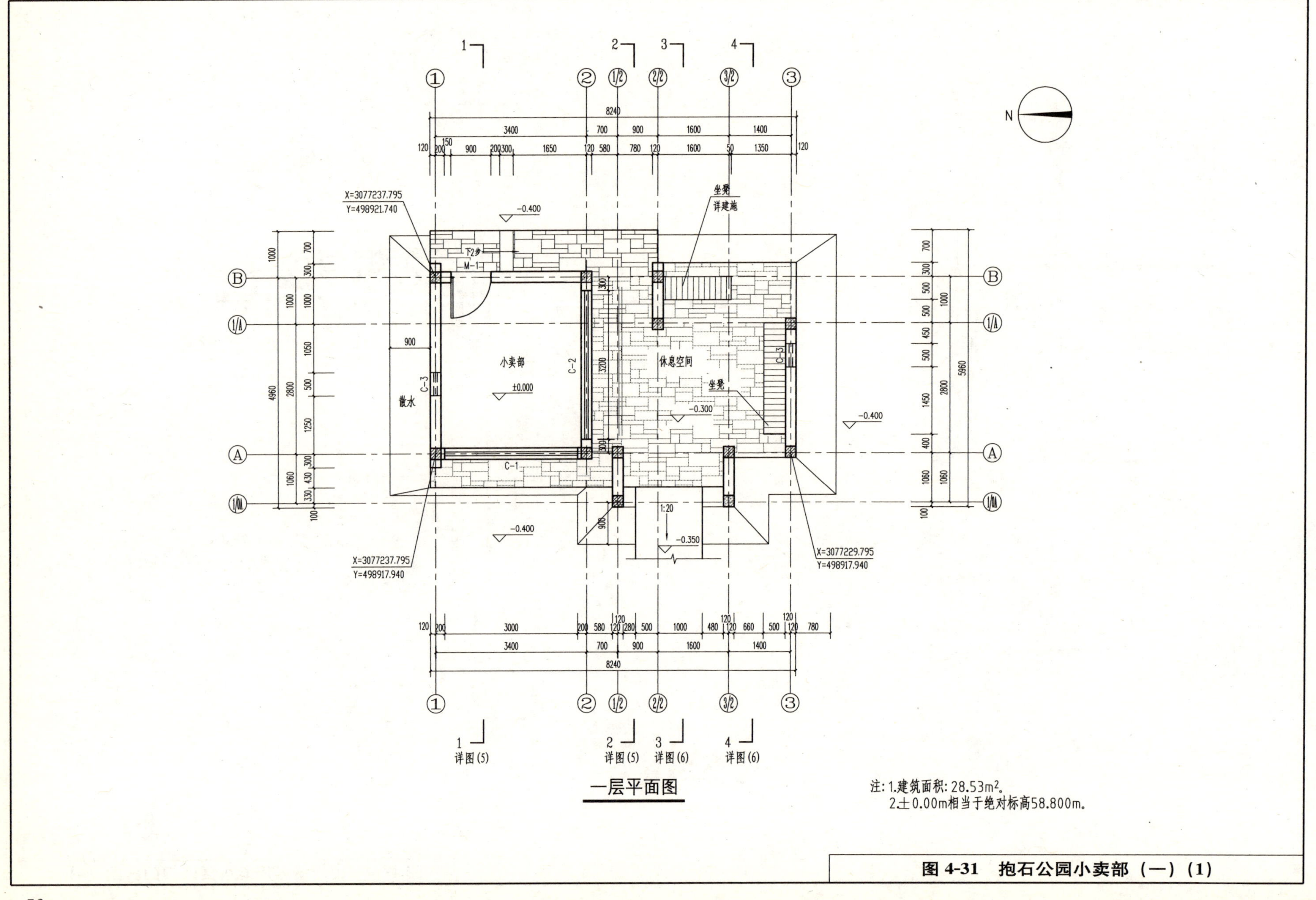

图 4-31 抱石公园小卖部（一）(1)

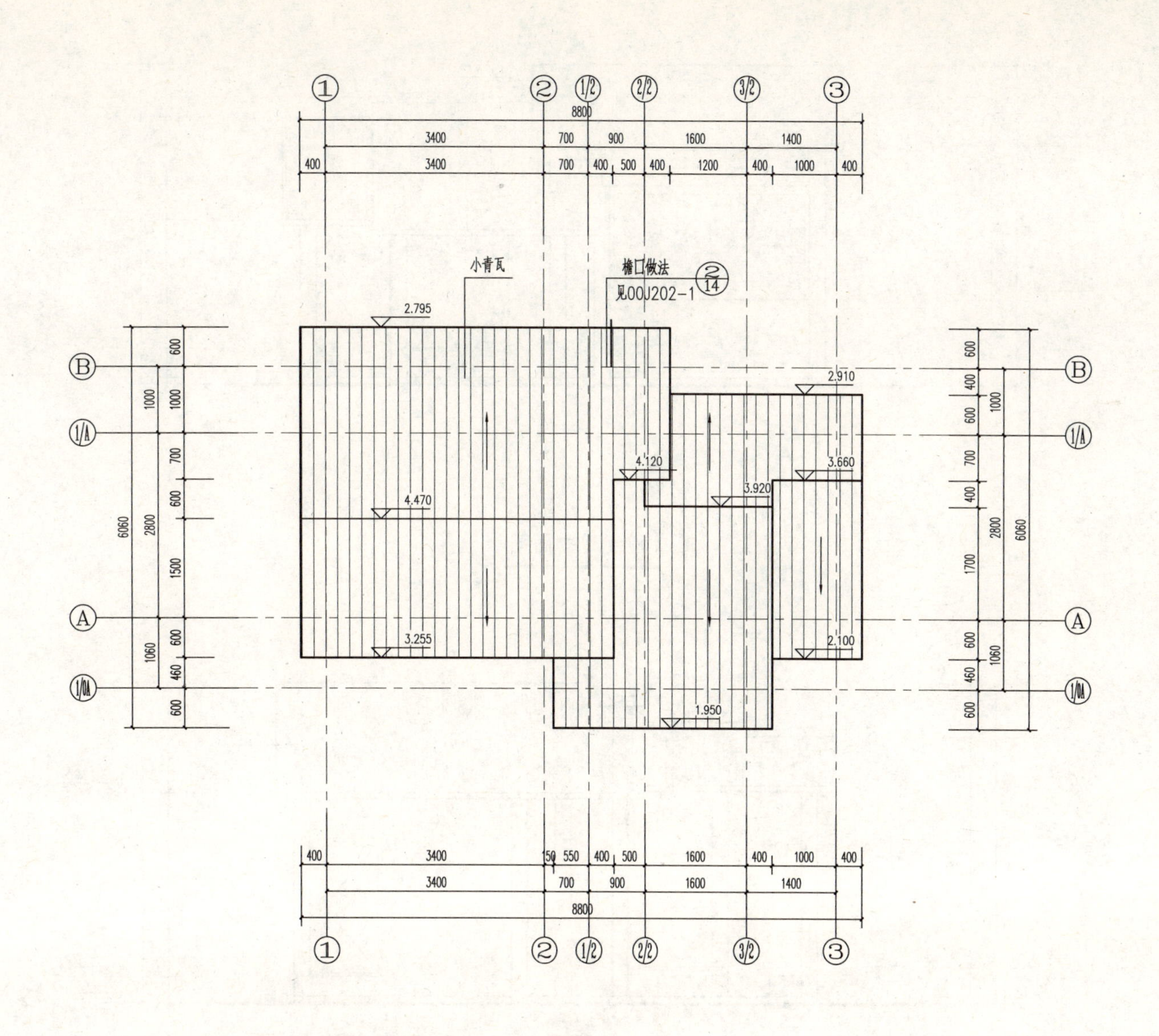

图 4-32 抱石公园小卖部（一）（2）

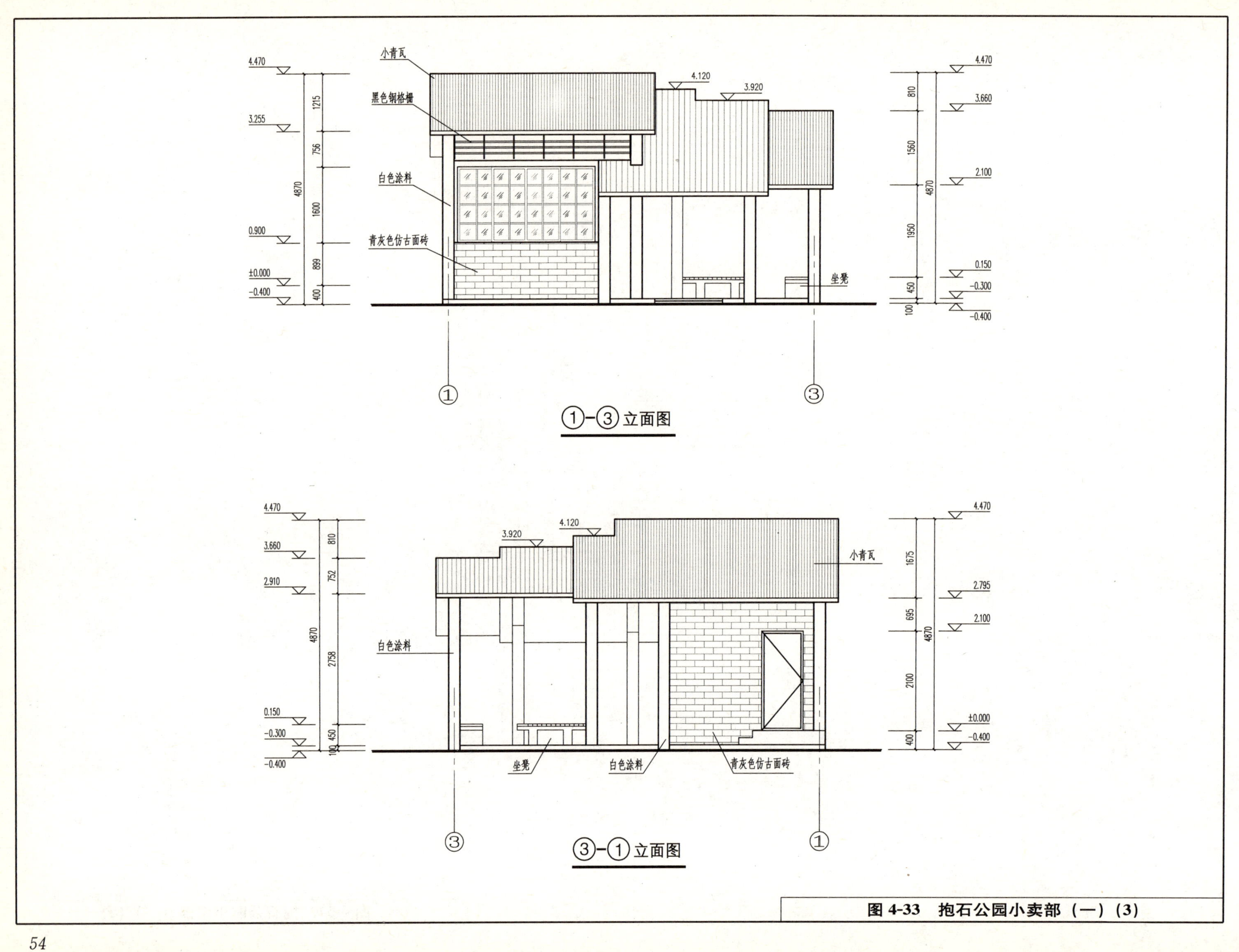

图 4-33　抱石公园小卖部（一）（3）

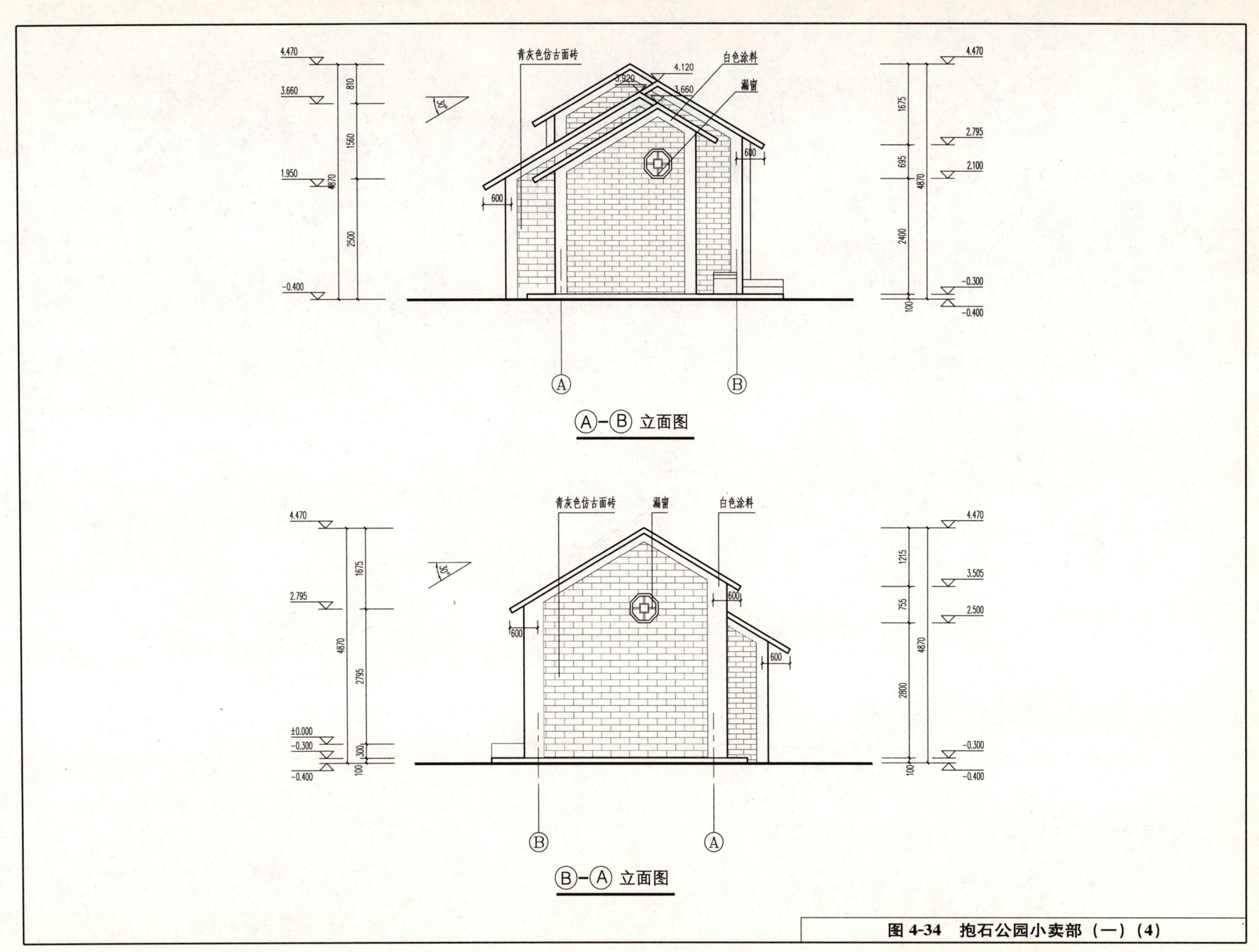

图 4-34 抱石公园小卖部（一）（4）

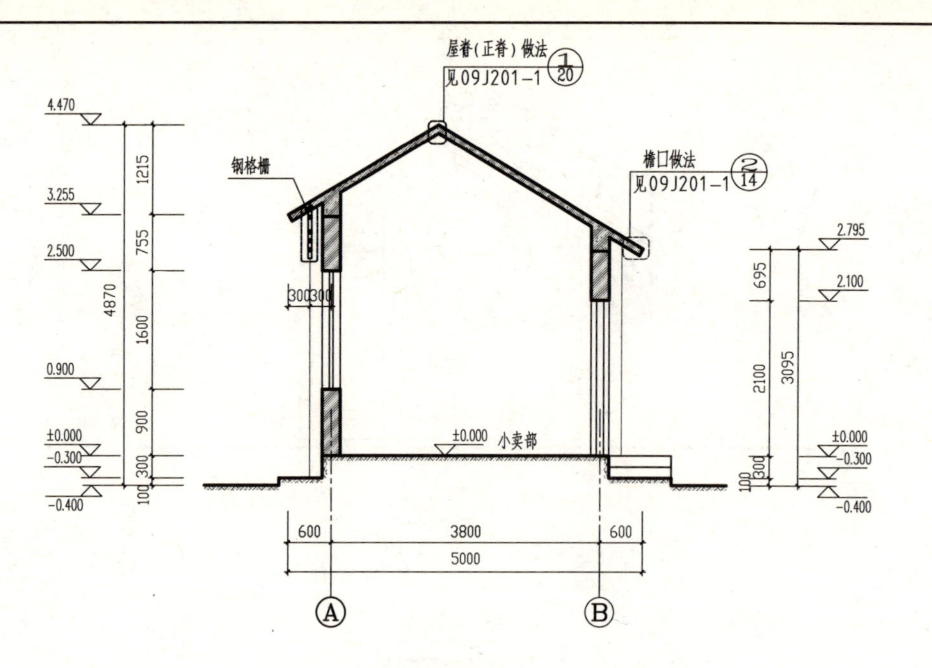

1-1剖面图

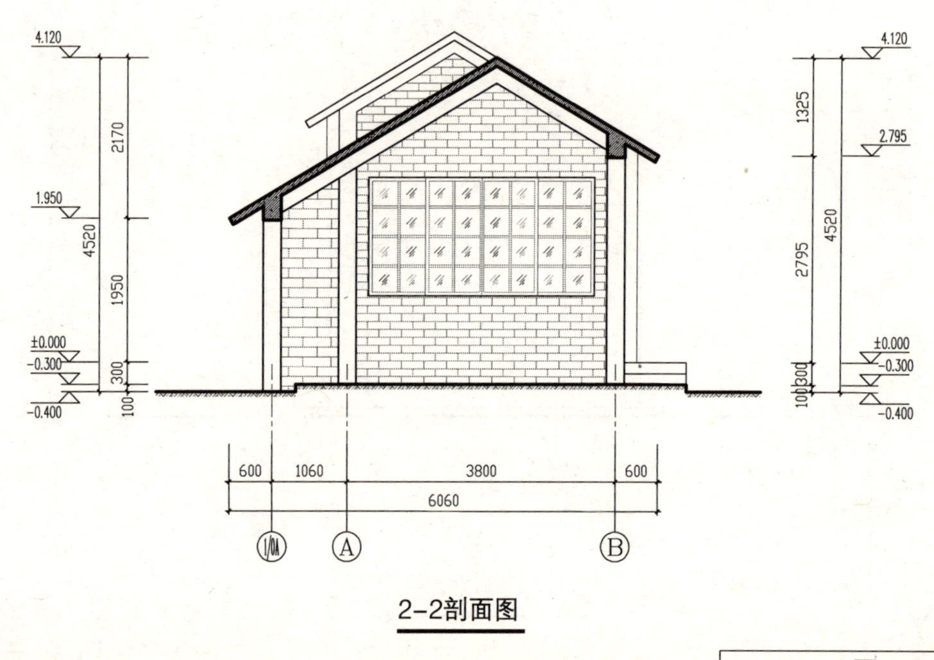

2-2剖面图

图 4-35　抱石公园小卖部（一）(5)

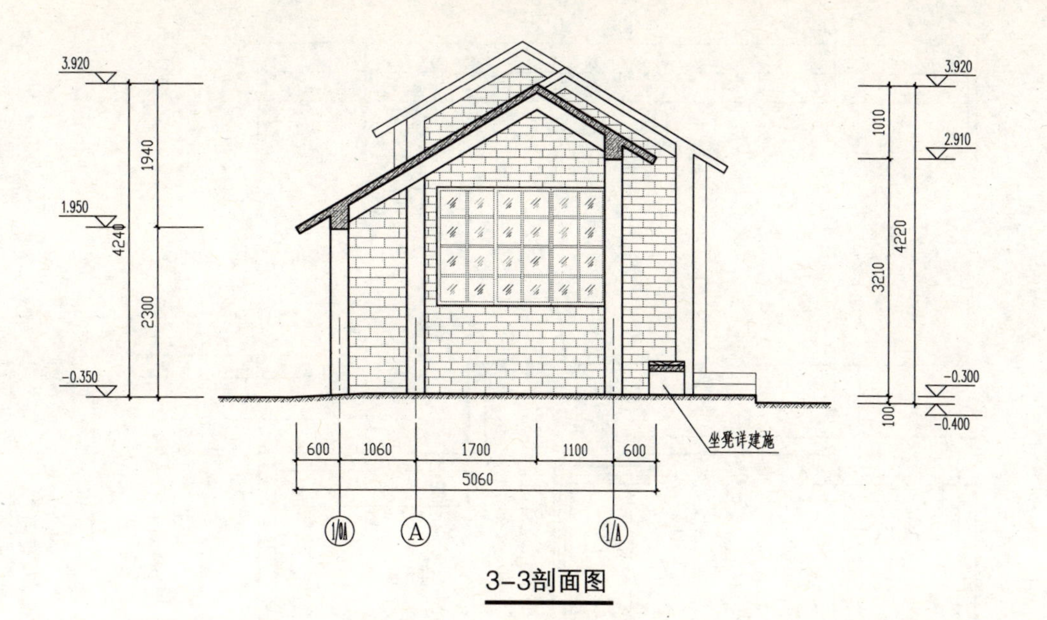

3-3剖面图

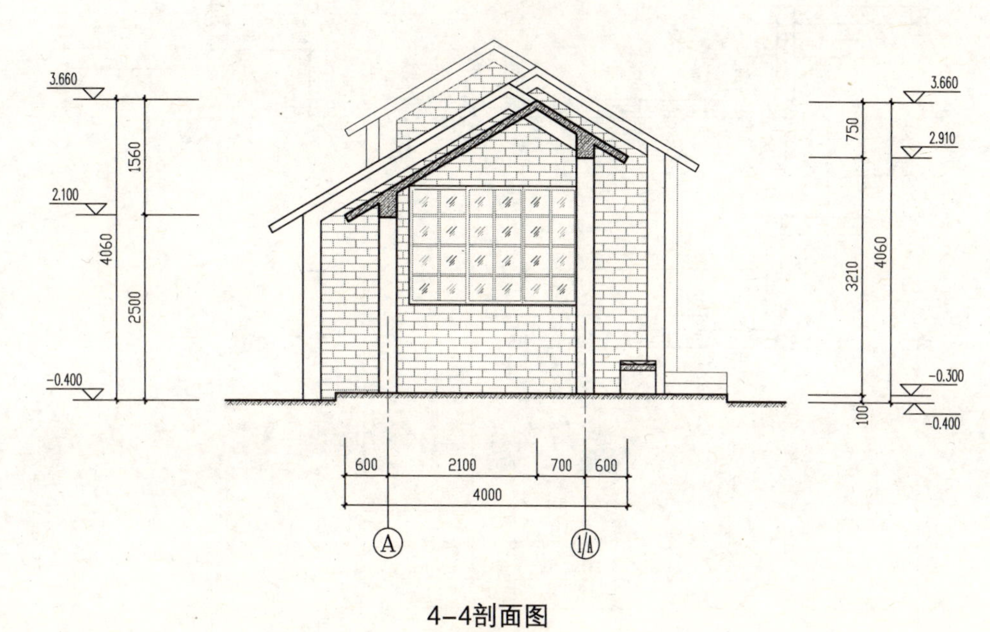

4-4剖面图

图 4-36　抱石公园小卖部（一）(6)

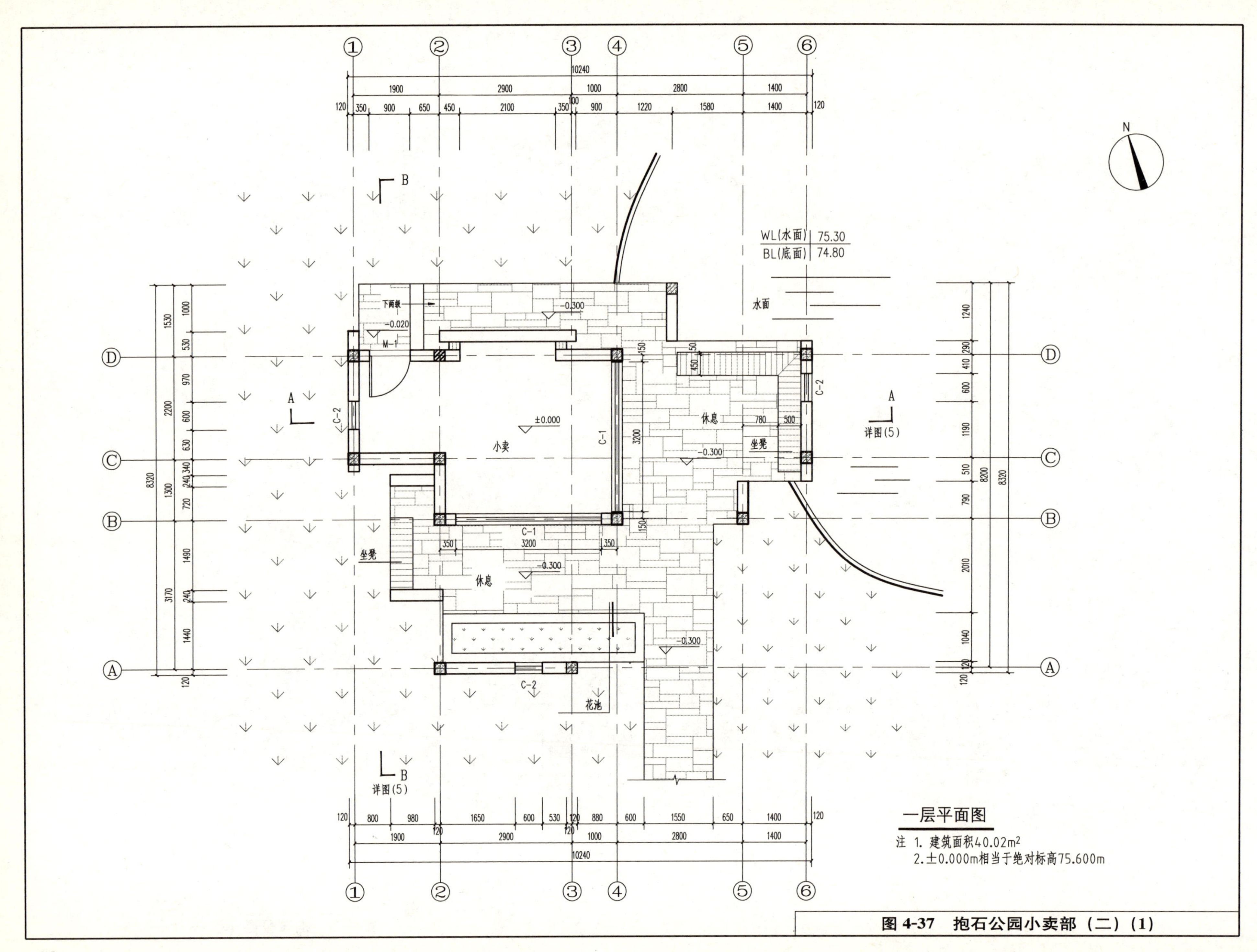

图 4-37　抱石公园小卖部（二）(1)

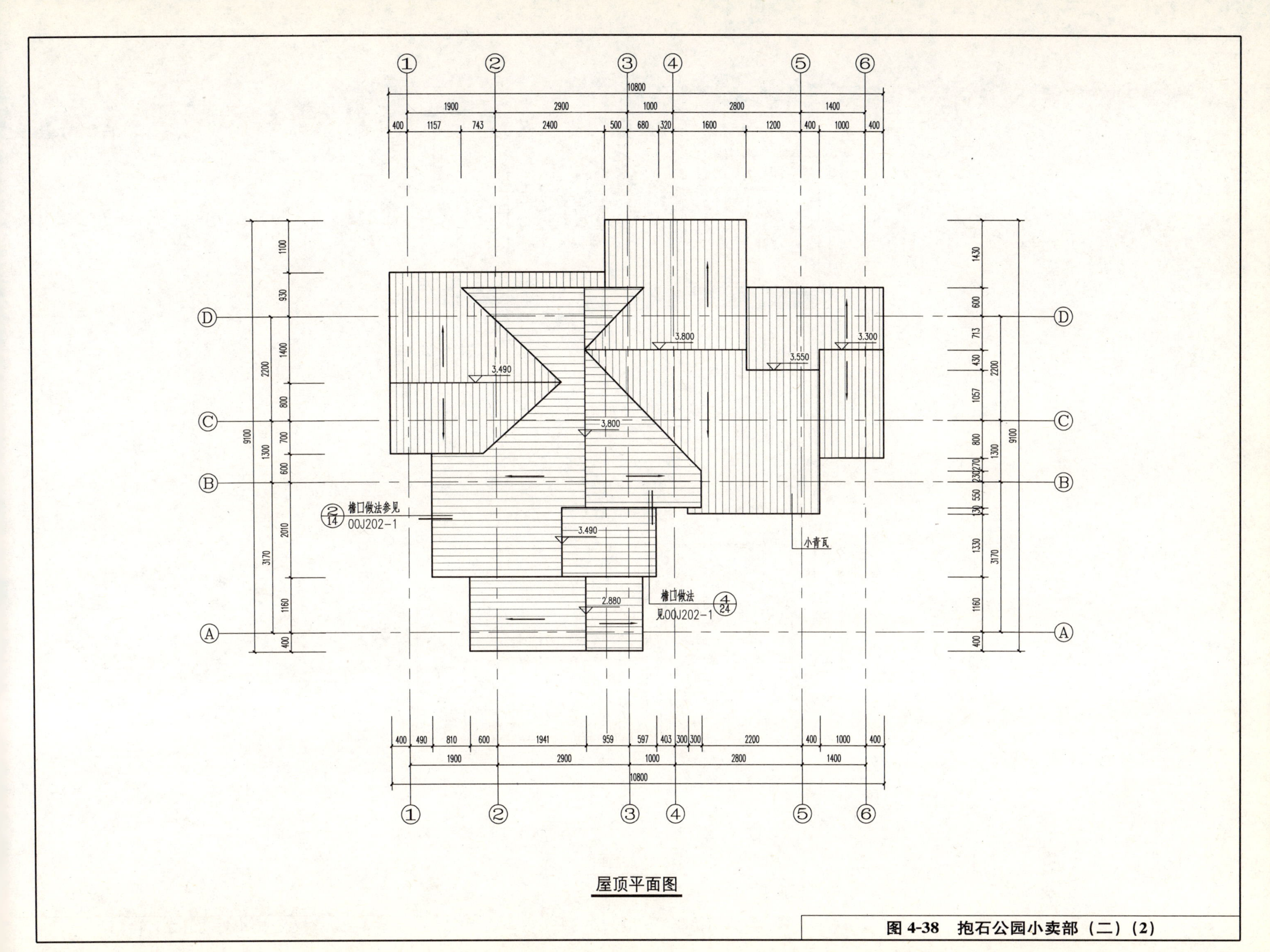

图 4-38 抱石公园小卖部（二）（2）

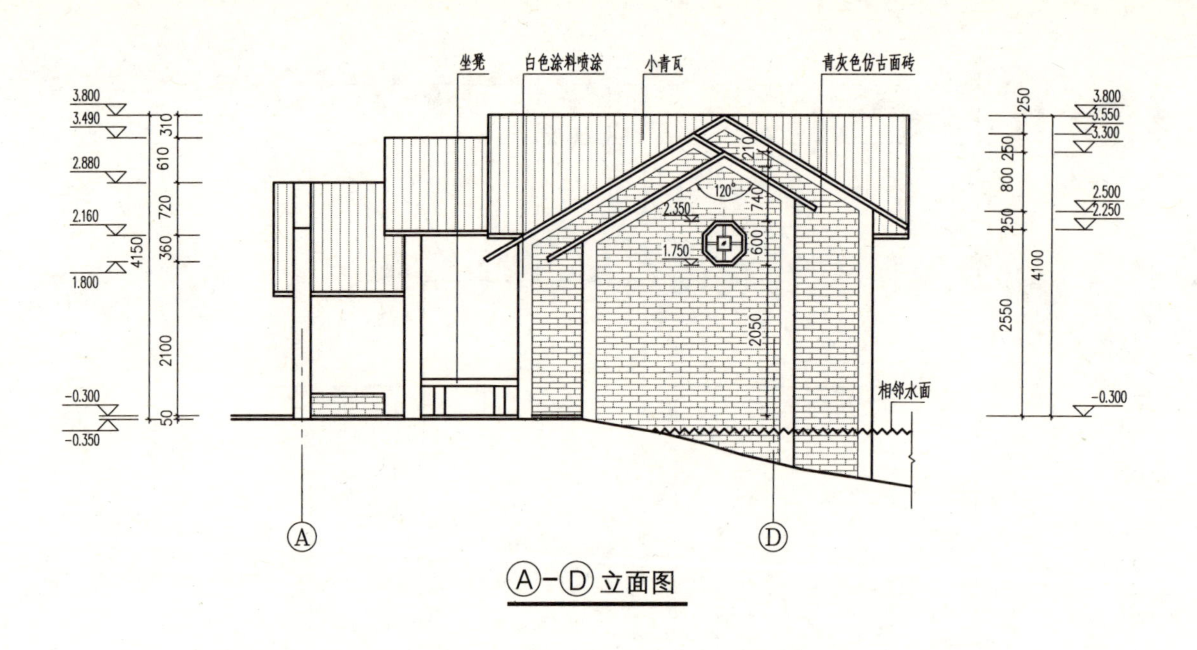

Ⓐ-Ⓓ立面图

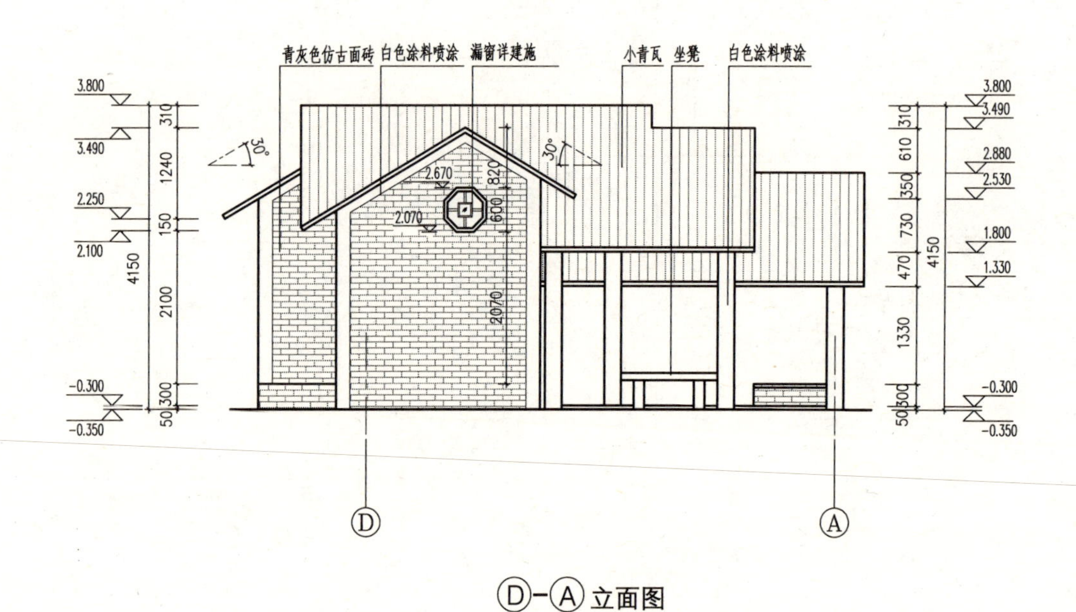

Ⓓ-Ⓐ立面图

图 4-39 抱石公园小卖部（二）（3）

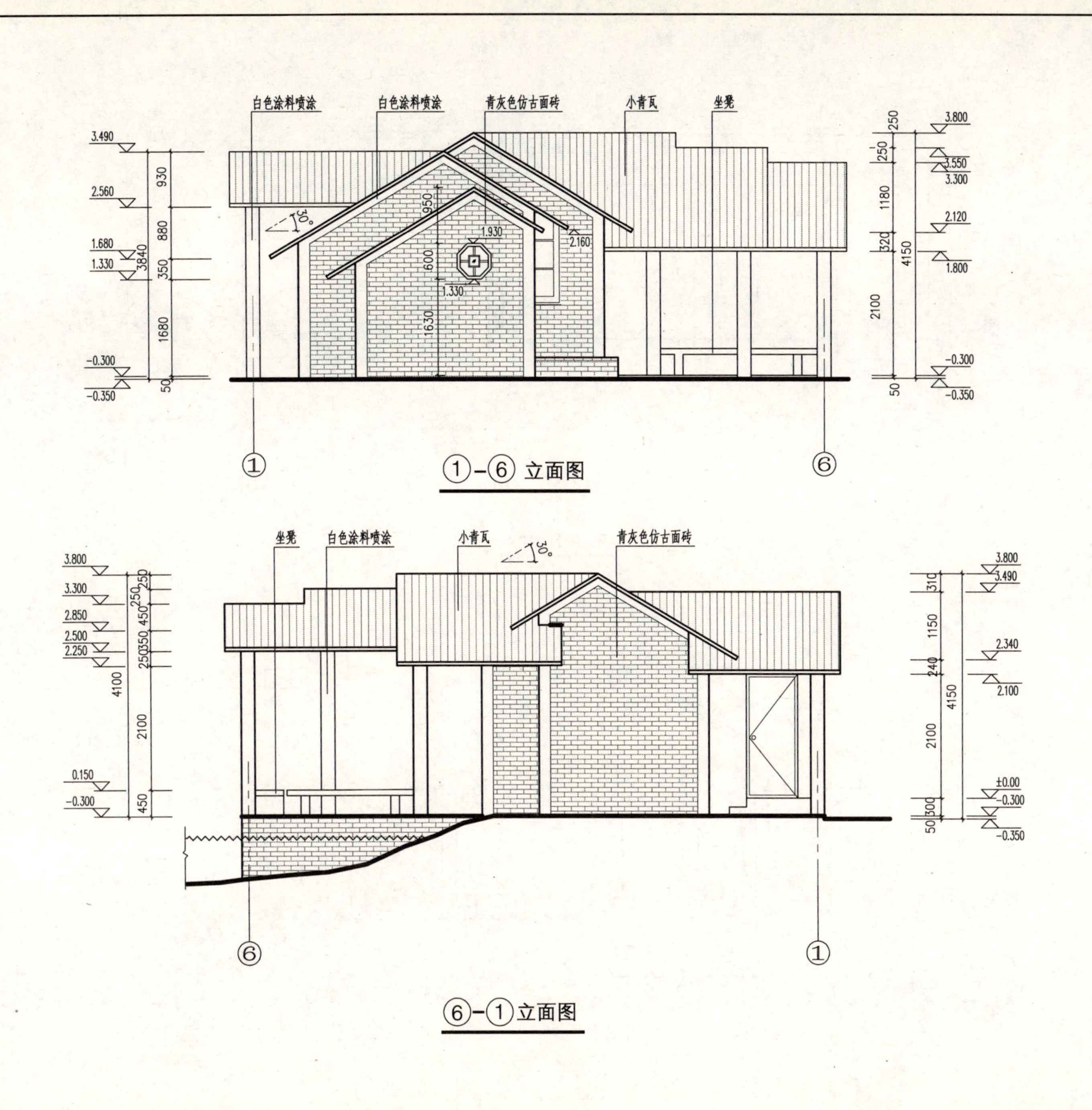

图 4-40 抱石公园小卖部（二）（4）

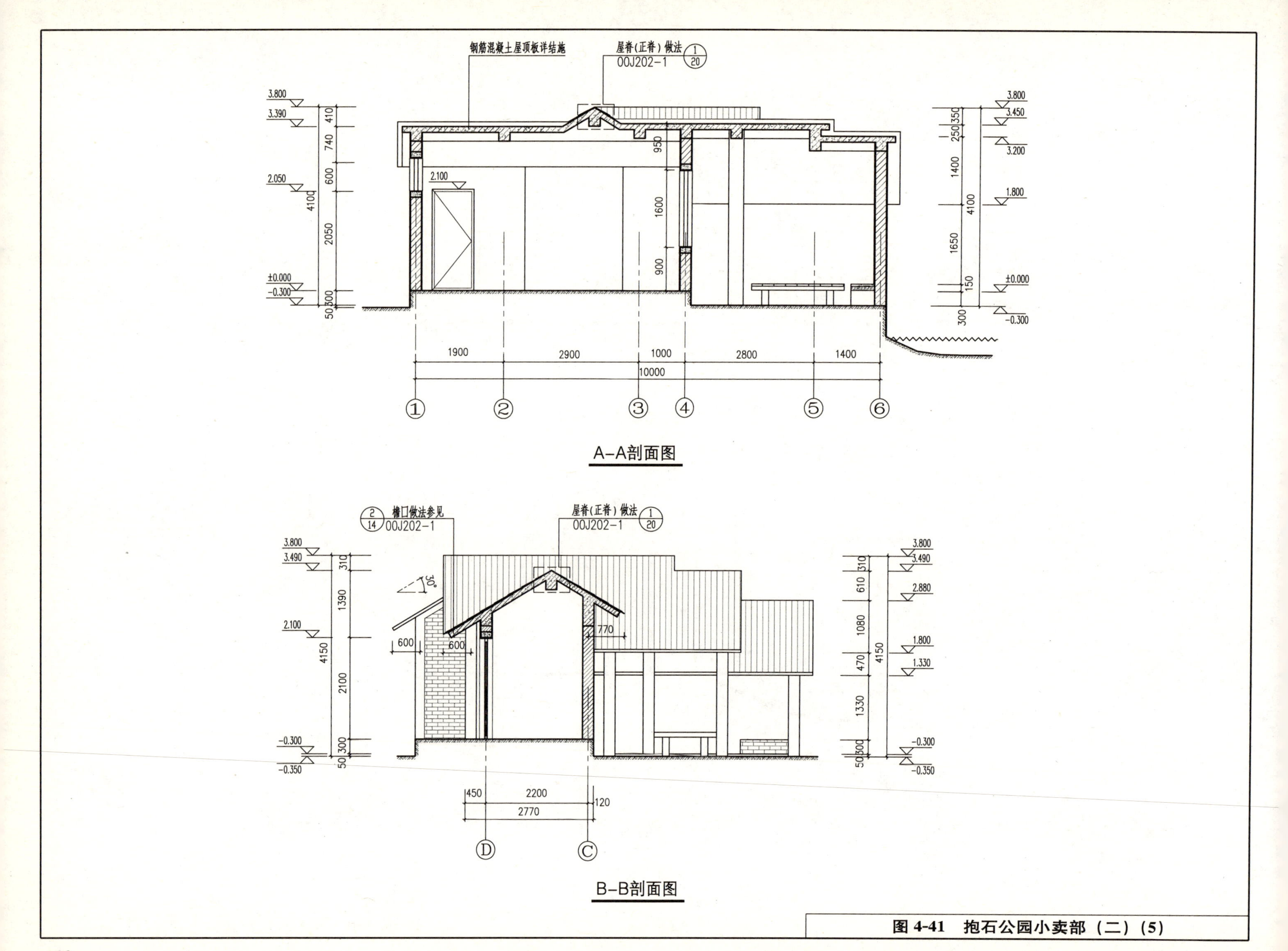

图 4-41　抱石公园小卖部（二）(5)

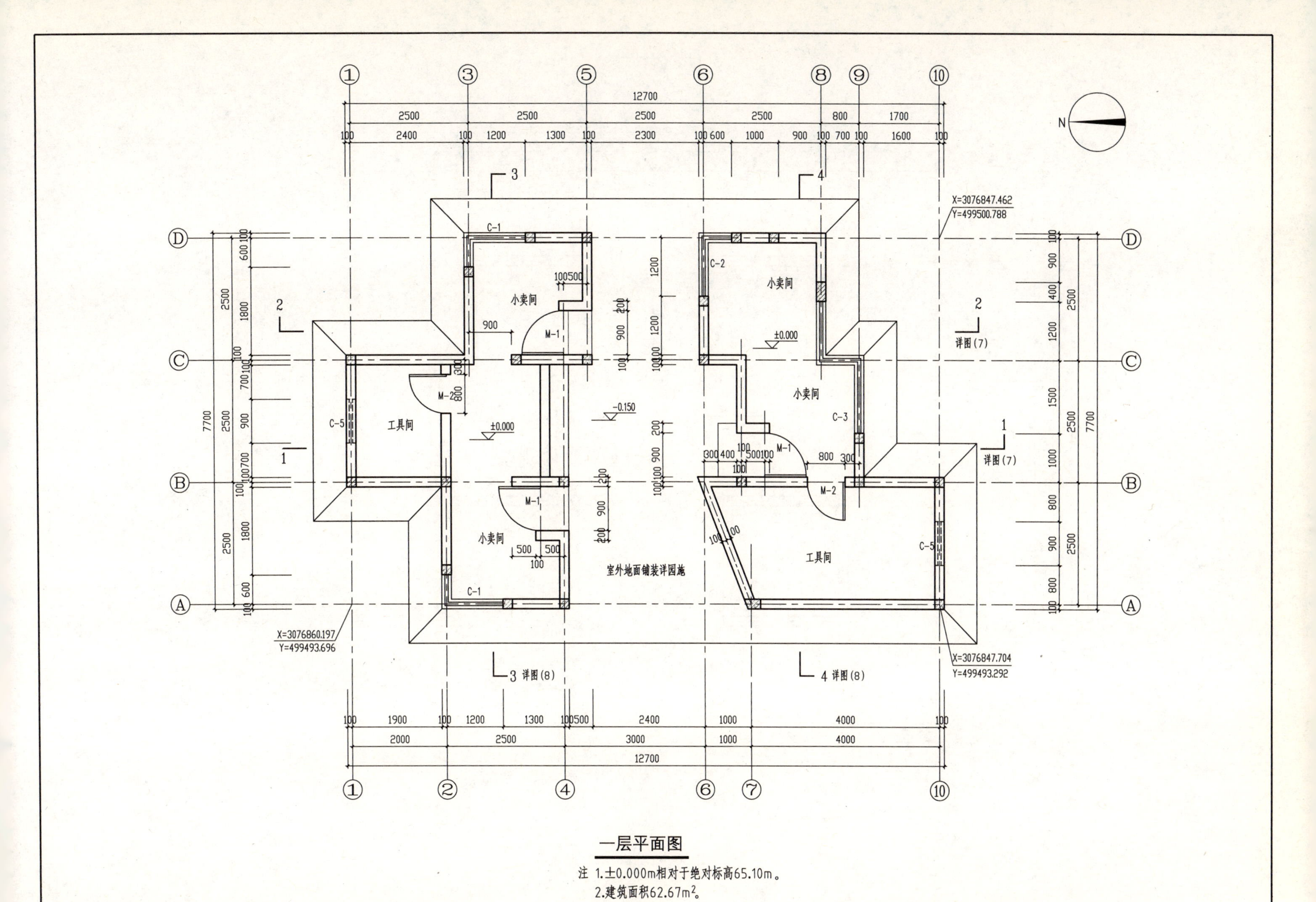

图 4-42 抱石公园小卖部（三）（1）

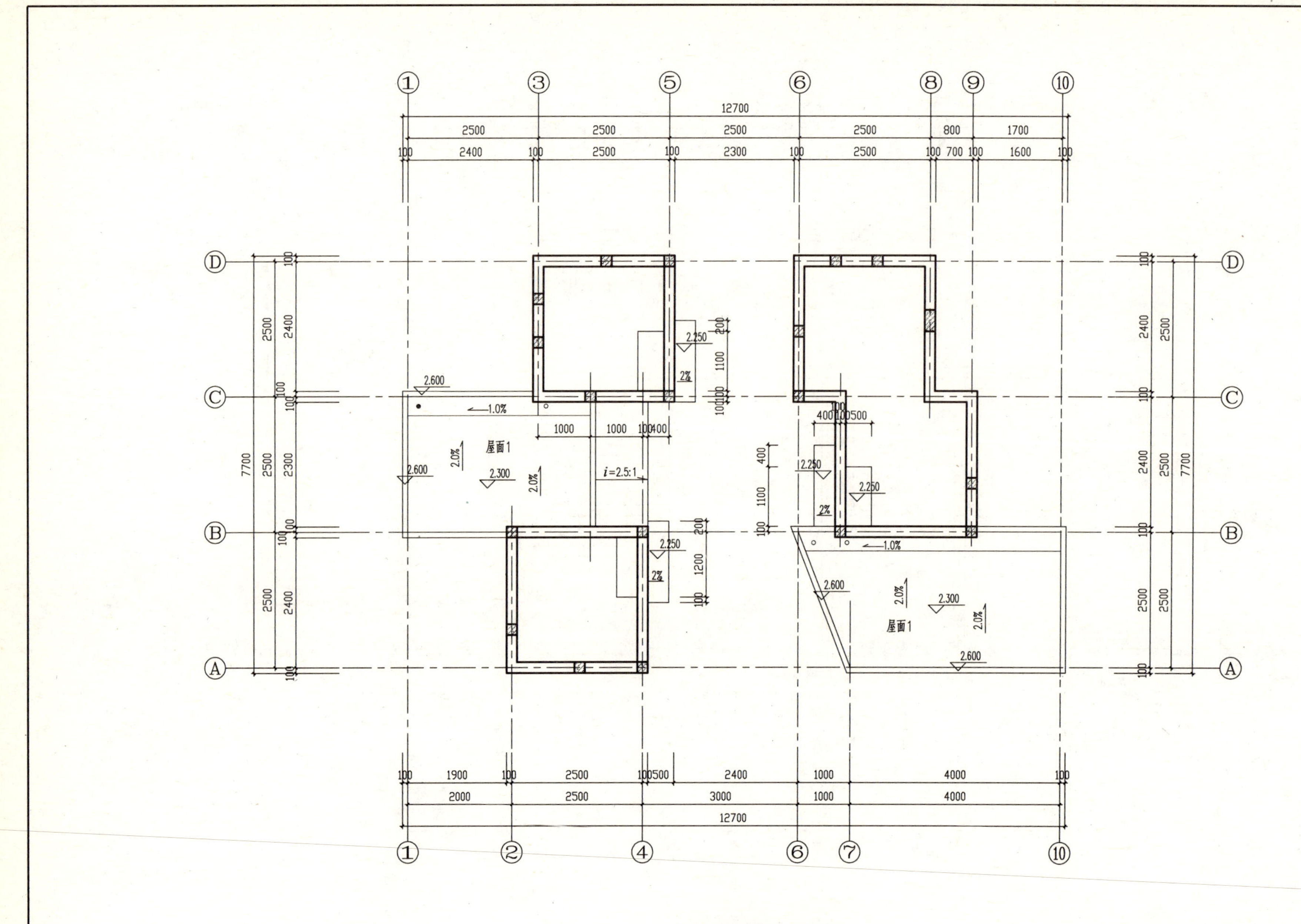

图 4-43　抱石公园小卖部（三）(2)

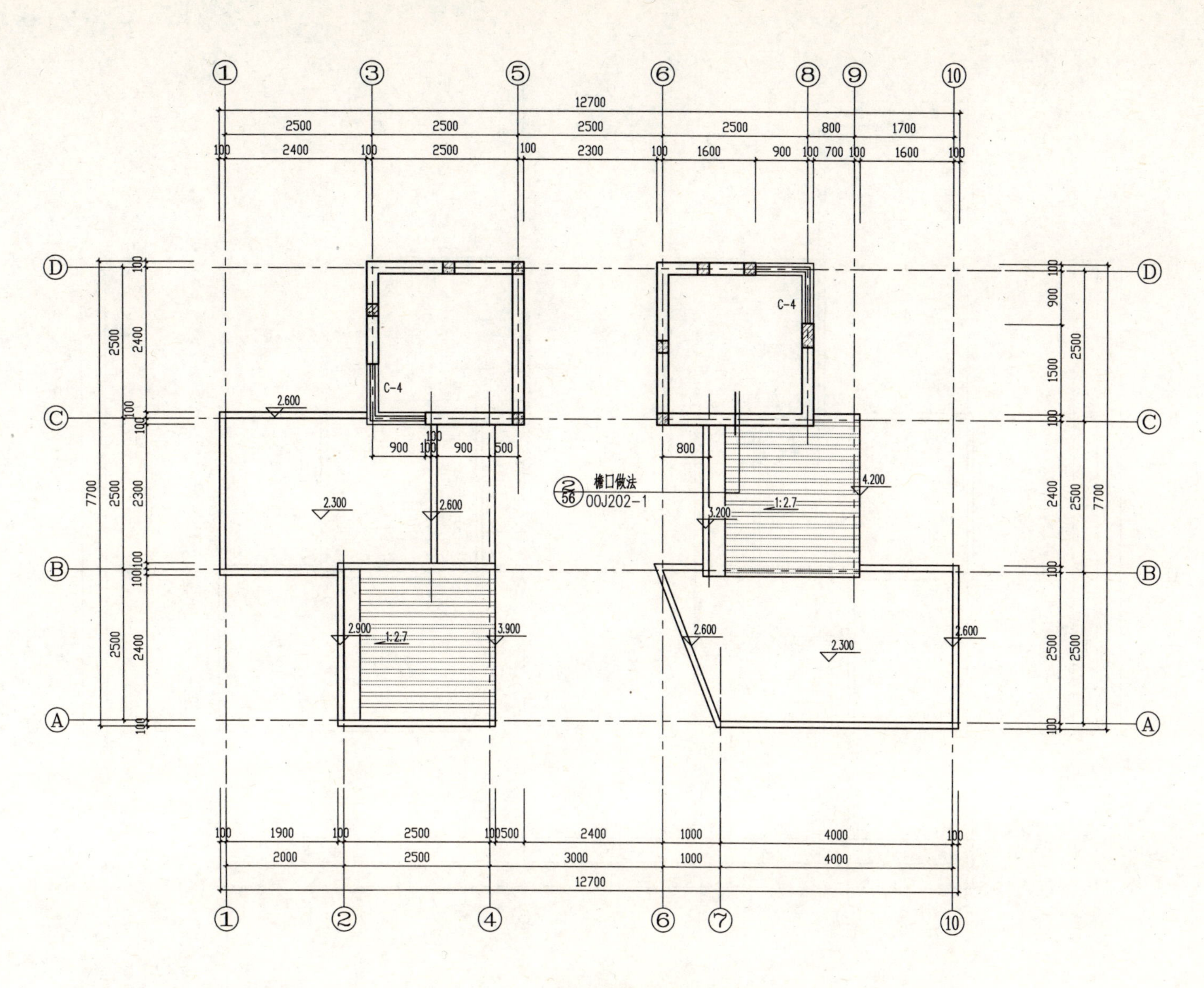

3.800m标高平面图

图 4-44　抱石公园小卖部（三）(3)

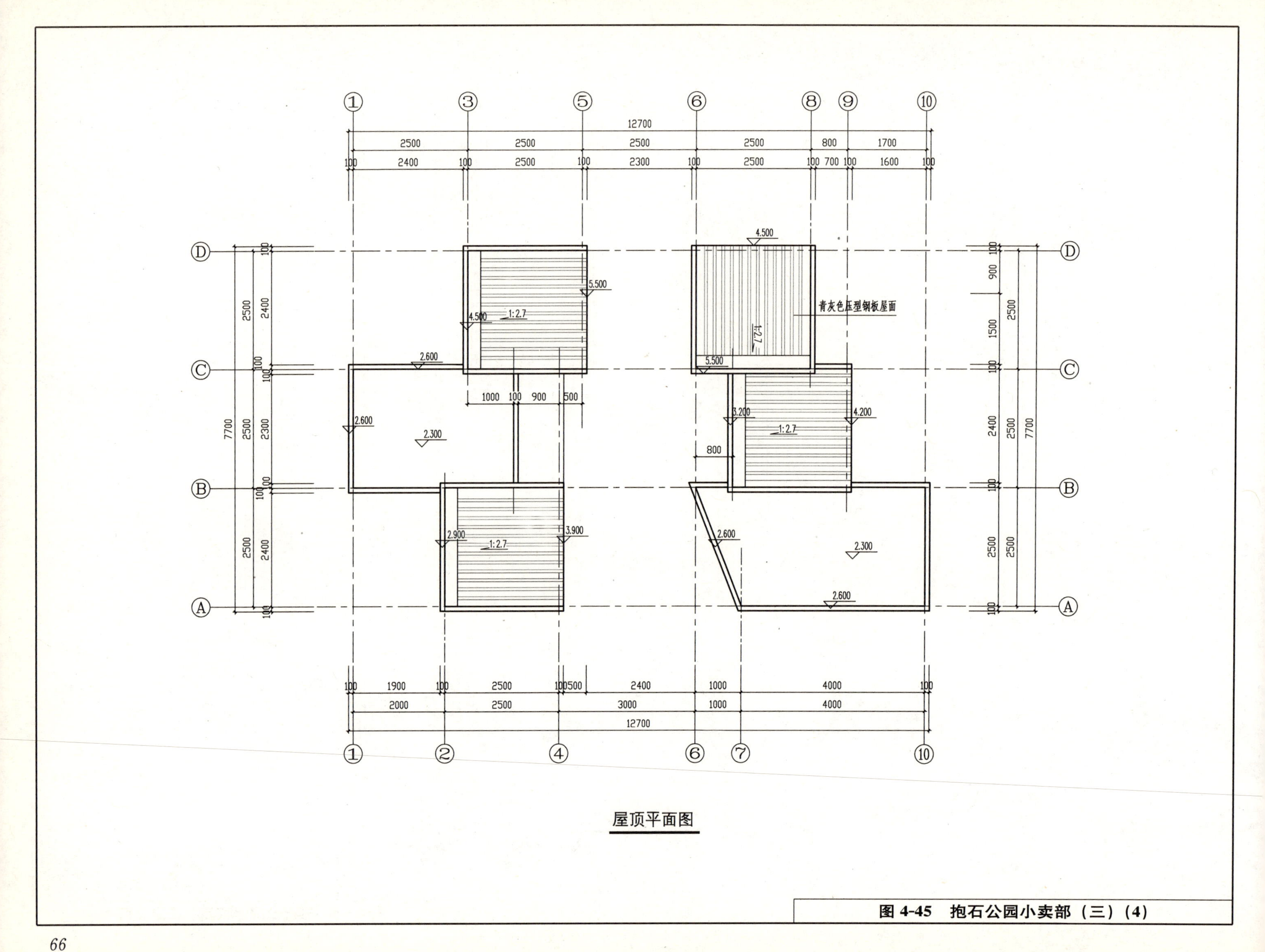

屋顶平面图

图 4-45 抱石公园小卖部（三）（4）

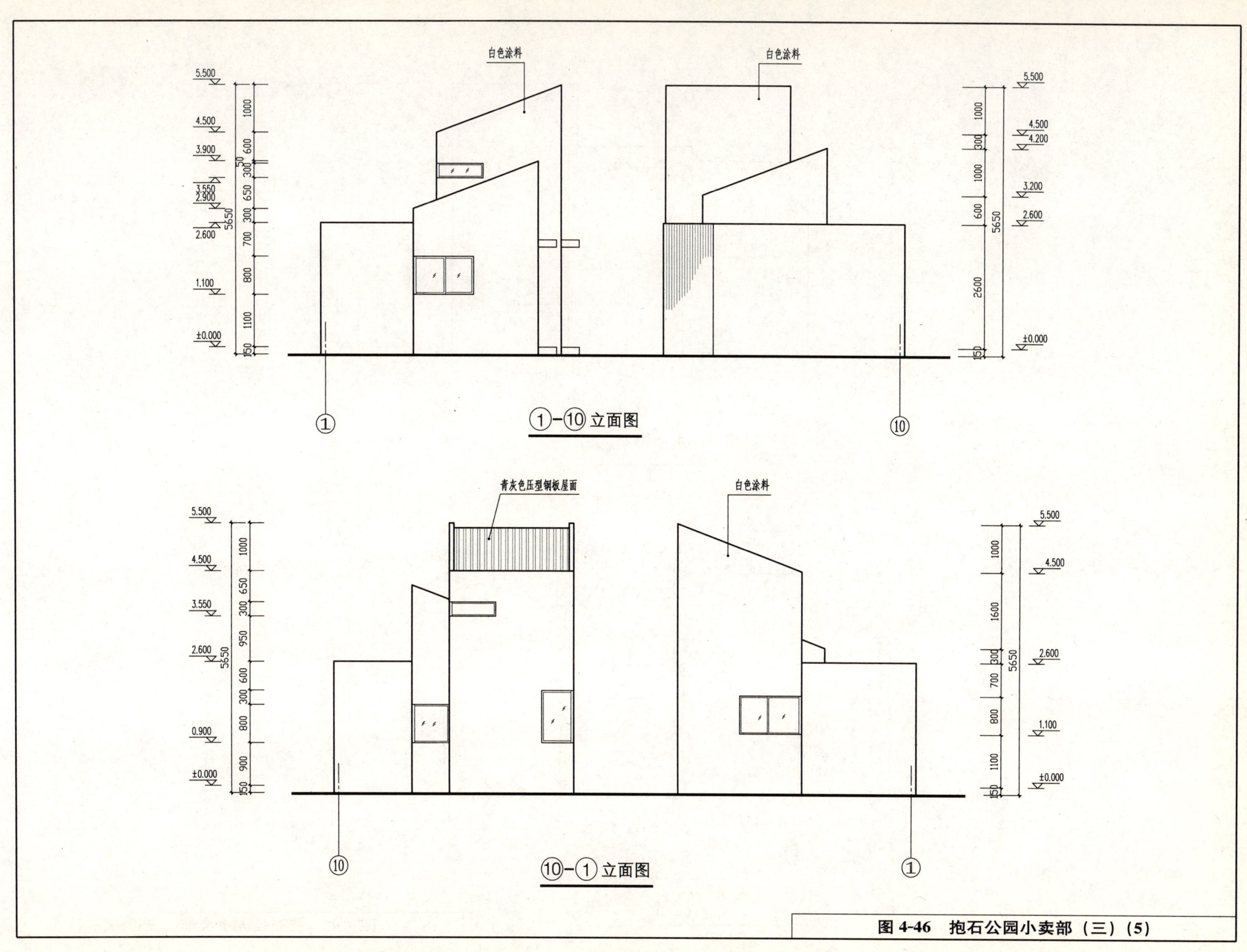

图 4-46 抱石公园小卖部（三）（5）

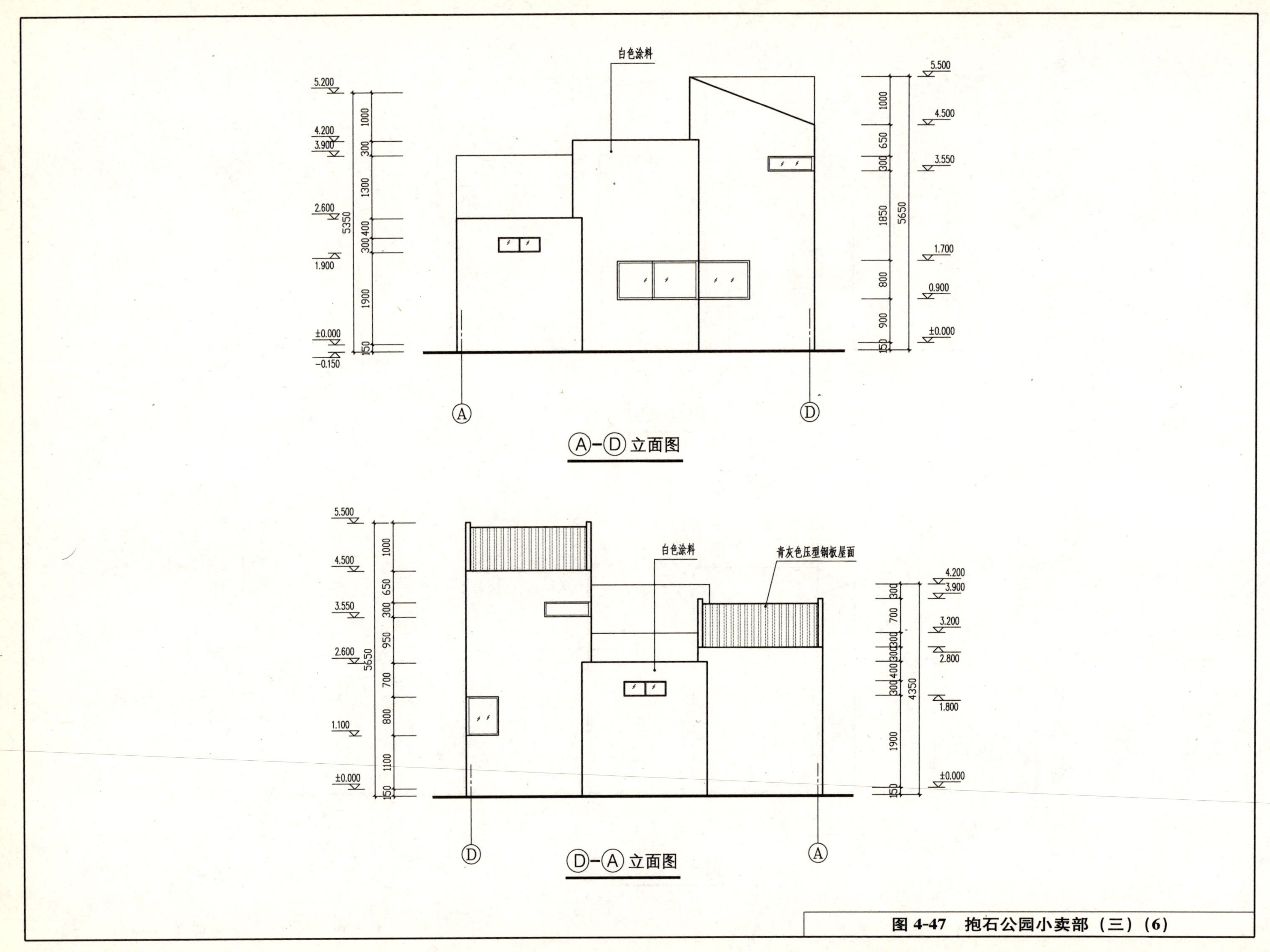

图 4-47　抱石公园小卖部（三）(6)

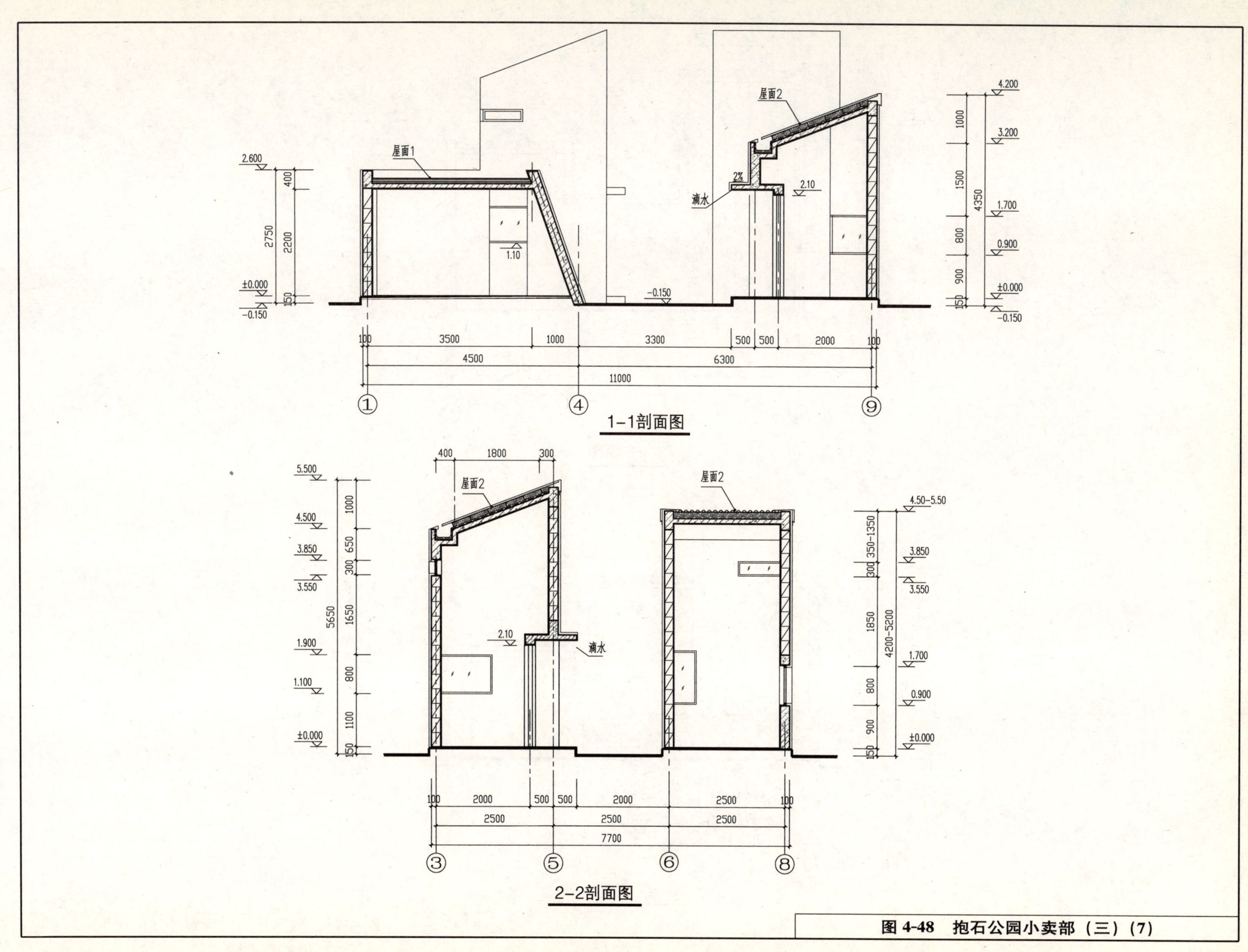

图 4-48　抱石公园小卖部（三）（7）

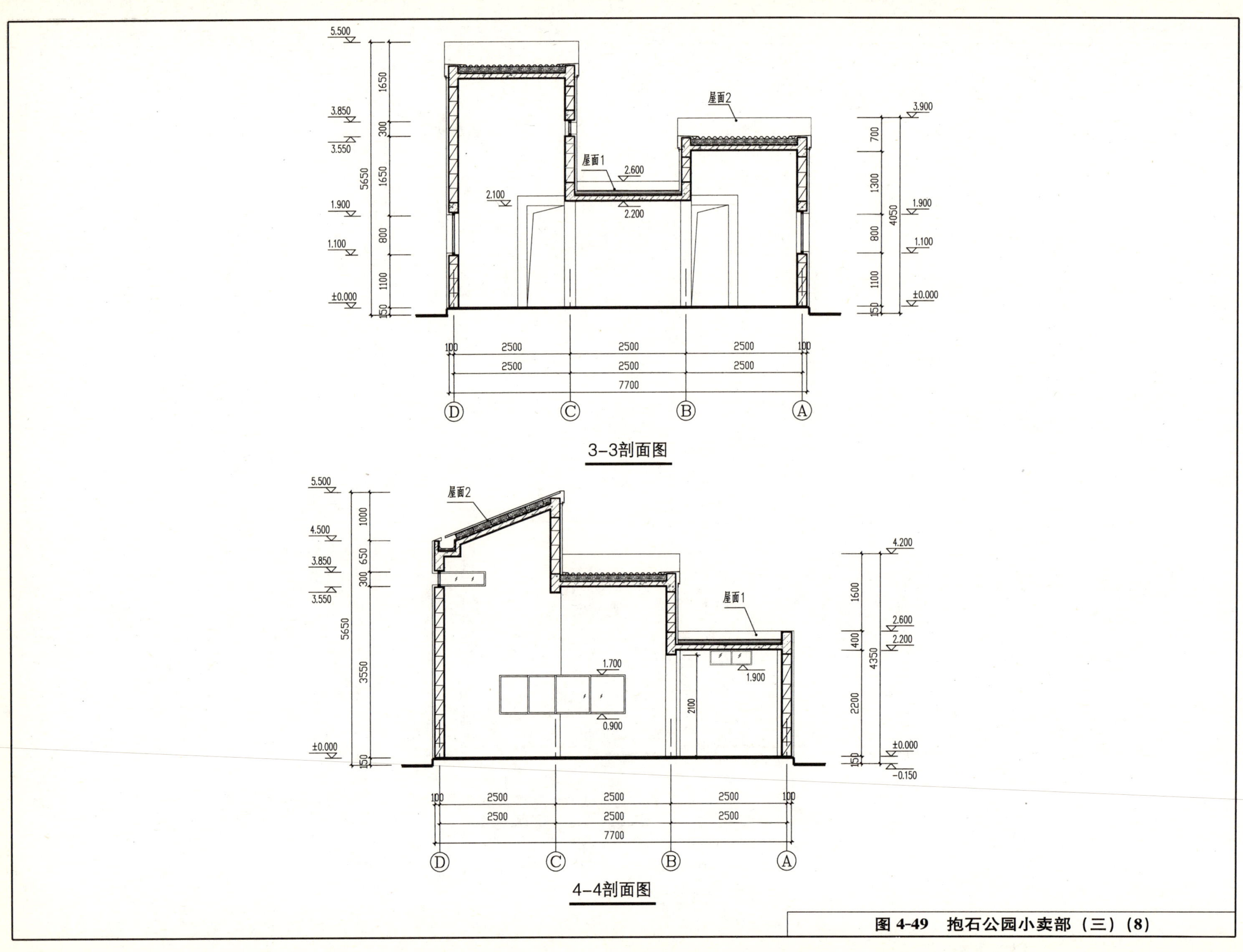

图 4-49 抱石公园小卖部（三）(8)

4.2.2 展览室

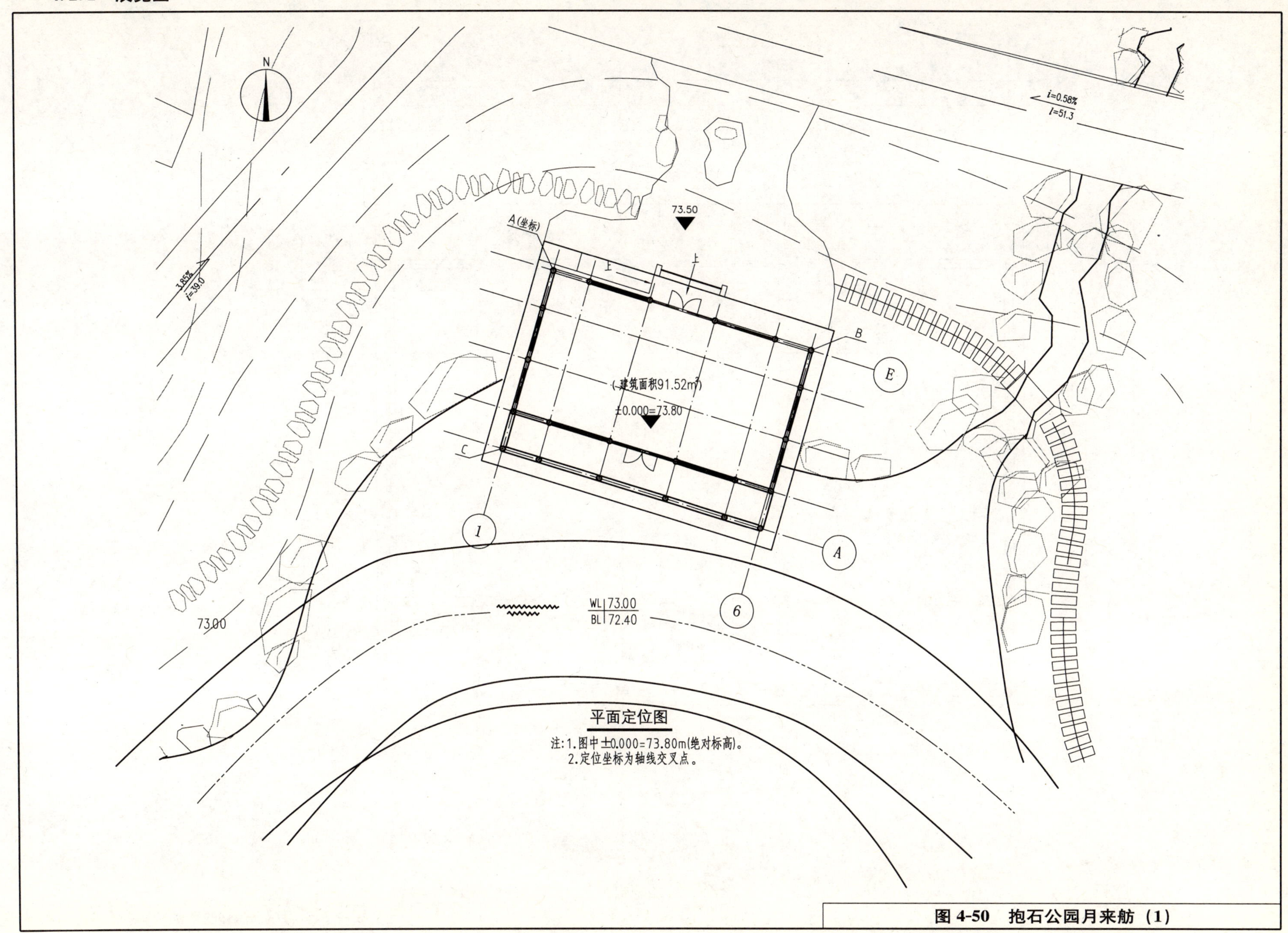

图 4-50 抱石公园月来舫(1)

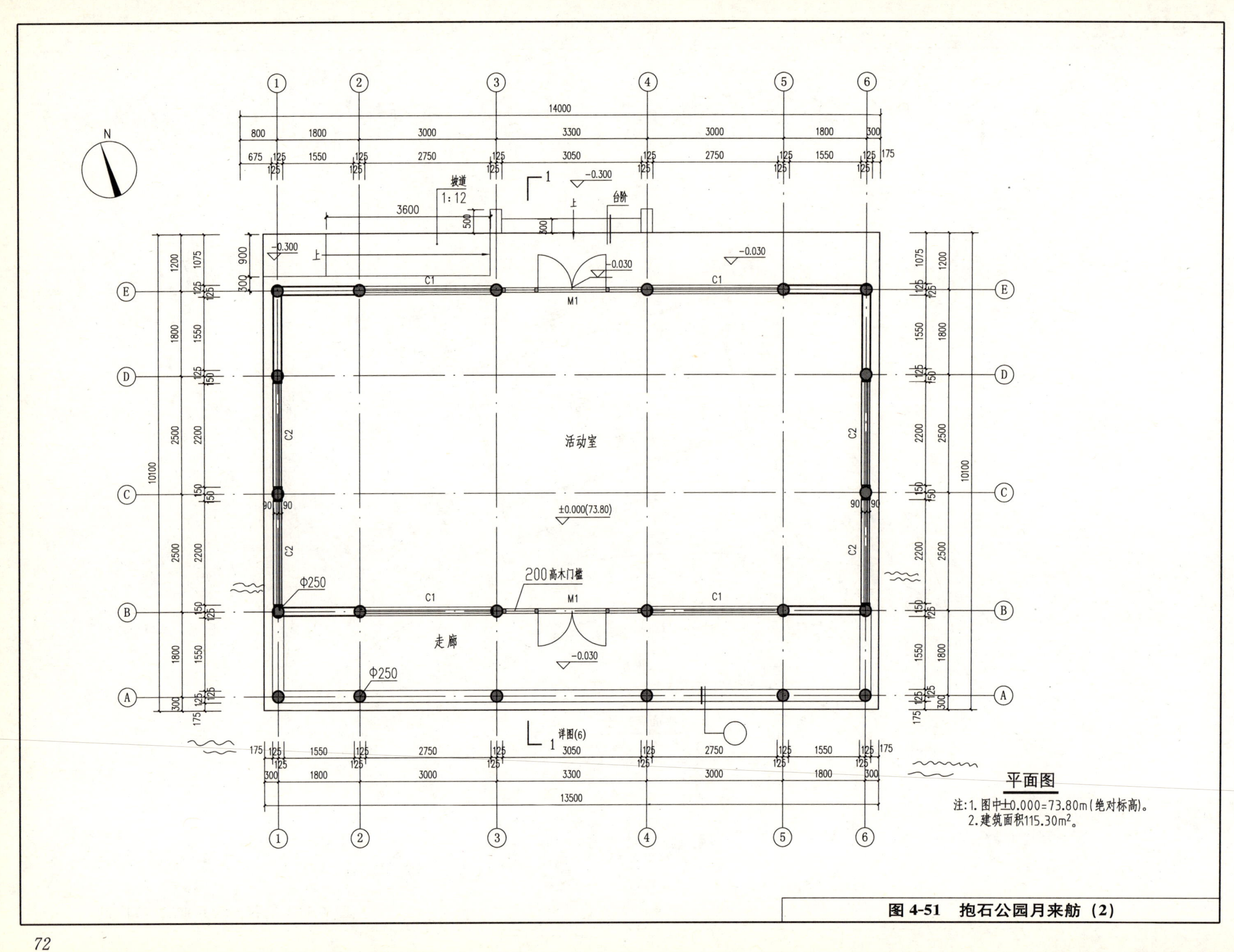

图 4-51　抱石公园月来舫（2）

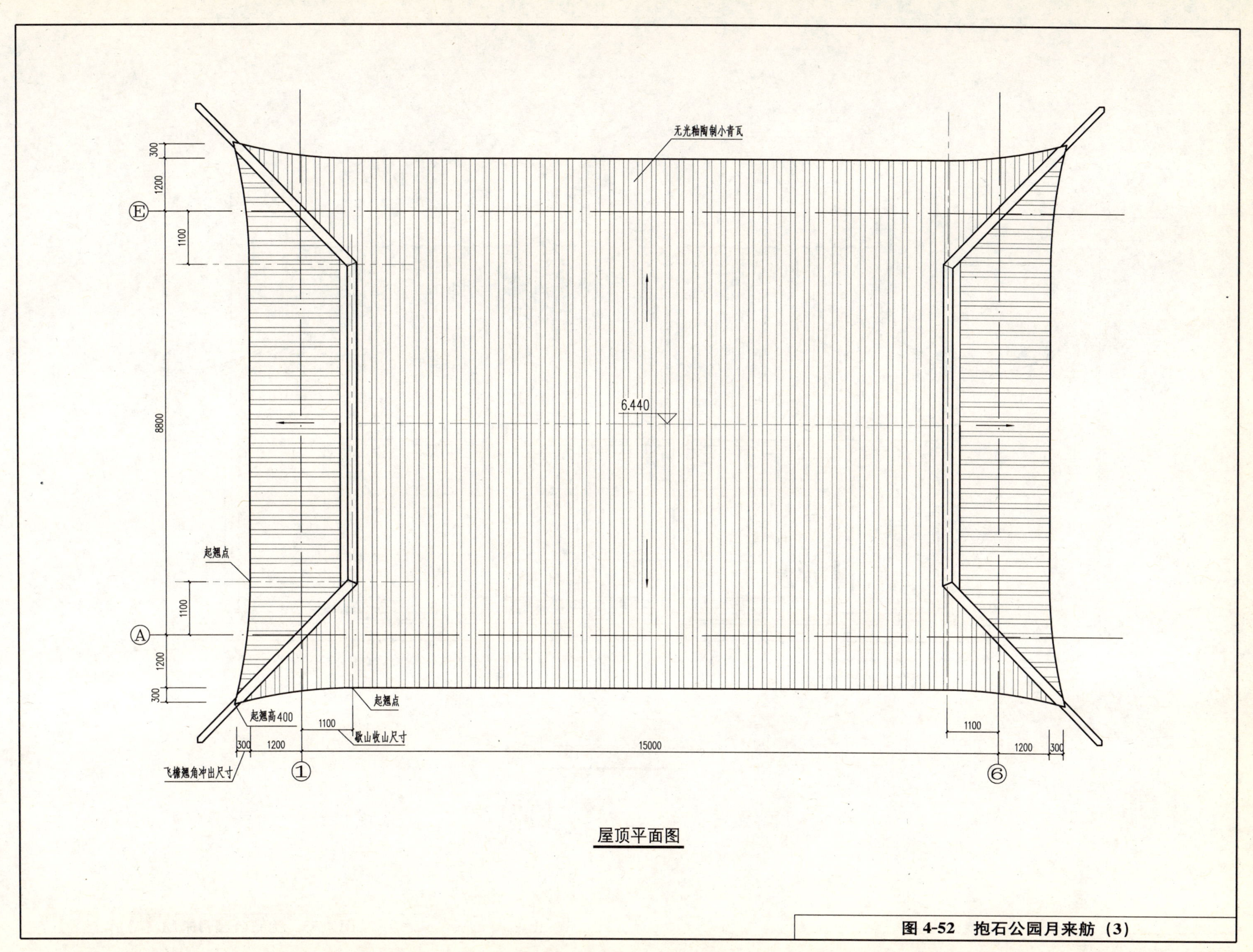

图 4-52 抱石公园月来舫（3）

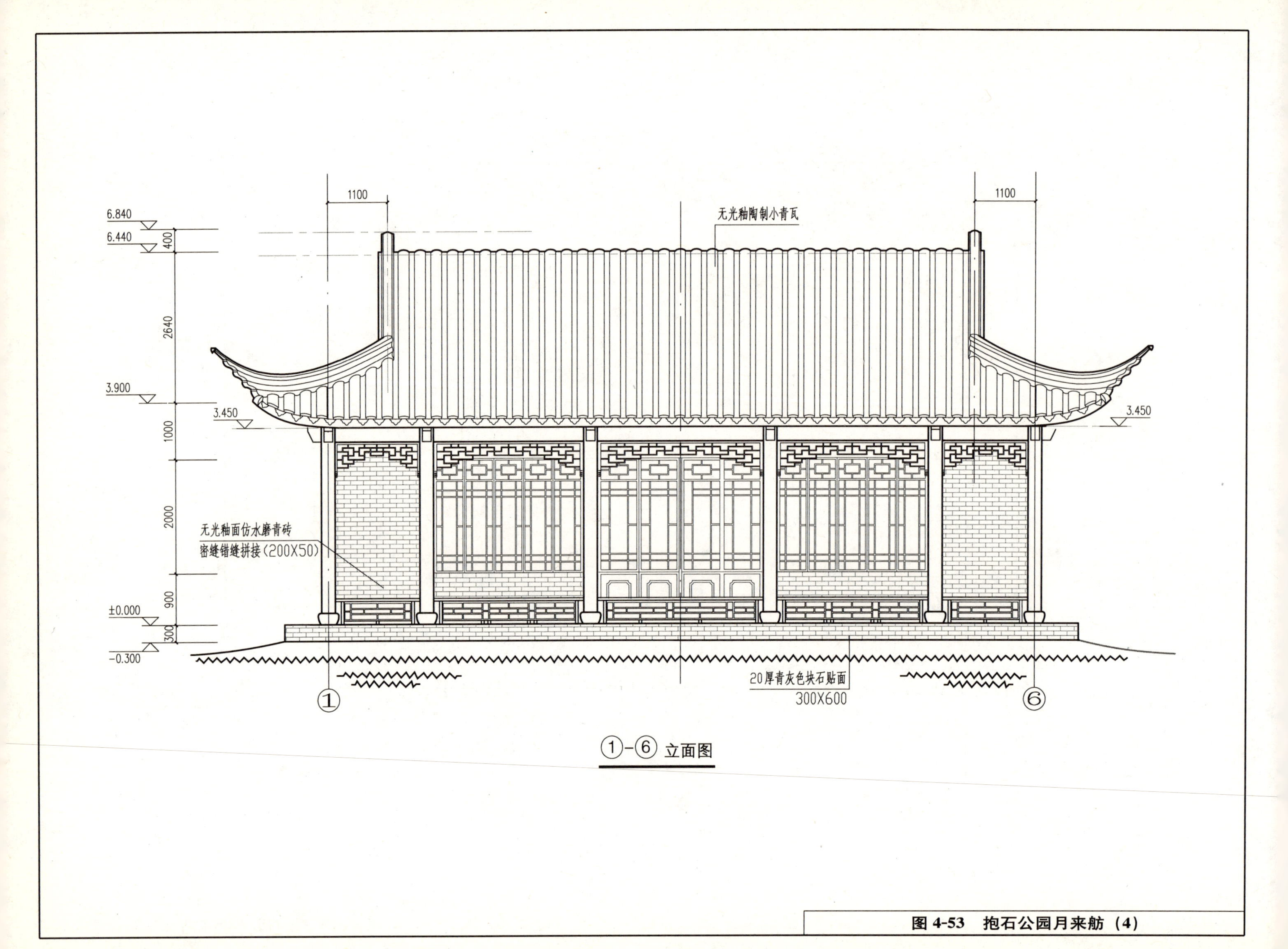

图 4-53　抱石公园月来舫（4）

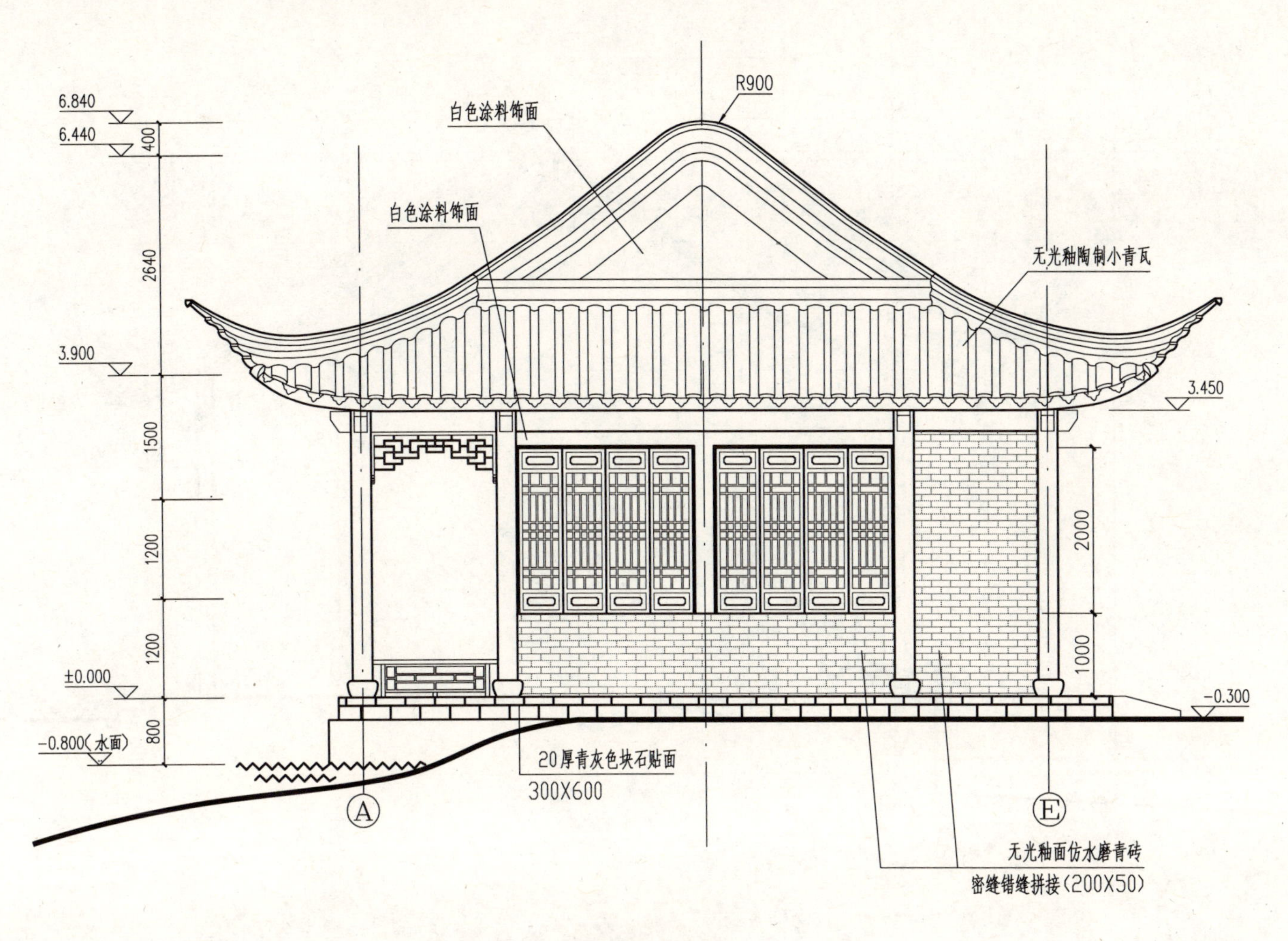

图 4-54　抱石公园月来舫（5）

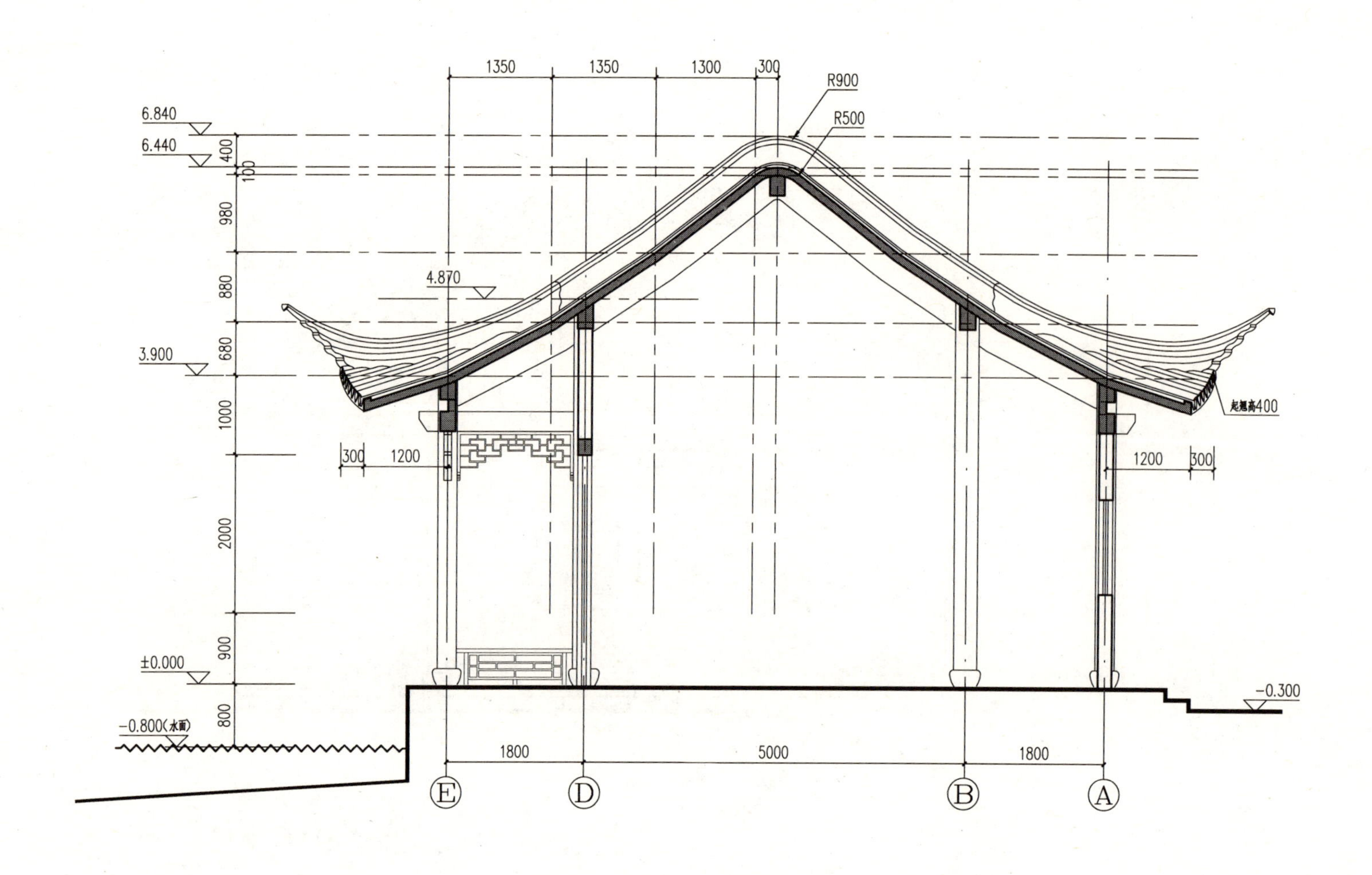

1-1剖面图

图 4-55　抱石公园月来舫（6）

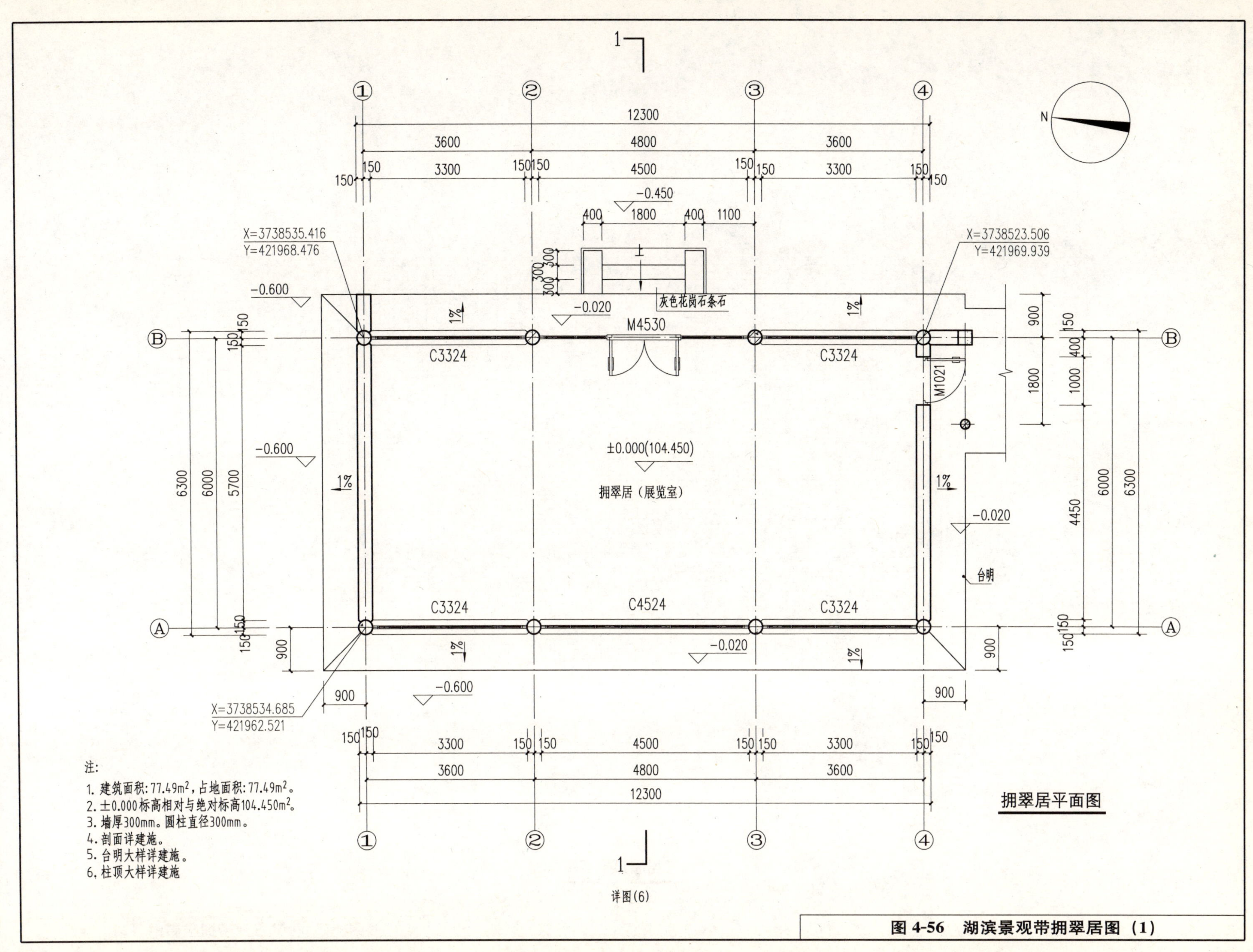

图 4-56　湖滨景观带拥翠居图（1）

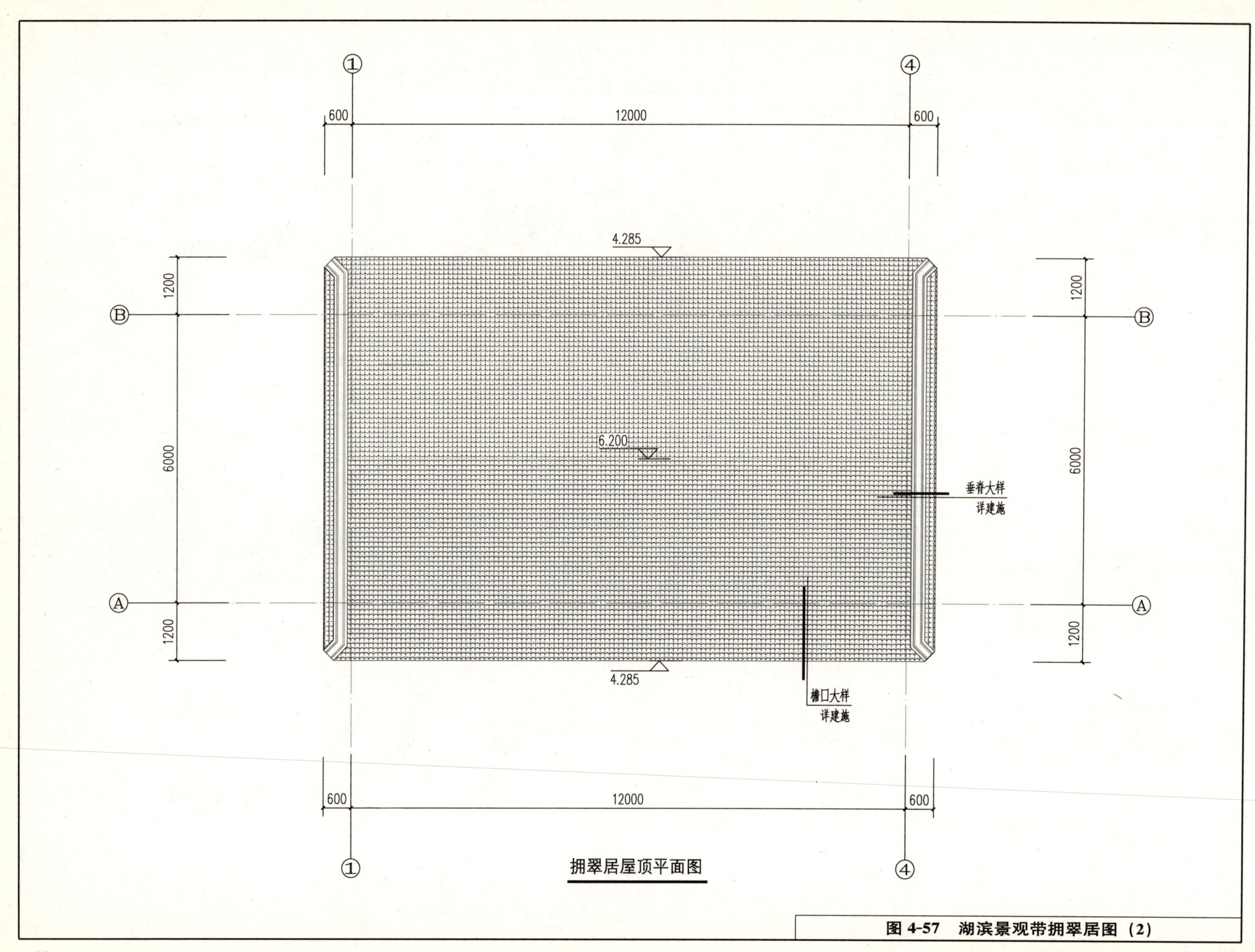

图 4-57　湖滨景观带拥翠居图（2）

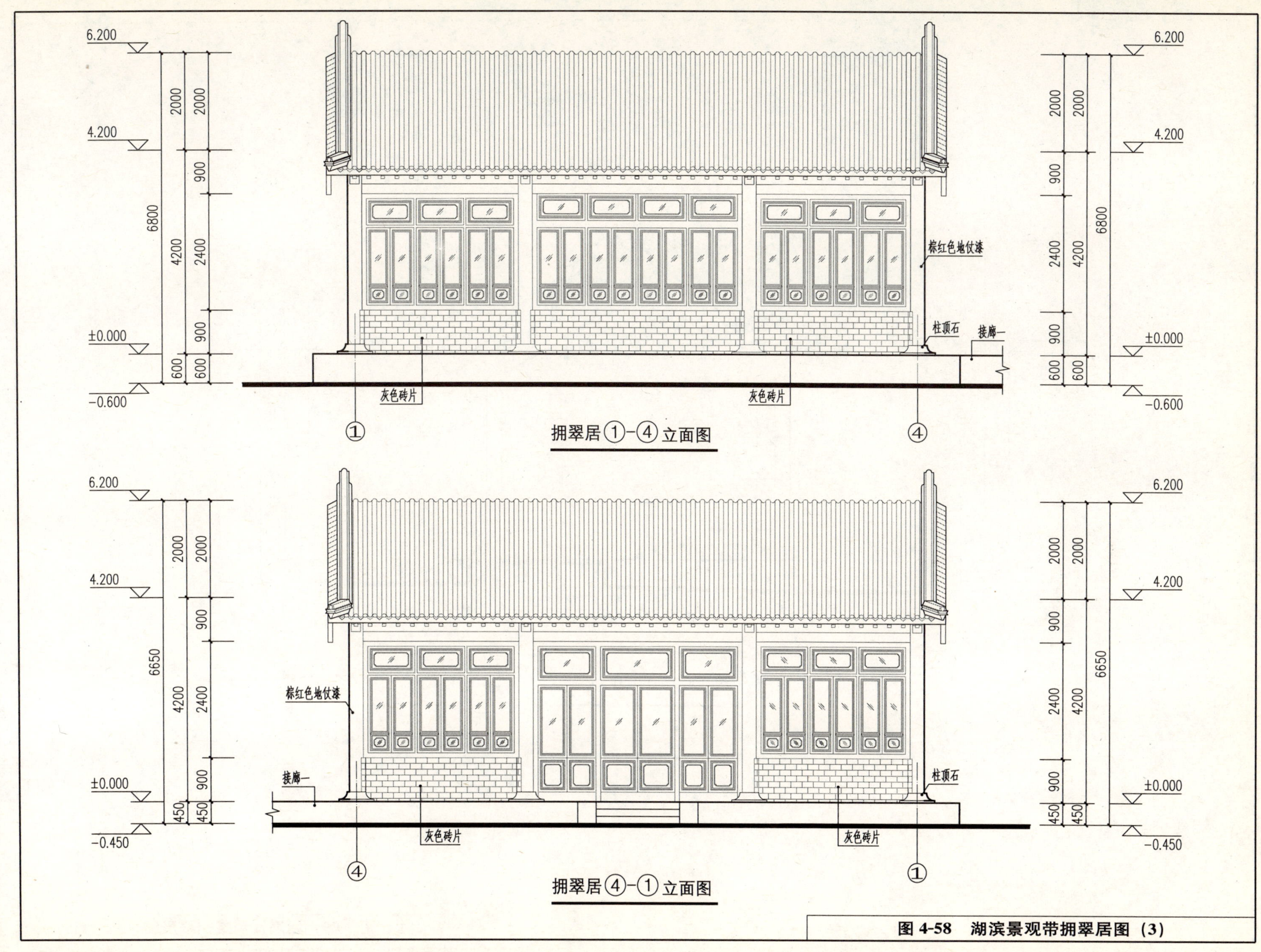

图 4-58　湖滨景观带拥翠居图（3）

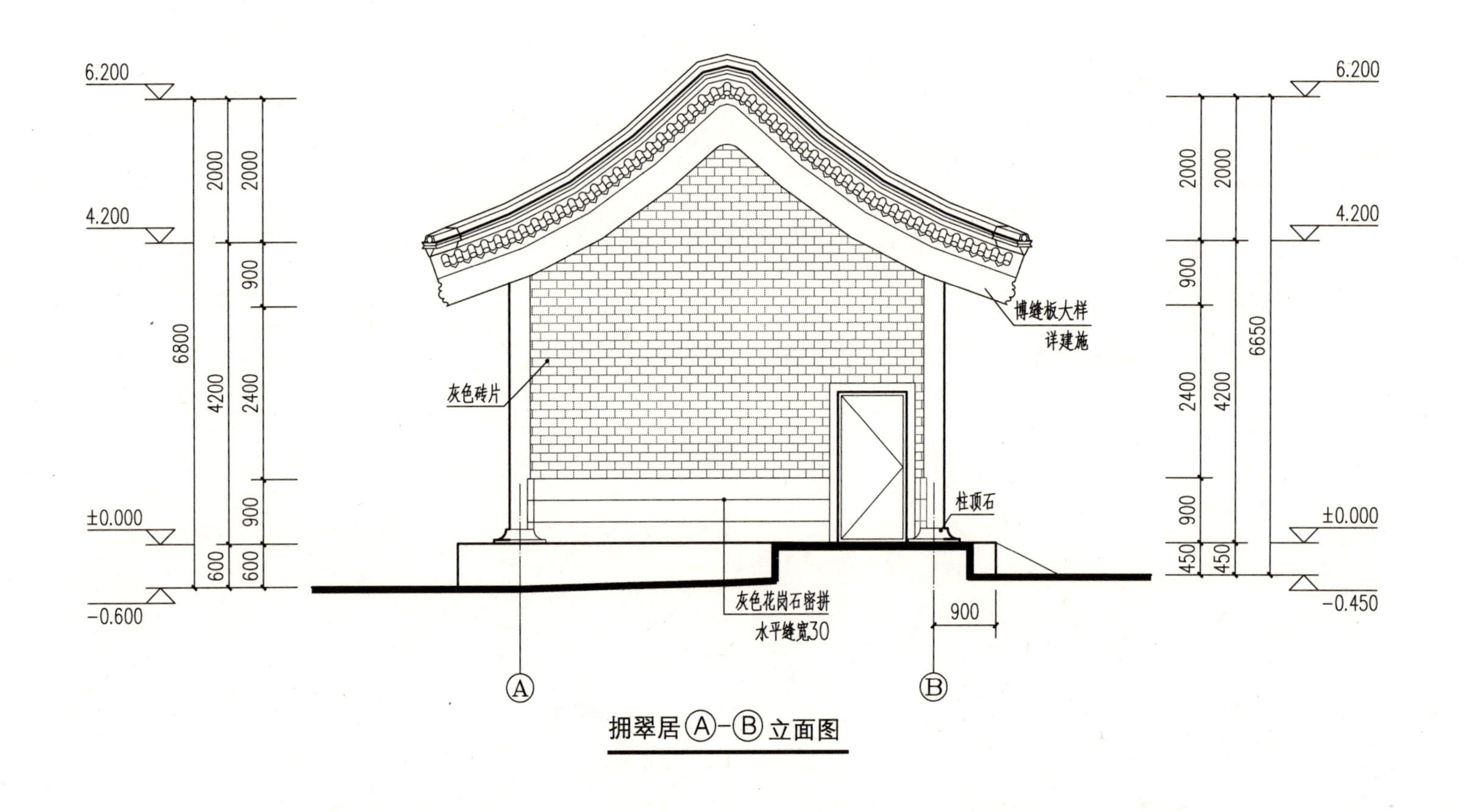

图 4-59　湖滨景观带拥翠居图（4）

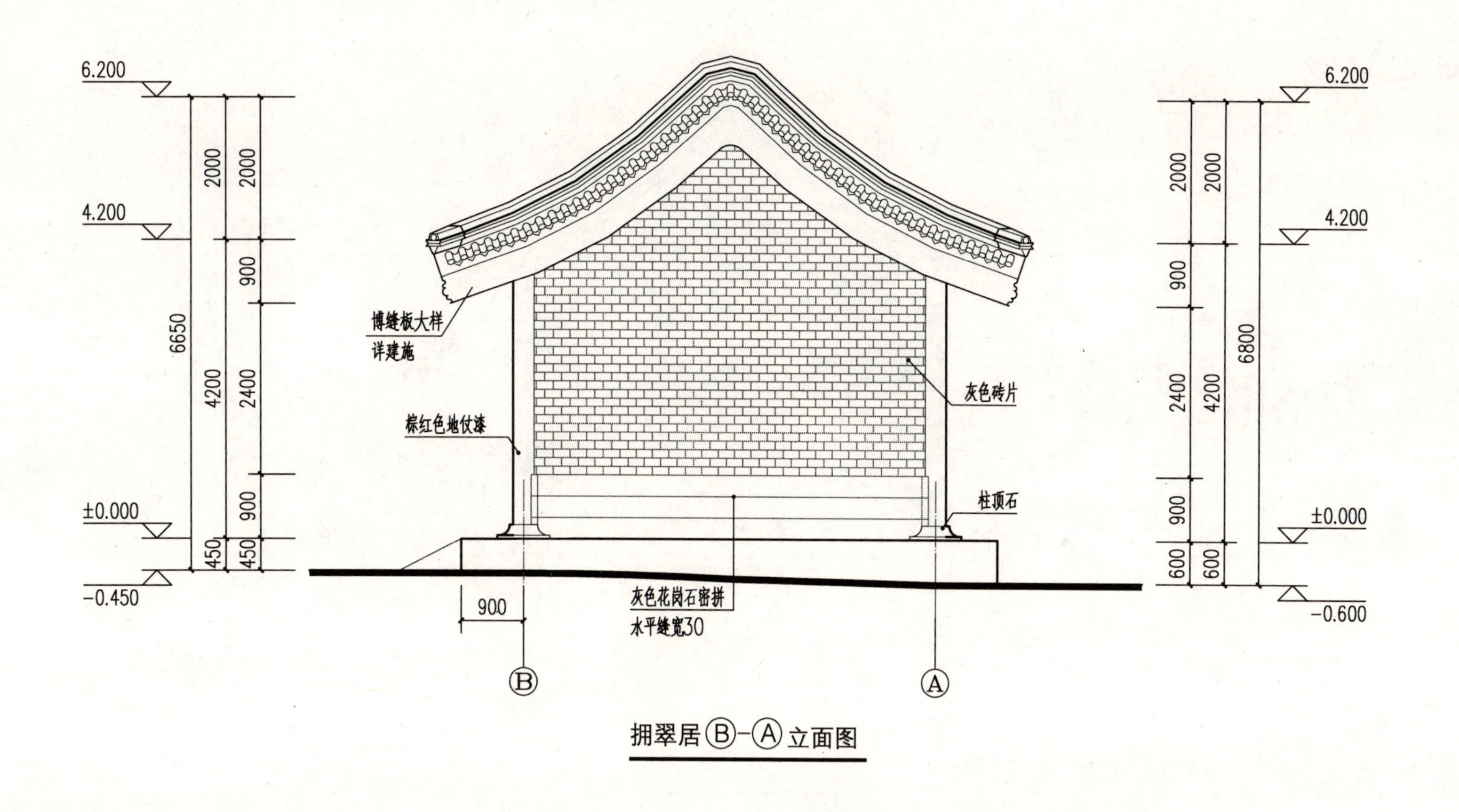

拥翠居Ⓑ-Ⓐ立面图

图 4-60　湖滨景观带拥翠居图（5）

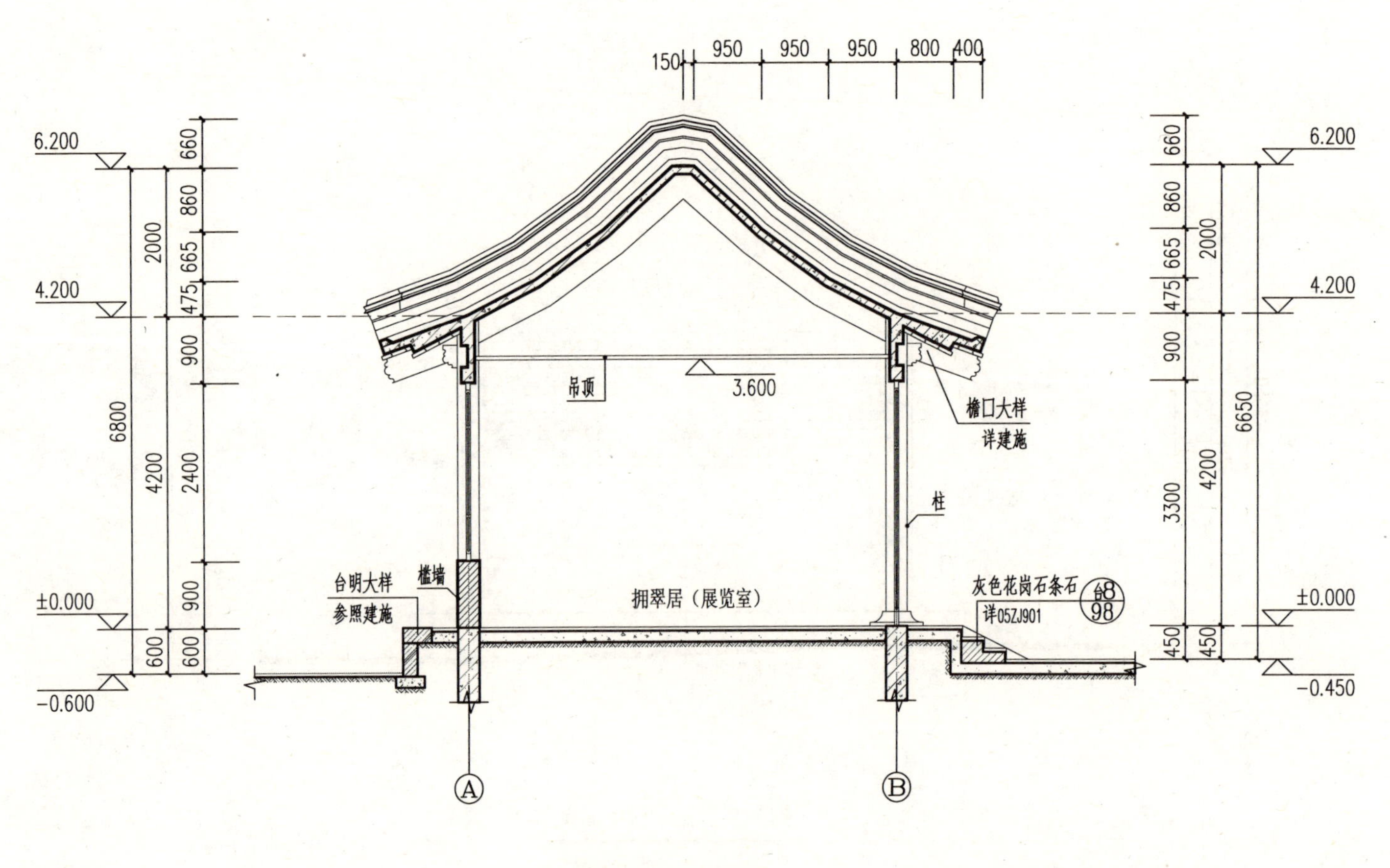

拥翠居1-1剖面图

图 4-61　湖滨景观带拥翠居图（6）

4.2.3 公厕

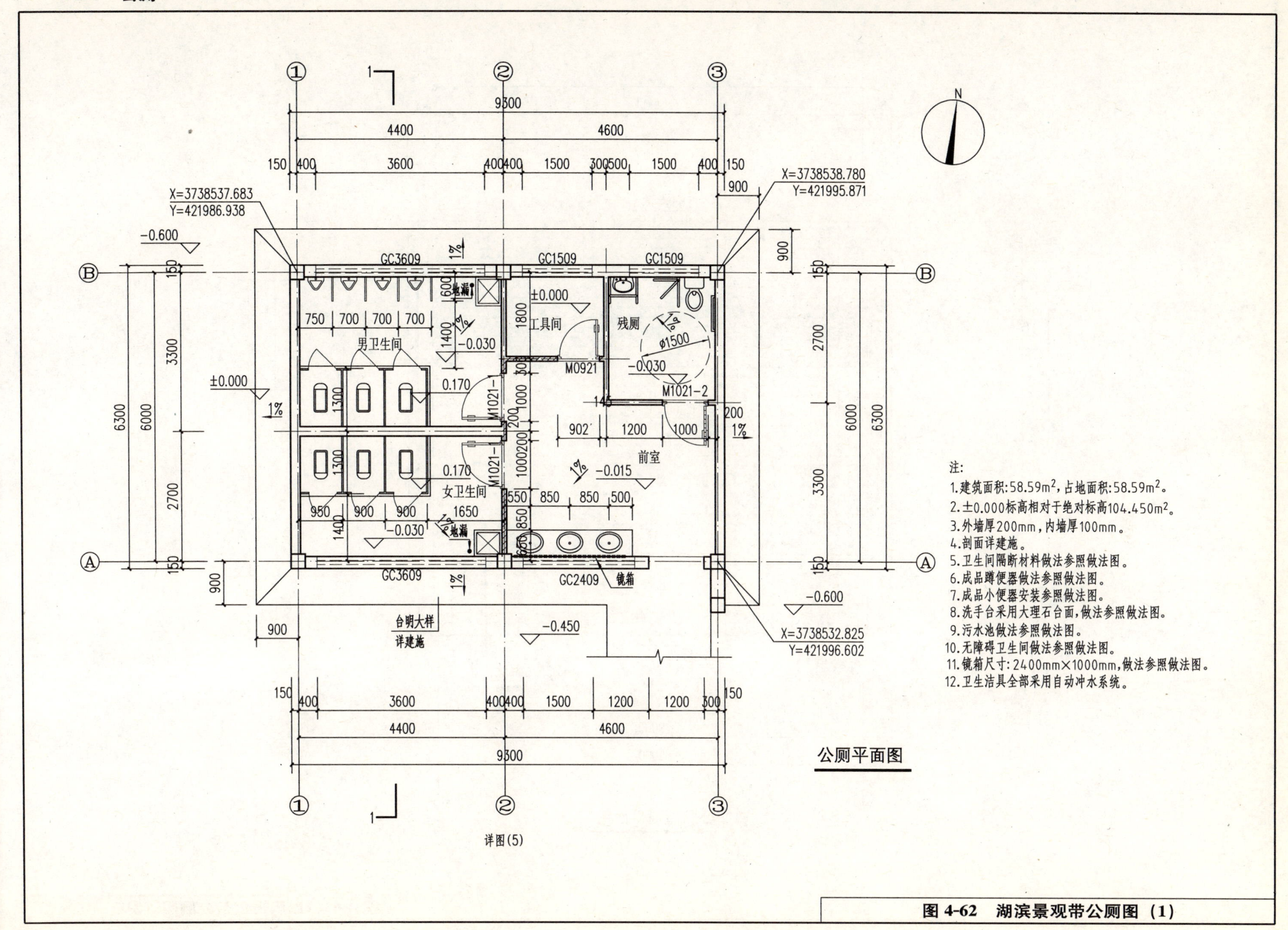

图 4-62 湖滨景观带公厕图(1)

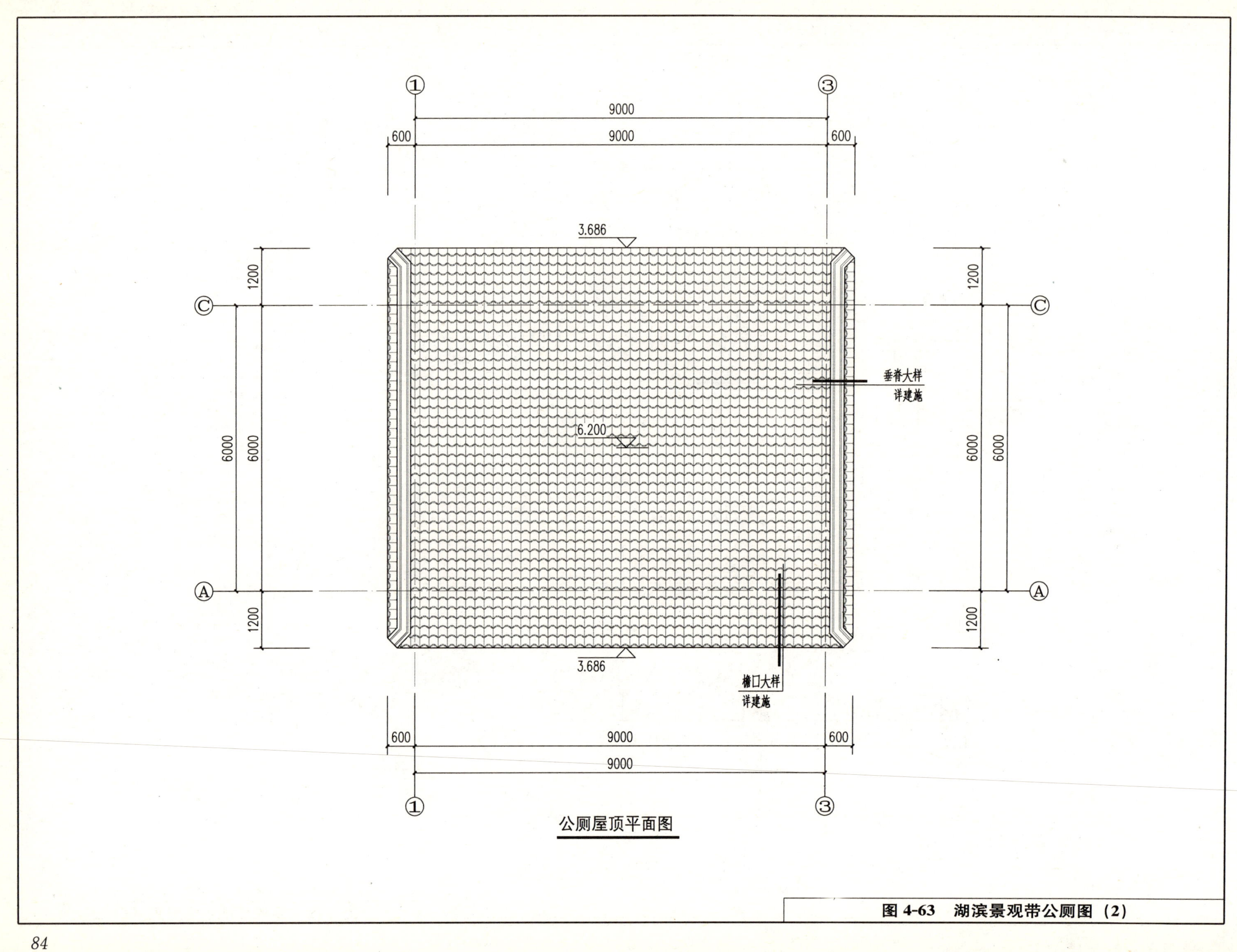

图 4-63　湖滨景观带公厕图（2）

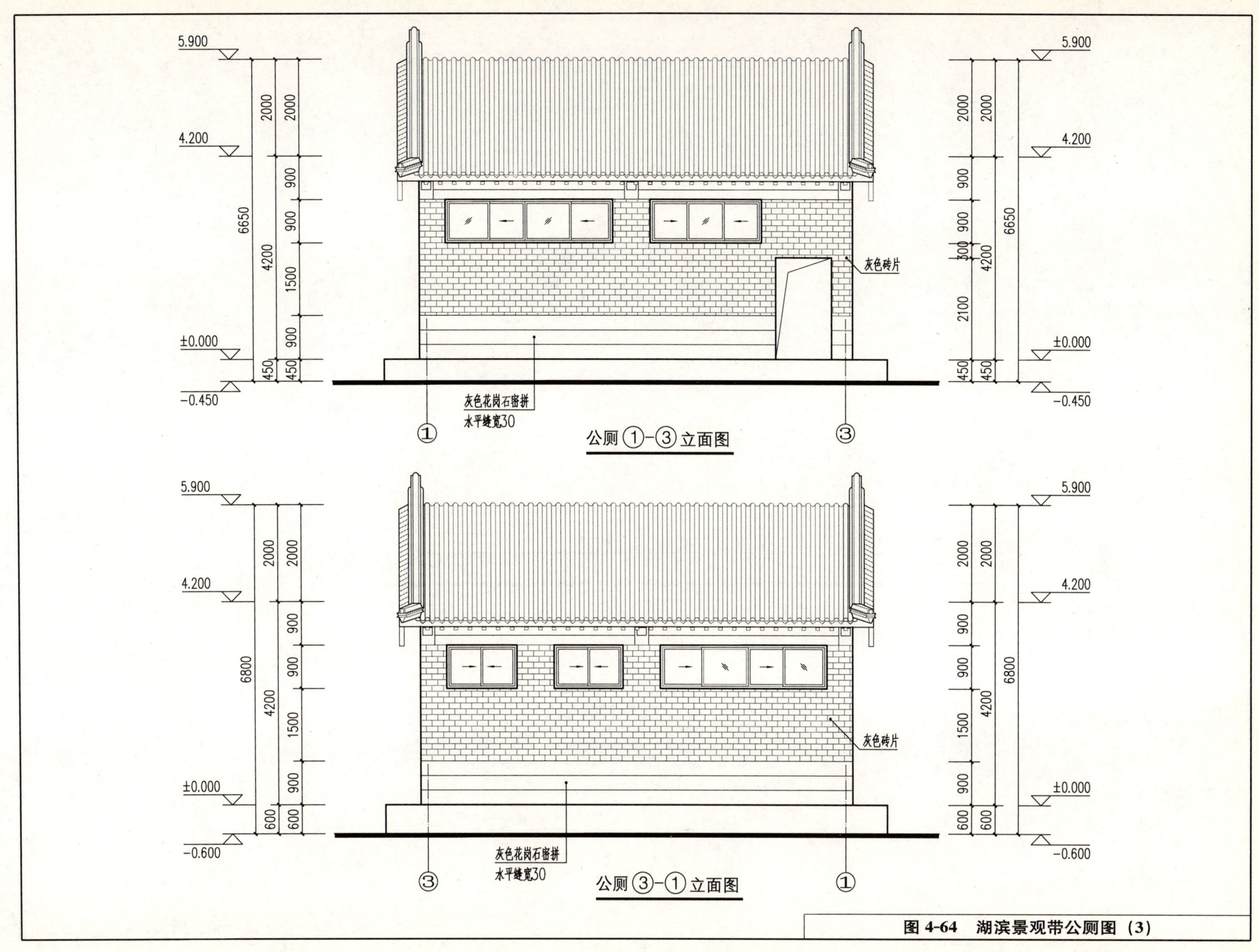

图 4-64　湖滨景观带公厕图（3）

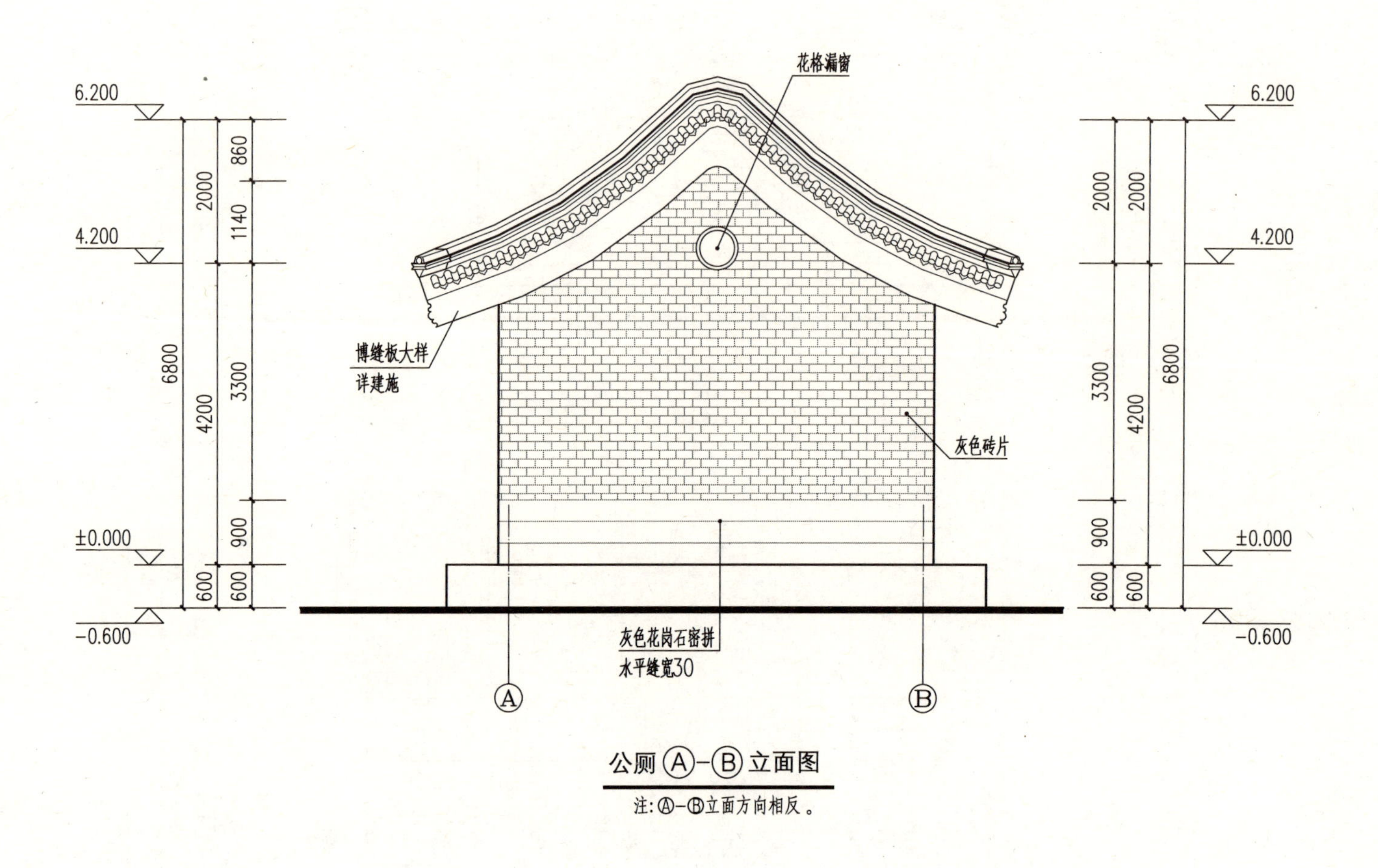

公厕 Ⓐ-Ⓑ 立面图

注：Ⓐ-Ⓑ立面方向相反。

图 4-65 湖滨景观带公厕图（4）

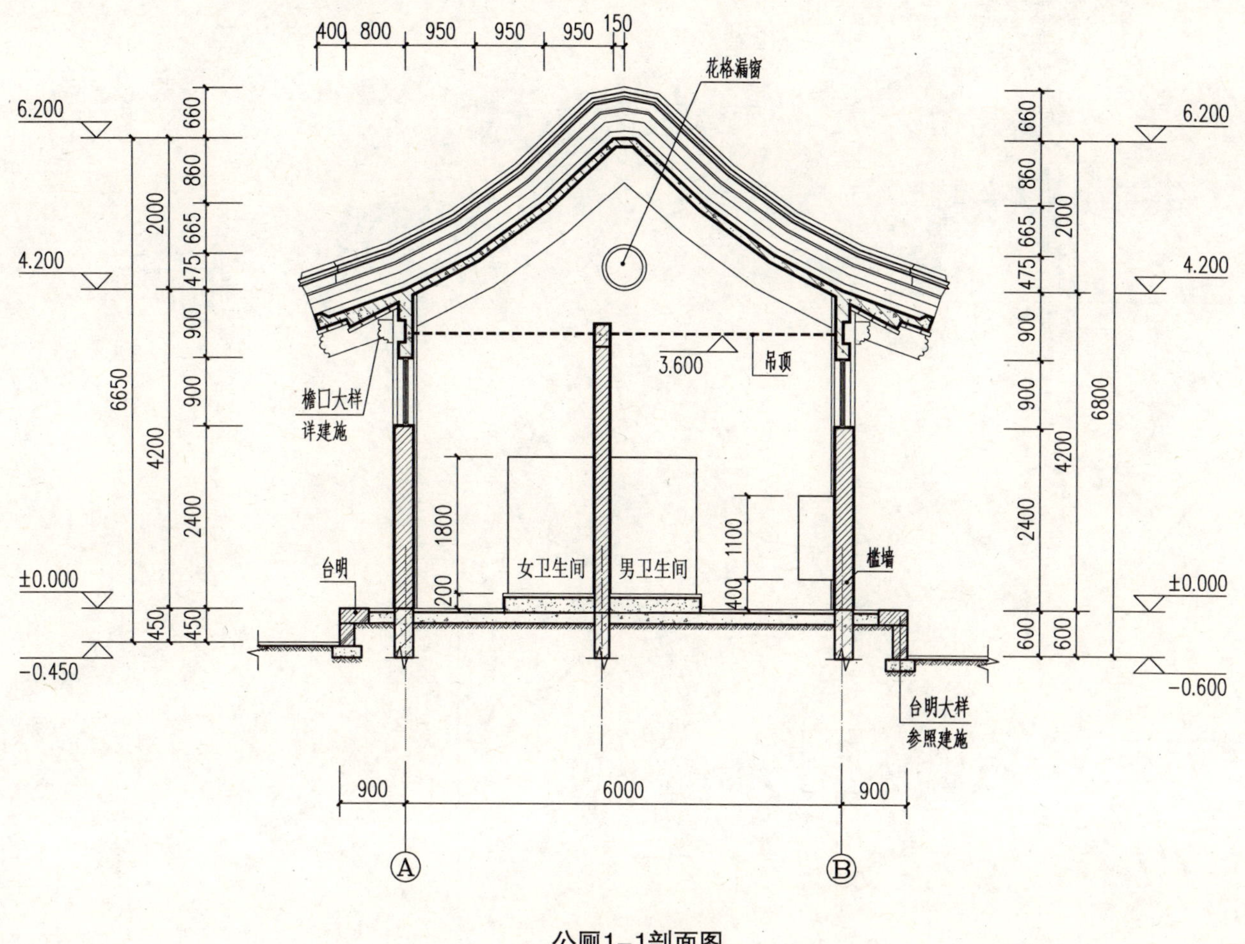

公厕1-1剖面图

图 4-66　湖滨景观带公厕图（5）

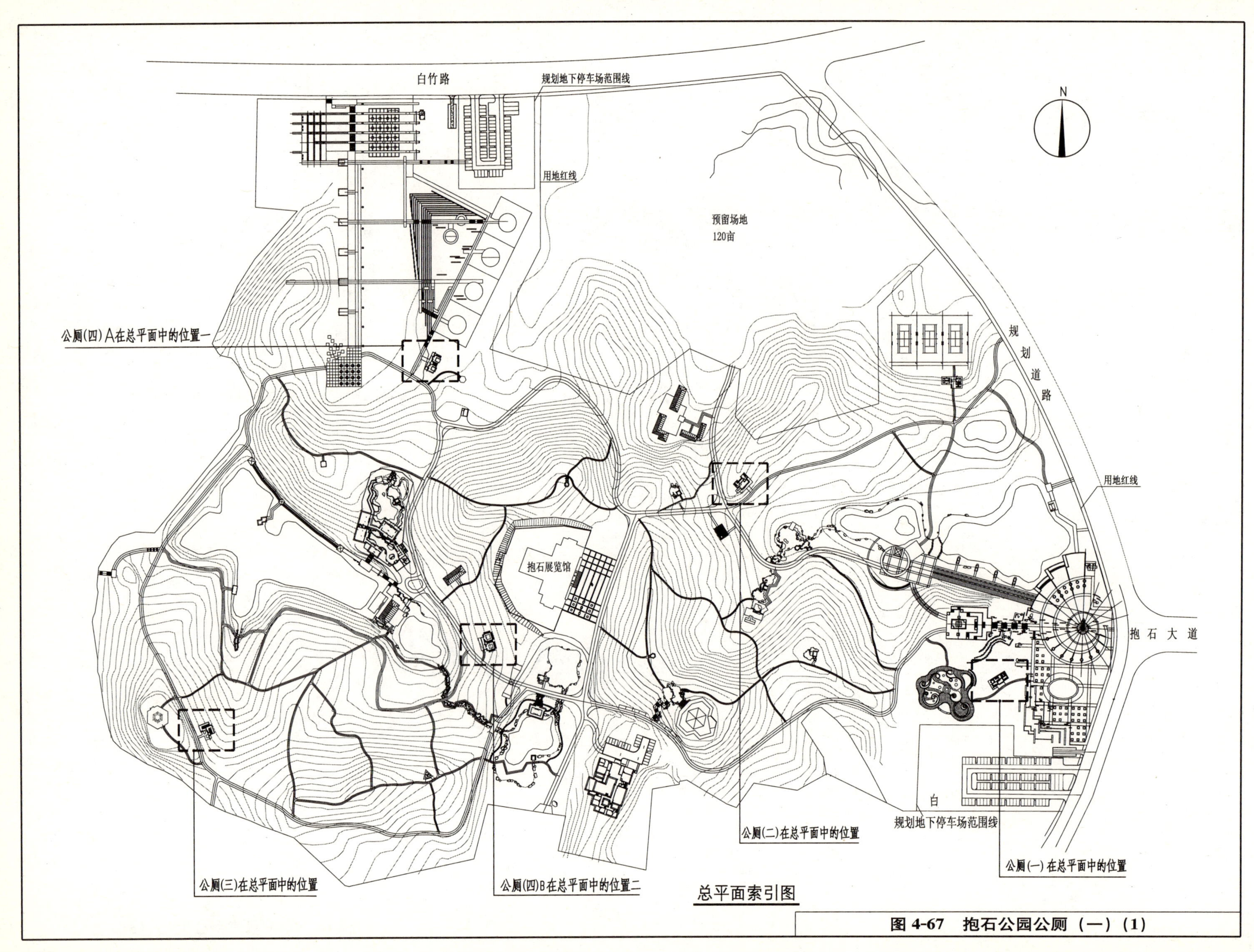

图 4-67　抱石公园公厕（一）(1)

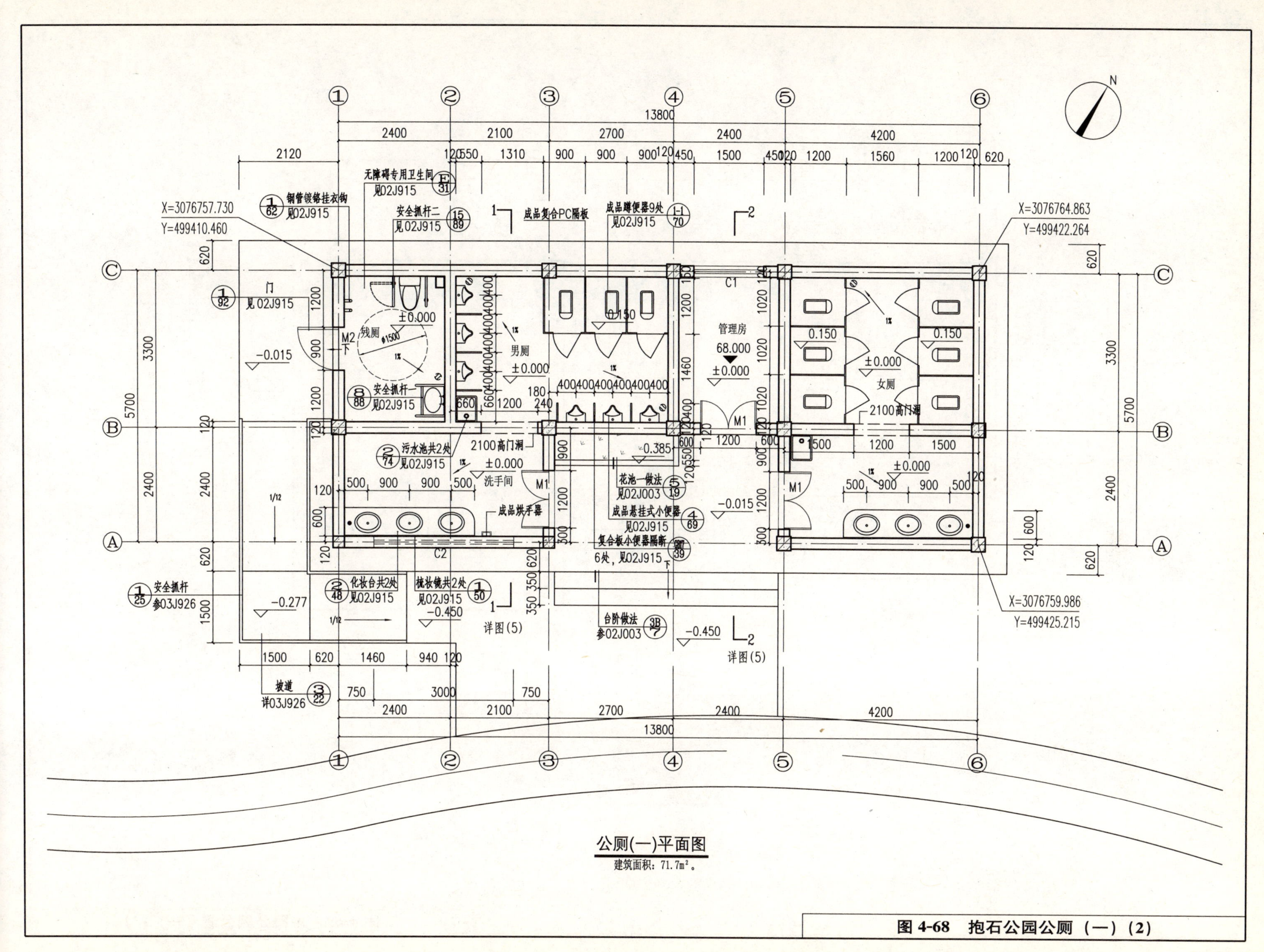

公厕(一)平面图

建筑面积：71.7m²。

图 4-68　抱石公园公厕（一）(2)

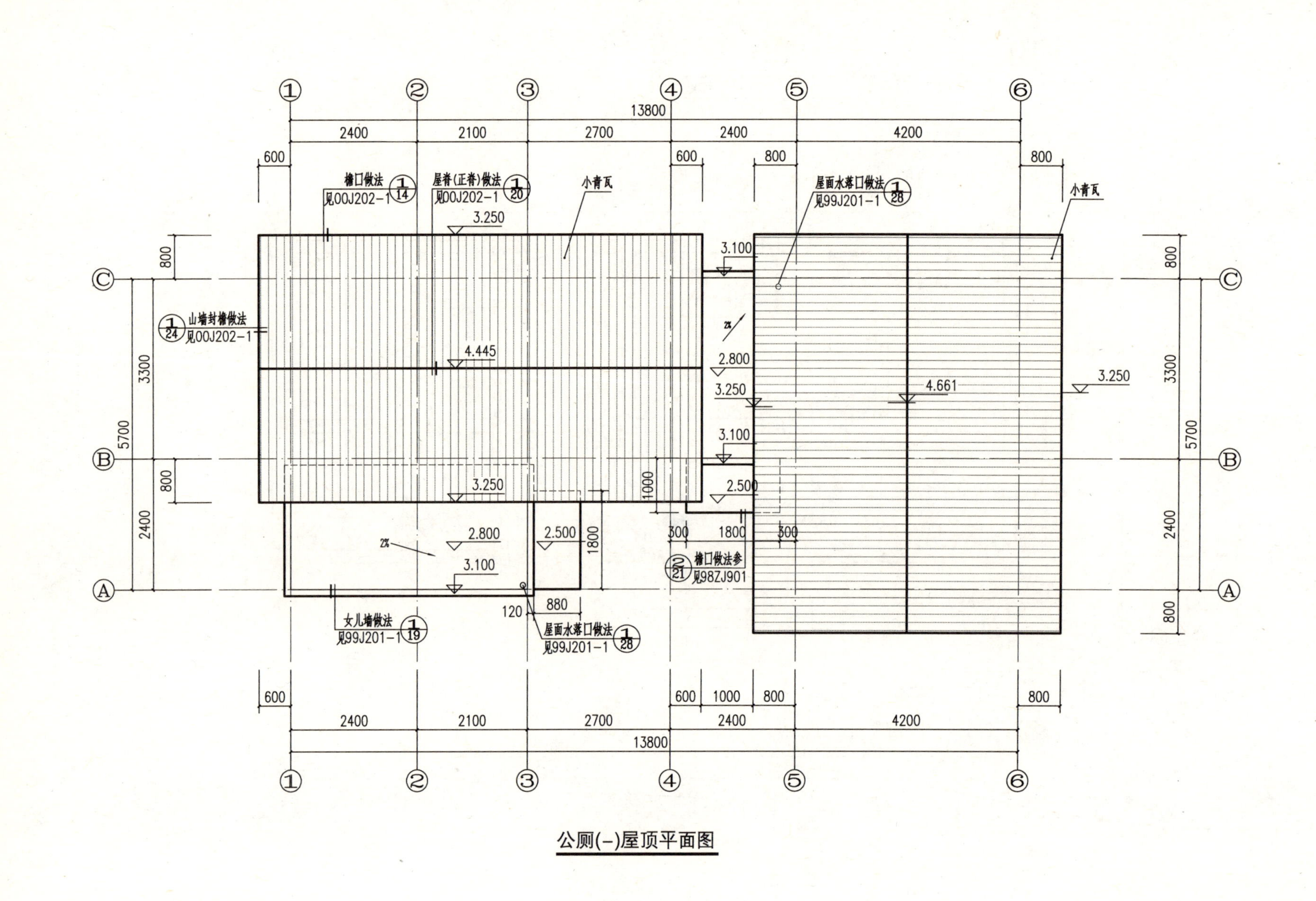

公厕(–)屋顶平面图

图 4-69　抱石公园公厕（一）(3)

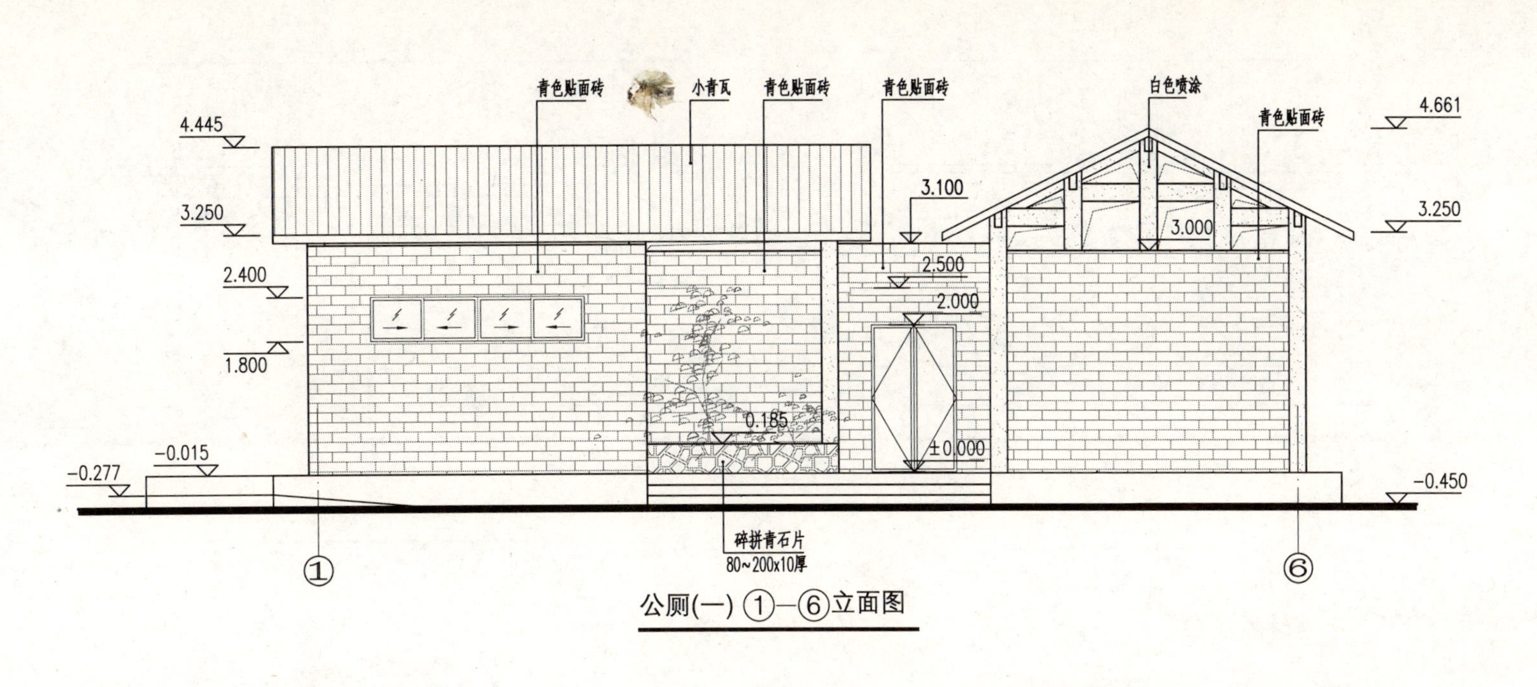

公厕(一) ①—⑥立面图

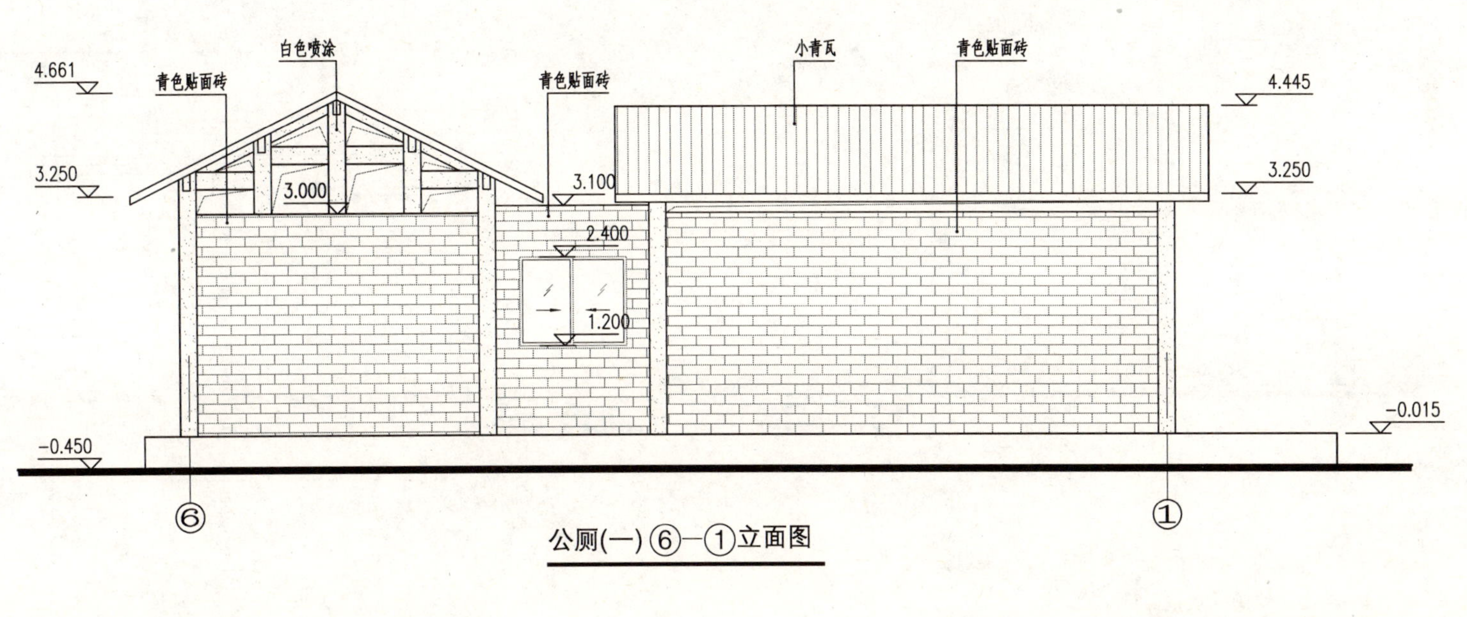

公厕(一) ⑥—①立面图

图 4-70　抱石公园公厕（一）(4)

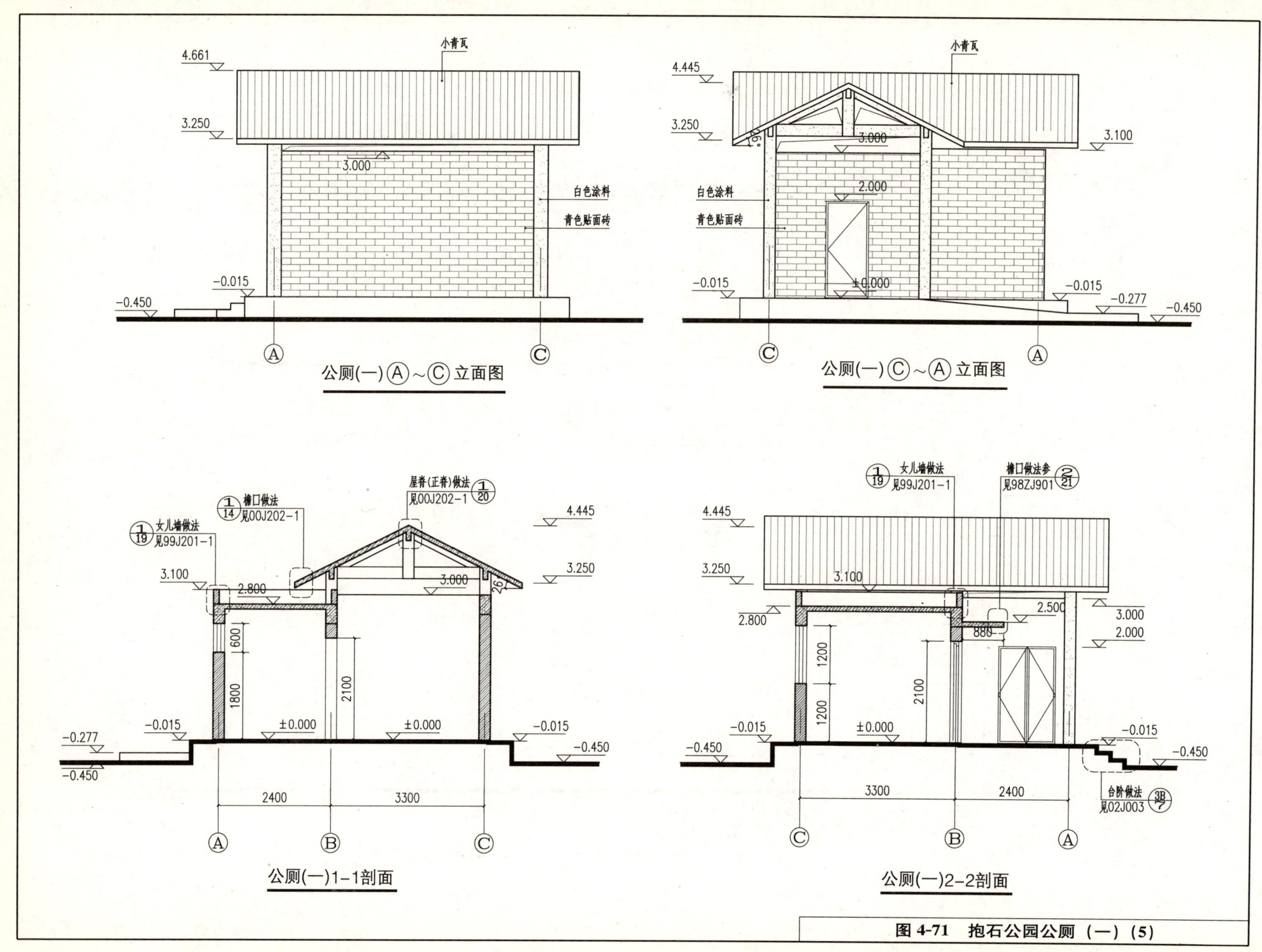

图 4-71　抱石公园公厕（一）（5）

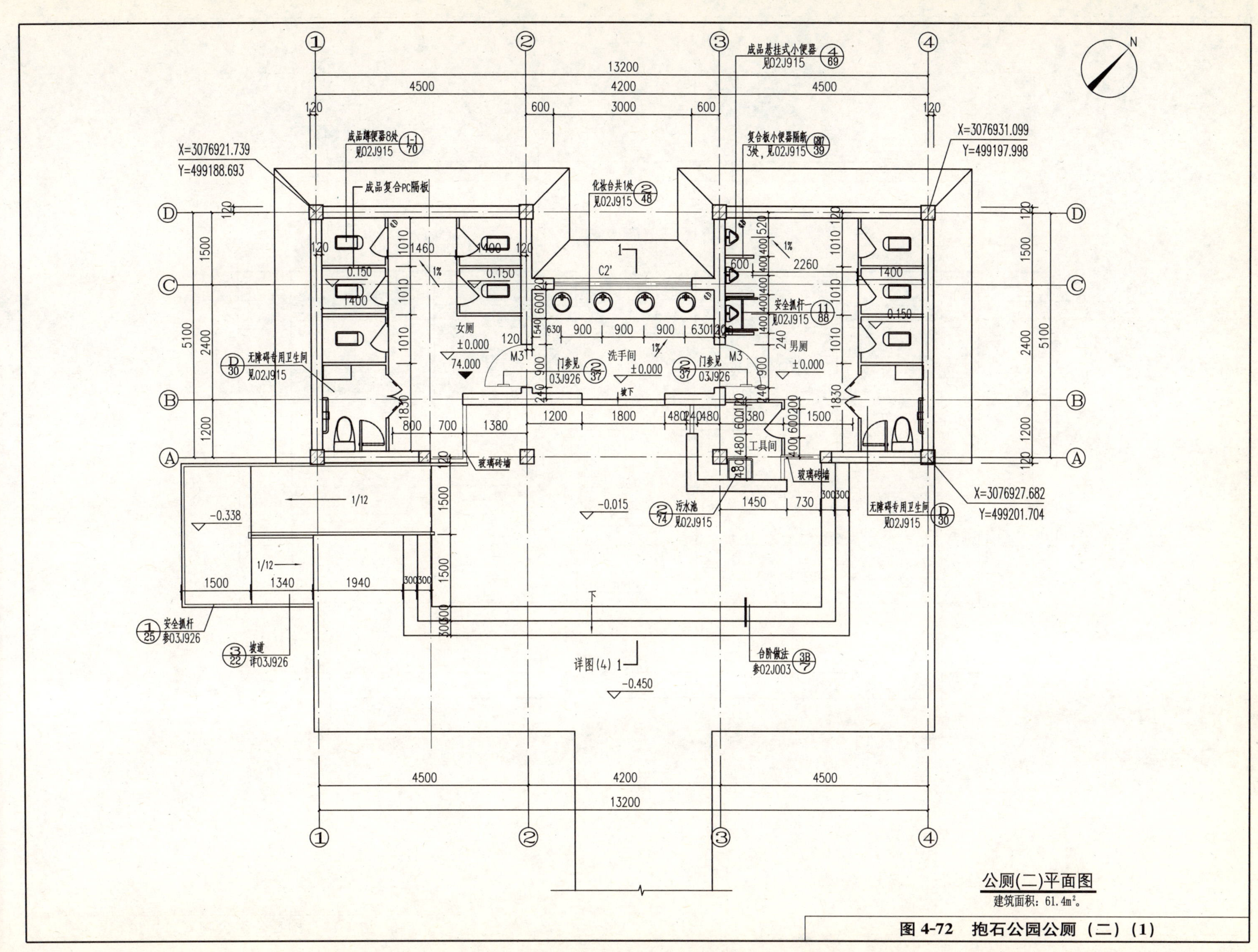

图 4-72　抱石公园公厕（二）（1）

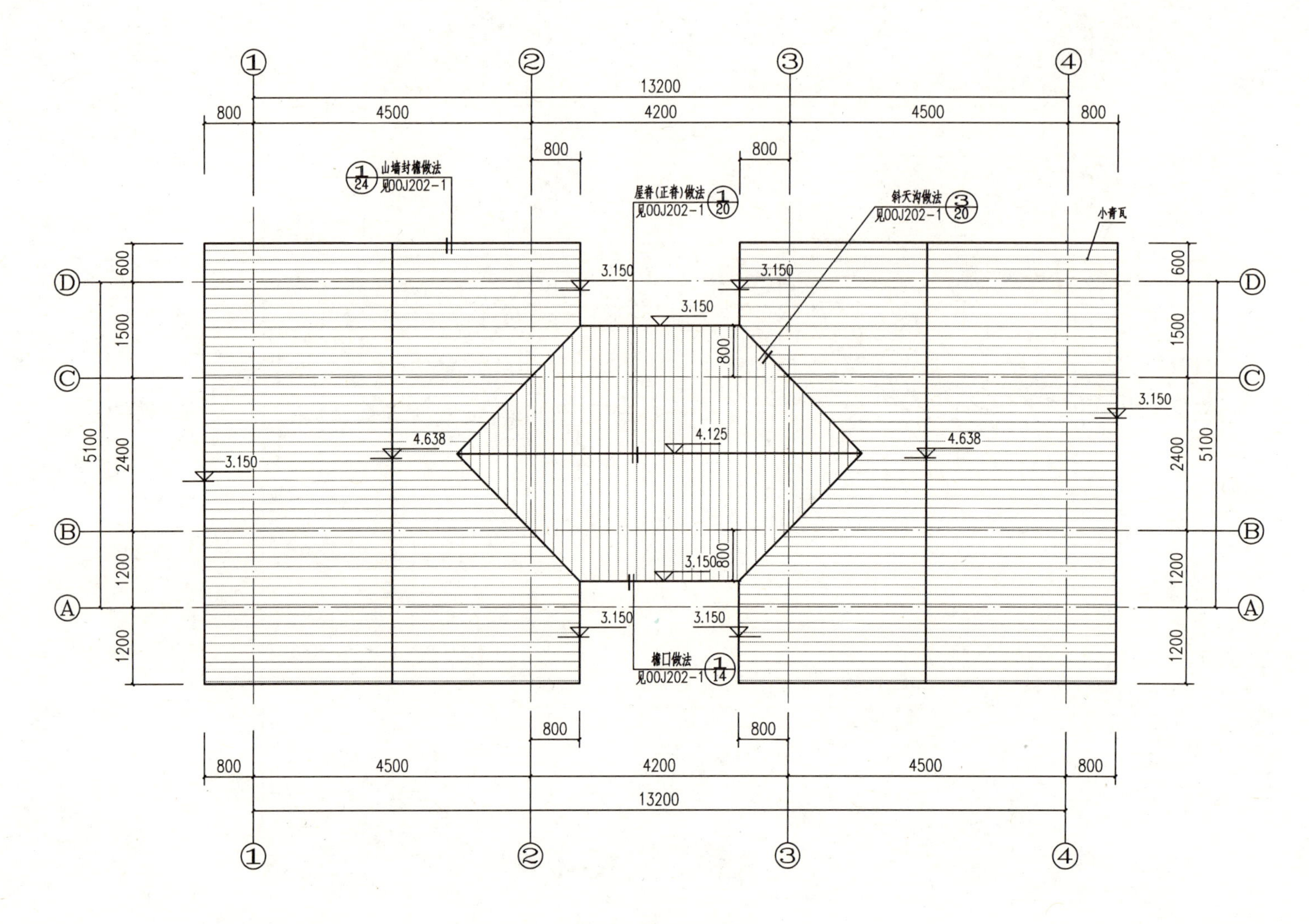

公厕(二)屋顶平面图

图 4-73　抱石公园公厕（二）(2)

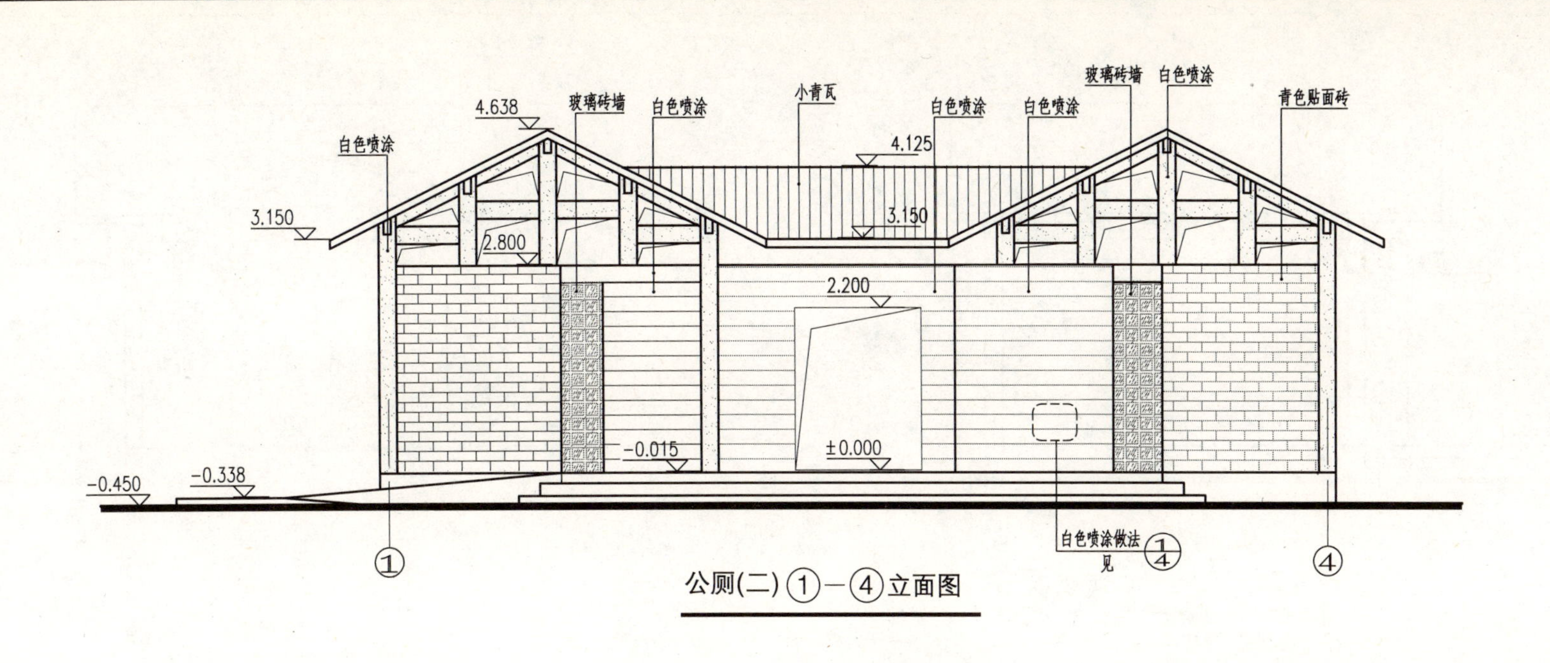

公厕(二) ①－④立面图

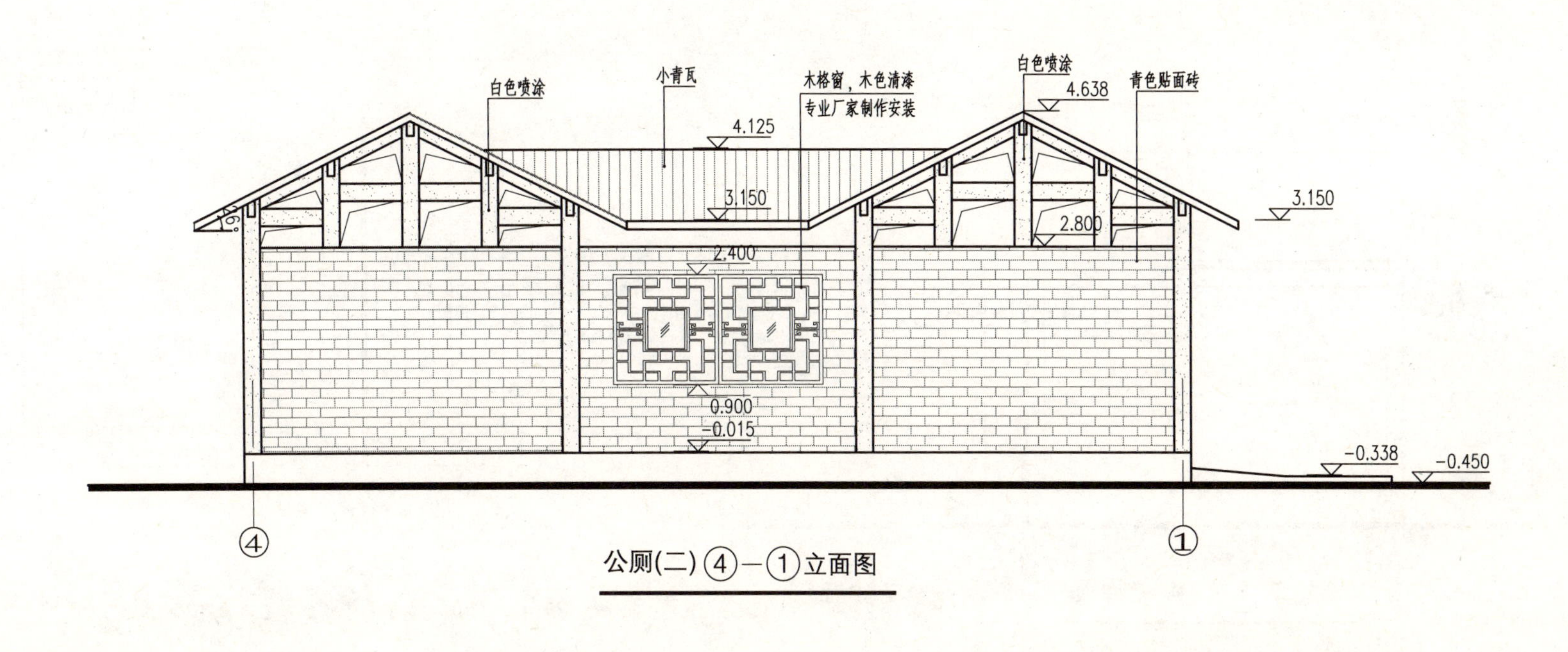

公厕(二) ④－①立面图

图 4-74 抱石公园公厕（二）(3)

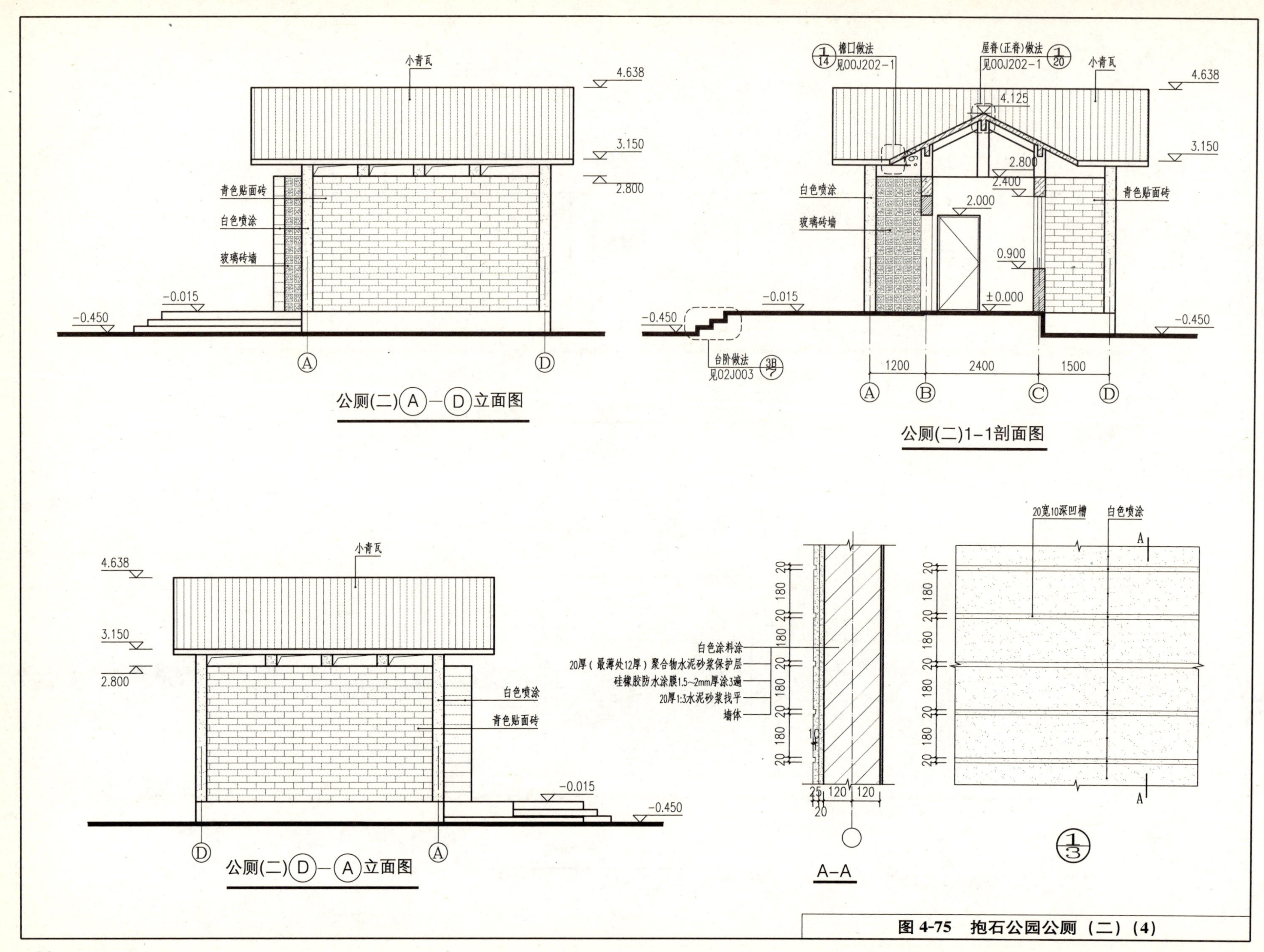

图 4-75 抱石公园公厕（二）(4)

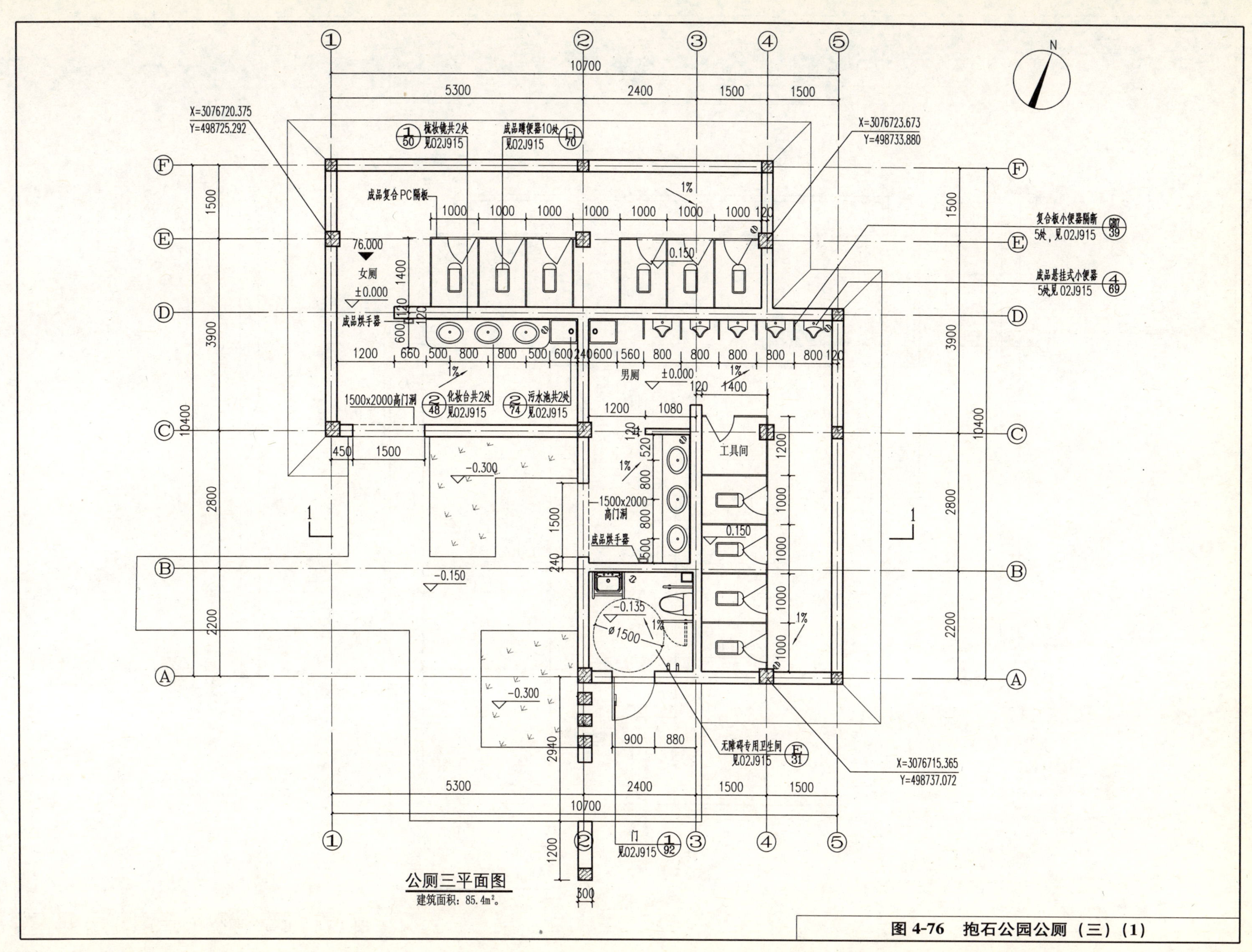

公厕三平面图

建筑面积：85.4m²。

图 4-76　抱石公园公厕（三）（1）

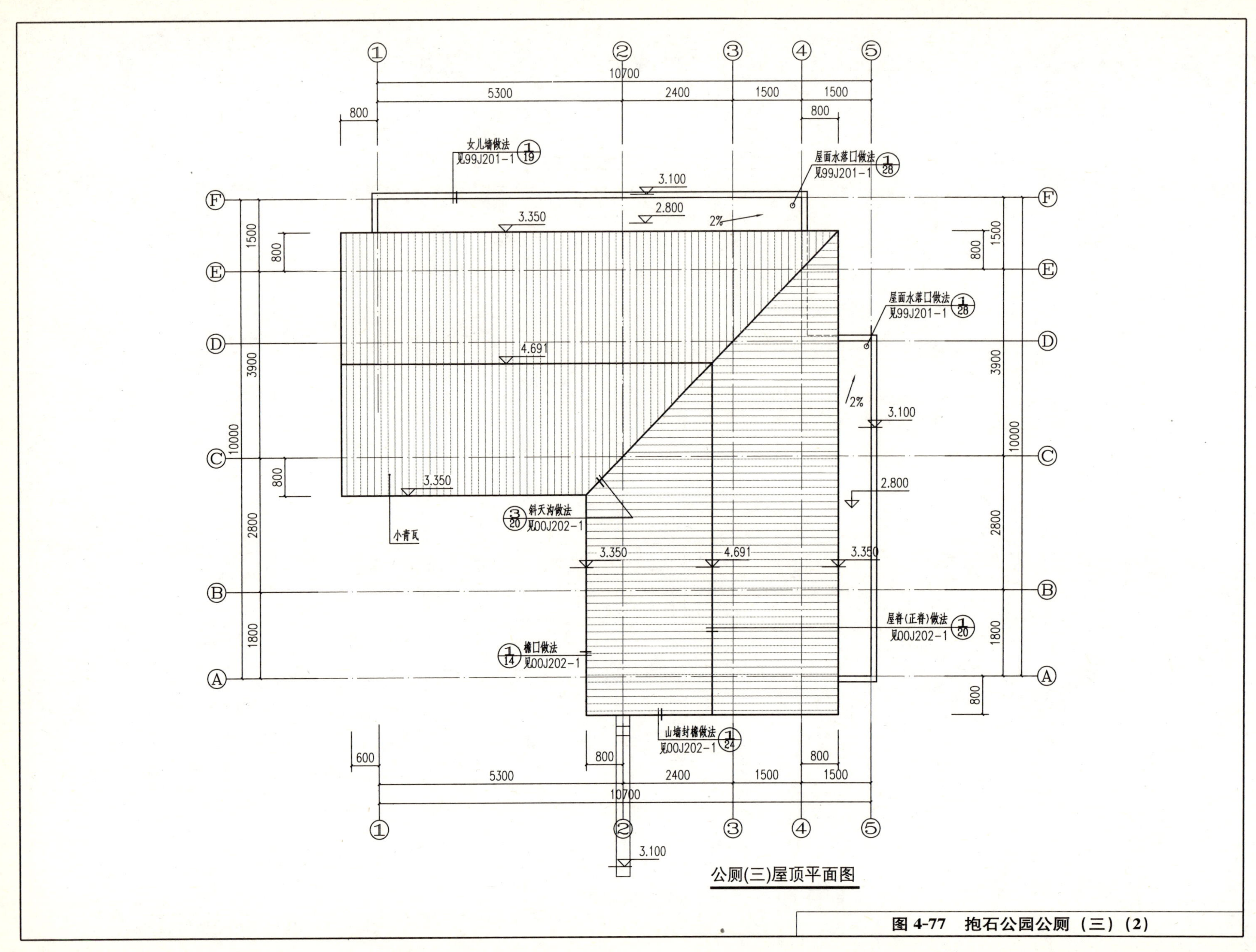

图 4-77 抱石公园公厕（三）（2）

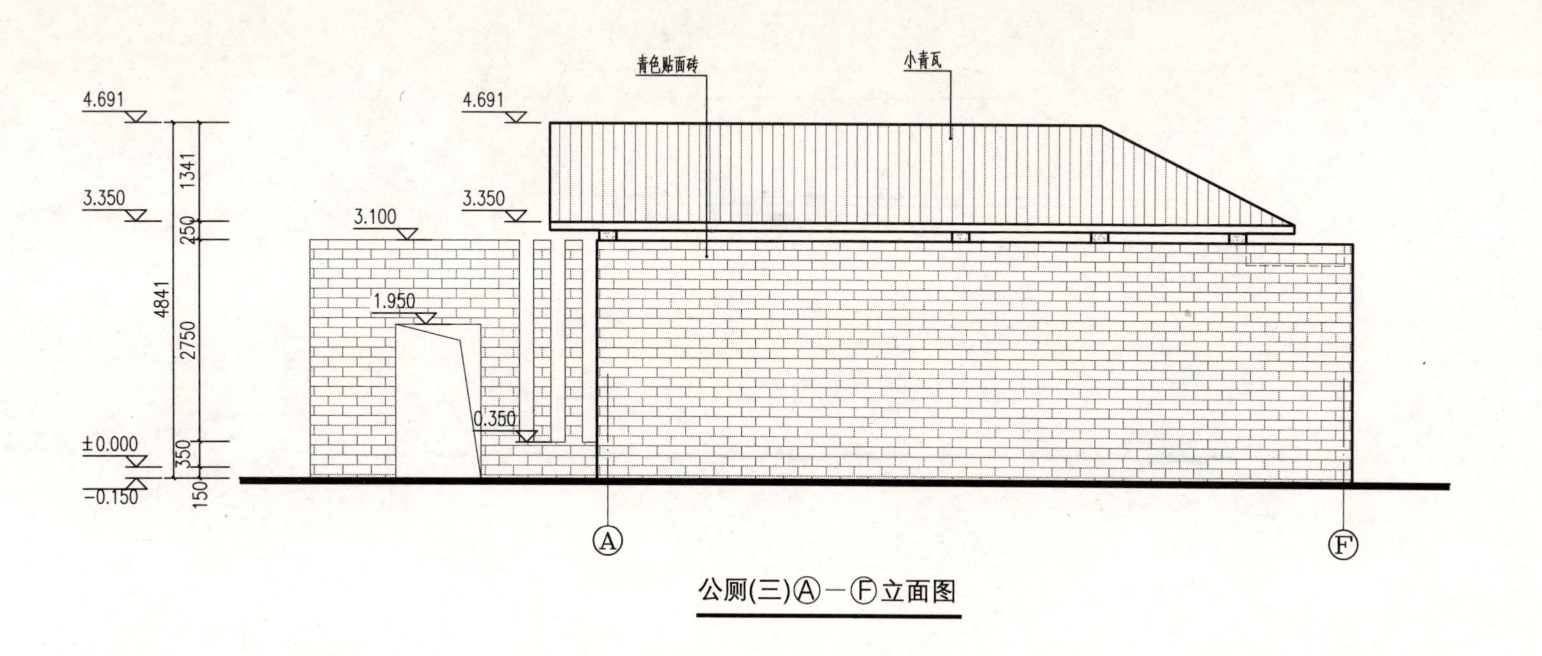

公厕(三)Ⓐ－Ⓕ立面图

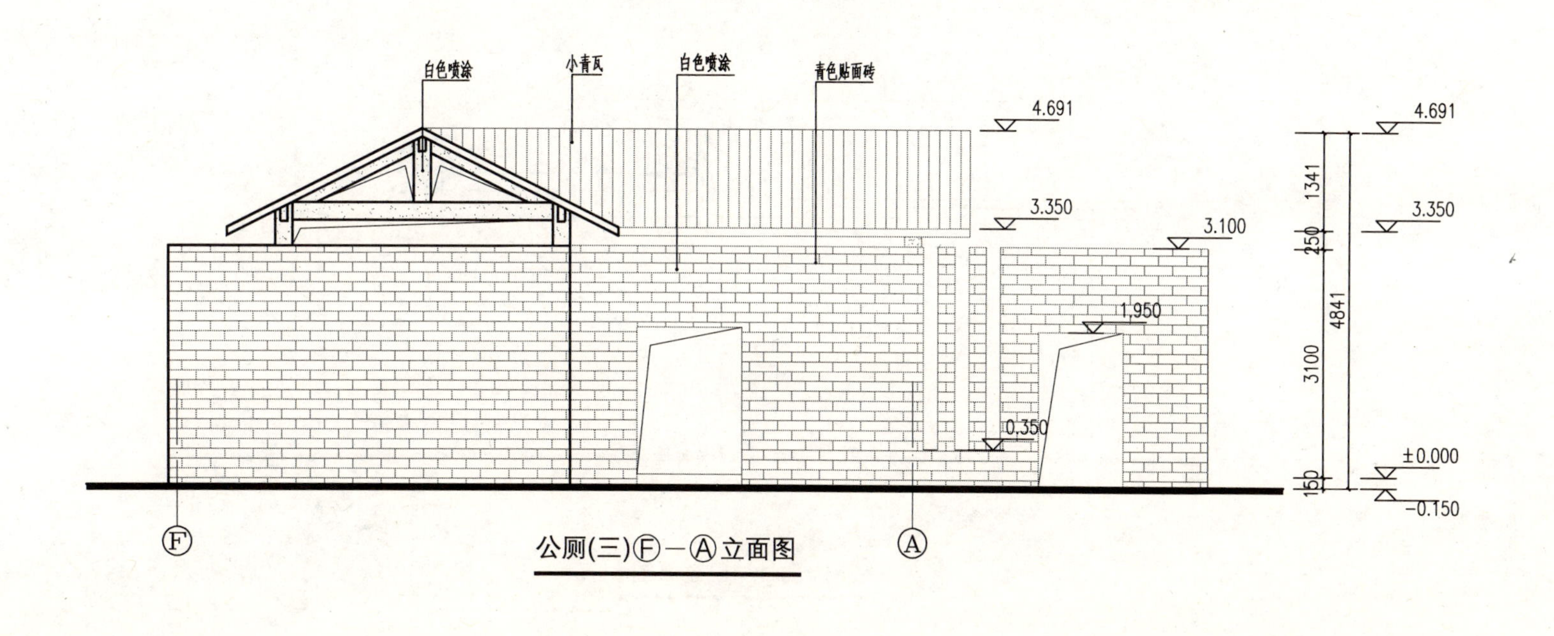

公厕(三)Ⓕ－Ⓐ立面图

图 4-78　抱石公园公厕（三）(3)

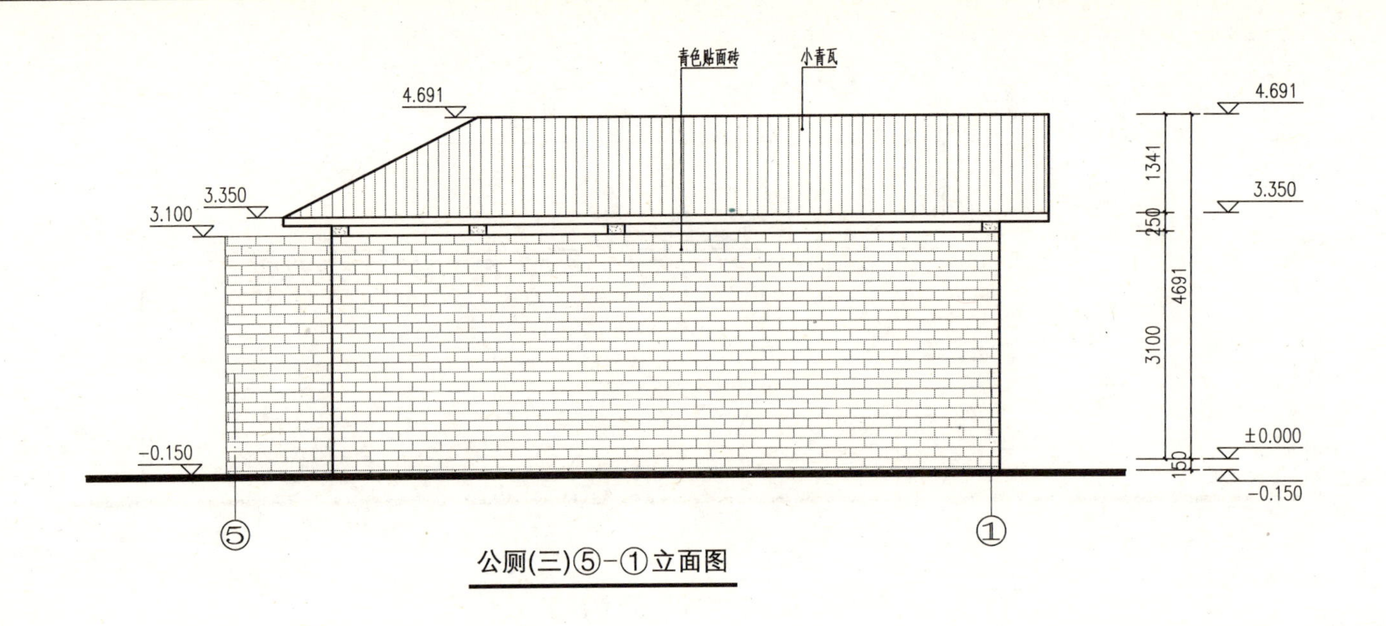

公厕(三)⑤-①立面图

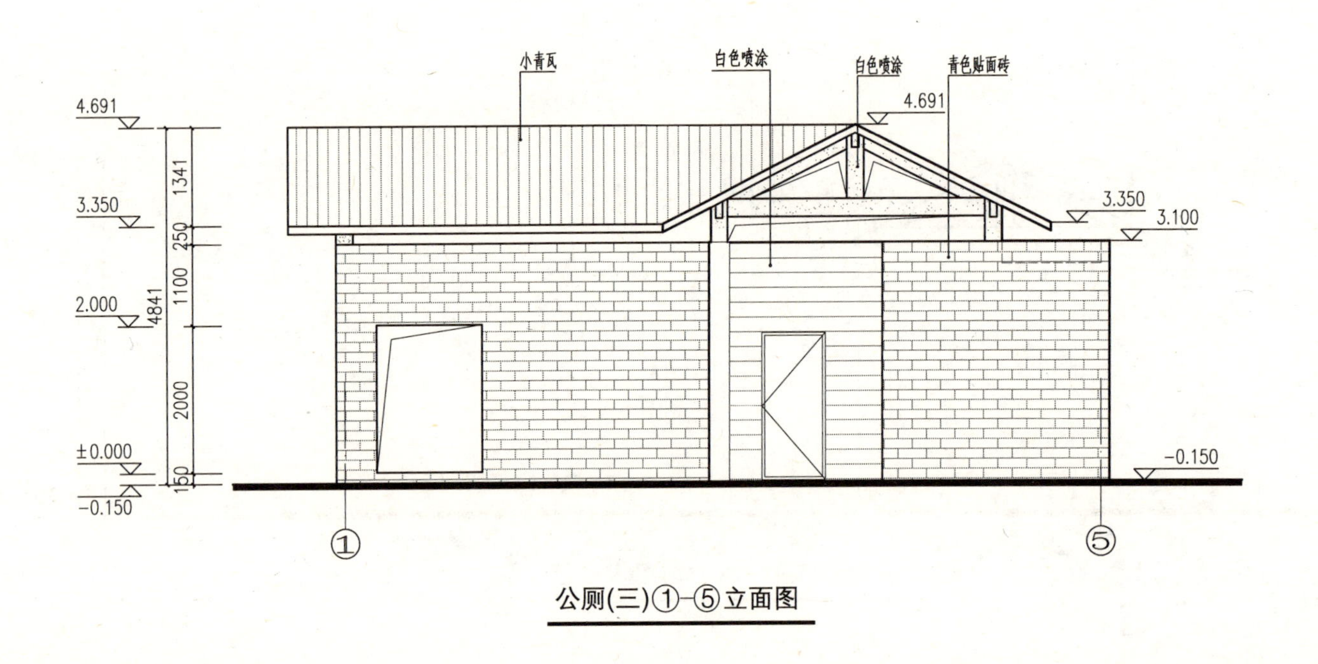

公厕(三)①-⑤立面图

图 4-79　抱石公园公厕（三）(4)

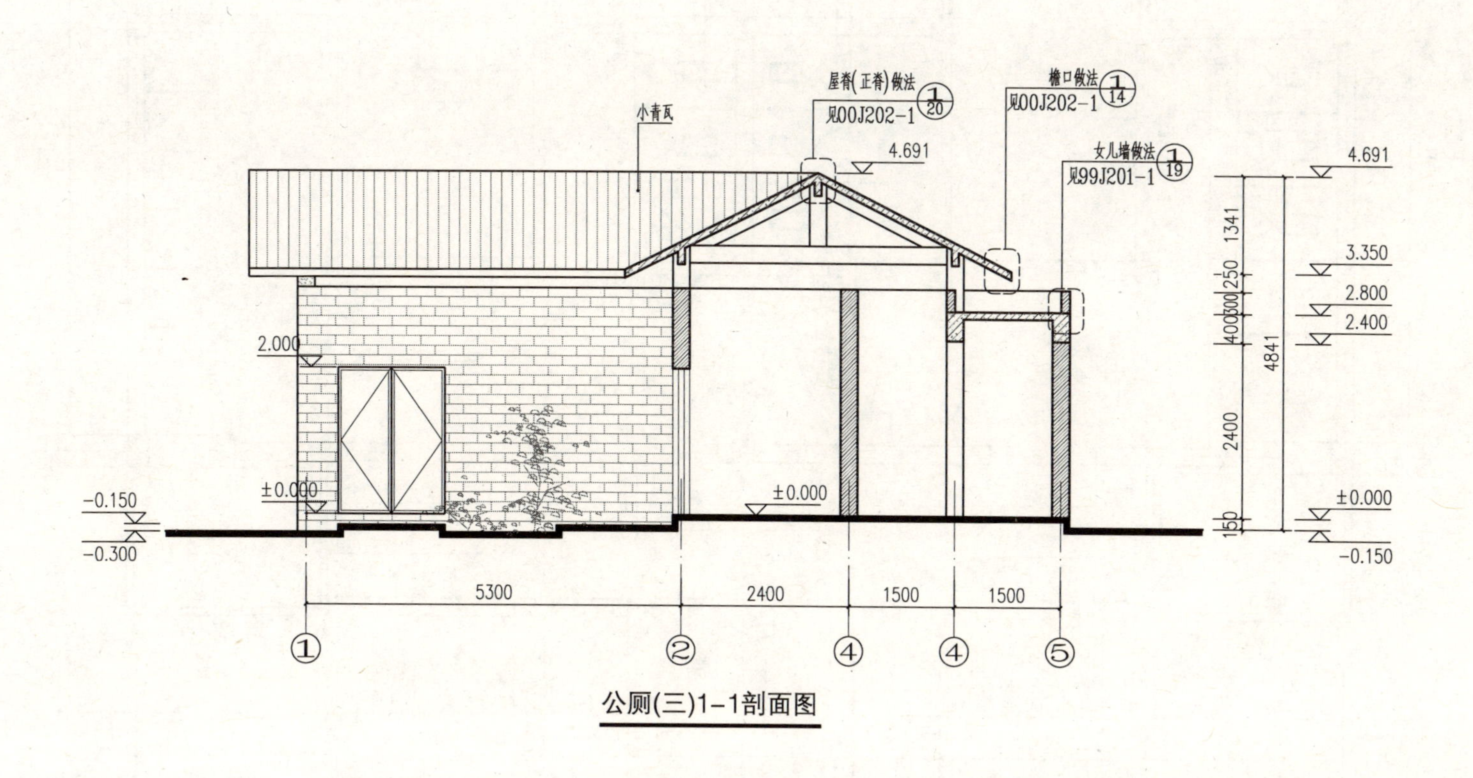

公厕(三)1-1剖面图

图 4-80 抱石公园公厕（三）(5)

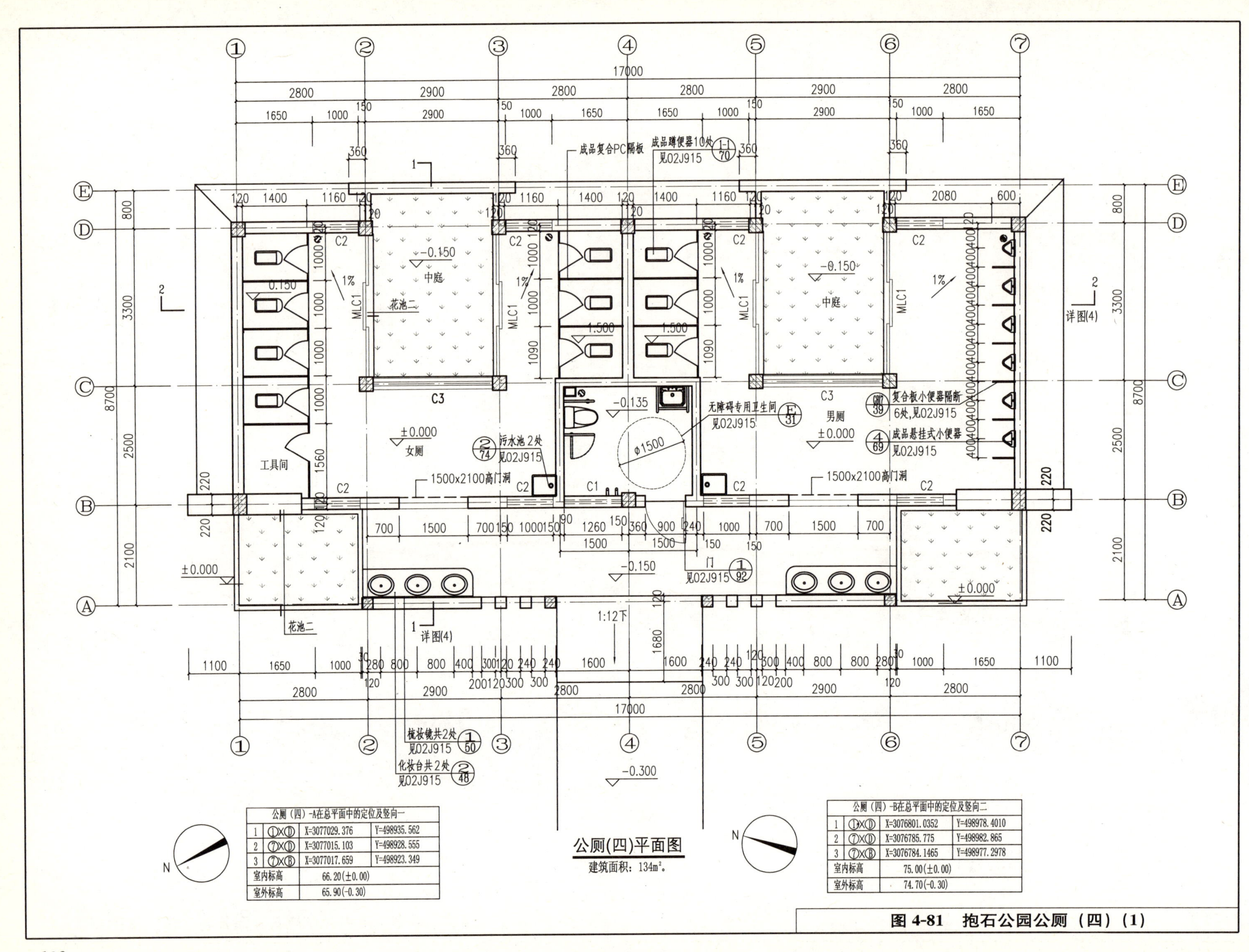

公厕（四）-A在总平面中的定位及竖向一			
1	①×Ⓓ	X=3077029.376	Y=498935.562
2	⑦×Ⓓ	X=3077015.103	Y=498928.555
3	⑦×Ⓑ	X=3077017.659	Y=498923.349
室内标高		66.20(±0.00)	
室外标高		65.90(-0.30)	

公厕（四）-B在总平面中的定位及竖向二			
1	①×Ⓓ	X=3076801.0352	Y=498978.4010
2	⑦×Ⓓ	X=3076785.775	Y=498982.865
3	⑦×Ⓑ	X=3076784.1465	Y=498977.2978
室内标高		75.00(±0.00)	
室外标高		74.70(-0.30)	

图 4-81　抱石公园公厕（四）（1）

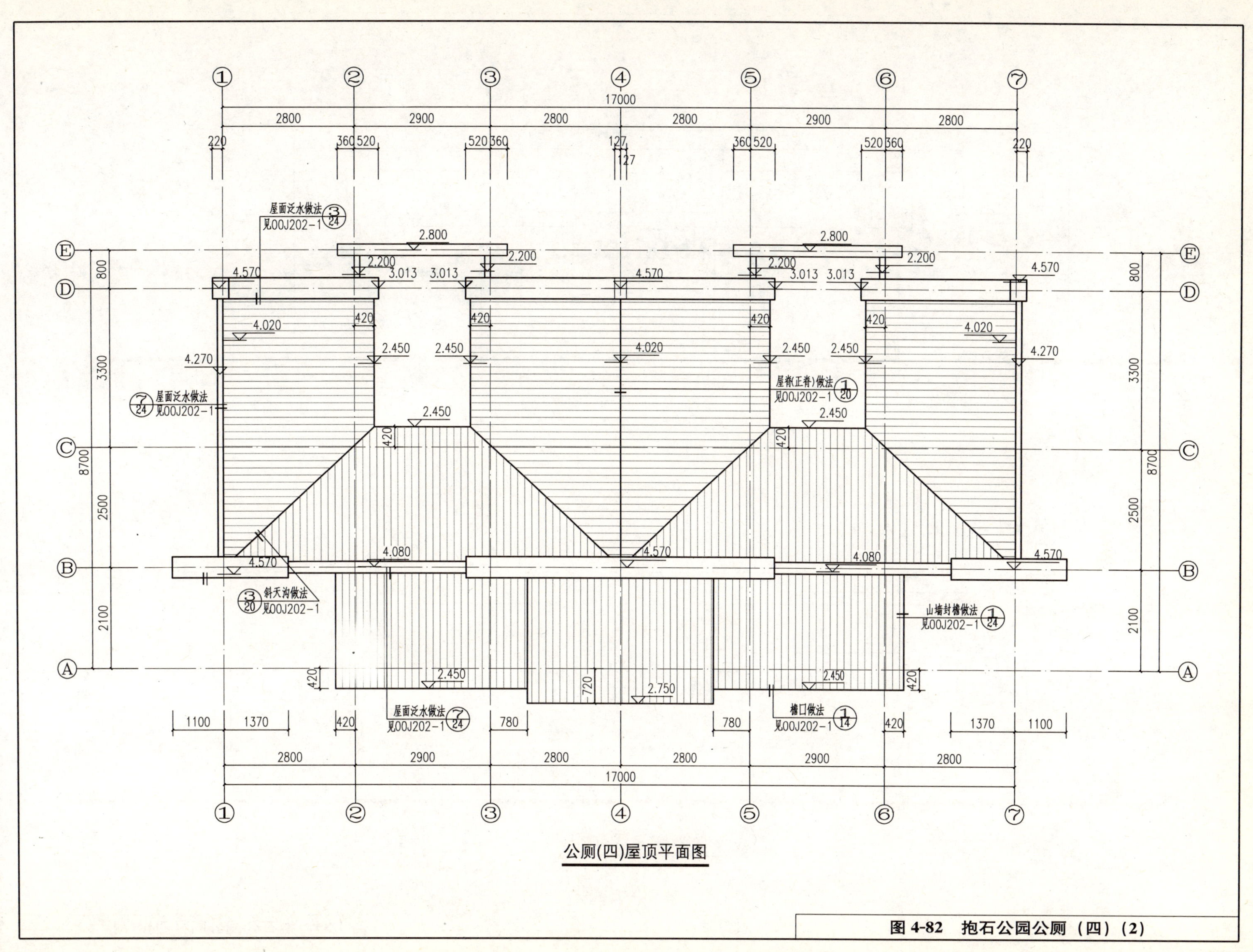

公厕(四)屋顶平面图

图 4-82　抱石公园公厕（四）(2)

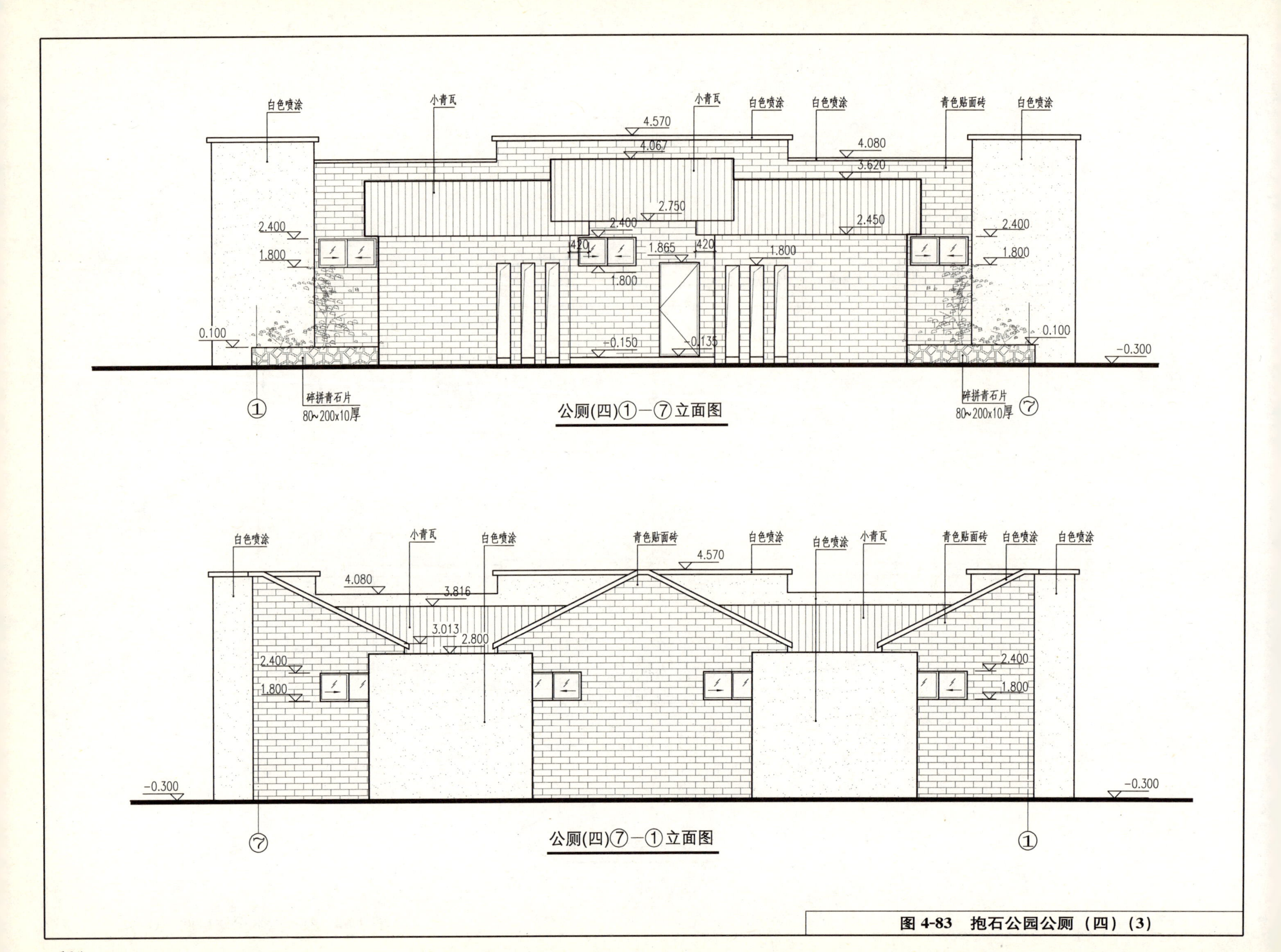

图 4-83　抱石公园公厕（四）(3)

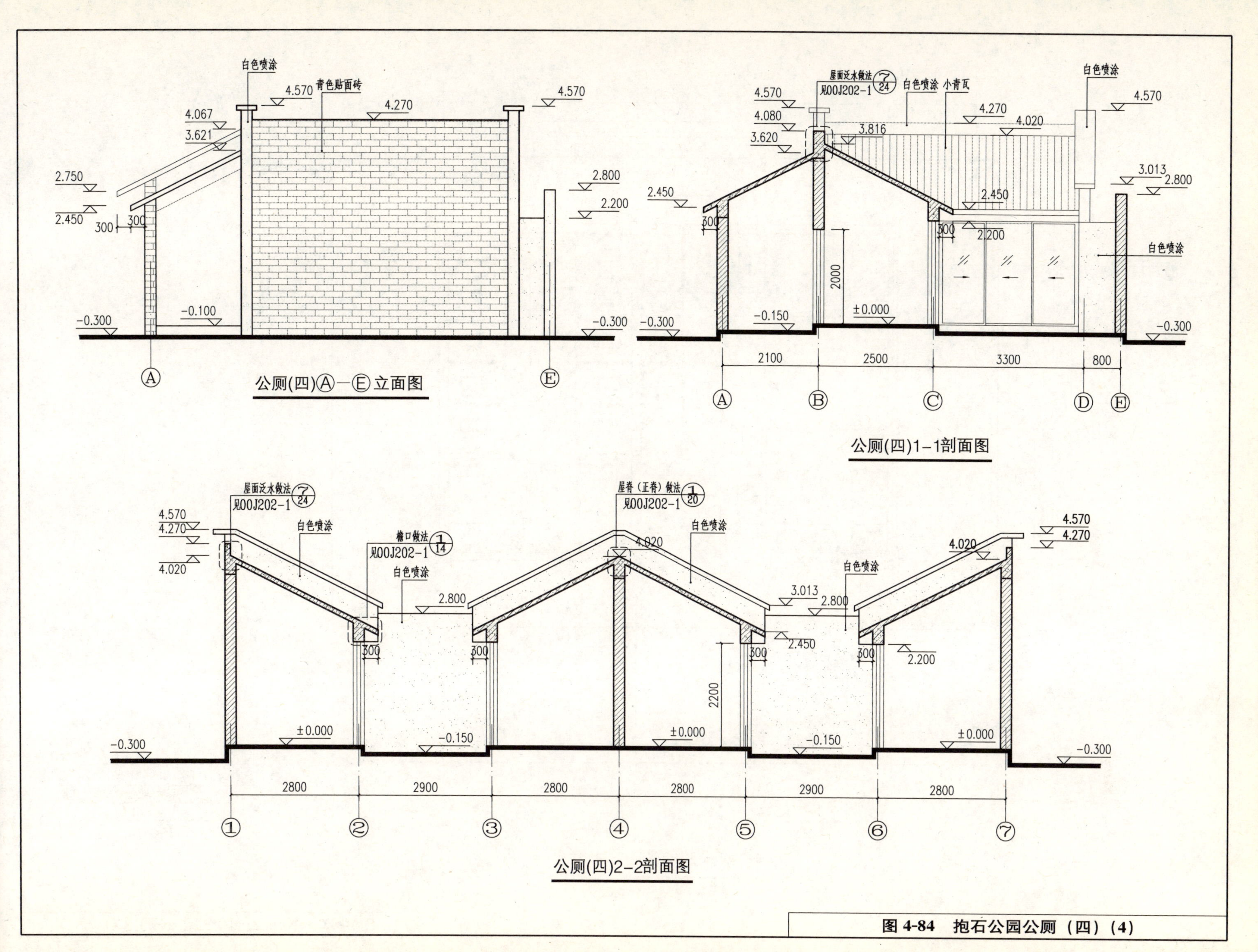

图 4-84　抱石公园公厕（四）(4)

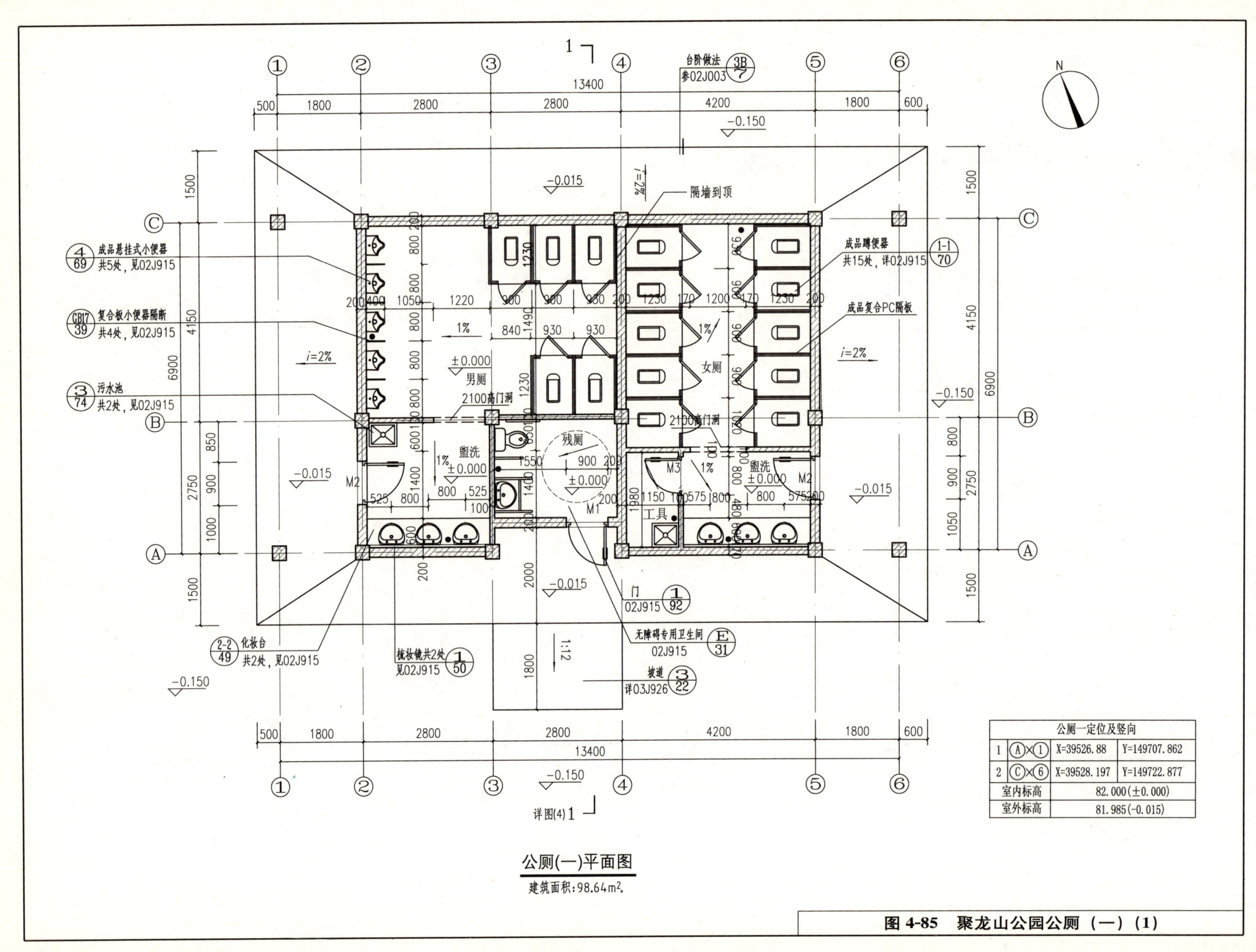

公厕一定位及竖向			
1	Ⓐ×①	X=39526.88	Y=149707.862
2	Ⓒ×⑥	X=39528.197	Y=149722.877
室内标高		82.000(±0.000)	
室外标高		81.985(−0.015)	

公厕(一)平面图

建筑面积：98.64m²。

图 4-85 聚龙山公园公厕（一）（1）

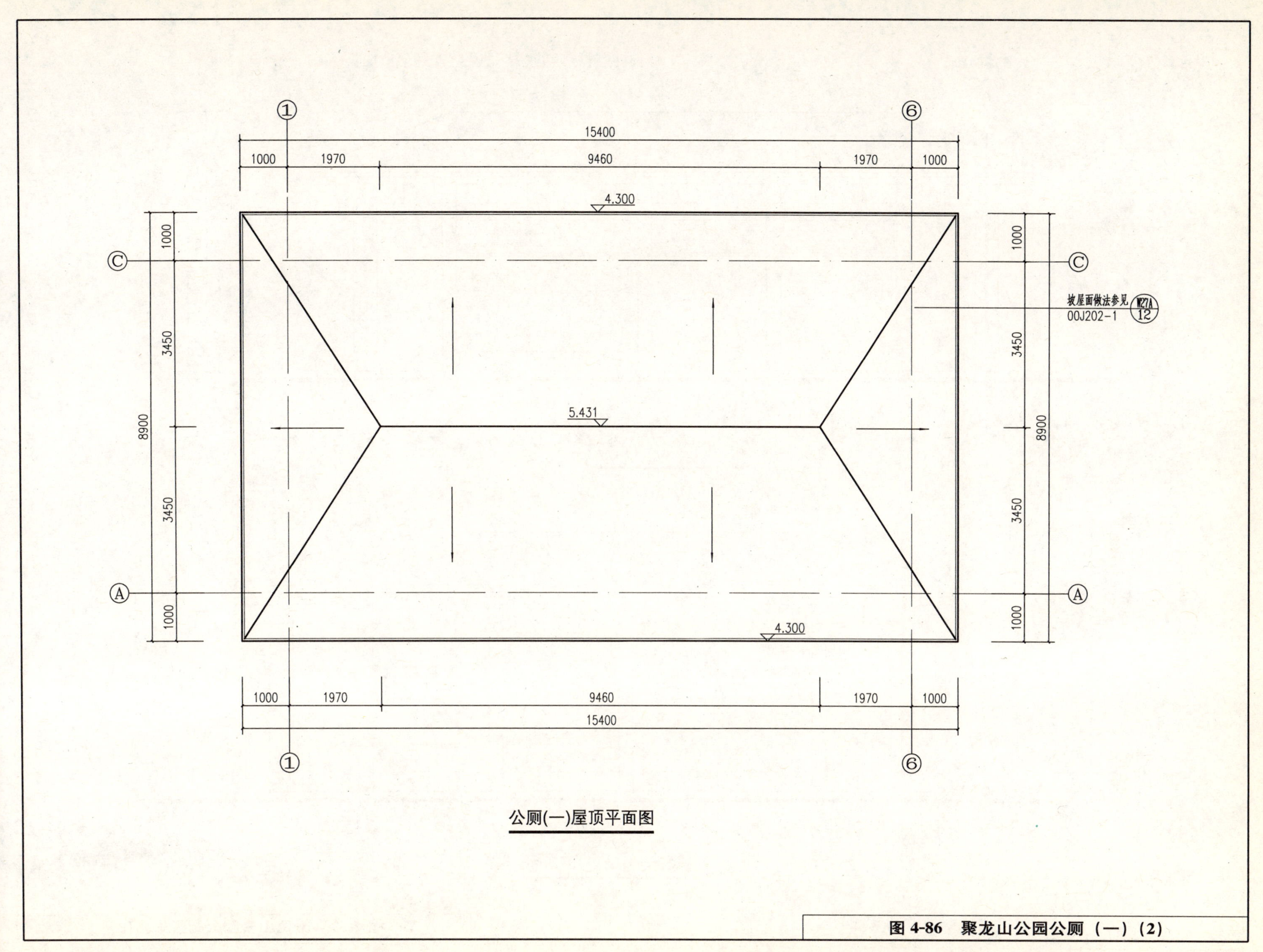

图 4-86　聚龙山公园公厕（一）(2)

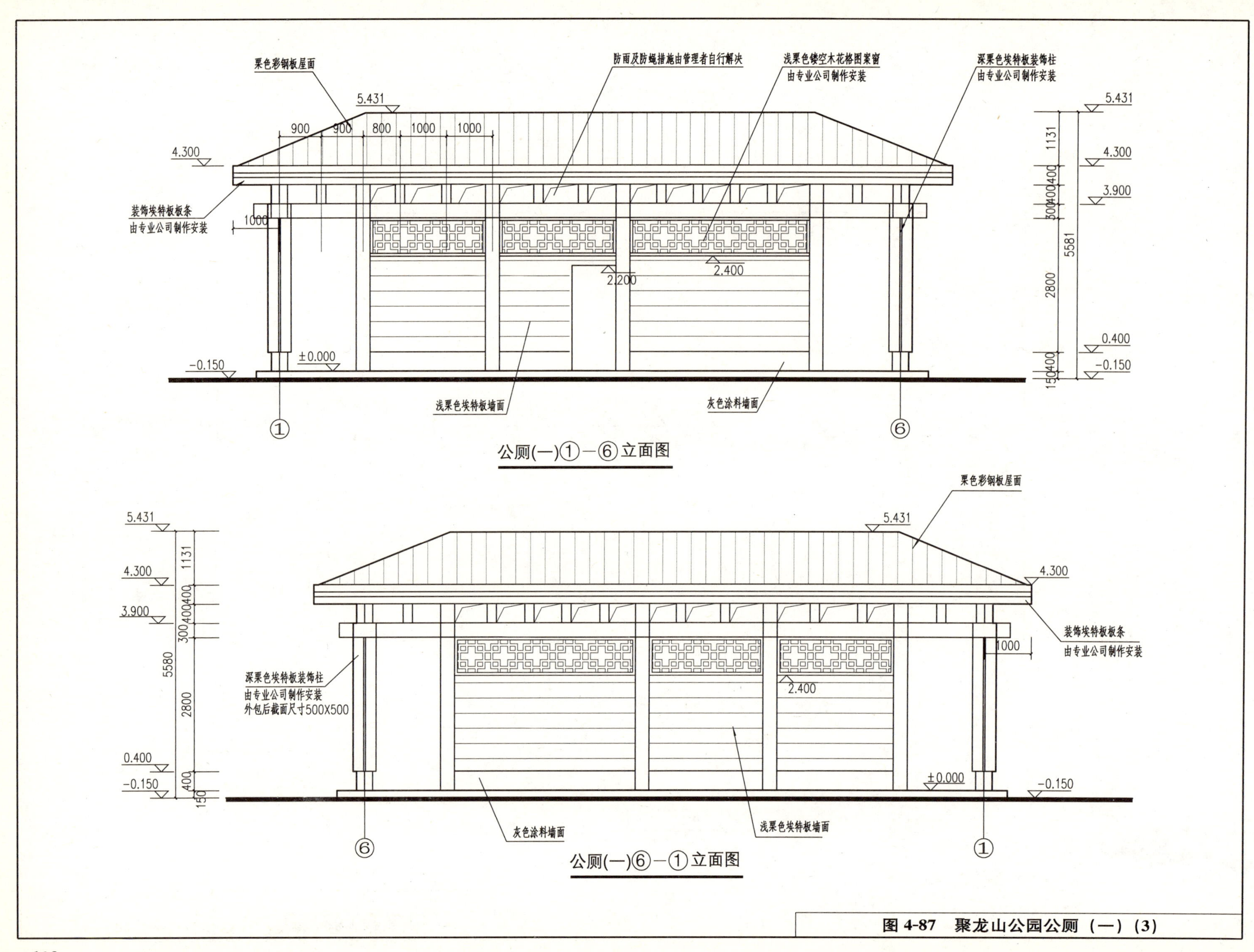

图 4-87　聚龙山公园公厕（一）(3)

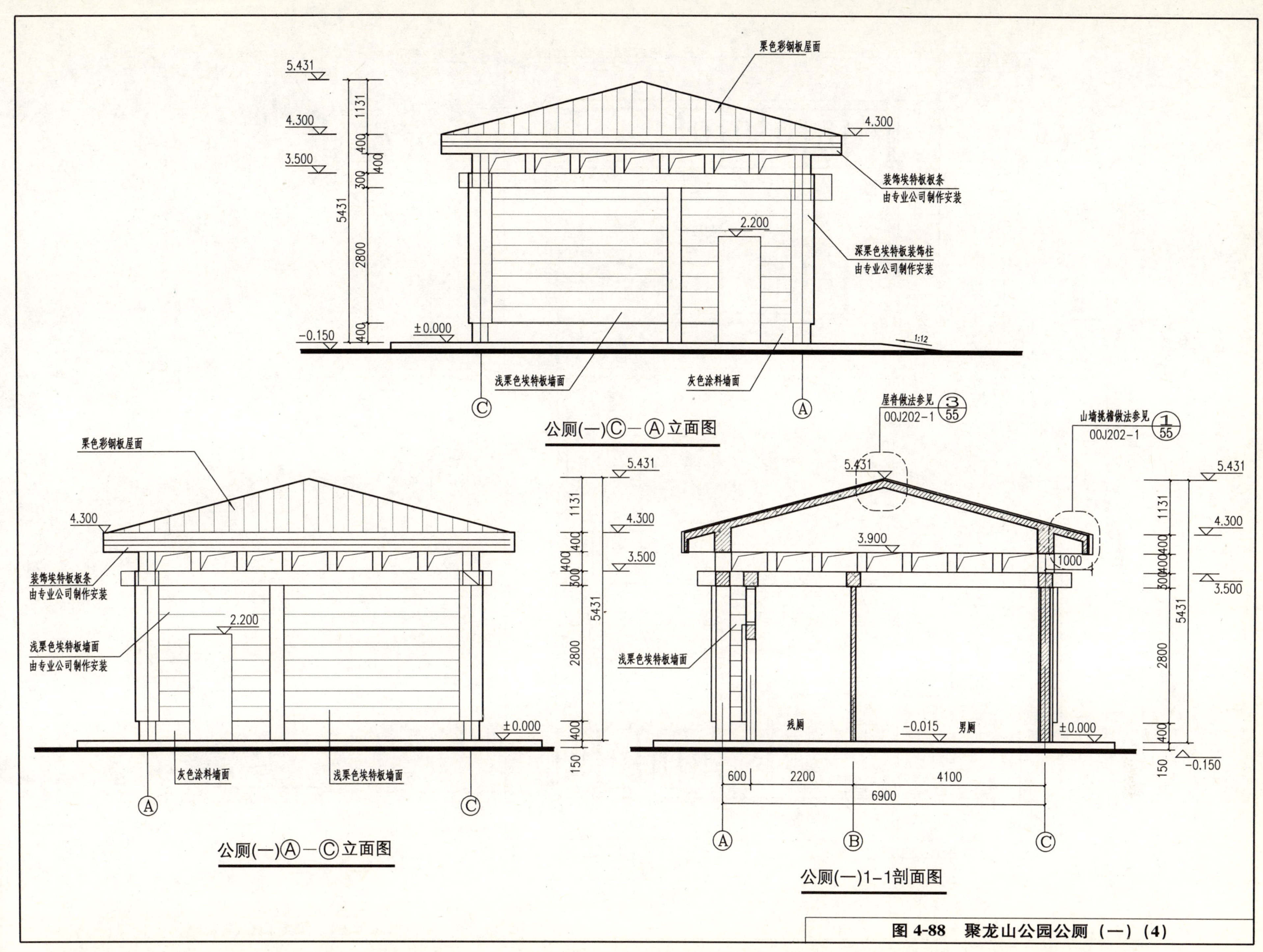

图 4-88 聚龙山公园公厕（一）（4）

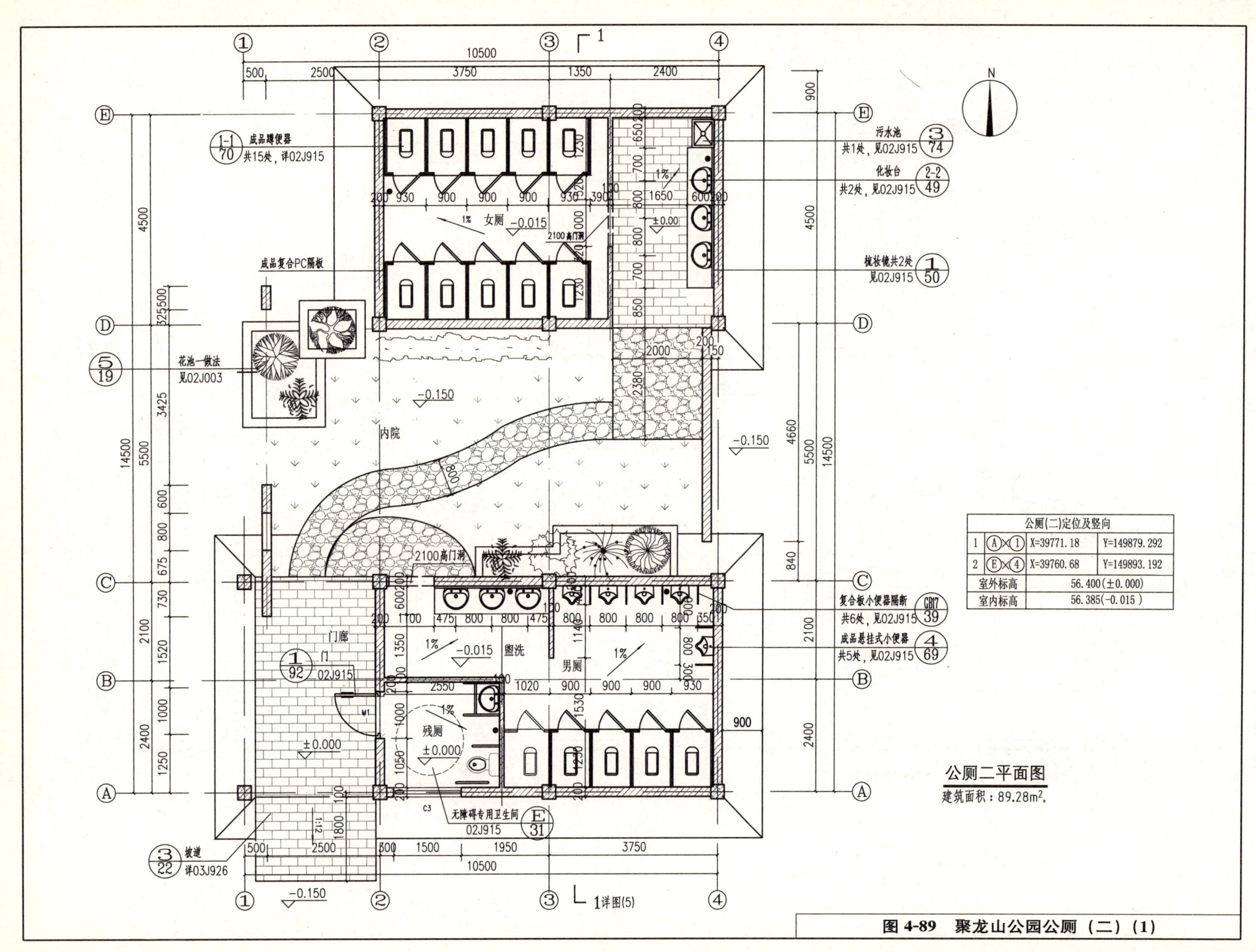

	公厕(二)定位及竖向		
1	Ⓐ×①	X=39771.18	Y=149879.292
2	Ⓔ×④	X=39760.68	Y=149893.192
	室外标高	56.400(±0.000)	
	室内标高	56.385(-0.015)	

图 4-89 聚龙山公园公厕（二）(1)

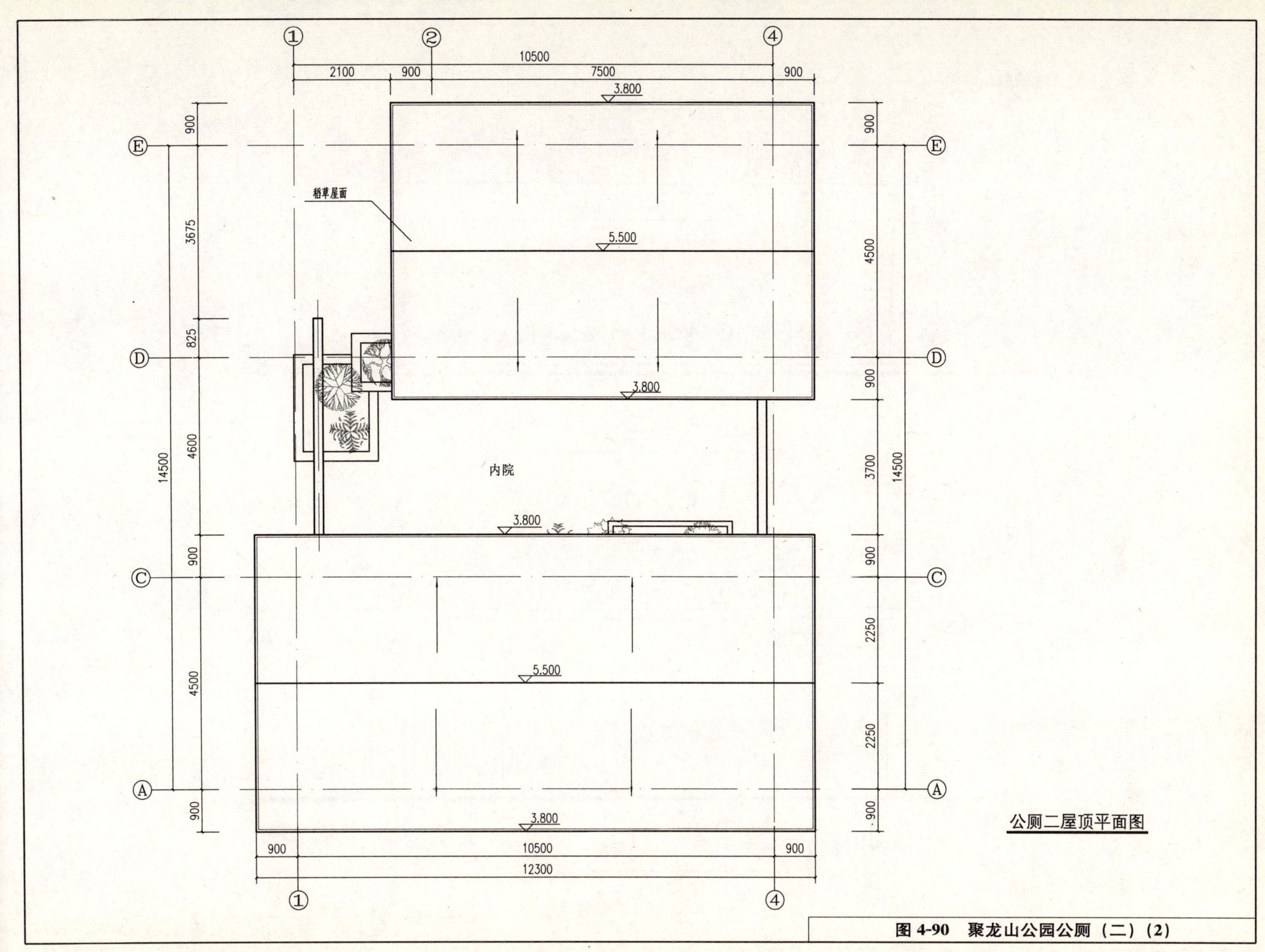

图 4-90　聚龙山公园公厕（二）（2）

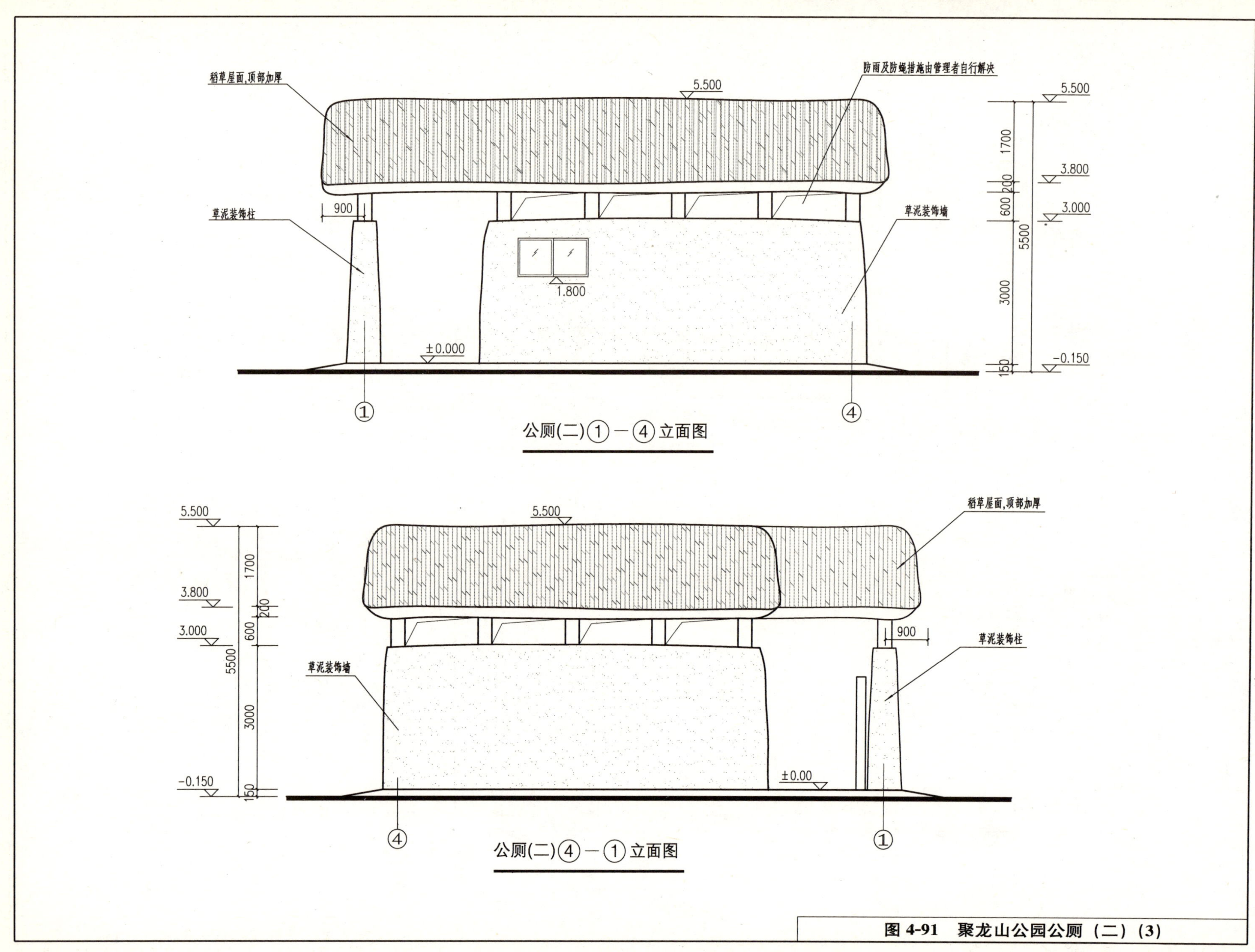

图 4-91 聚龙山公园公厕（二）(3)

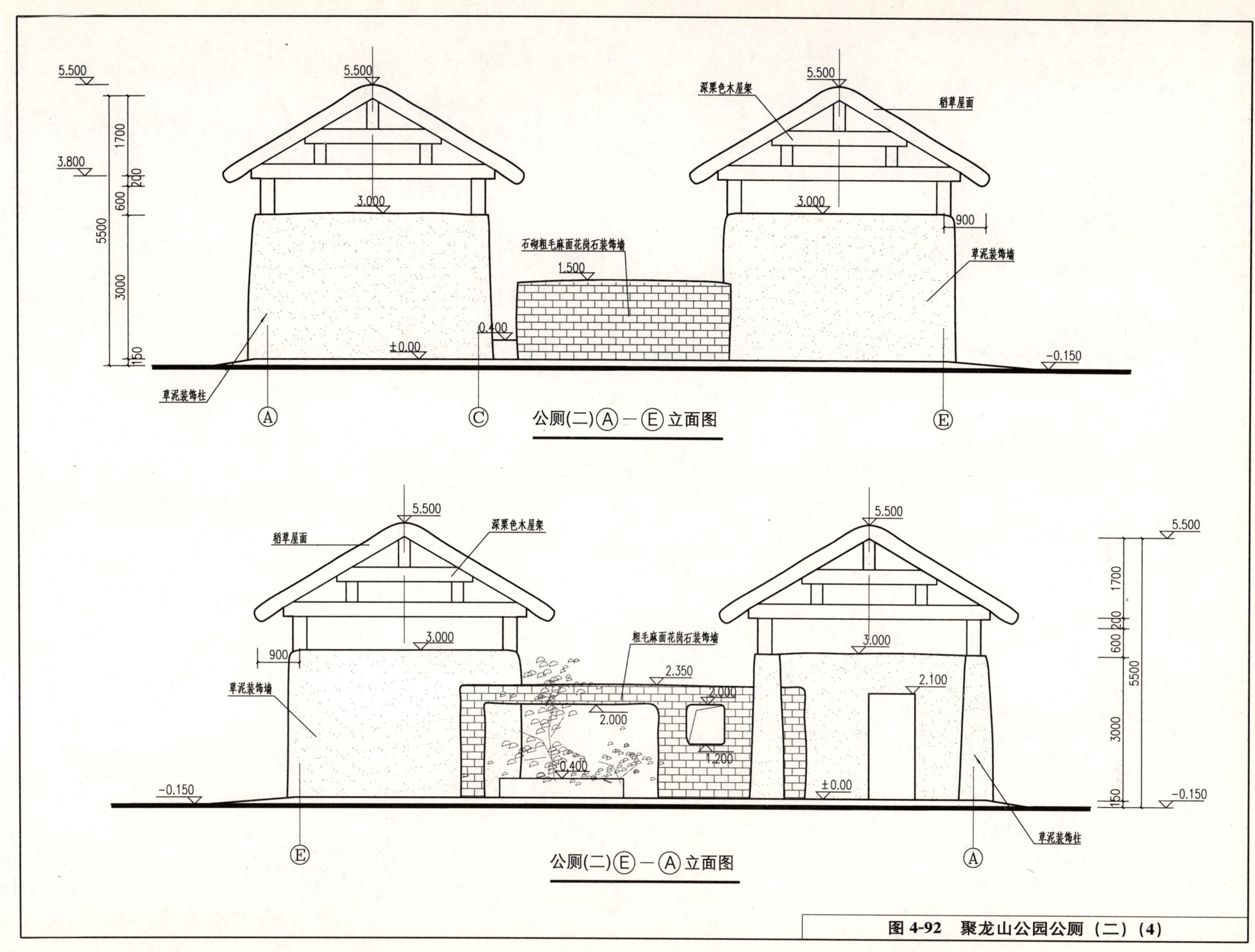

图 4-92 聚龙山公园公厕（二）（4）

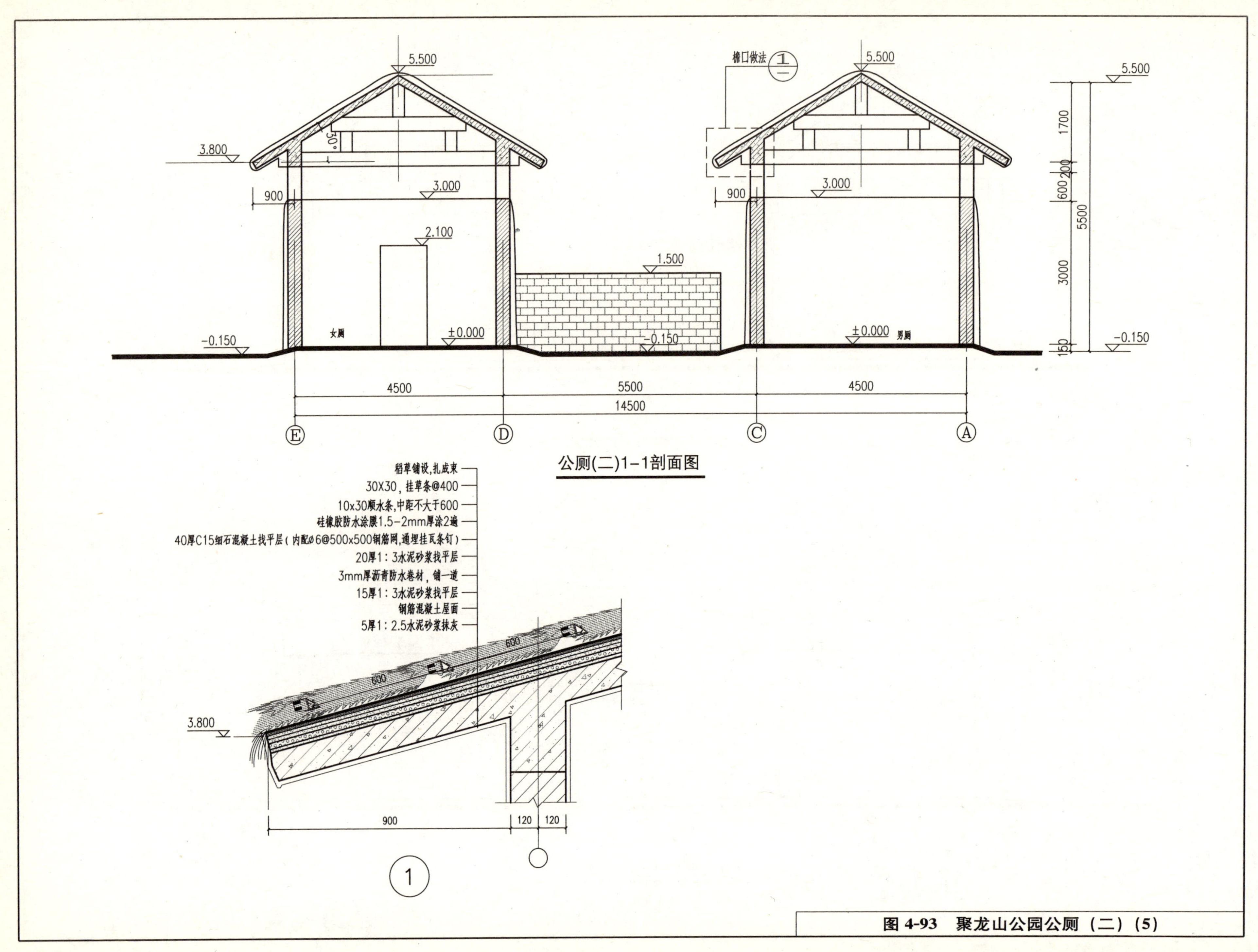

图 4-93　聚龙山公园公厕（二）(5)

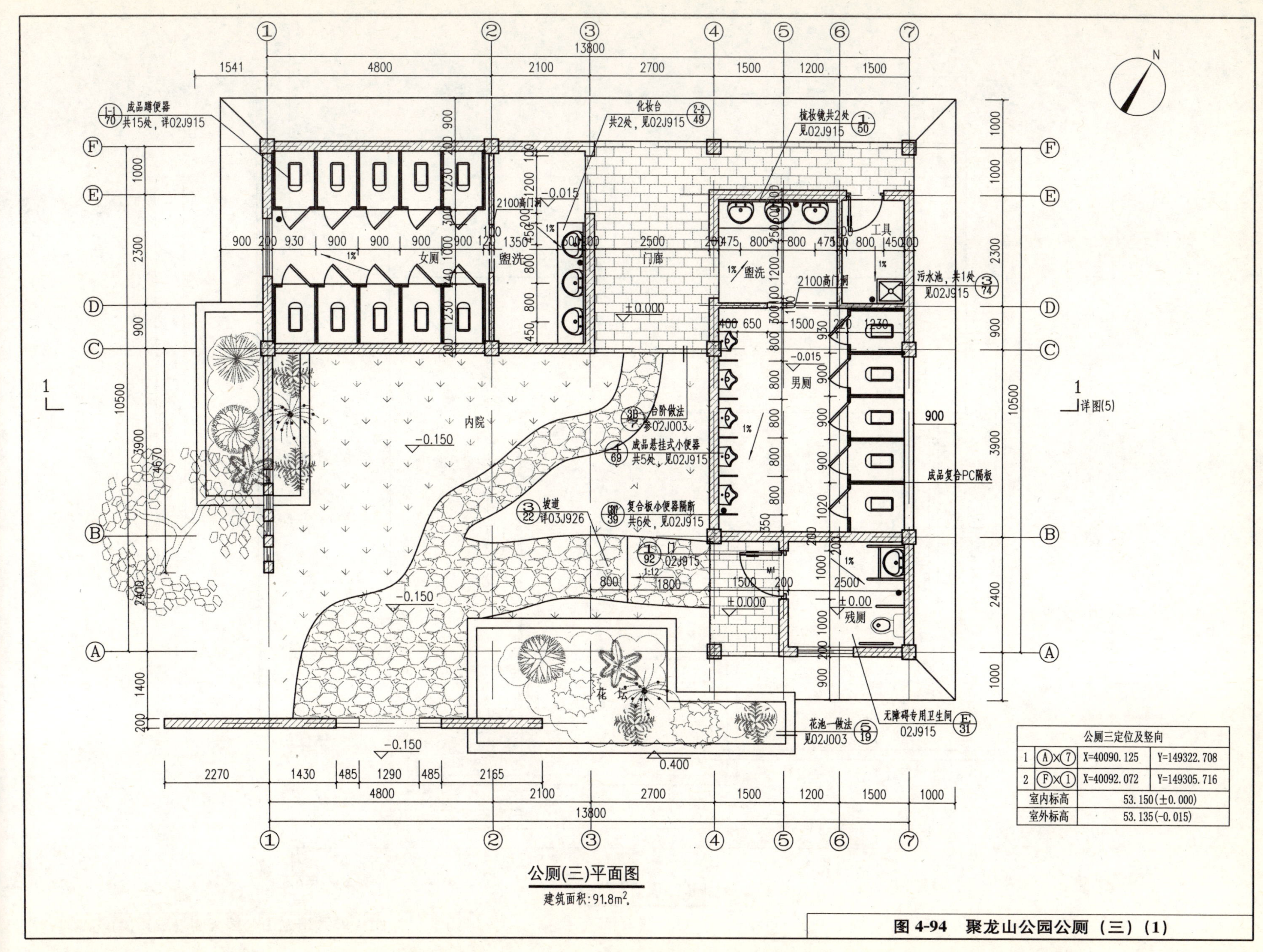

图 4-94 聚龙山公园公厕（三）（1）

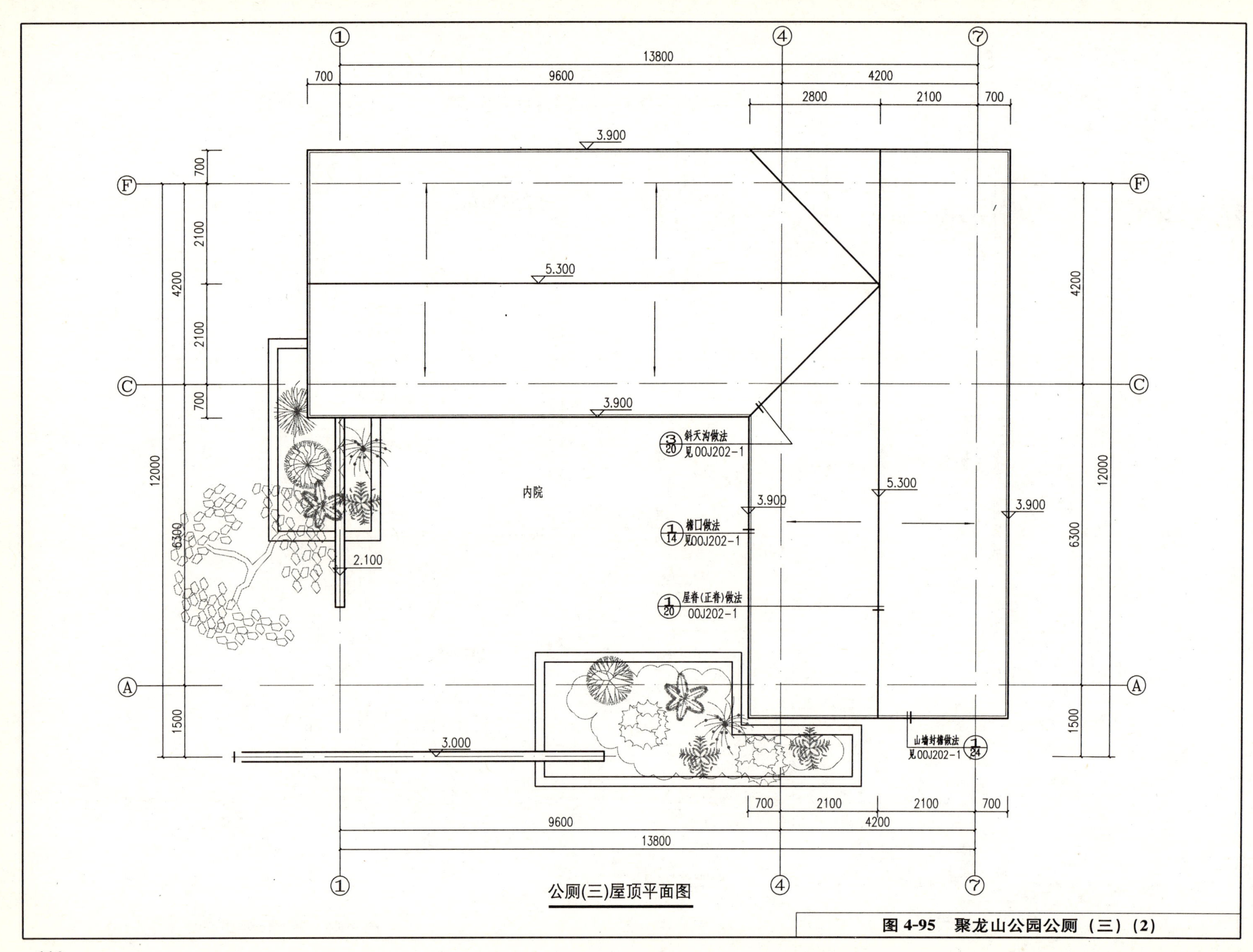

图 4-95　聚龙山公园公厕（三）(2)

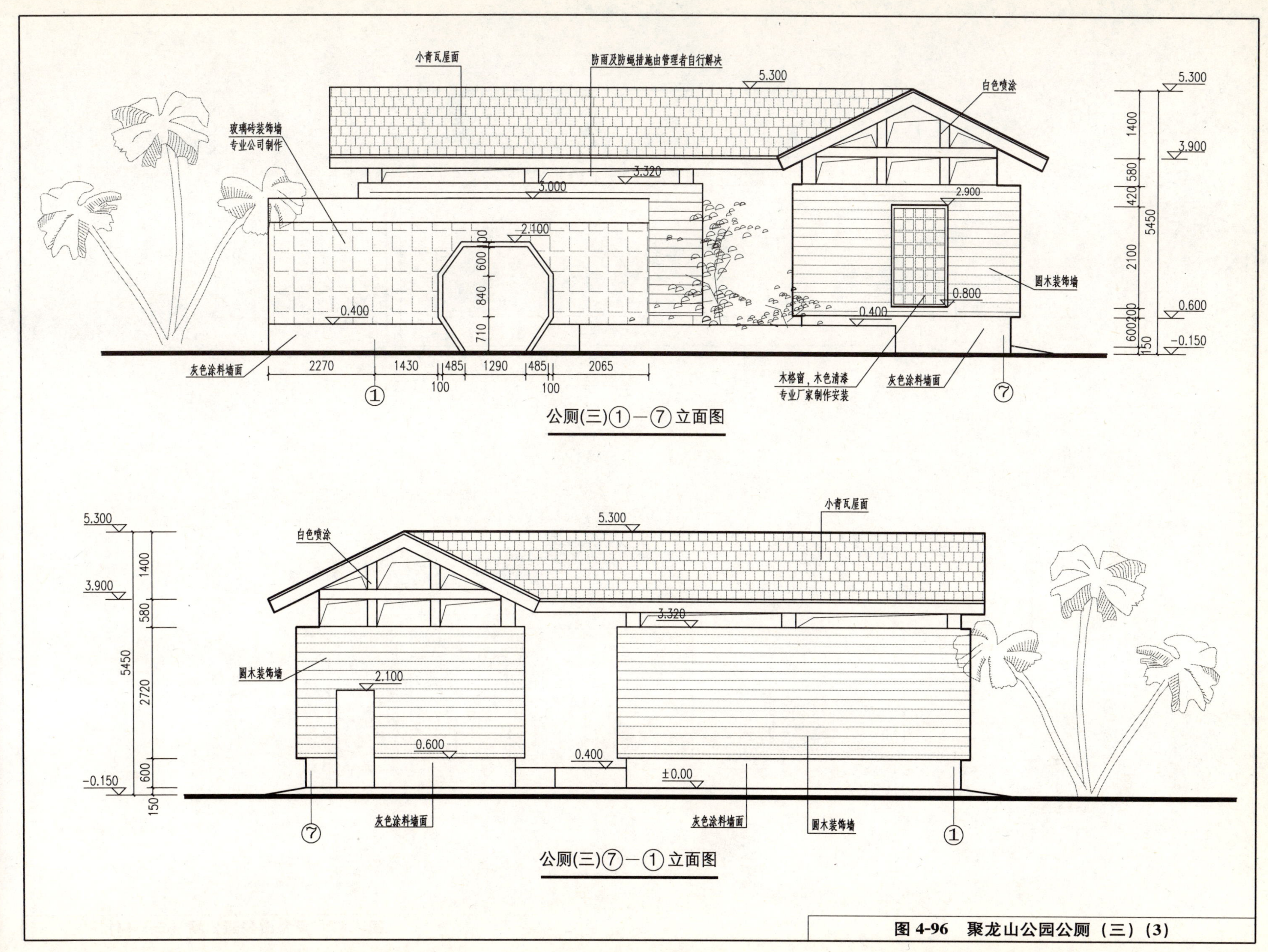

图 4-96　聚龙山公园公厕（三）(3)

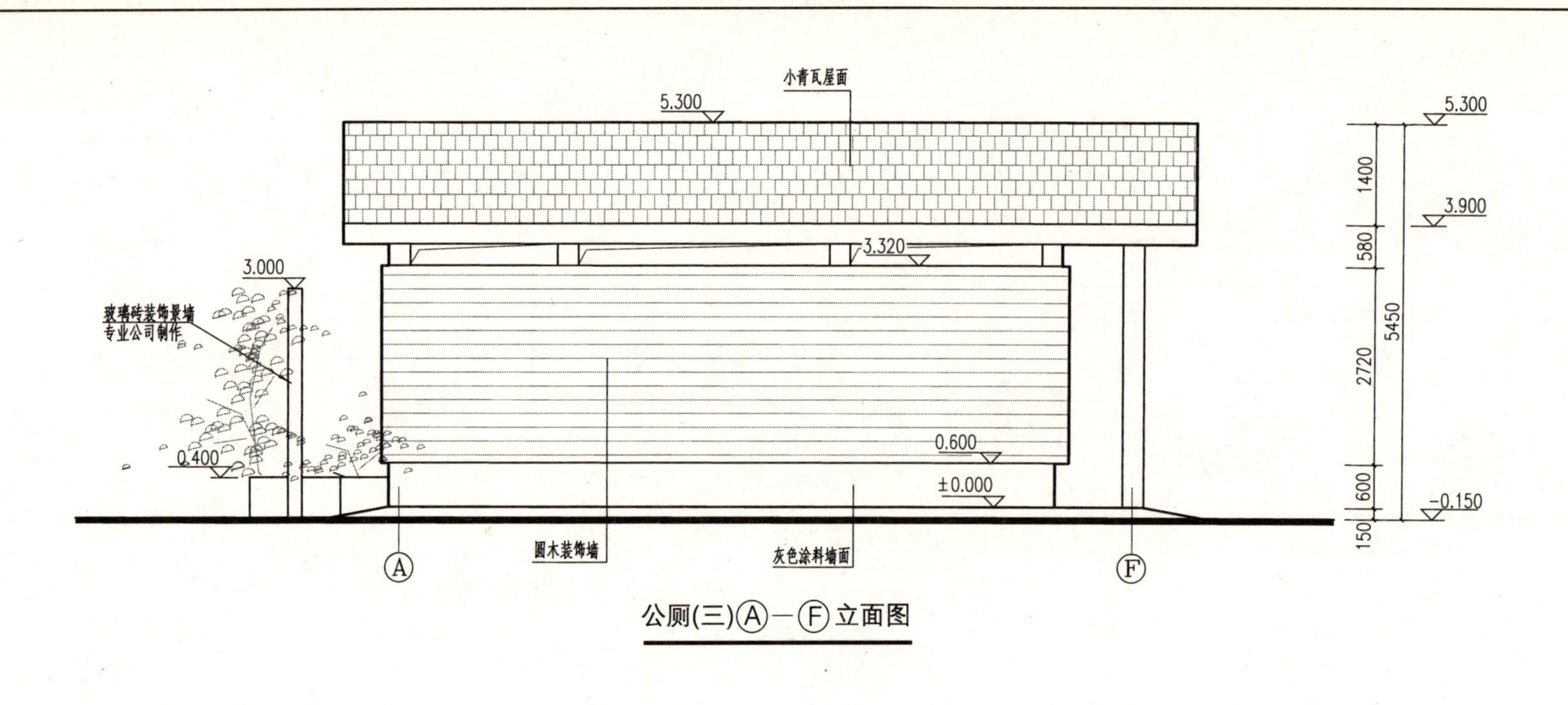

公厕(三)Ⓐ—Ⓕ立面图

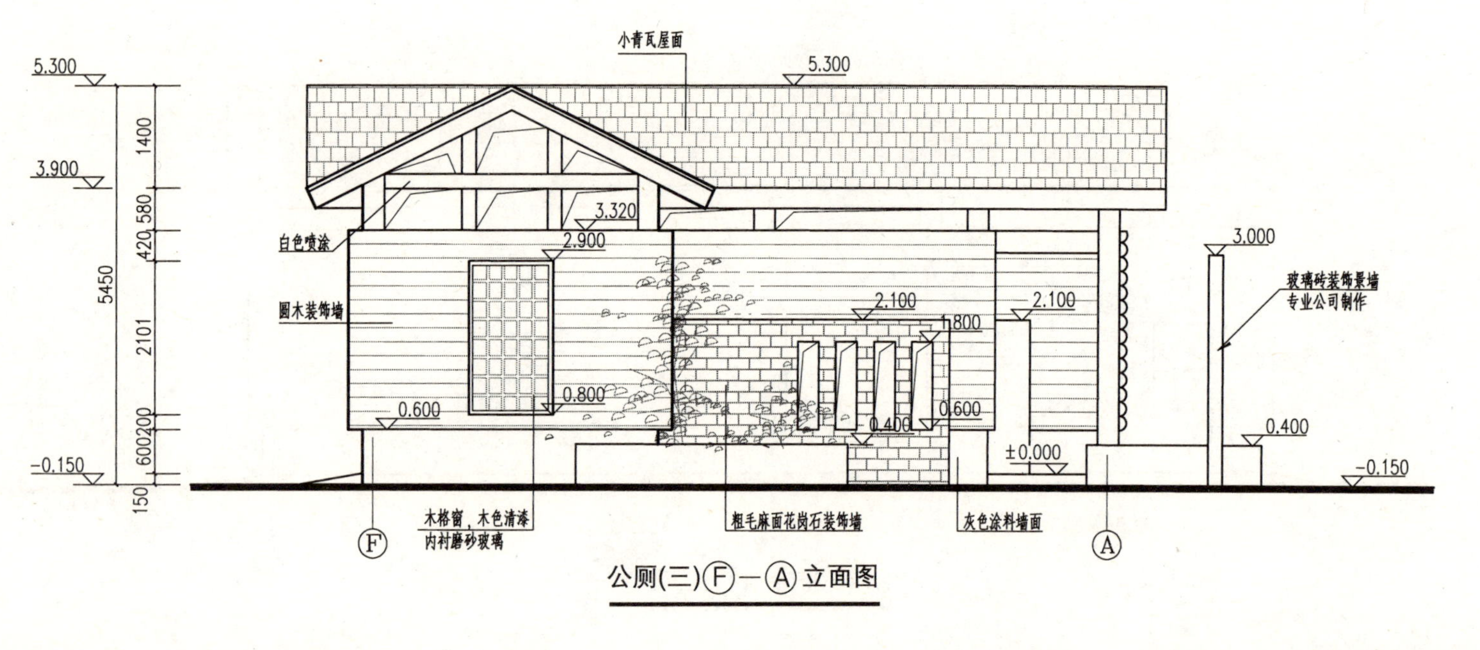

公厕(三)Ⓕ—Ⓐ立面图

图 4-97　聚龙山公园公厕（三）(4)

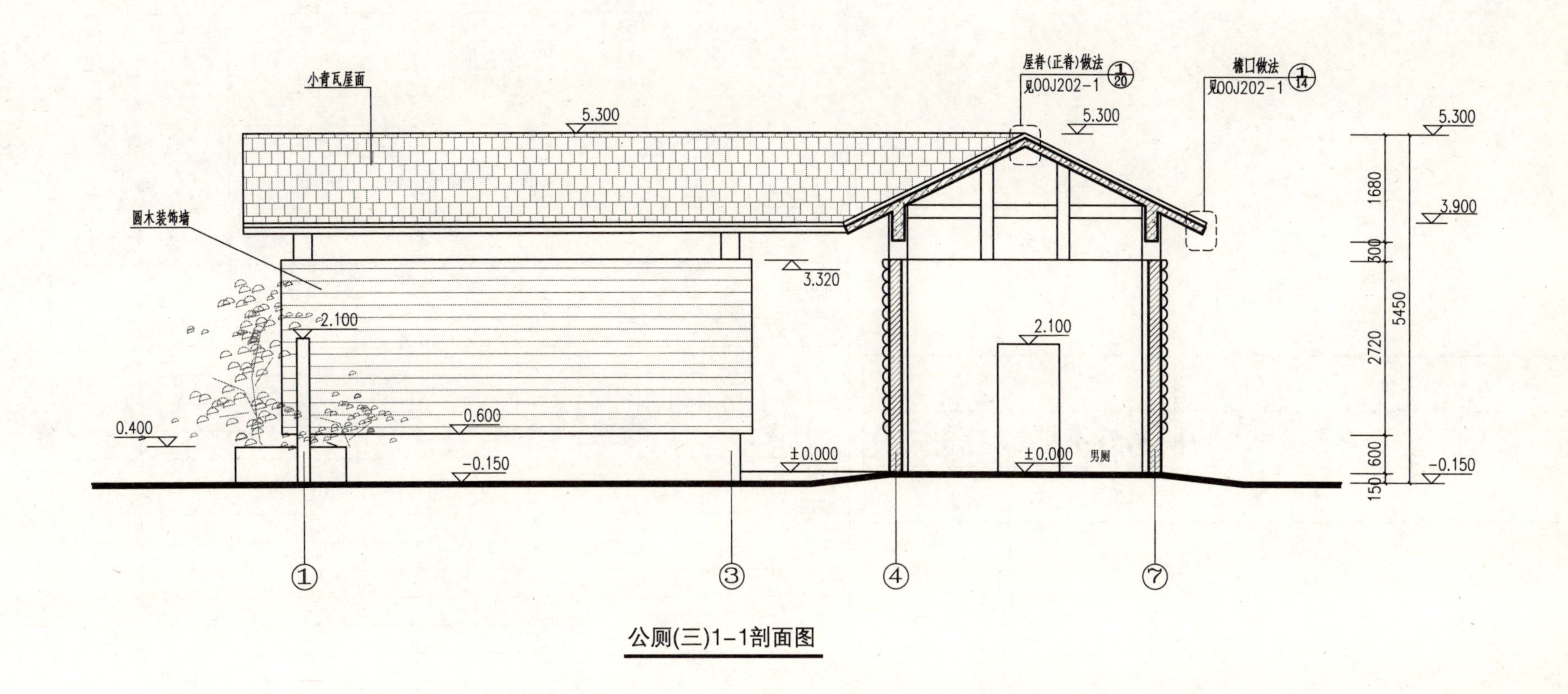

公厕(三)1-1剖面图

图 4-98　聚龙山公园公厕（三）（5）

莲花山公园雨林溪谷、晓风漾日公厕、其他小品-公厕（一）

—施工图设计文件

工程编号：__________

子项目录表

序号	子项目编号	子项目名称	各专业出图状态						
			总图	建施	结施	水施	电施	暖通	燃气
1	——	莲花山公园雨林溪谷、晓风漾日公厕、其他小品-公厕（一）		○	○	○	○		

设计单位：__________

______年______月

建筑专业图纸目录

序号	图纸名称	图号	规格	状态	附注
01	总目录	建施-××	A2	○	
02	建筑设计总说明	建施-××	A2	○	
03	建筑构造一览表、采用标准图目录、门窗表	建施-××	A2	○	
04	公厕（一）平面图	建施-××	A2	○	
05	公厕（一）屋顶平面图	建施-××	A2	○	
06	公厕（一）(1-1)-(2-2)、(2-2)-(1-1)轴立面图	建施-××	A2	○	
07	公厕（一）(2-D)-(1-A)、(1-A)-(2-D)轴立面图	建施-××	A2	○	
08	公厕（一）1—1、2—2 剖面图	建施-××	A2	○	
09	大样详图	建施-××	A2	○	

图 4-99　莲花山公厕（一）（1）

建筑设计总说明

一、工程概况

1. 工程名称：莲花山公园雨林溪谷、晚风溇日公厕、其他小品-公厕（一）
2. 建设地点：南方城市某地
3. 建设单位：莲花山公园管理处
4. 设计单位：深圳市北林苑景观及建筑规划设计院
5. 建筑规模：总建筑面积 102.13m^2
6. 建筑性质：公共建筑
7. 建筑类别：三类
8. 结构类型：框架结构
9. 建筑耐久年限：50 年
10. 建筑物耐火等级：二级
11. 建筑物抗震设防烈度：七度
12. 主要技术经济指标：

(1) 建筑面积：102.13m^2
(2) 总占地面积：164.65m^2
(3) 建筑高度：4.4m
(4) 建筑层数：1 层

二、设计依据

1. 建设单位的相关要求、说明及所提供的相关资料
2. 现行国家有关设计规范、规定、通则以及当地颁布的建筑设计规范、规定
3. 甲方提供的设计任务书及工程联系函
4. 《民用建筑设计通则》(GB 50352—2005)
5. 《建筑设计防火规范》(50016—2006)
6. 《城市道路和建筑无障碍设计规范》(JGJ 50—2001，J114—2001)

三、标高及单位

☑1　本工程±0.000 标高由平面，施工现场及总图确定。

☑2　本工程图纸所注尺寸除总平面及标高以米为单位外，其余均以毫米为单位。

四、建筑设计

1. 室外地面坡度不应小于 2%，且均坡向水沟。
2. 其余未尽事宜在施工中各方及时沟通，共同商定。

五、建筑主要用材及构造

1. 墙体：

1　本工程选用以下类型的墙体作填充墙

☑外墙：采用 200mm 厚加气混凝土砌块，M5 专用配套砂浆砌筑。
□外墙：采用 200mm 厚 Mu10 增压灰砂砖，Mb5 专用配套砂浆砌筑。
□内墙：采用 100mm 厚加气混凝土砌块，M5 专用配套砂浆砌筑。
□内墙：采用 100mm 厚 Mu10 增压灰砂砖，M5 专用配套砂浆砌筑。
□彩钢夹芯板　□轻钢龙骨埃特平板　□轻钢龙骨石膏板

□2　墙砌体均采用 M7.5 水泥砂浆砌筑（结构注明者除外）。

☑3　墙体须按照《砌体结构设计规范》(GB 50003—2001)、《混凝土空心小型砌块建筑设计与施工规范》(JGJ 14—95)、《多孔砖砌体结构技术规范》(JGJ 137—2001)。

☑4　填充墙与钢筋混凝土柱（墙）的连接构造详结施图。

☑5　砌块墙转角处丁字墙交接处应咬茬砌筑，有困难时应在交接处灰缝内砌入 2ϕ6 拉结钢筋，钢筋垂直间距不大于 500mm，每边伸入墙内 1000mm，钢筋两端弯勾。

☑6　到顶的非承重墙与楼板交接处应斜砌砌块与楼板顶牢，砂浆应密实保证砌体与梁板紧密接触。

□7　在门窗洞边 200mm 内砌体应选用实心块或砂浆填实的空心块砌筑。

☑8　门窗顶过梁及墙内圈梁设置均详结施。

☑9　墙边柱边水管均先安管后用轻钢龙骨埃特平板包封。

☑10　凡水电穿管线、固定管线插头、门窗框等连接构造及技术要求均由制作厂家提供。

☑11　除注明者外轴线或定位线过墙体中。

☑12　除注明者外小门垛均为宽 120mm。

□13　当与混凝土砌体相接的空心砌块墙体出现不符砌块模数的小墙垛时可用普通黏土砖砌筑小墙垛。

☑14　墙身防潮层设在标高−0.05mm 处做法是抹 20mm 厚1：2水泥砂浆加 5%防水剂（有地梁且地梁面高于室外地坪时不设墙身防潮层）。

□15　小于 180mm 厚的女儿墙须做钢筋混凝土压顶和钢筋混凝土构造柱做法另详。

2. 楼地面

☑1　室内外坡道面均作防滑处理

□2　现浇水磨石地楼面按不大于 1000mm×1000mm 分格，除特别注明者外，普通水磨石面用 3mm 厚玻璃条分格，彩色水磨石面用 2mm 厚铜条分格。

☑3　卫生间，厨房地楼面结构标高低于同层地楼面 20mm，阳台结构标高低于同层地楼面 50mm，由建筑找不小于 1%坡，坡向地漏。

☑4　建筑物四周无铺砌地面时应做散水，散水宽 800mm，（做法见说明）。散水坡度 5%，纵向按不大于 12m 设一道伸缩缝，散水与外墙设 20mm 宽缝，缝内填沥青砂浆。

☑5　所有电缆井，管道井在安装工程完成后加封楼板（预先留出钢筋接头），并应满足检修荷载的要求。

3. 屋面

□1　所有高出屋面的砌块墙体在高出屋面 300mm 以内须用 C20 素混凝土砌筑。

□2　屋面与高出屋面砌体交接处的抹灰均须做成圆弧形或 135°钝角。

☑3　做屋面防水层前须仔细检查穿屋面管井或管道留洞是否有遗漏，避免做好防水层后再打洞。

☑4　屋面找坡坡向雨水口，在雨水口周围坡度加大形成积水区，雨水口位置及坡度坡向详屋顶平面。

□5　高屋面雨水排至低屋面时应在雨水管下方屋面嵌一块 500mm×500mm×30mm 细石混凝土板保护，四周找平纯水泥浆擦缝。

□6　屋面防水等级二级。

4. 门窗

☑1　图中所注门窗尺寸为洞口尺寸，厂家制作门窗时须另留安装尺寸。

☑2　门窗料采用何种系列，玻璃厚度，门窗料断面厚度均由厂家按风压计算确定（外窗玻璃厚度不小于 5mm）门窗构造必须符合水密性气密性的要求。

☑3　除注明者外，内门采用 6mm 厚玻璃。

☑4　门窗短向中挺必须用整料，不得拼接。

☑5　外开门双向开启门立木堂于墙中，内开门立平开启方向粉刷面。

☑6　内开门立木堂平开启方向粉刷面时，立木堂平墙面粉刷面一侧加做 50mm 宽 12mm 厚夹板贴脸。

☑7　木门，塑料门后设磁性门碰，玻璃门后设胶面弹性门碰。

☑8　窗台高度低于 800mm 时在窗台距楼面 900mm 以下设铝合金成品安全网，铝合金成品安全网由制造铝合金窗的厂家设计制造安装。

□9　防火门防盗门卷闸门等特殊门窗的安装要求由制造厂家提供施工，单位按厂家要求预留埋件和进行安装。

□10　内窗台做 20mm 厚 350mm 宽大理石窗台板。

☑11　主体工程完成后，门窗制作安装厂家应对门窗洞口尺寸进行复核，避免因施工误差过大而造成安装不便。

□12　玻璃幕墙安装须严格按照现行的玻璃幕墙工程技术规范进行。

5. 装饰

☑1　室内抹灰为混合砂浆时，墙、柱及门洞口阳角处均作每侧 100mm 宽 2000mm 高厚度与相邻墙面相同的 1：2 水泥砂浆护角。

□2　汽车库、单车库内方柱须做 2000mm 高∟50×5 角钢护柱，角钢内侧焊 ϕ6 锚筋 l=400@500，锚筋埋角钢外皮与柱面抹灰面平。

☑3　风道烟道竖井内壁砌筑灰缝须饱满，并随砌随原浆抹光。有检修门的管井内壁做 1：0，3：3 混合砂浆粉刷。

□4　砖砌电梯井道内壁随砌随将原浆刮平。

☑5　有吊顶房间墙、柱、梁粉刷或装饰面仅做到吊顶标高以上 100mm。

☑6　木料与砌体接触部位须满涂防腐剂。

☑7　墙体面层作喷涂或油漆须待粉刷基层干燥后进行。

☑8　暴露在室内的各种立管待管道安装完毕后，用轻钢龙骨埃特平板外包至吊顶以上 100mm，未表示检修门的管井均在检查口处开检修门 300mm×300mm（木夹板门），埃特板板面及门扇表面颜色同相邻墙邻墙，五金拉手配齐。

☑9　本工程主要装饰材料（包括墙、柱、楼地面、天花、油漆等）的颜色均须先买样品，先做样板，待甲方及设计单位认可后再大量购买和大片施工。

☑10　凡贴墙、柱、楼地面的大理石、磨光花岗石颜色及纹理须经试排确定后方可施工。

☑11　外墙不同材料墙体交接处须先加钢板网然后才能抹底灰，钢板网宽 300mm，两边各搭接 150mm 钉紧绷牢。

6. 电梯

□1　本工程采用：

□a) 电梯厂家：　　电梯型号：（液压型）　　载重量：1000kg
　　速度：0.63m/s　　数量：　　1 台
□b) 电梯厂家：　　电梯型号：　　载重量：kg
　　速度：m/s　　数量：　　台

□2　甲方与电梯制造厂家签订供货合同后，应将与电梯安装有关的土建图纸提供给制造厂家进行复核，厂家应提供机房楼板留孔，控制及显示设施安装留孔及其他须土建预留预埋的有关资料，以确保电梯安装的顺利进行。

7. 节能

☑1　依据《民用建筑热工设计规范》(GB 50176—93)。
☑2　依据《公共建筑节能设计标准》(GB 50189—2005)。
☑3　良好的主朝向——选择本地区最佳朝向或接近最佳朝向。
☑4　良好的自然通风、采光。

六、其他

☑1　所有露明铁件应先除锈，然后用红丹（防锈漆）打底，再刷深灰色金属漆二道（注明构件除外），不露明的铁件只刷红丹二道。

☑2　柔性防水基层处理剂：用于沥青类的基层处理剂用冷底子油；用与高分子防水材料的基层处理剂用氯丁胶、硅橡胶、丙烯酸的稀释液。

☑3　聚合物水泥砂浆配合比：

(1) 当为丙烯酸聚合物水泥砂浆或 EVA 聚合物水泥砂浆时，聚合物：水泥：细砂＝1：2：4 用于面层，聚合物：水泥：中砂＝1：2：6 用于底层。
(2) 当为氯丁胶聚合物水泥砂浆或丁苯胶聚合物水泥砂浆时，聚合物：水泥：细砂＝1：2：4。

□4　地下室及水池防水混凝土内须加入高效减水剂和膨胀剂，膨胀率宜大于 0.03%水泥减水剂、膨胀剂的配比须经试验确定，防水混凝土内的石子必须级配，施工单位要采取有效措施确保防水混凝土的质量（尤其是地下室防水混凝土的质量）。

□5　除注明者外，非生活水池迎水面防水做法为：先用 1：2 水泥砂浆嵌平补实，再做 1 厚聚合物水泥基防水涂膜，最后抹 15mm 厚 1：2：4 聚合物水泥砂浆，除注明者外，生活水池迎水面防水做法为：先用 1：2 水泥砂浆嵌平补实，再抹 15mm 厚 1：2：4 聚合物水泥砂浆，最后用 1：1 水泥砂浆（细砂）贴 5mm 厚白瓷片。

☑6　水电、通风、煤气等专业的各种设施的安装洞口须与各专业图纸配合施工。

□7　除注明者外，管道井检修门门洞底距地 300mm 检修门宽 60mm 高 1800mm。

□8　设备房非承重墙应在设备安装完毕后再砌筑。

□9　防火门生产厂家及产品须有消防部门的鉴定认可。

☑10　外墙面所有挑出构件在外墙抹灰时须认真做好滴水。

☑11　外墙门窗与外墙接缝处用聚合物水泥砂浆封严。

☑12　建筑施工图须与总图、结构、给排水、电气、空调、动力等有关专业同时配合使用。

☑13　本工程施工、安装和质量验收均须严格遵守国家及本省本市现行各项规范规程。

七、环保及室内环境污染控制设计说明

☑1　环保"三同时"原则——环境保护及污染防治设施与主体工程同时设计、同时施工、同时使用。

☑2　总体规划采用了有利于环保和控污的措施。

☑3　各种污染物（如废气、烟气、废水、污水、垃圾、噪声、油污、各类建筑材料所含放射性和非放射性污染物等）均采取了有效措施控制和防治并达标。

☑4　尽量采用可回收再利用的建筑材料，不使用焦油类、石棉类产品和材料。

☑5　建筑设计充分利用地形地貌，尽量不破坏原有的生态环境。

☑6　因施工过程受到破坏的环境（如水土流失，山体裸露等）均及时采取绿化、恢复植被及其他有效措施进行补救恢复或重建良好的自然生态系统。

☑7　废水污水污染防治——采用雨、污分流制；废水、污水经处理达标后，用密封管道排入城市下水道；废水排放执行 DB 4426—2001 的二级标准。

注：以上诸项在方块上打勾者如☑适用本工程。

图 4-100　莲花山公厕（一）(2)

建筑构造一览表

项目		构造做法	使用部位
屋面	菱形板瓦 规格参照菱形板瓦规格	•浅灰色磨面花岗石菱形板瓦15厚 •1∶3水泥砂浆卧瓦层最薄处40厚（配ϕ6@500×500钢筋网） •20厚1∶3水泥砂浆找平 •40厚挤塑聚苯板（XPS板） •1.5厚聚合物水泥防水涂膜 •20厚1∶3水泥砂浆找平层 •120厚钢筋混凝土屋面板	所有坡屋顶
	平屋面 仿古青砖1 规格：300×300×30	•青灰色地砖 •20厚1∶3水泥砂浆找平 •40厚挤塑聚苯板（XPS板） •1.5厚聚合物水泥防水涂膜 •20厚1∶3水泥砂浆找平层 •120厚钢筋混凝土屋面板	所有平屋顶
外墙面	灰色氟碳漆	•刷灰色氟碳漆 •弹性底涂，柔性耐水腻子 •3～4厚抗裂砂浆，复合耐碱玻纤网格二层 •20厚胶粉聚苯颗粒保温浆料 •1.5厚聚合物水泥防水涂膜 •20厚1∶3水泥砂浆找平 •200厚墙体	见立面
	仿古青砖2 规格：240×55×10	•仿古青砖饰面，白水泥擦缝，错缝拼接 •2～3厚建筑胶粘剂 •20厚胶粉聚苯颗粒保温浆料 •1.5厚聚合物水泥防水涂膜 •20厚1∶3水泥砂浆找平 •200厚墙体	
内墙面	浅灰色高档面砖	详05ZJ001 内墙10/47 注：墙面做加气混凝土界面剂	所有内墙面
地面	仿古青砖3 规格：240×115×55	•仿十青砖立铺（席纹），粗砂扫缝 •30厚1∶4干硬性水泥砂浆 •素水泥浆结合层一遍 •100厚C15混凝土 •素土夯实	地面
顶棚	水泥砂浆顶棚	详05ZJ001 4/75	所有顶棚
踢脚	青灰色面砖 规格：100×60×10	详05ZJ001 踢19/37	踢脚

门窗表

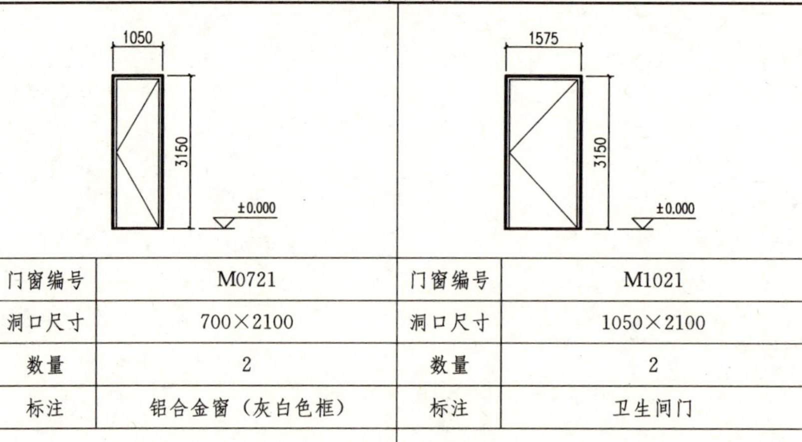

门窗编号	M0721	门窗编号	M1021
洞口尺寸	700×2100	洞口尺寸	1050×2100
数量	2	数量	2
标注	铝合金窗（灰白色框）	标注	卫生间门

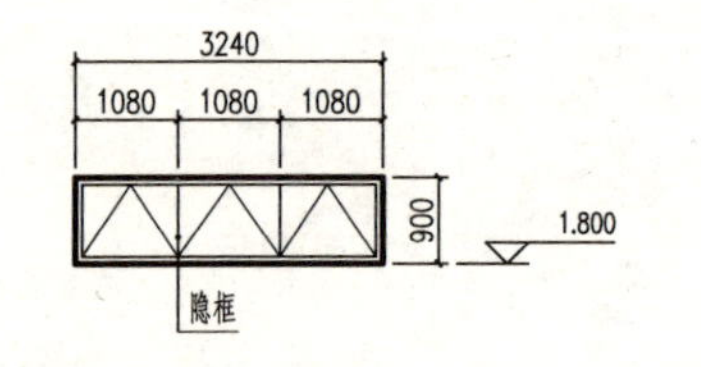

门窗编号	002106
洞口尺寸	2160×600
数量	2
标注	铝合金窗（灰白色框）

注：
1. 图中门窗尺寸均为洞口尺寸，门窗下料须根据现场实测
2. 各项金属制品铝合金门窗在制作前均应对施工后洞口尺寸及数量进行核对，方可正式施工
3. 所有门窗立框除注明外，均居中。
4. 密封胶：外墙门窗框与外墙连接处采用中性胶密封；玻璃与框扇连接处采用优质玻璃胶密封；框与扇之间玻璃与框扇连接处采用优质玻璃胶密封；框与扇之间的密封材料采用优质非再生胶条。
5. 门窗五金（如把手、合页、门锁等）均由制作厂配齐
6. 门窗的防盗措施由甲方根据需要自理。

采用标准图目录

序号	图集号	图集名称	备注
1	05ZJ201	《建筑构造用料做法》	中南标
2			
3			

图4-101　莲花山公厕（一）（3）

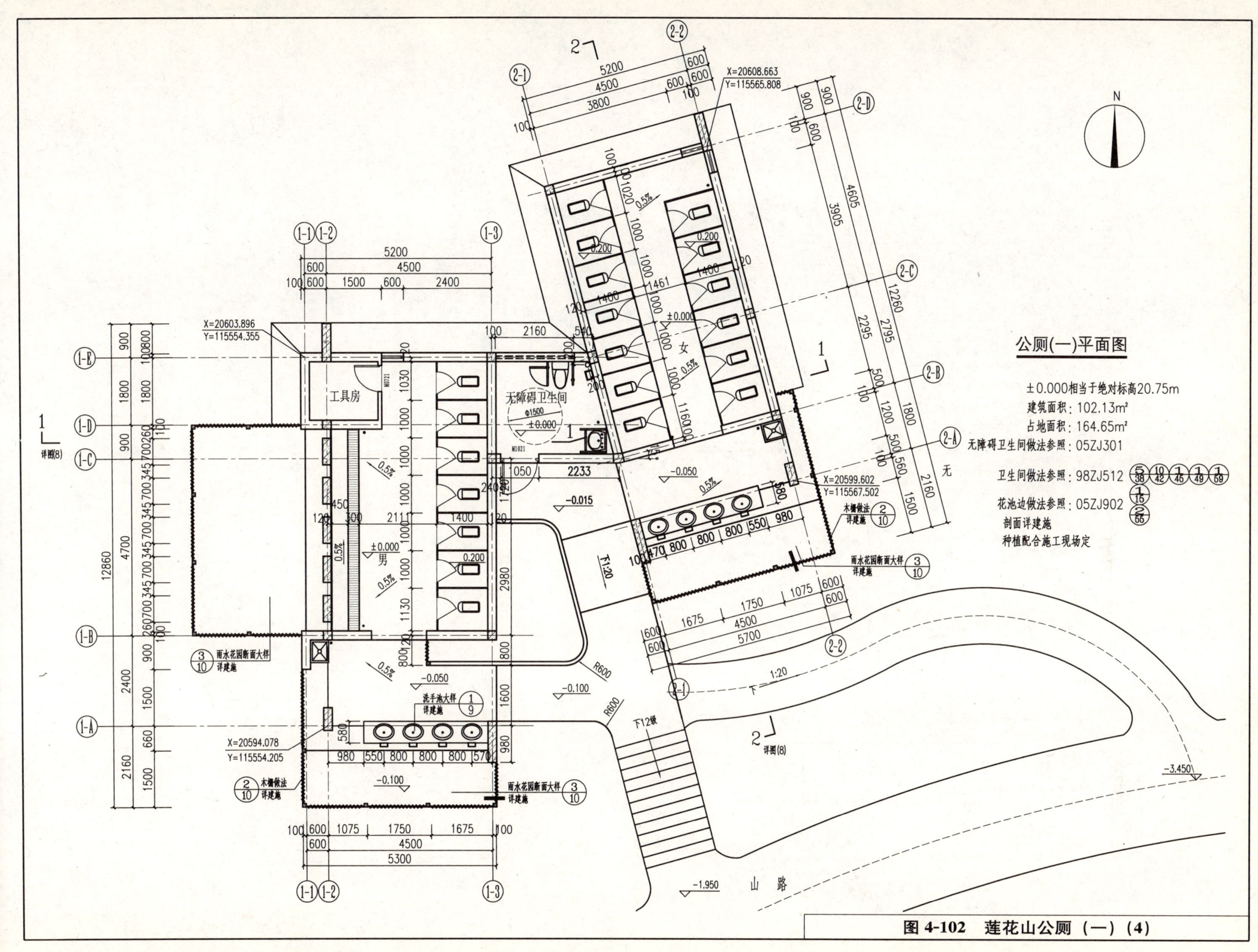

图 4-102 莲花山公厕（一）（4）

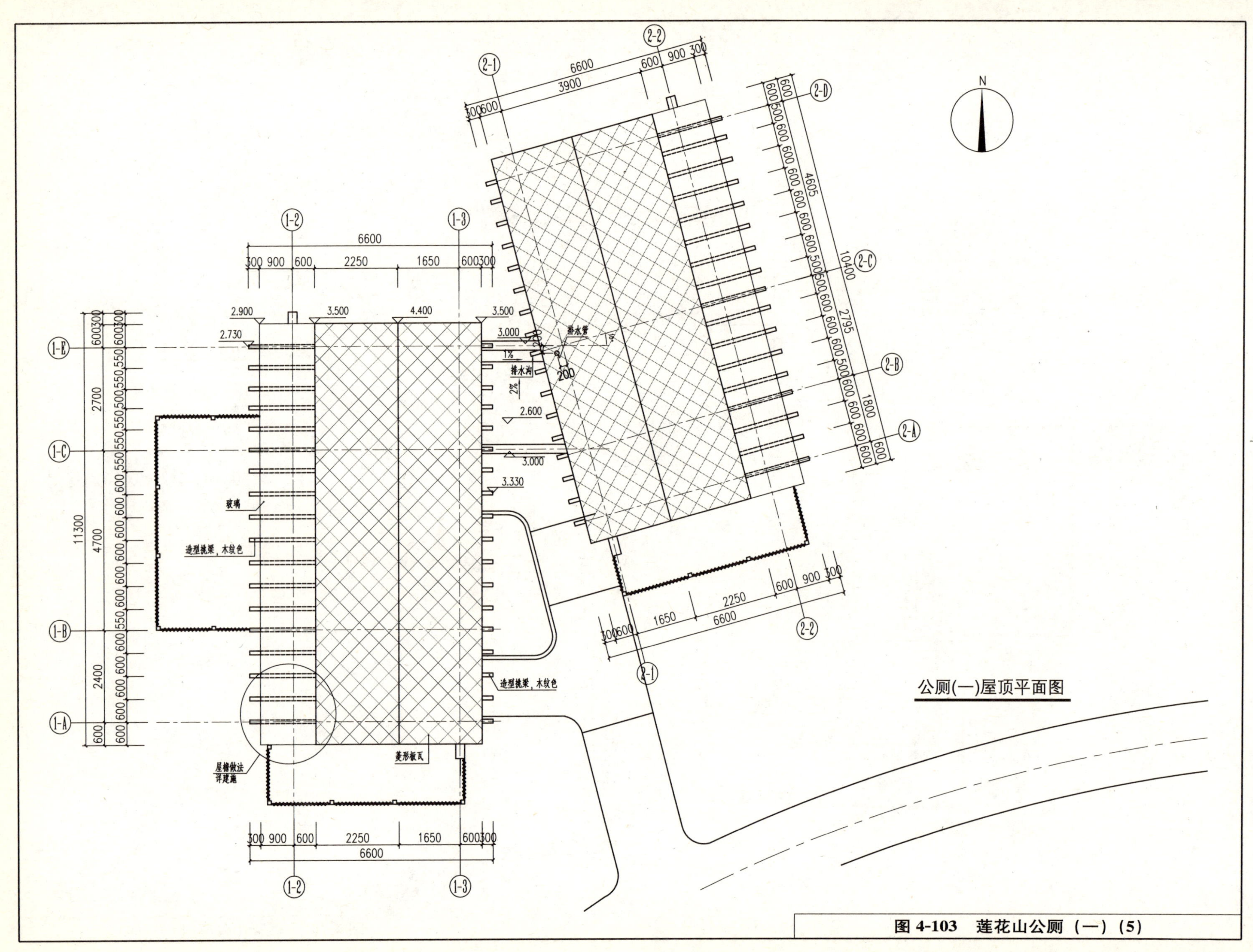

图 4-103　莲花山公厕（一）（5）

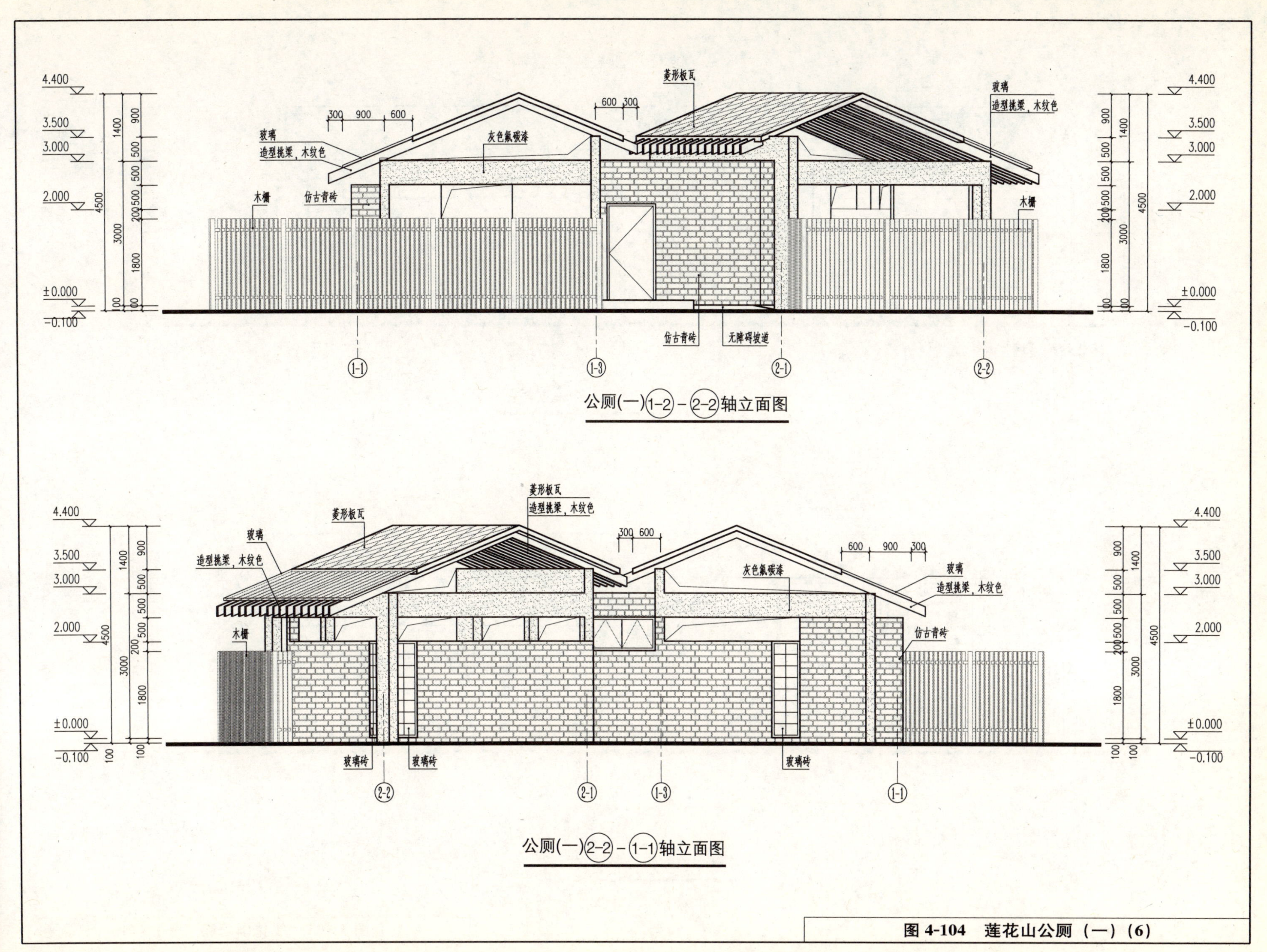

图 4-104　莲花山公厕（一）（6）

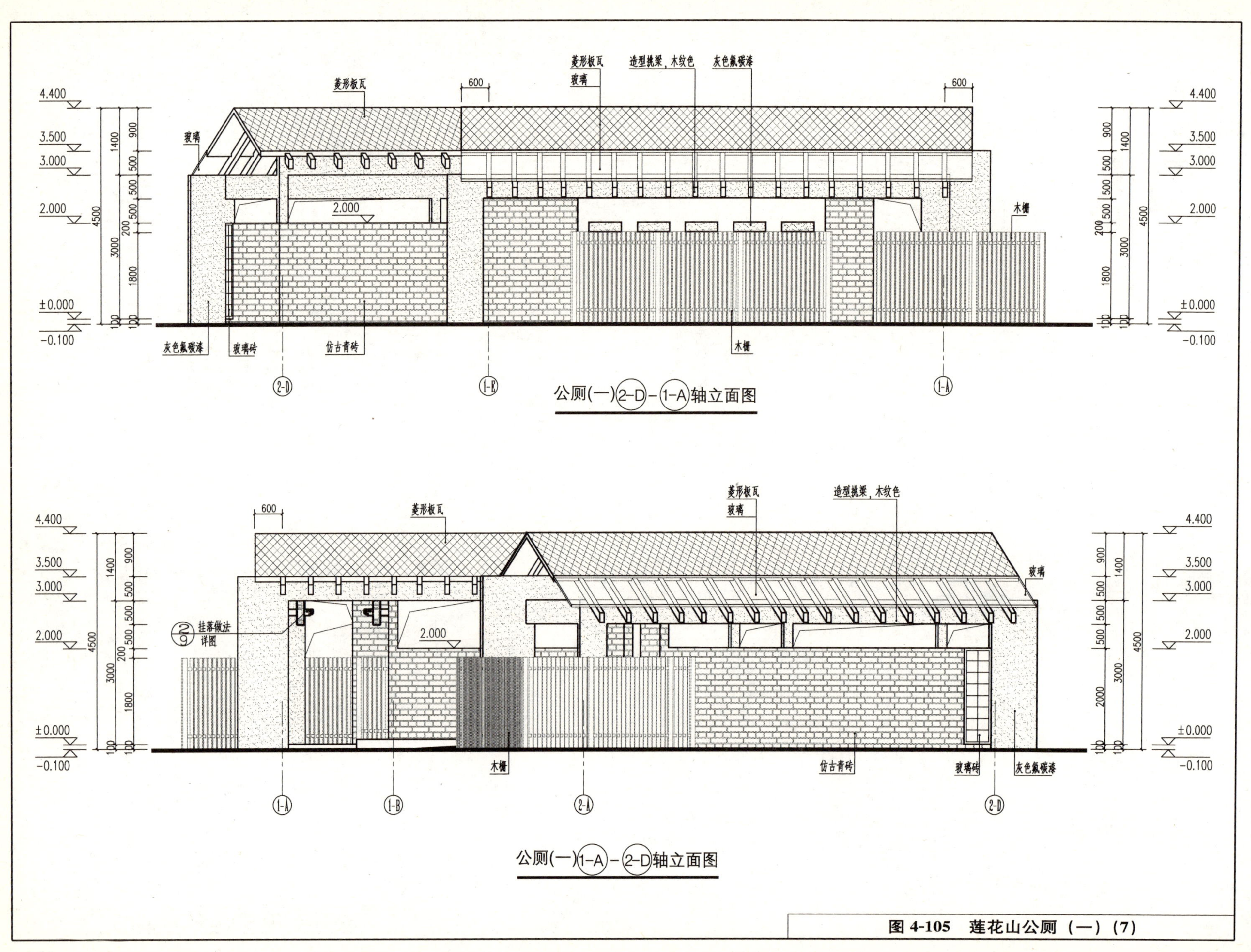

图 4-105　莲花山公厕（一）（7）

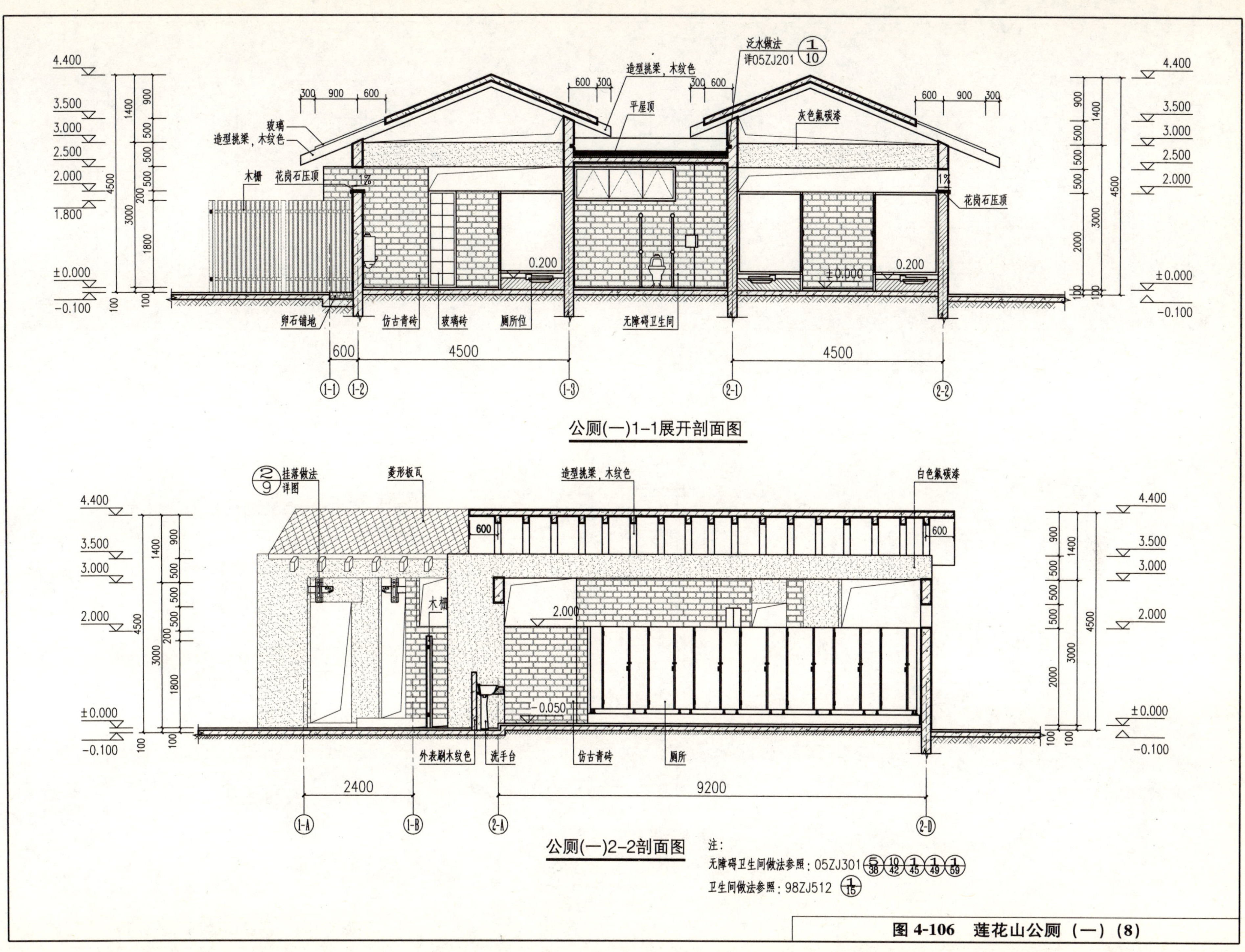

注：

无障碍卫生间做法参照：05ZJ301 5/38 10/42 1/45 1/49 1/59

卫生间做法参照：98ZJ512 1/15

图 4-106 莲花山公厕（一）(8)

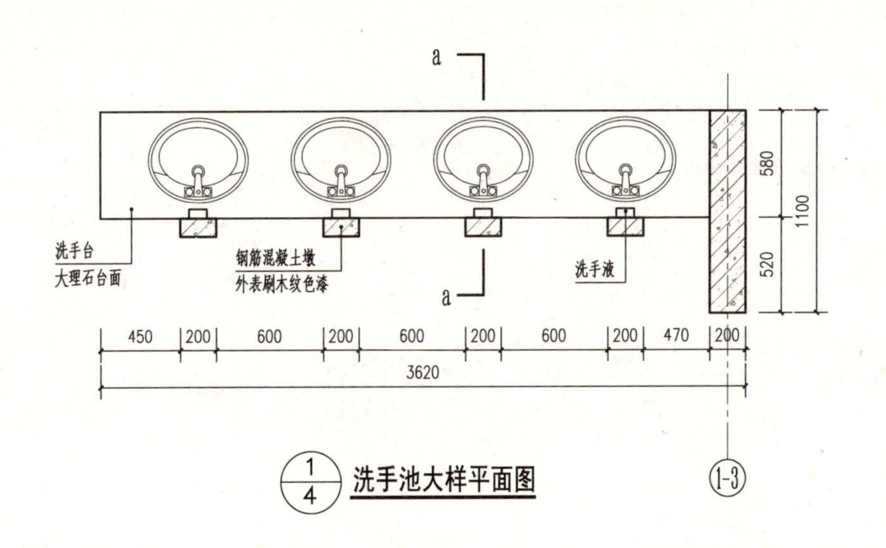

洗手池大样平面图

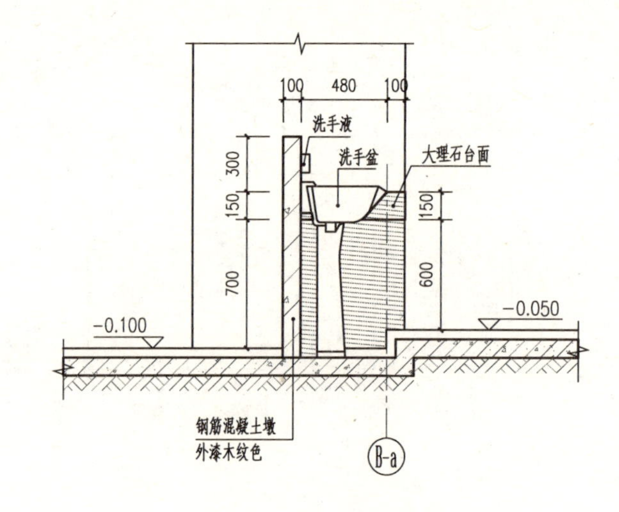

a-a断面大样

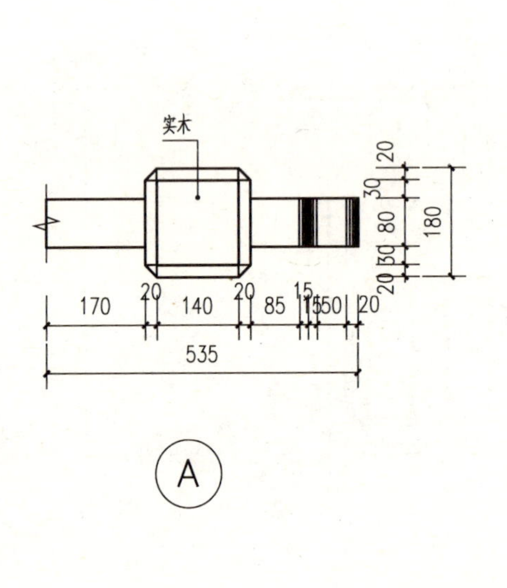

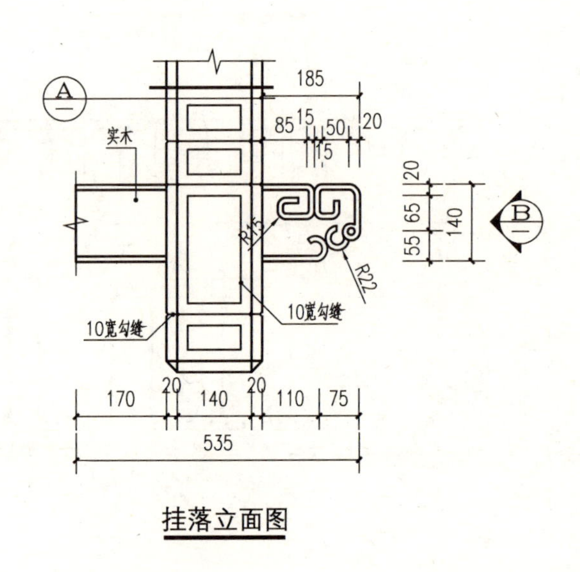

挂落立面图

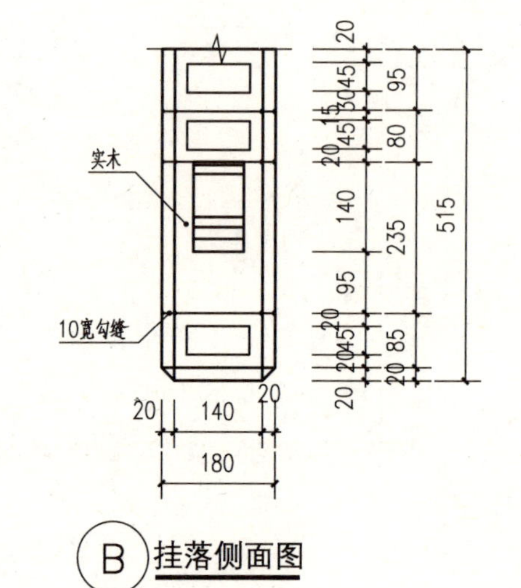

挂落侧面图

挂落大样图

图 4-107 莲花山公厕（一）（9）

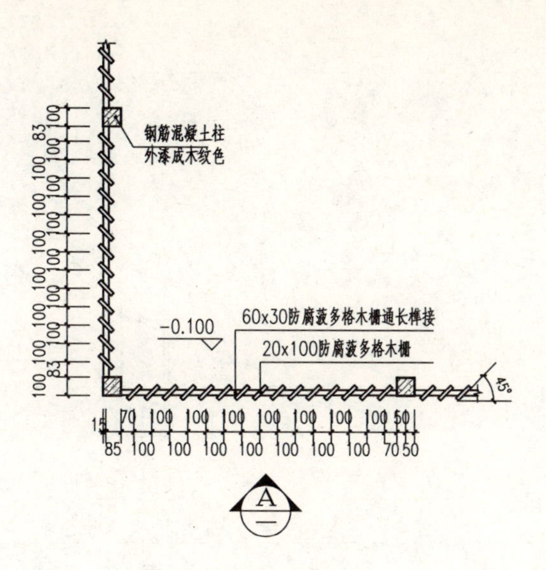

2/4 木栅大样平面图

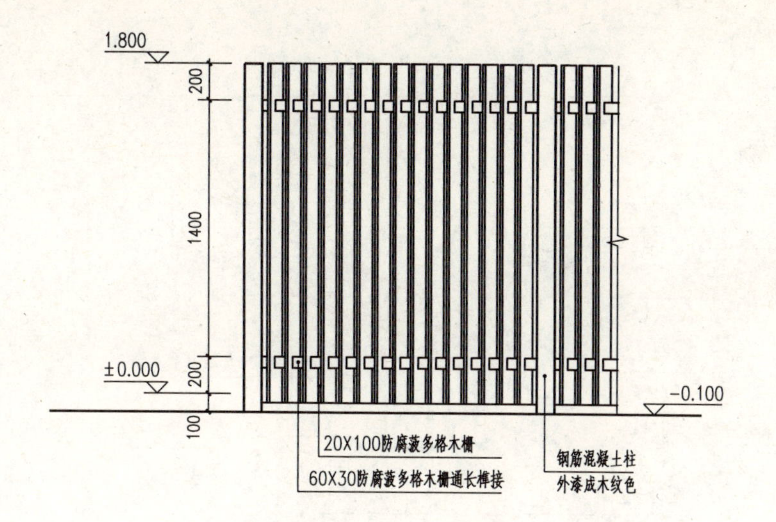

A 木栅大样立面图

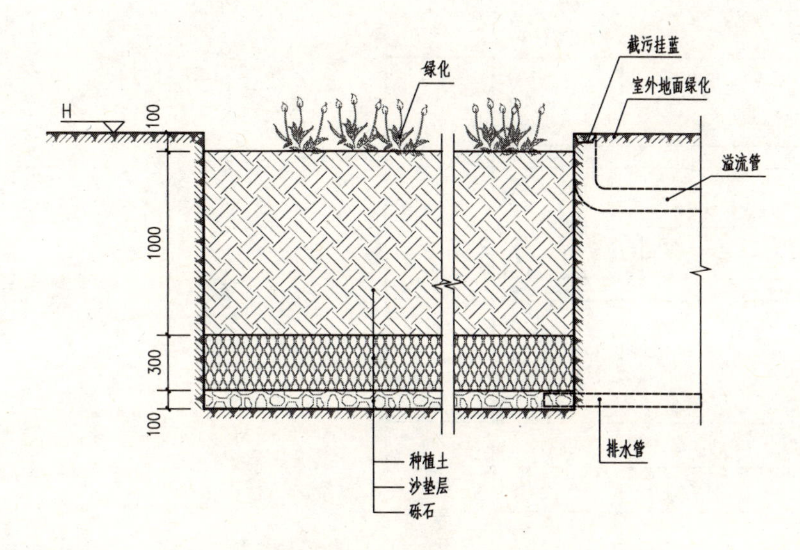

3/4 雨水花园断面大样图

图 4-108　莲花山公厕（一）（10）

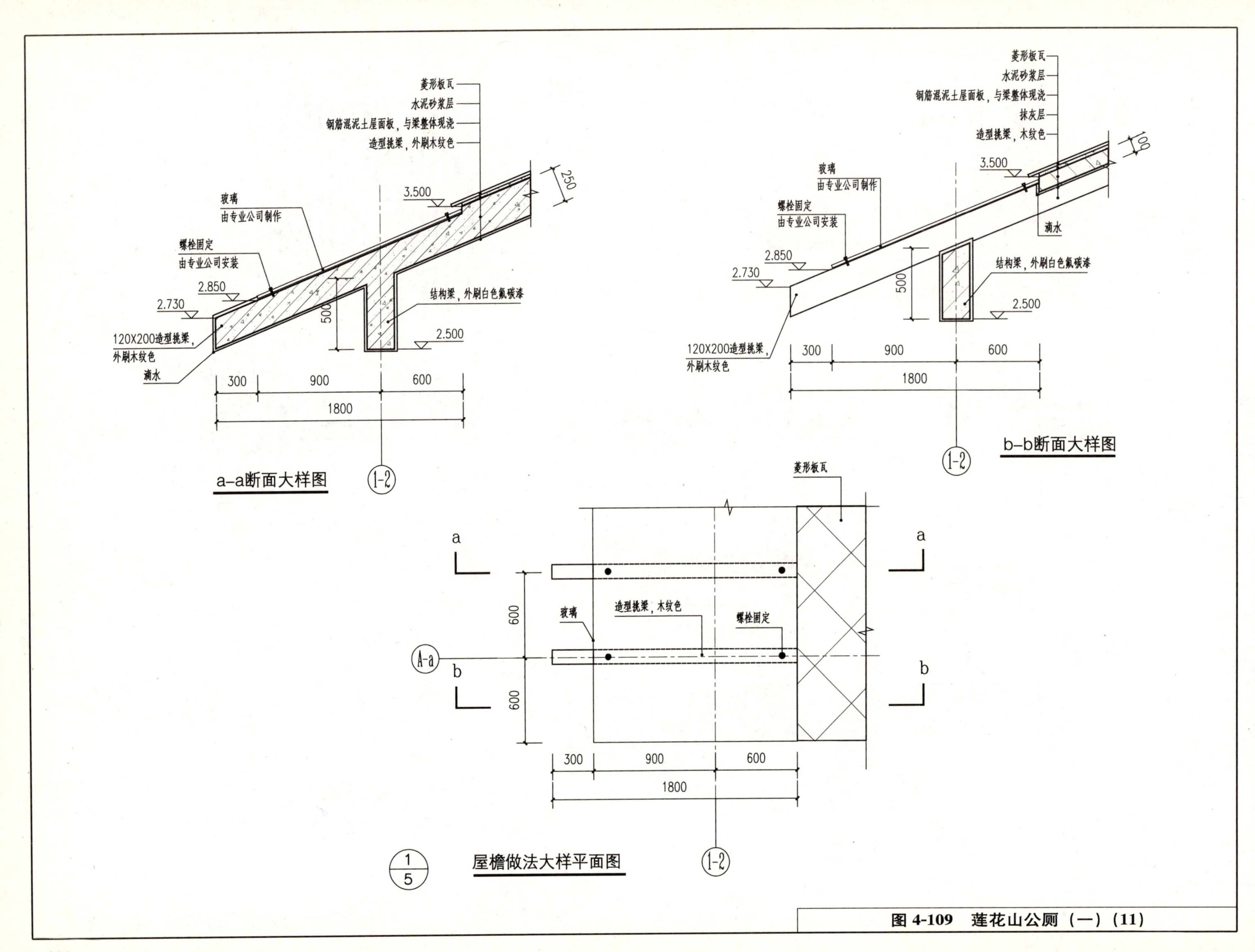

图 4-109　莲花山公厕（一）（11）

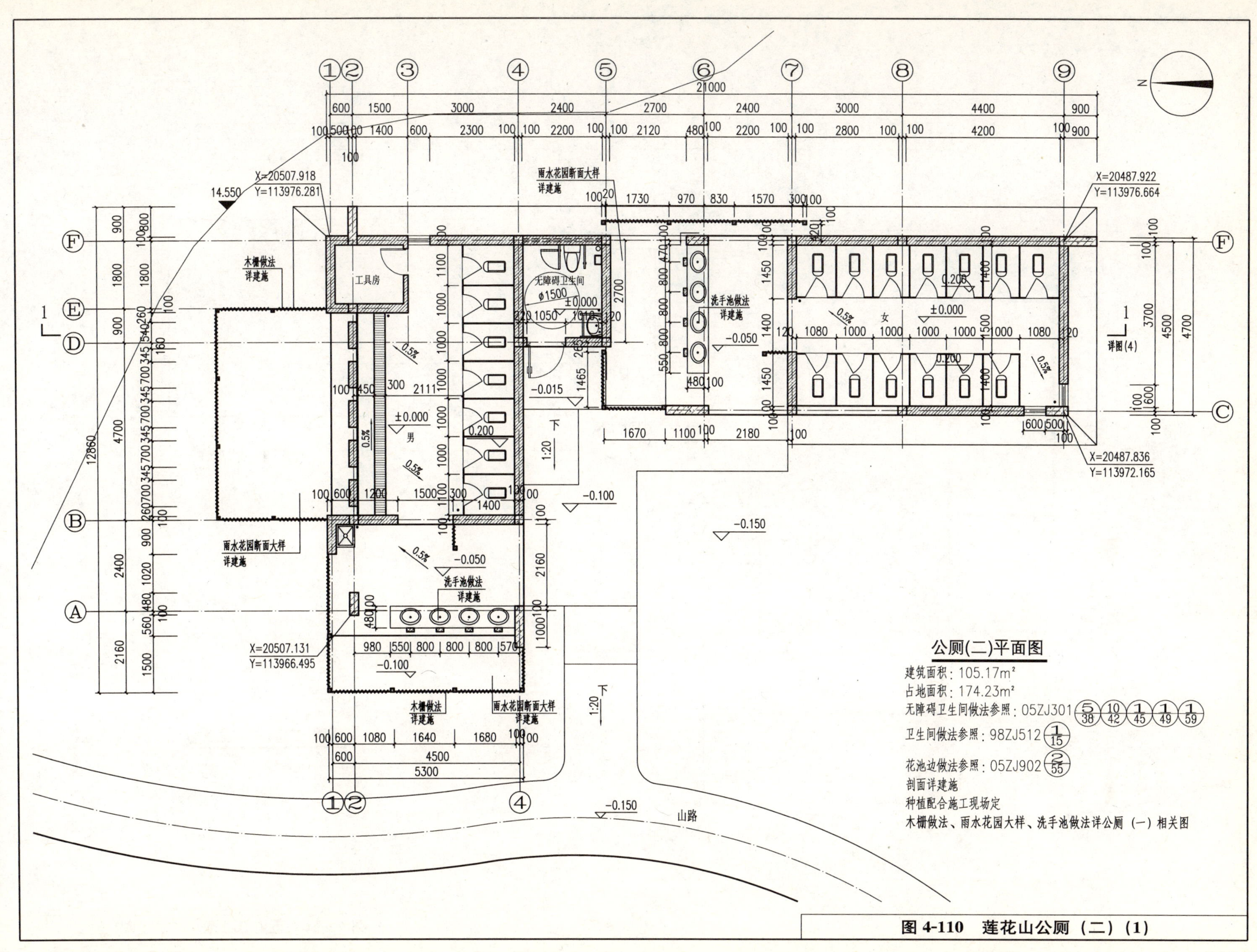

图 4-110　莲花山公厕（二）（1）

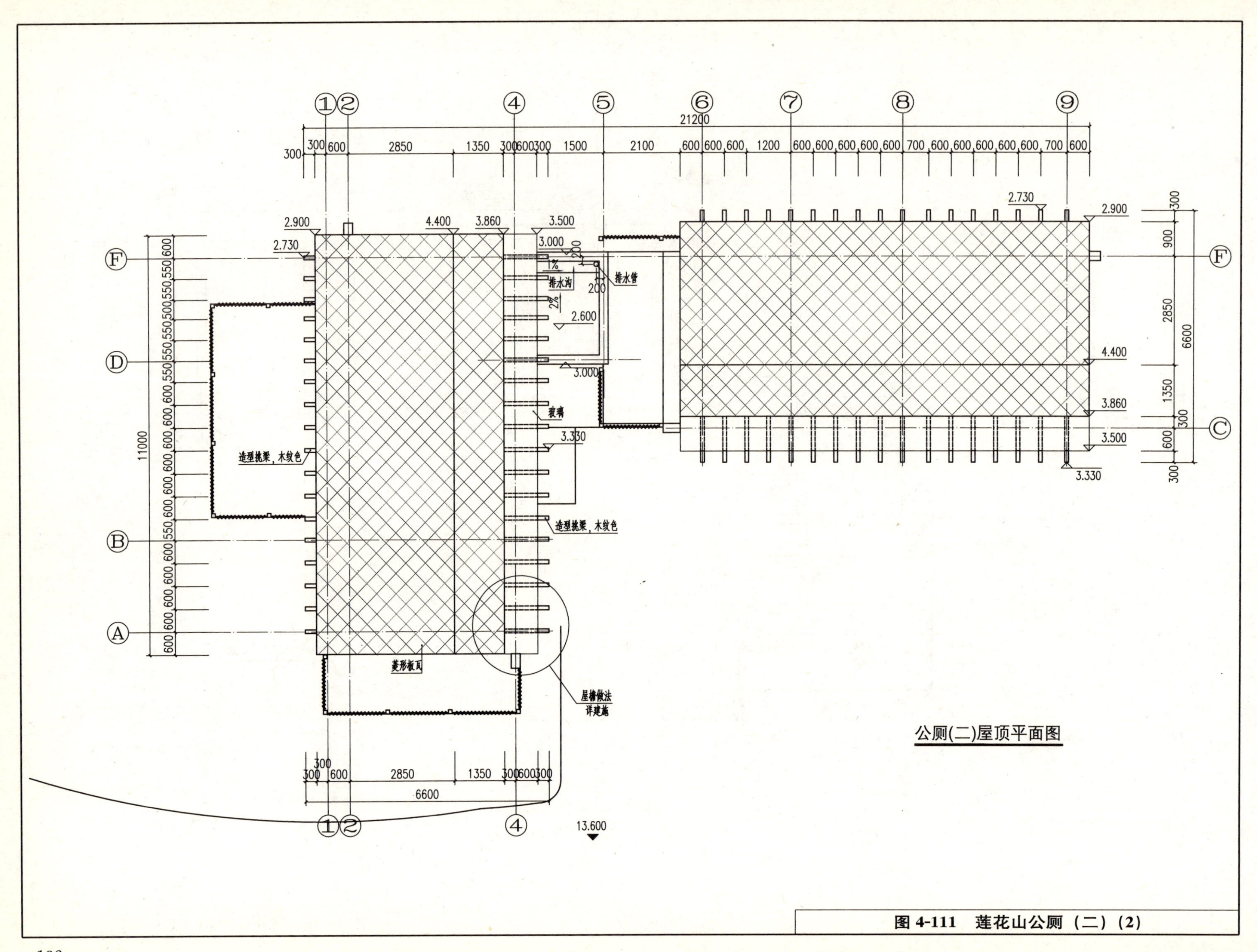

图 4-111　莲花山公厕（二）（2）

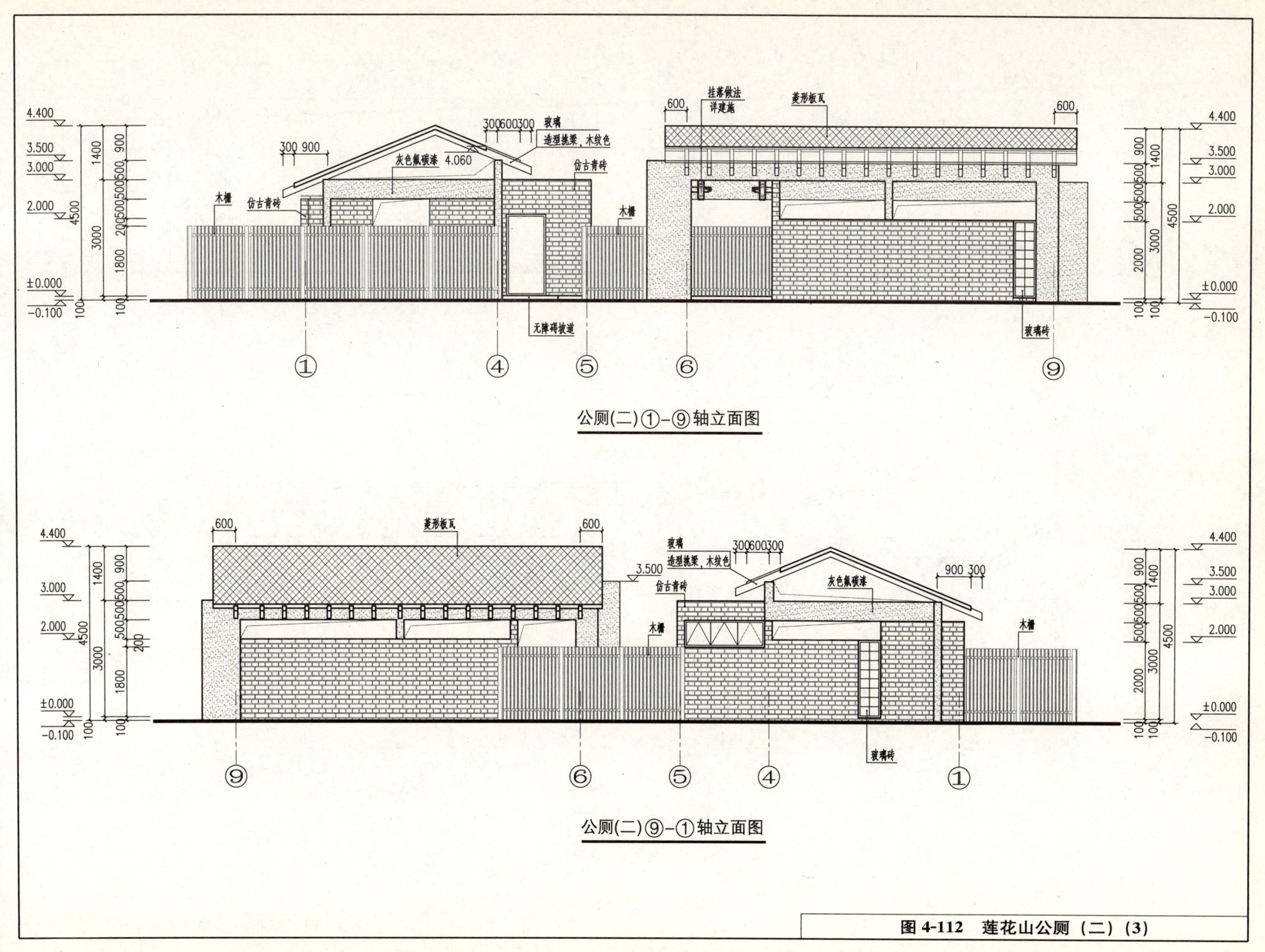

图 4-112 莲花山公厕（二）(3)

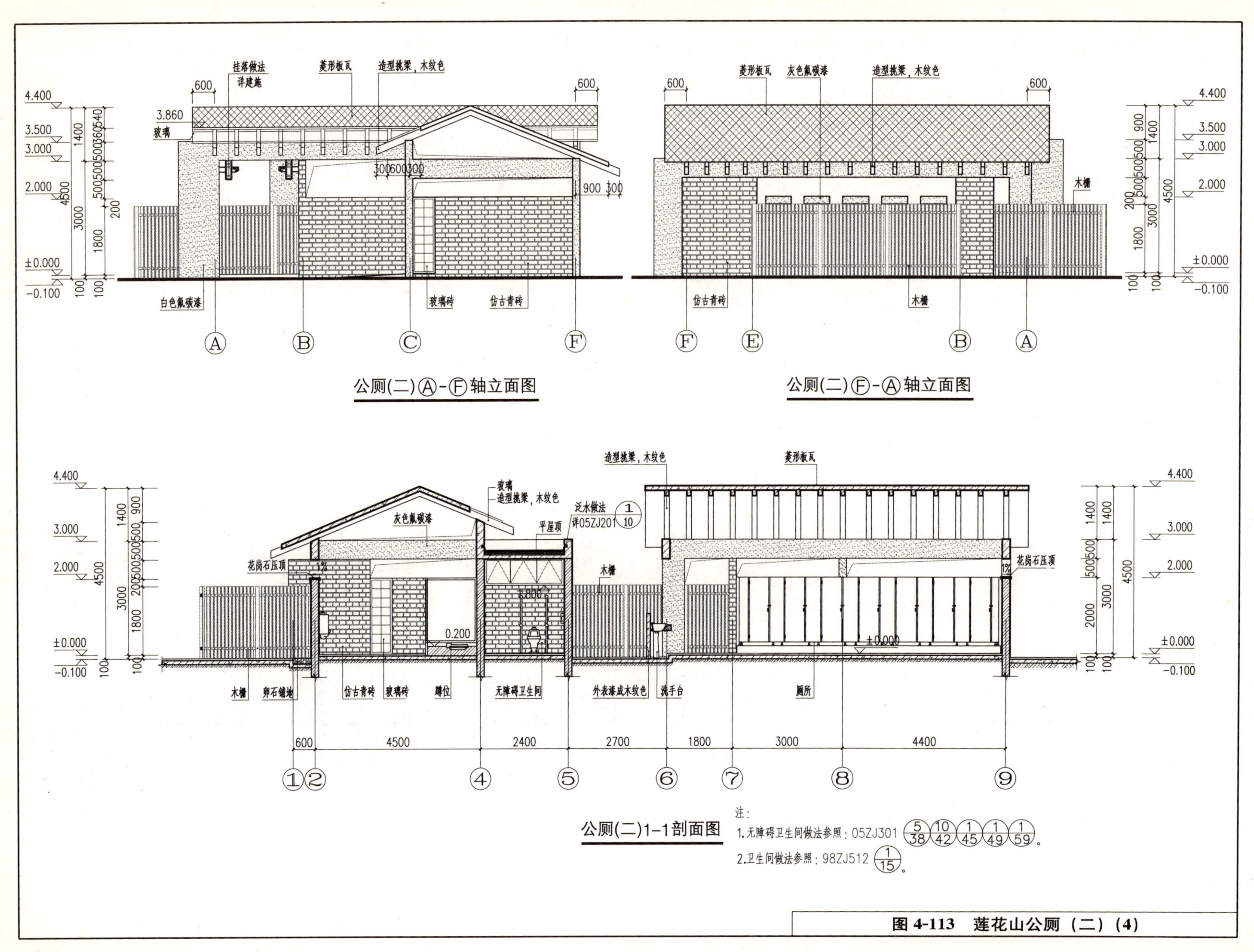

图 4-113　莲花山公厕（二）(4)

4.2.4 纪念馆

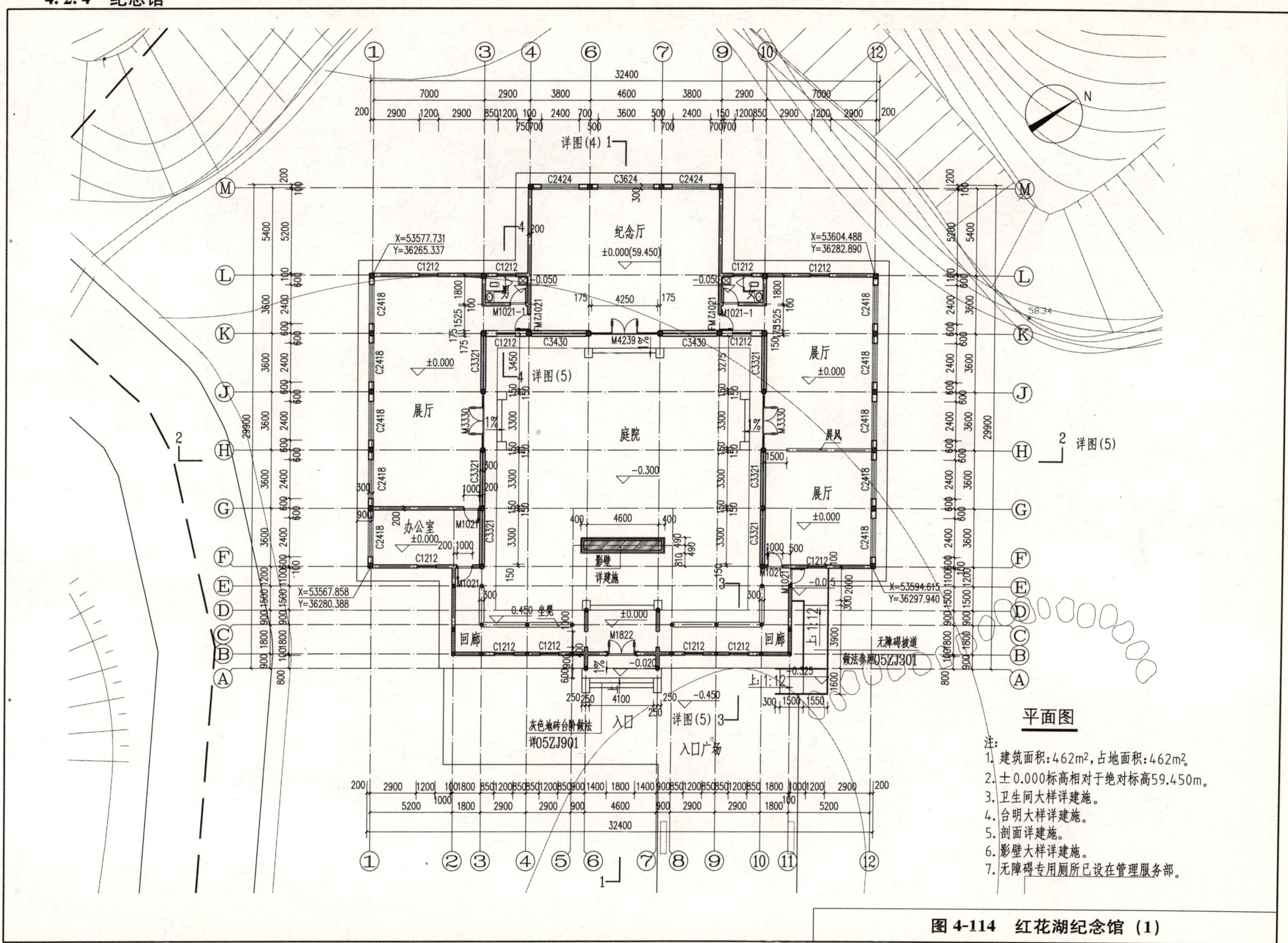

图 4-114 红花湖纪念馆（1）

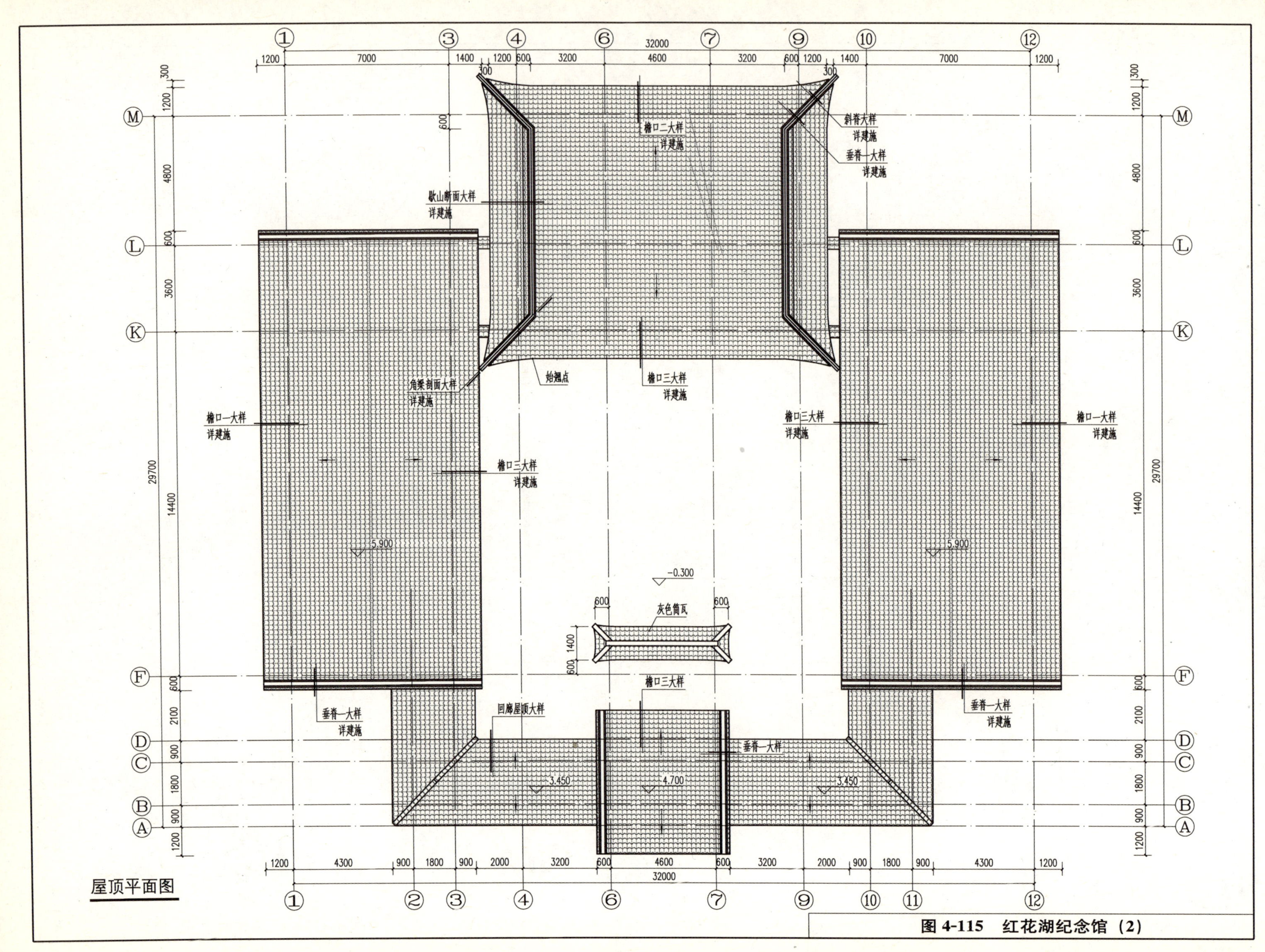

图 4-115　红花湖纪念馆（2）

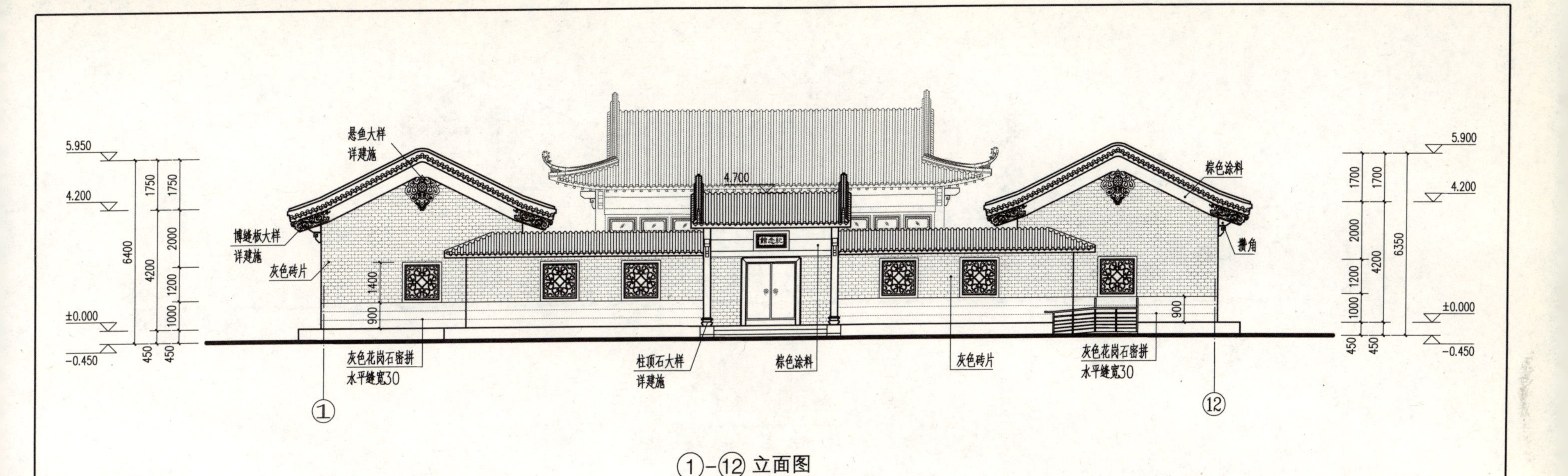

①-⑫ 立面图

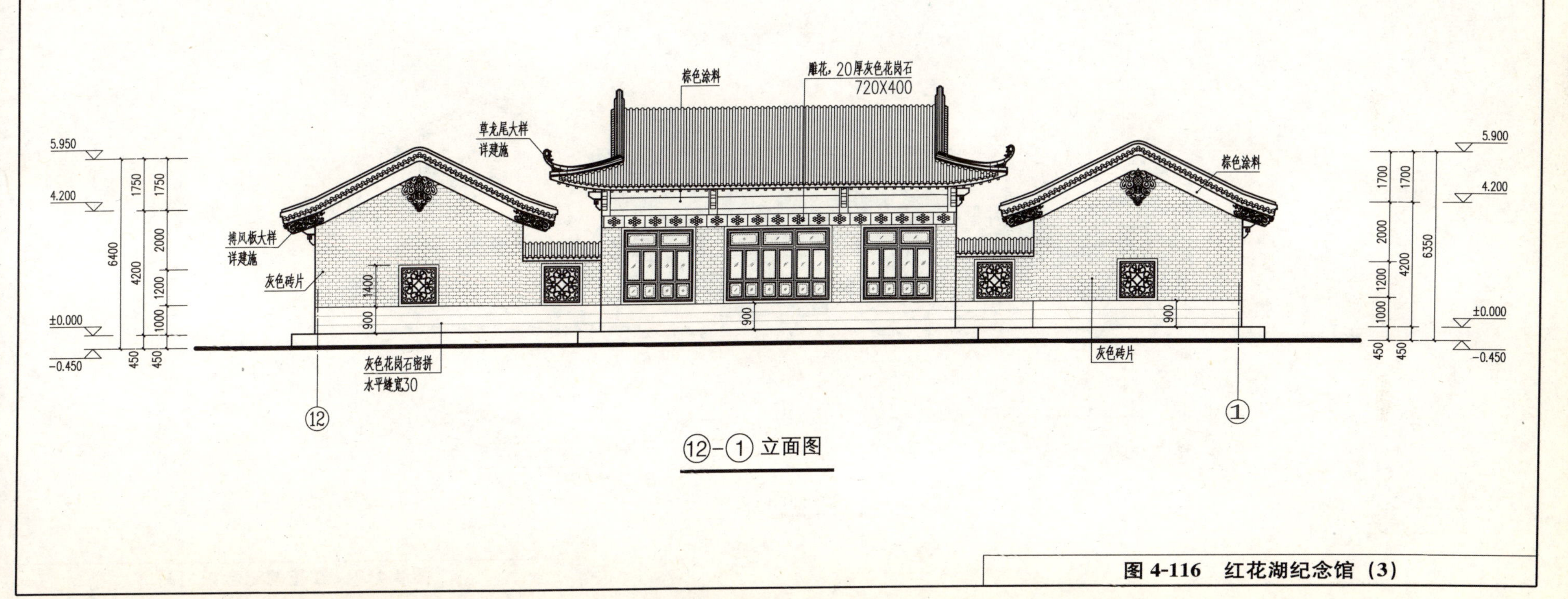

⑫-① 立面图

图 4-116　红花湖纪念馆（3）

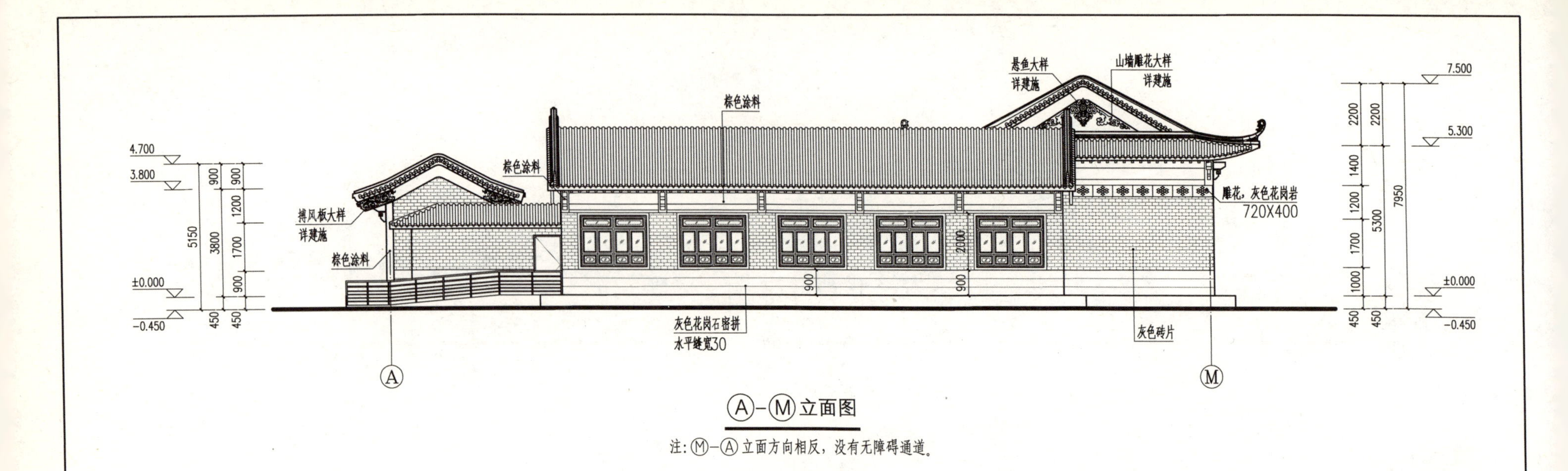

Ⓐ–Ⓜ立面图

注：Ⓜ–Ⓐ立面方向相反，没有无障碍通道。

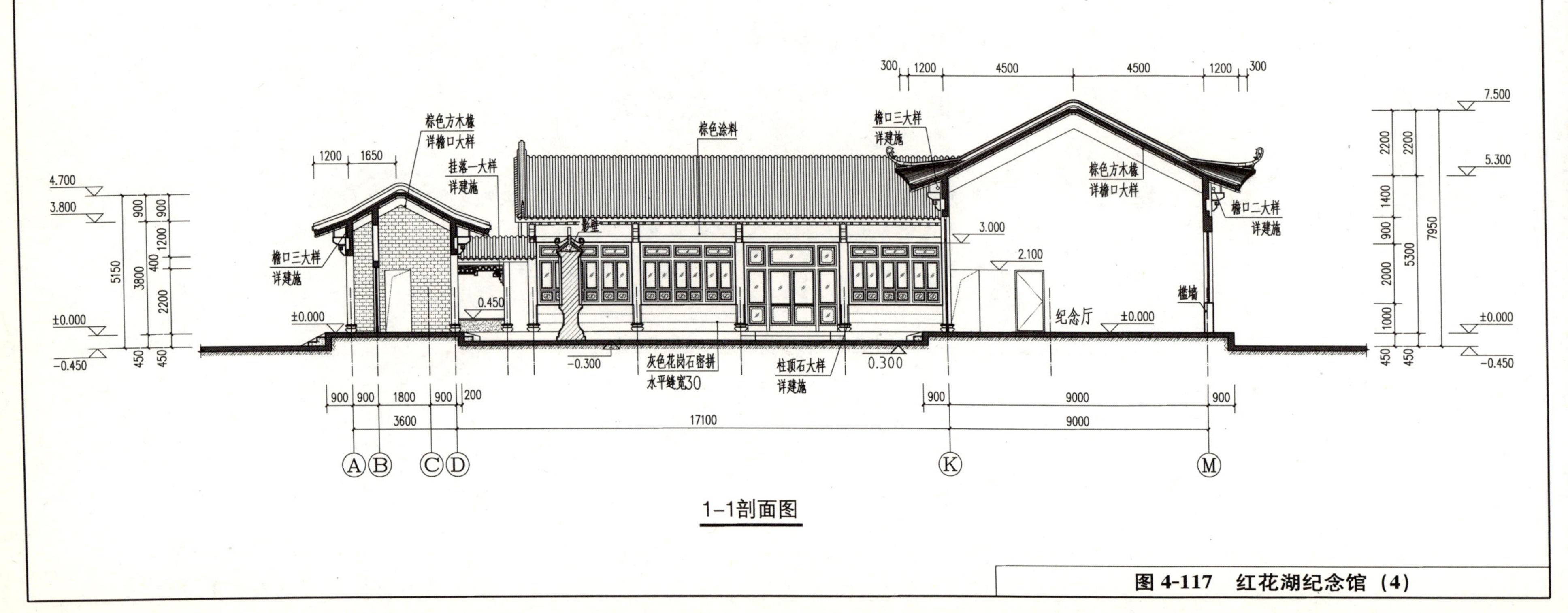

1–1剖面图

图 4-117　红花湖纪念馆（4）

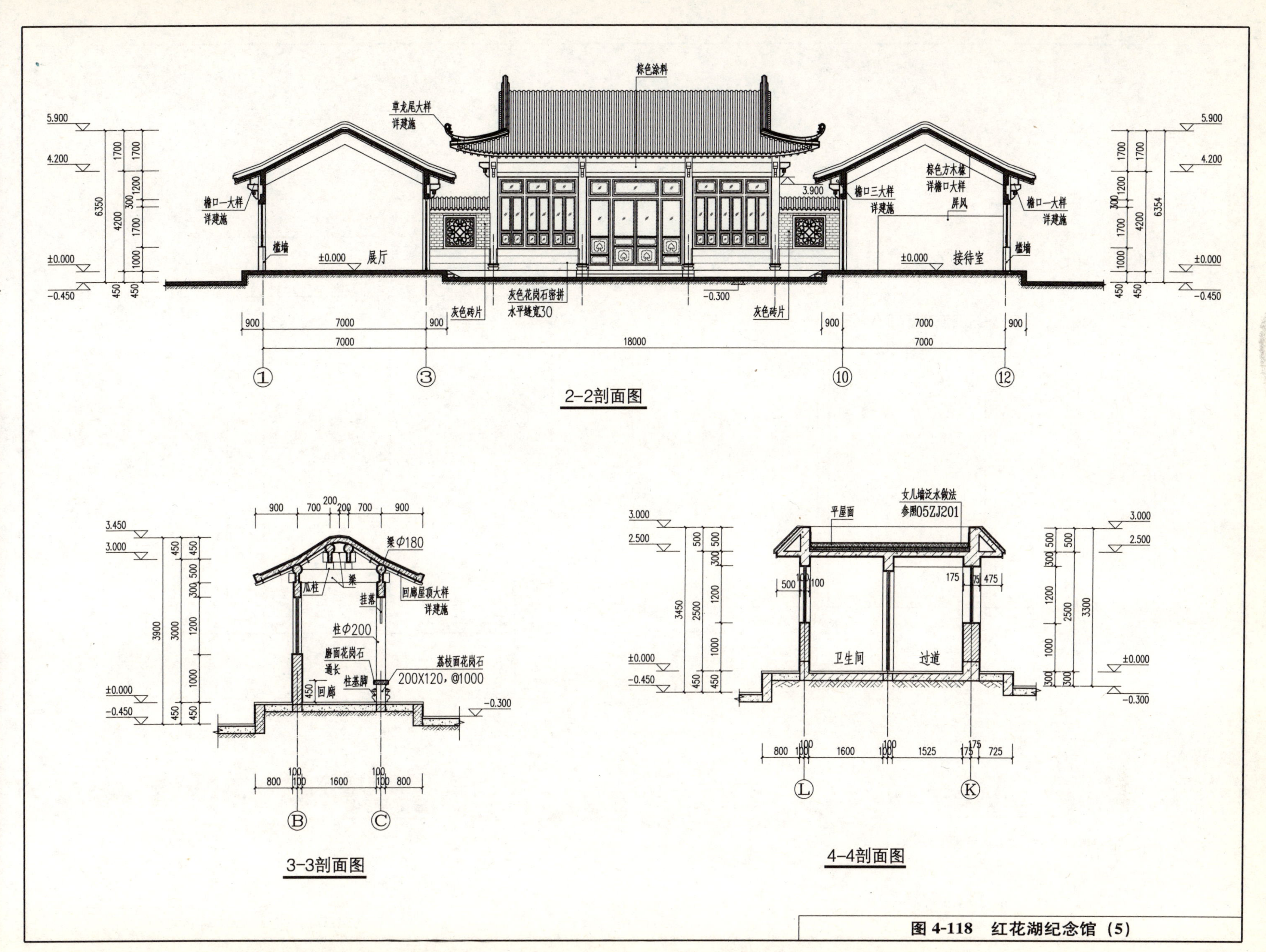

图 4-118 红花湖纪念馆（5）

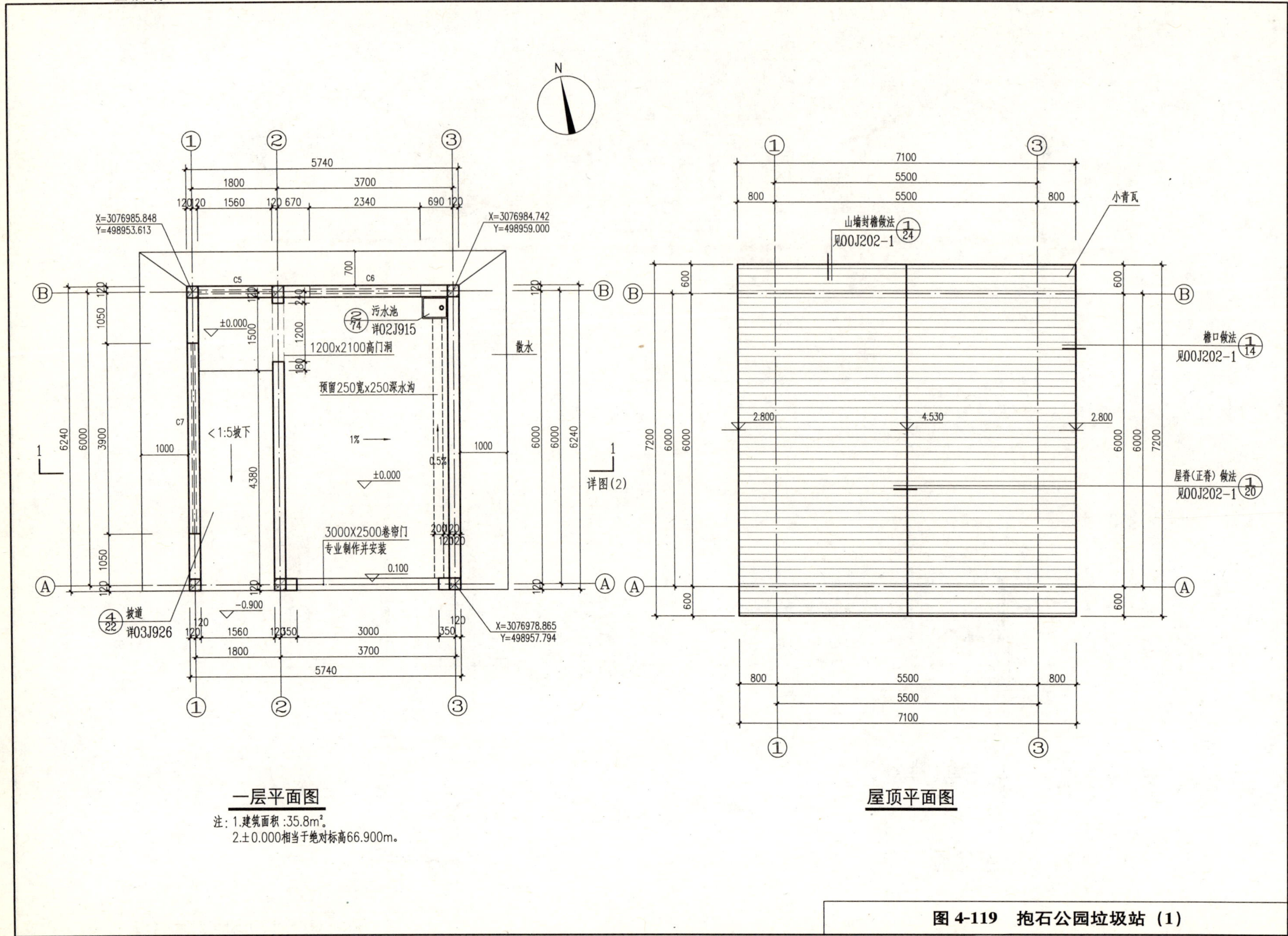

图 4-119 抱石公园垃圾站（1）

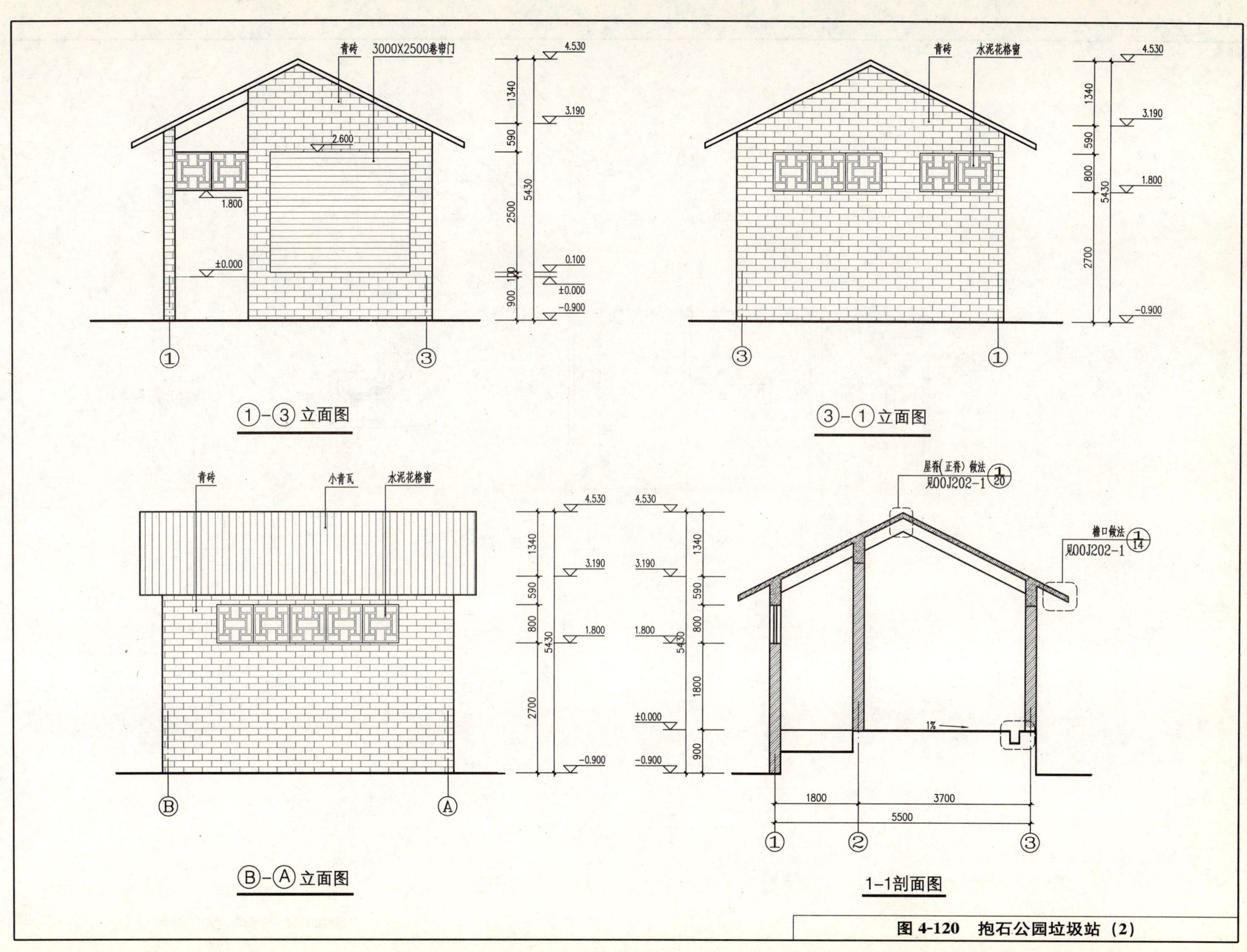

图 4-120　抱石公园垃圾站（2）

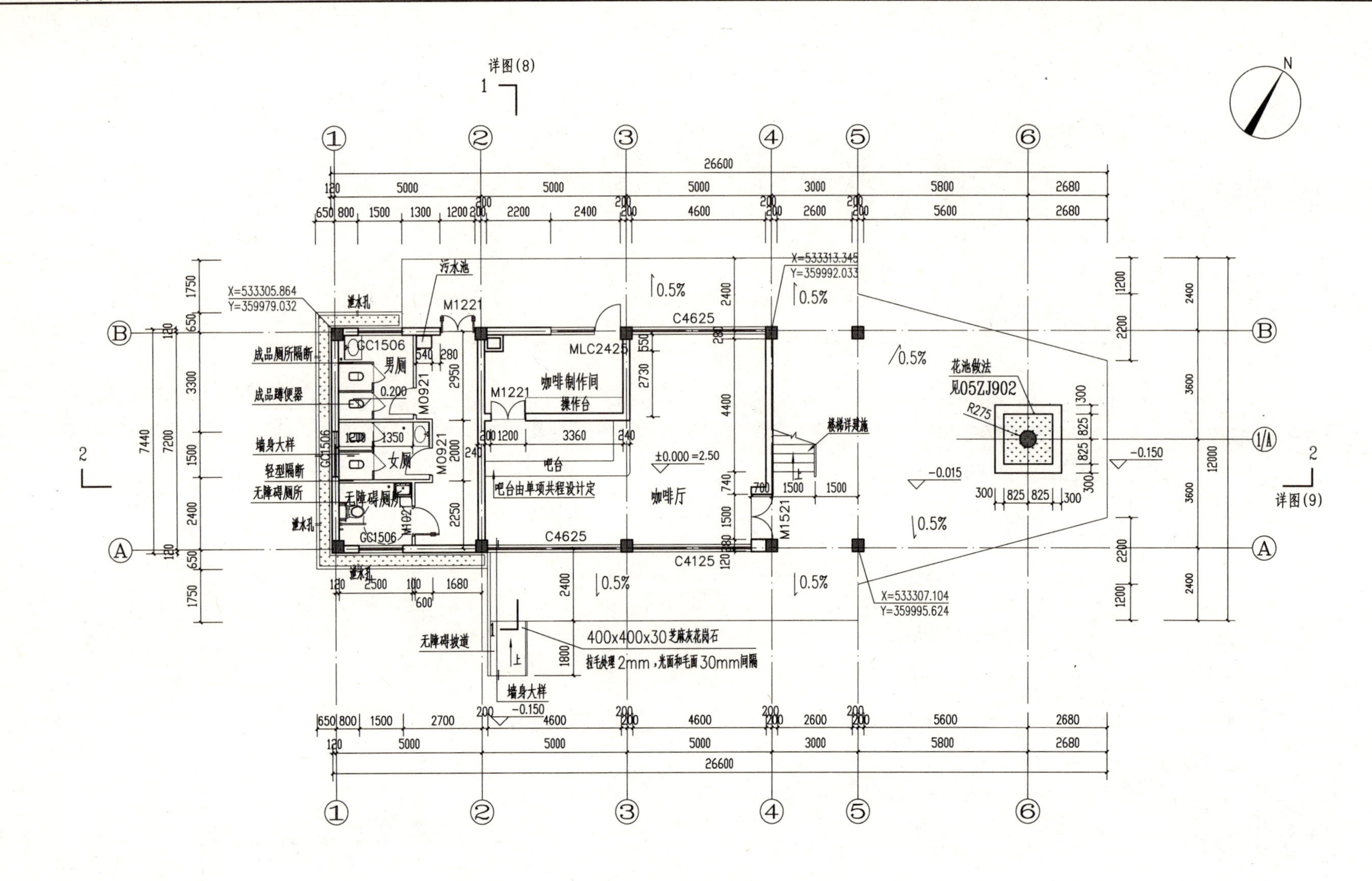

一层平面图

建筑±0.000标高相当于绝对标高2.50m。
建筑面积：226.10m²。

图 4-121 南环河咖啡厅（1）

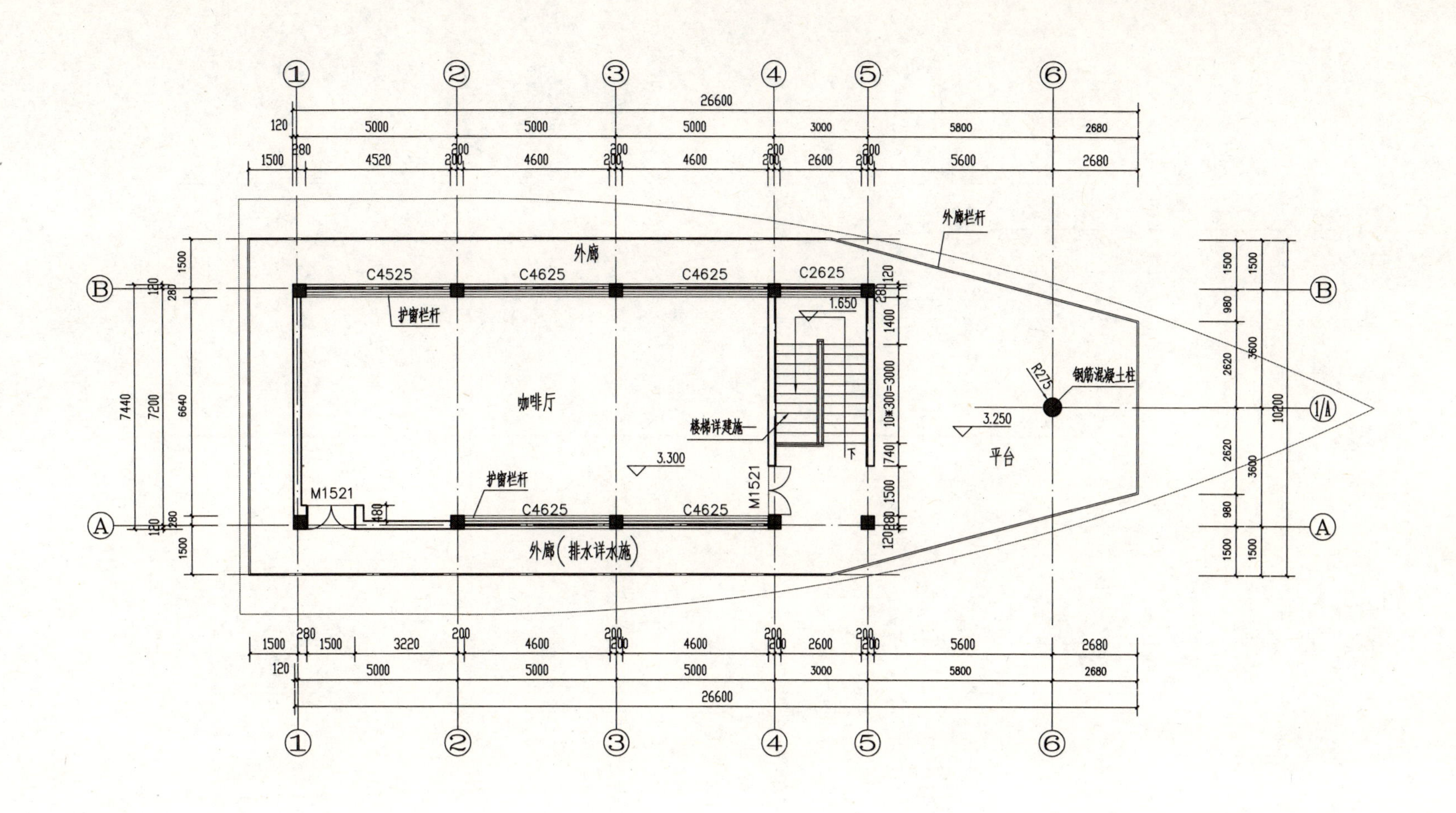

图 4-122　南环河咖啡厅（2）

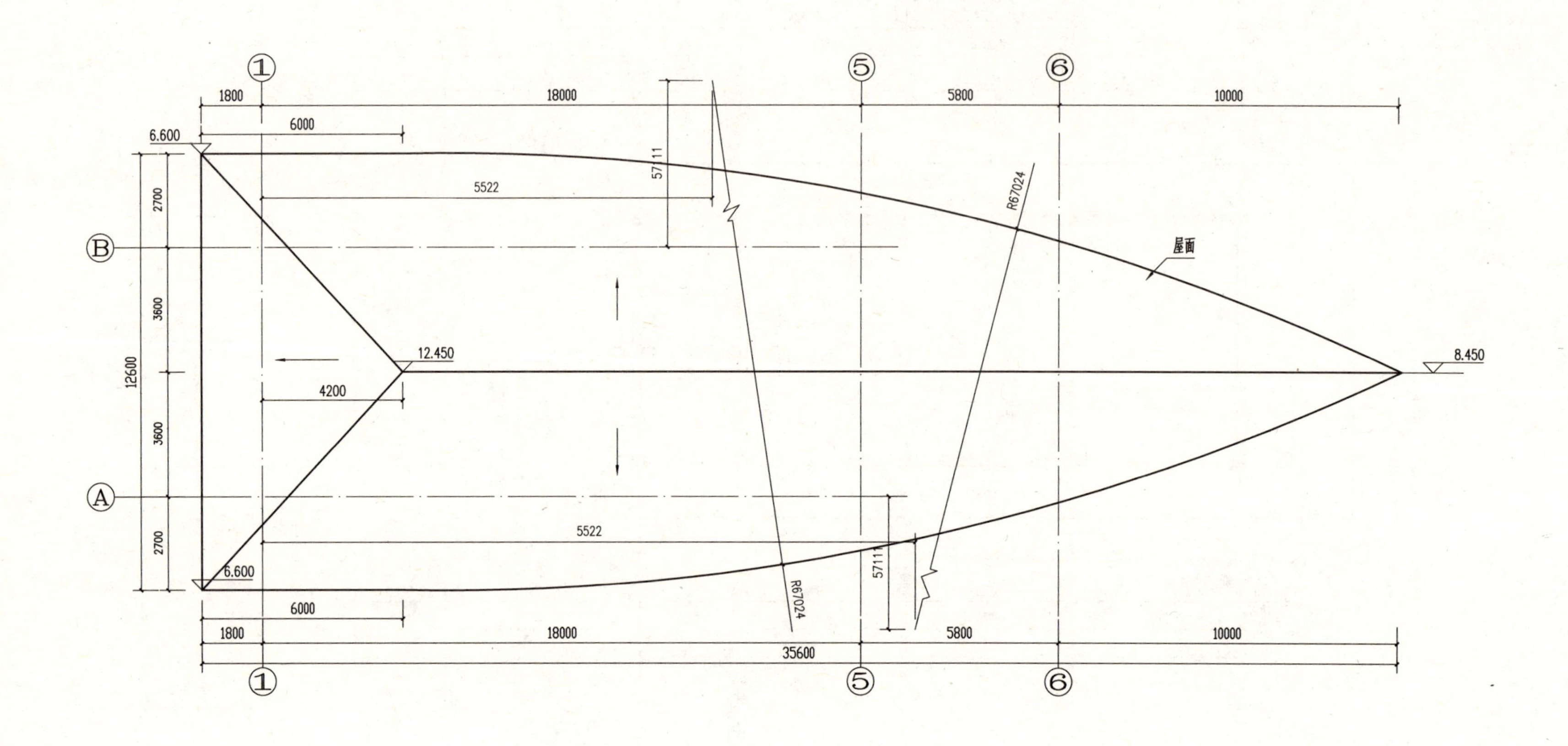

屋顶平面图

图 4-123　南环河咖啡厅（3）

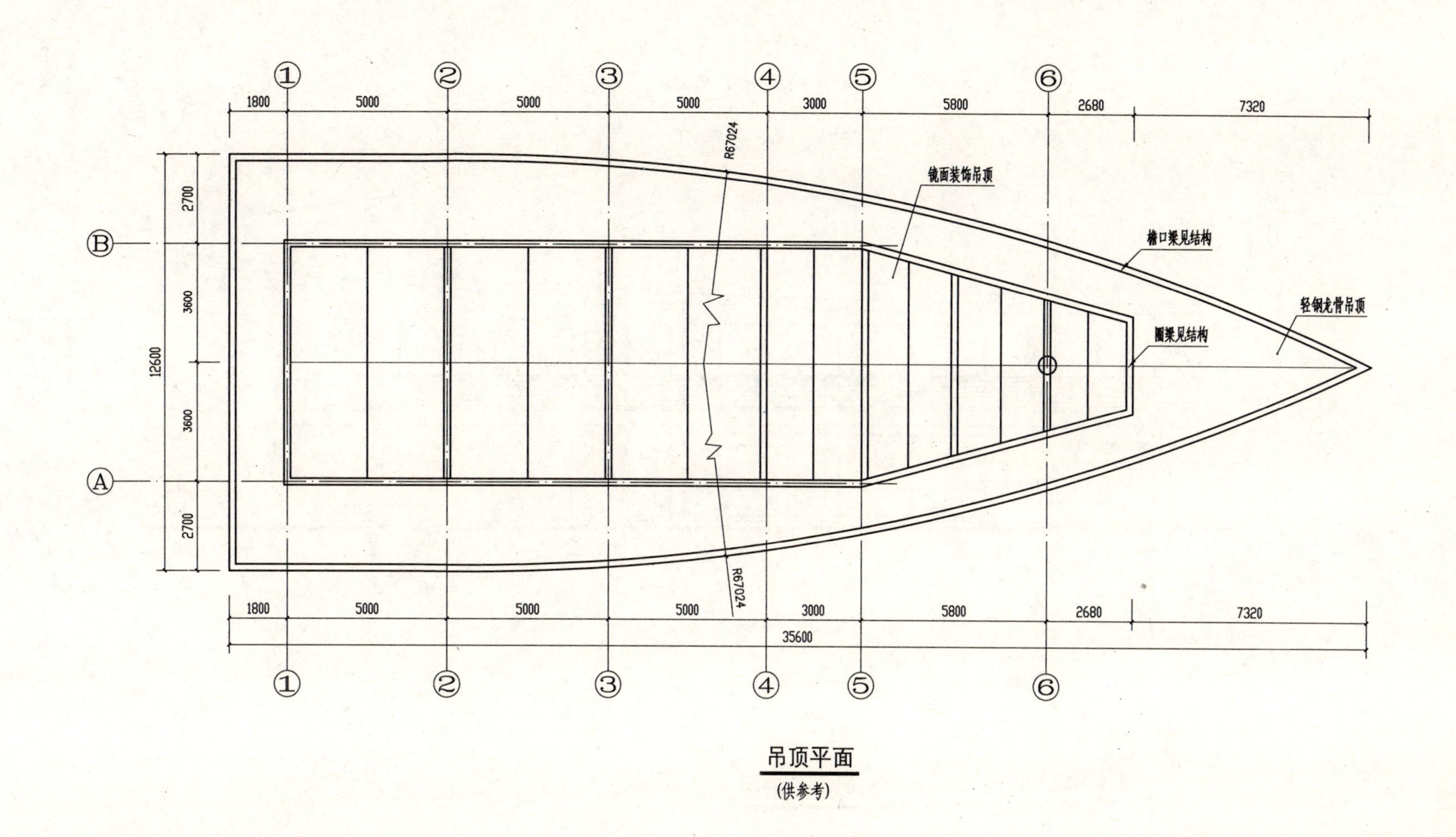

图 4-124　南环河咖啡厅（4）

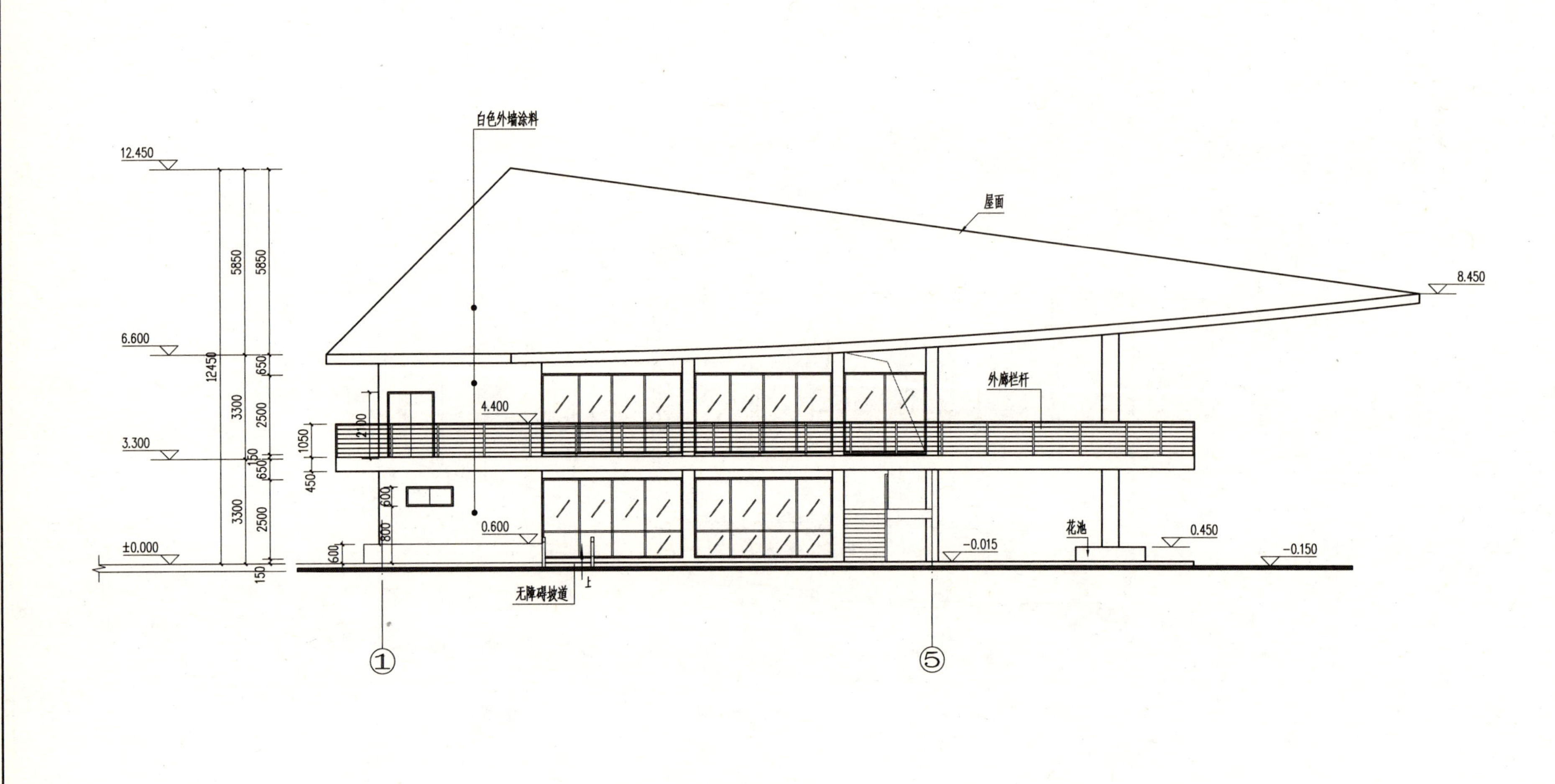

①-⑤立面图

图 4-125 南环河咖啡厅（5）

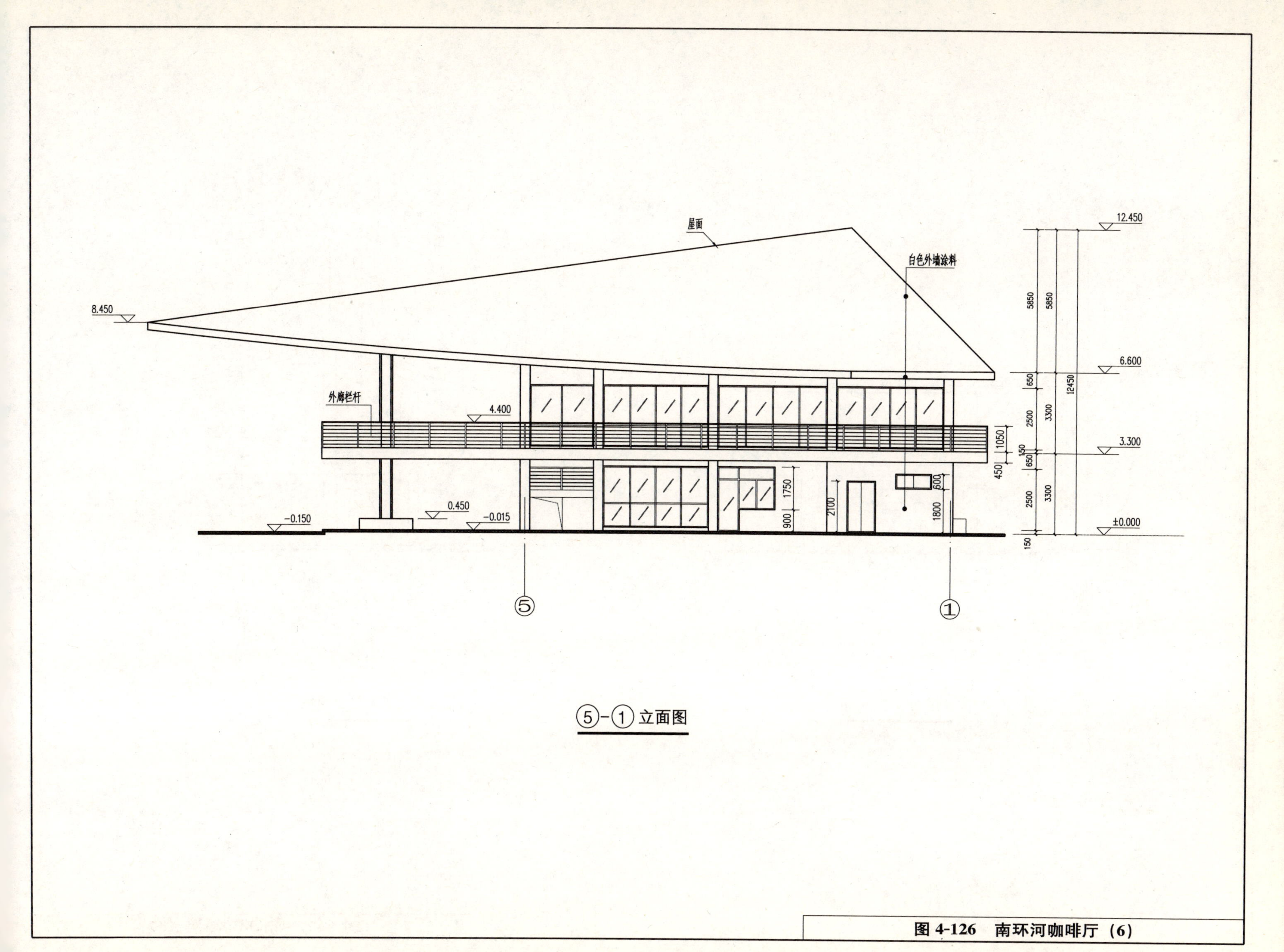

图 4-126　南环河咖啡厅（6）

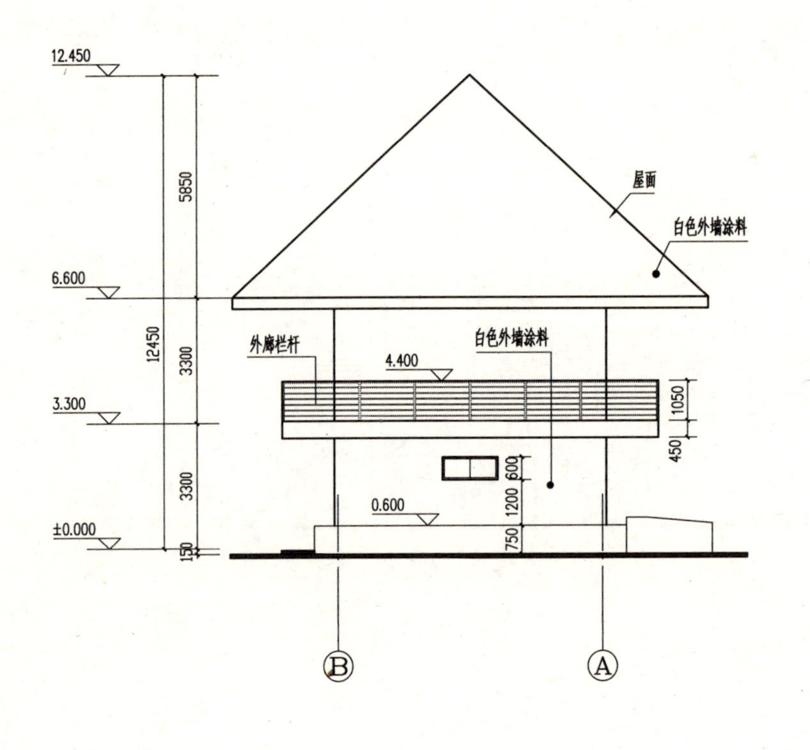

Ⓑ-Ⓐ立面图

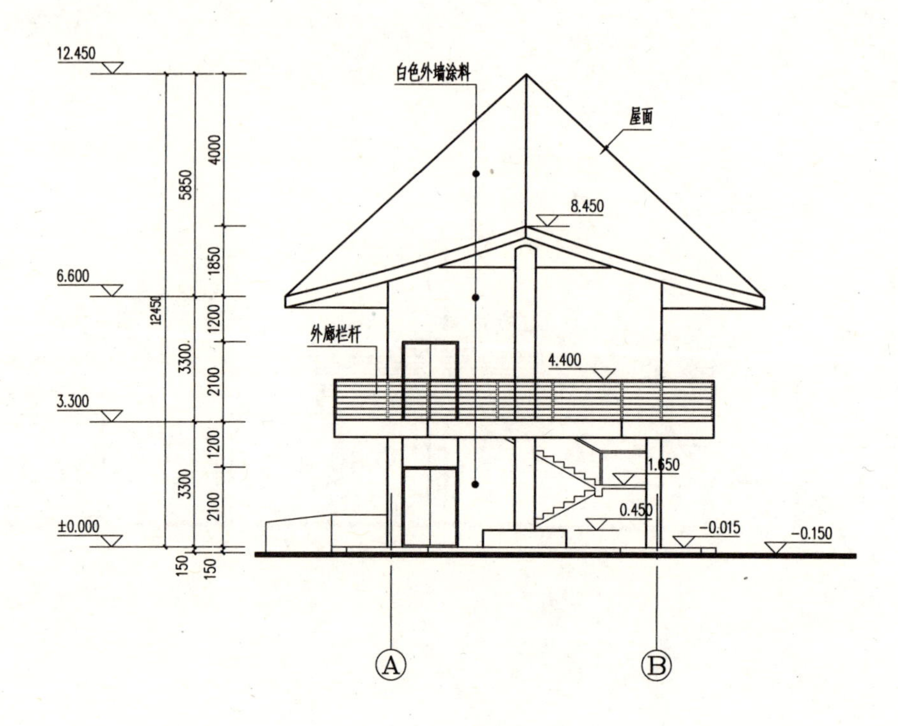

Ⓐ-Ⓑ立面图

图 4-127　南环河咖啡厅（7）

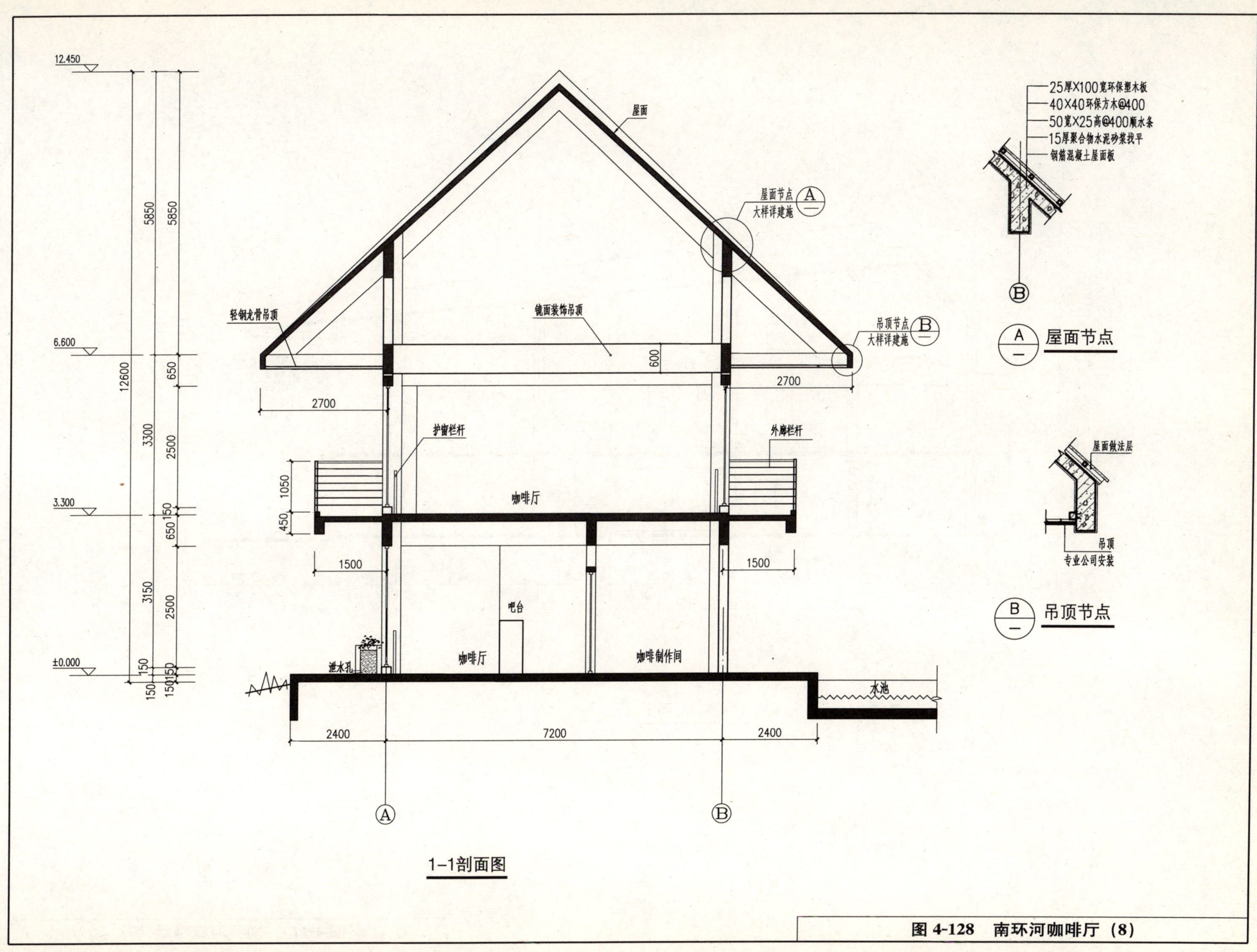

图 4-128　南环河咖啡厅（8）

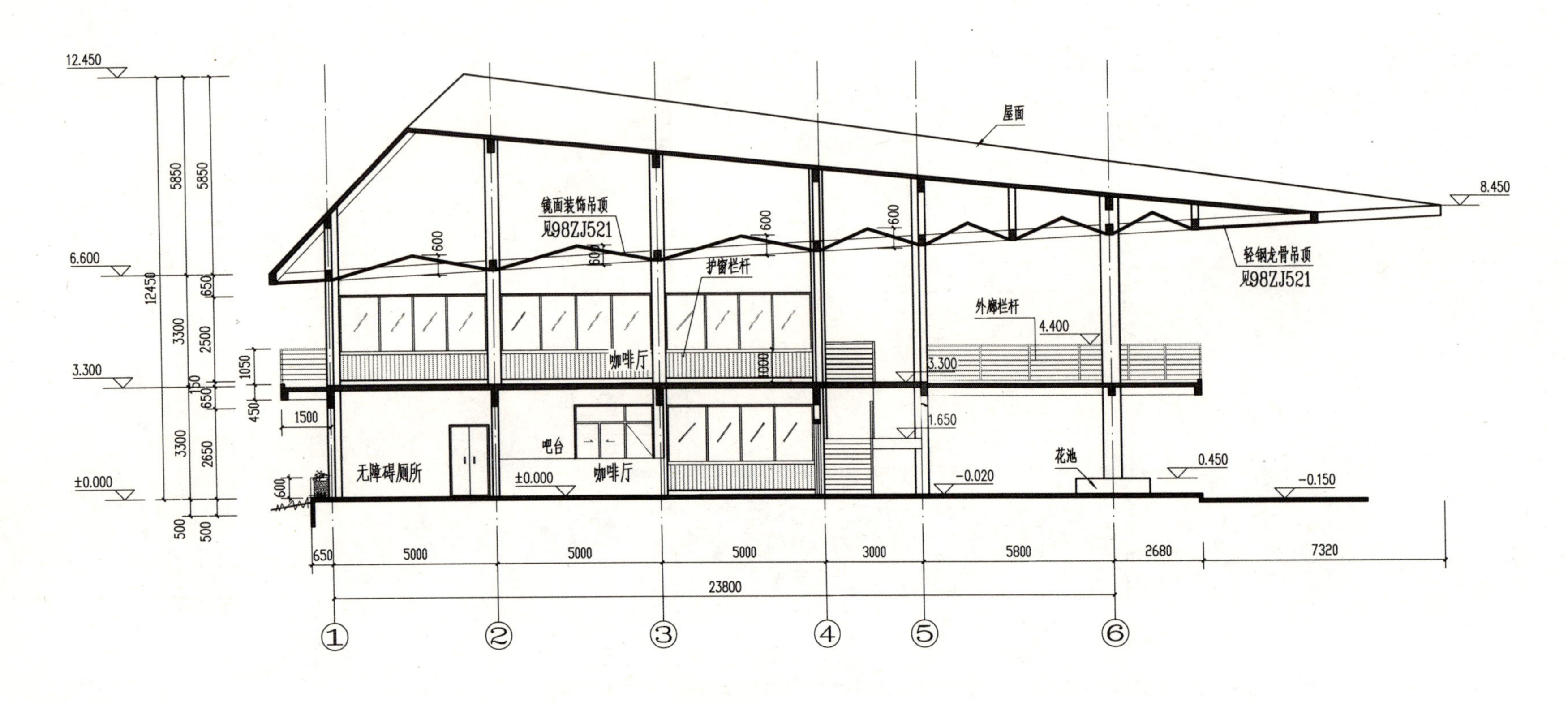

2-2剖面图

图 4-129　南环河咖啡厅（9）

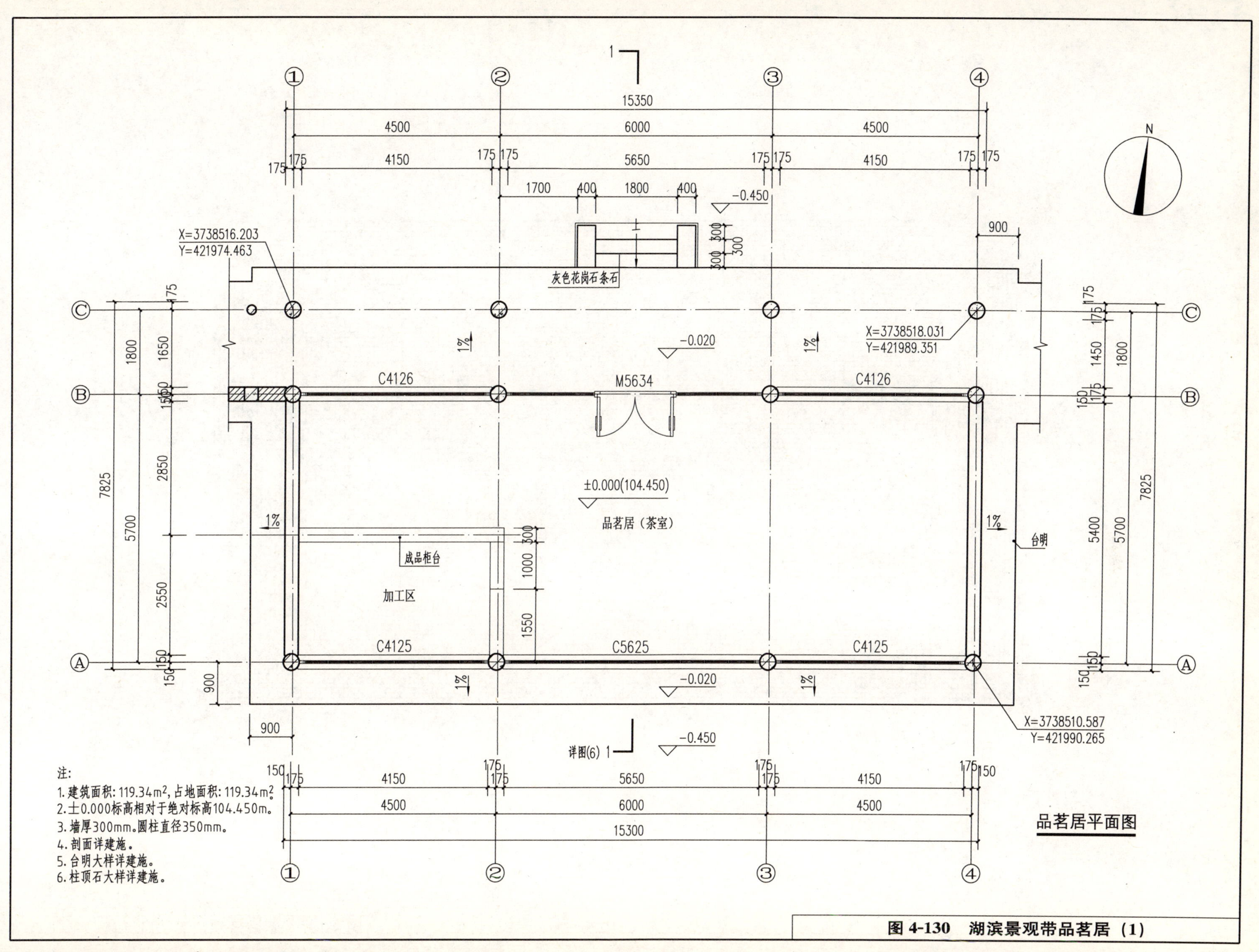

图 4-130　湖滨景观带品茗居（1）

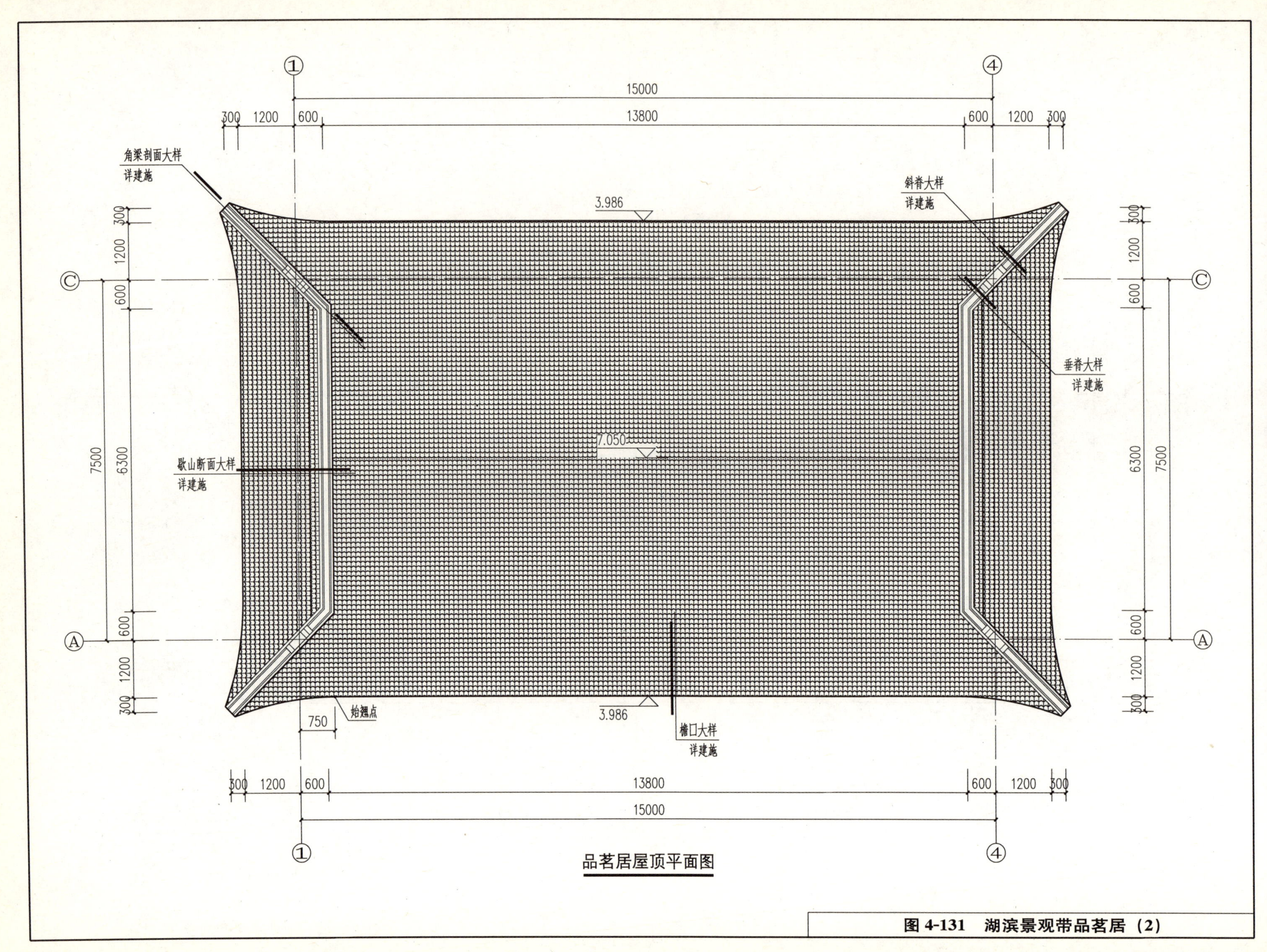

图 4-131 湖滨景观带品茗居（2）

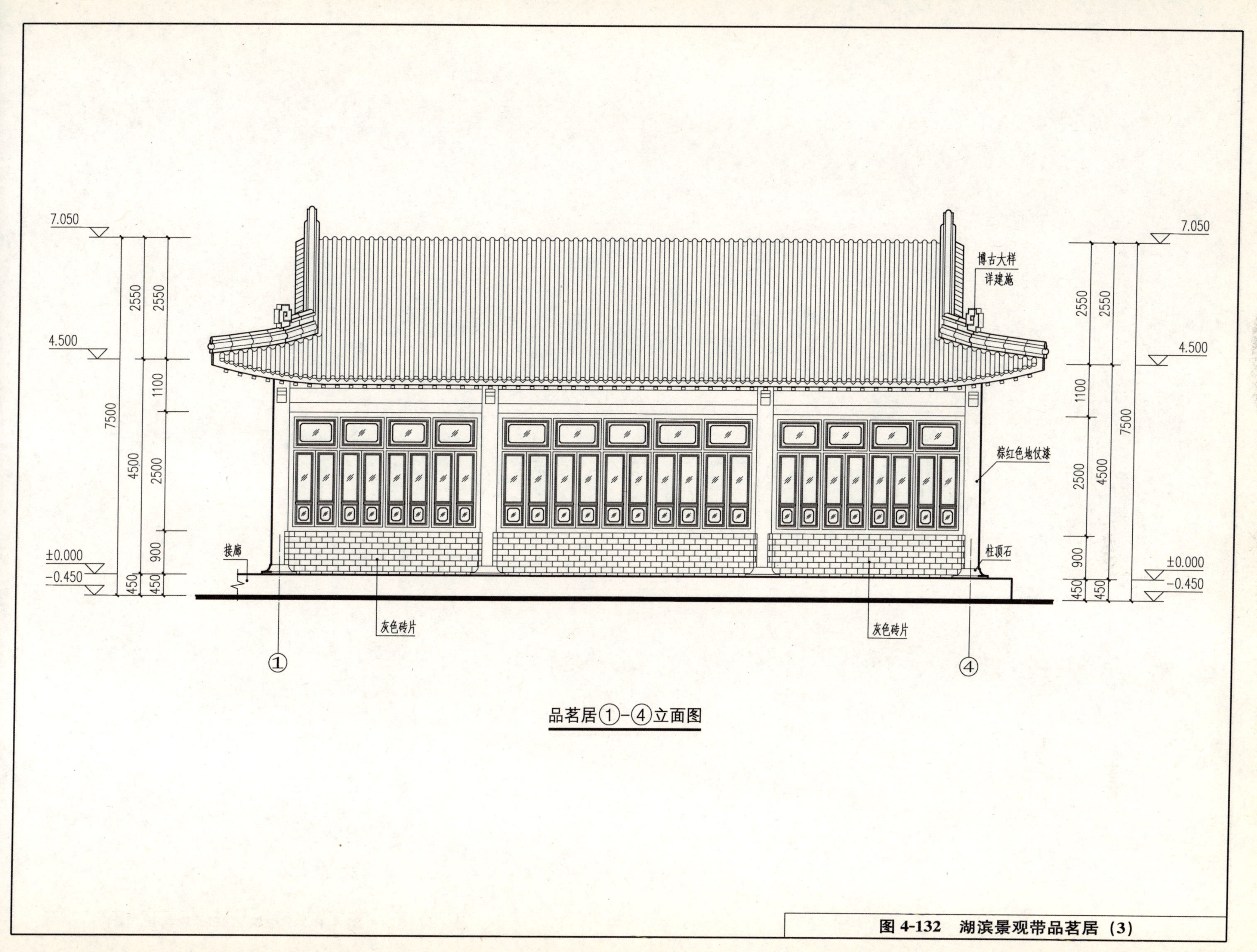

图 4-132 湖滨景观带品茗居（3）

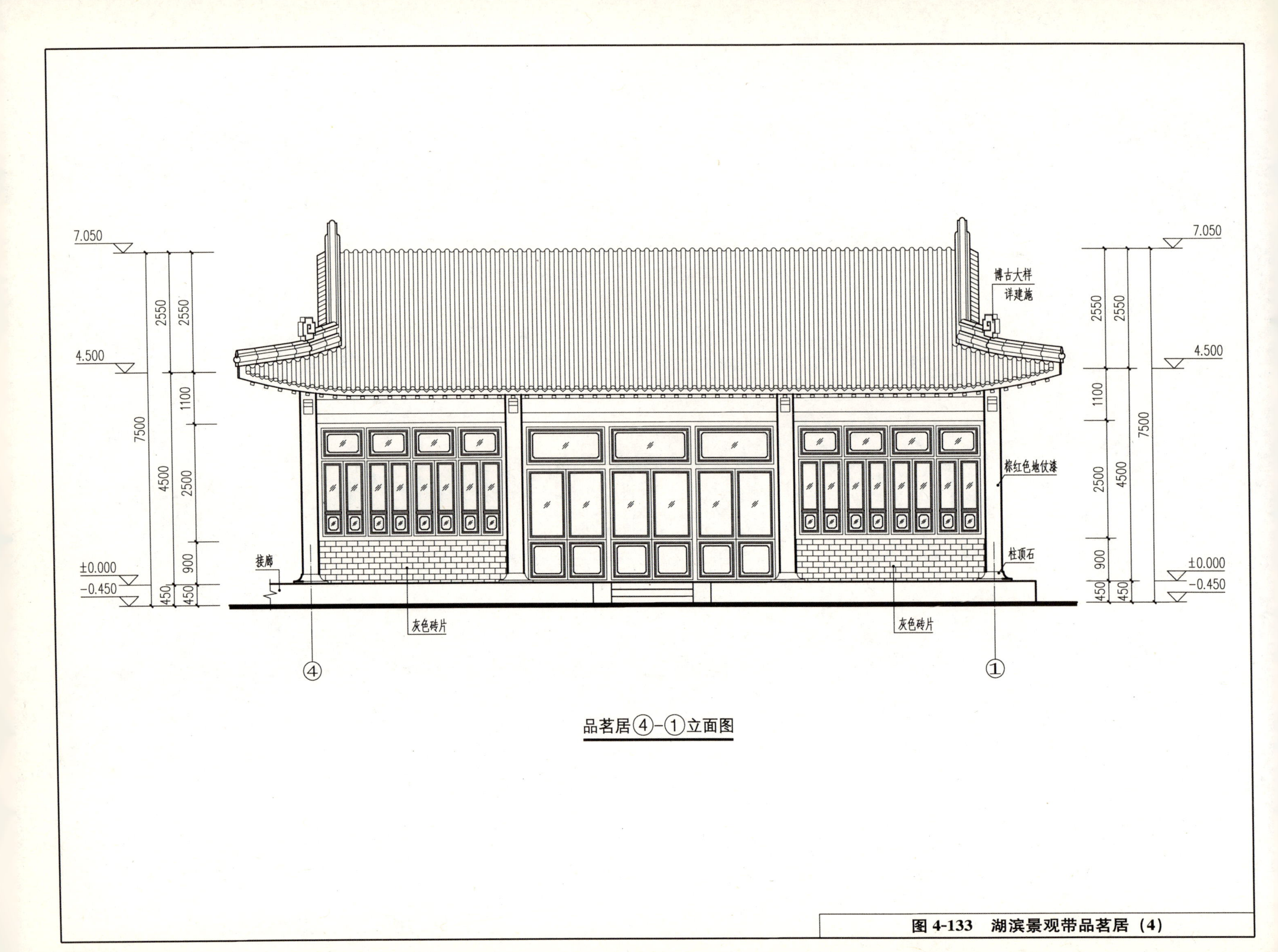

图 4-133 湖滨景观带品茗居（4）

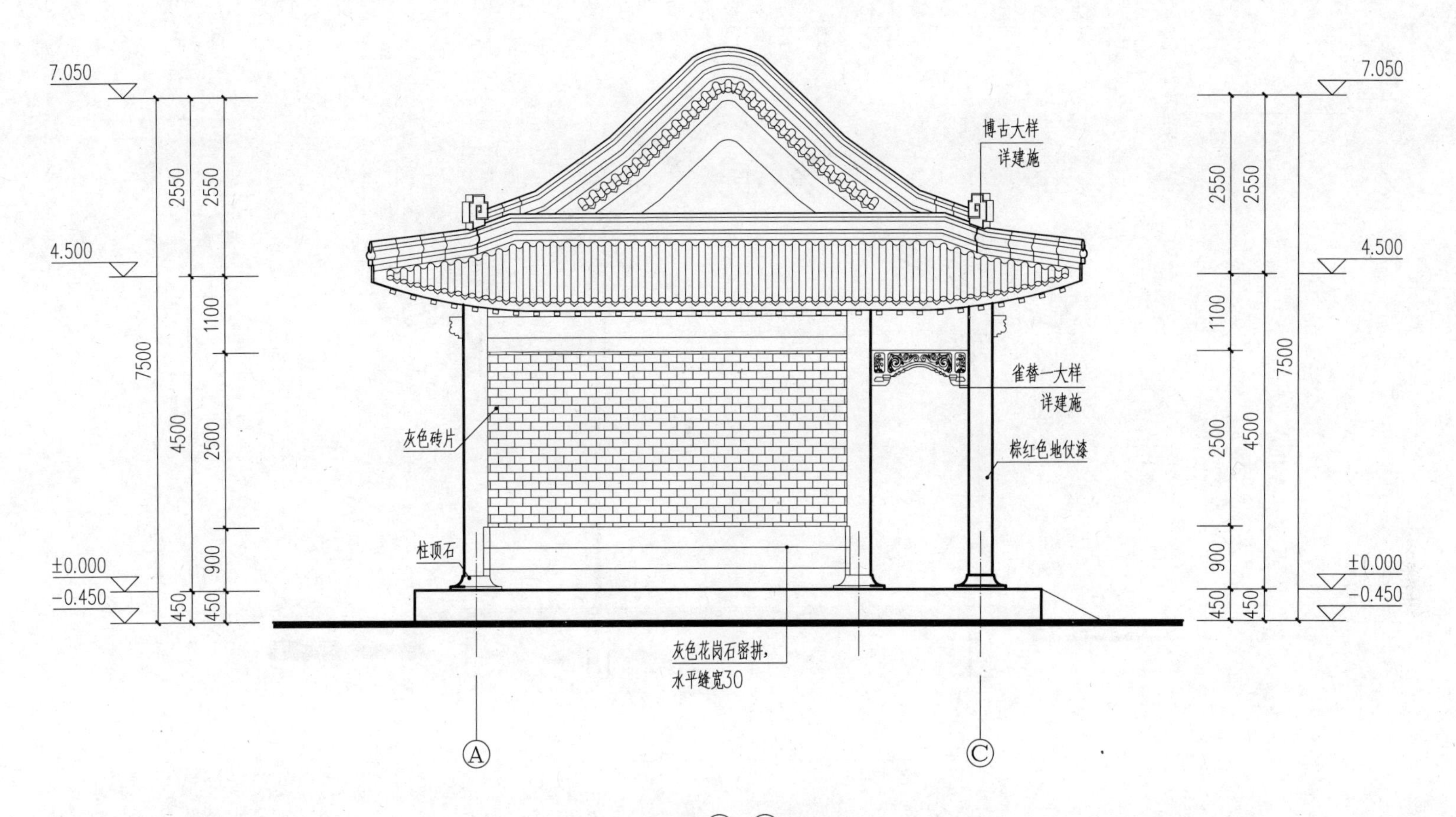

品茗居Ⓐ-Ⓒ立面图

注：Ⓒ-Ⓐ立面方向相反。

图 4-134 湖滨景观带品茗居（5）

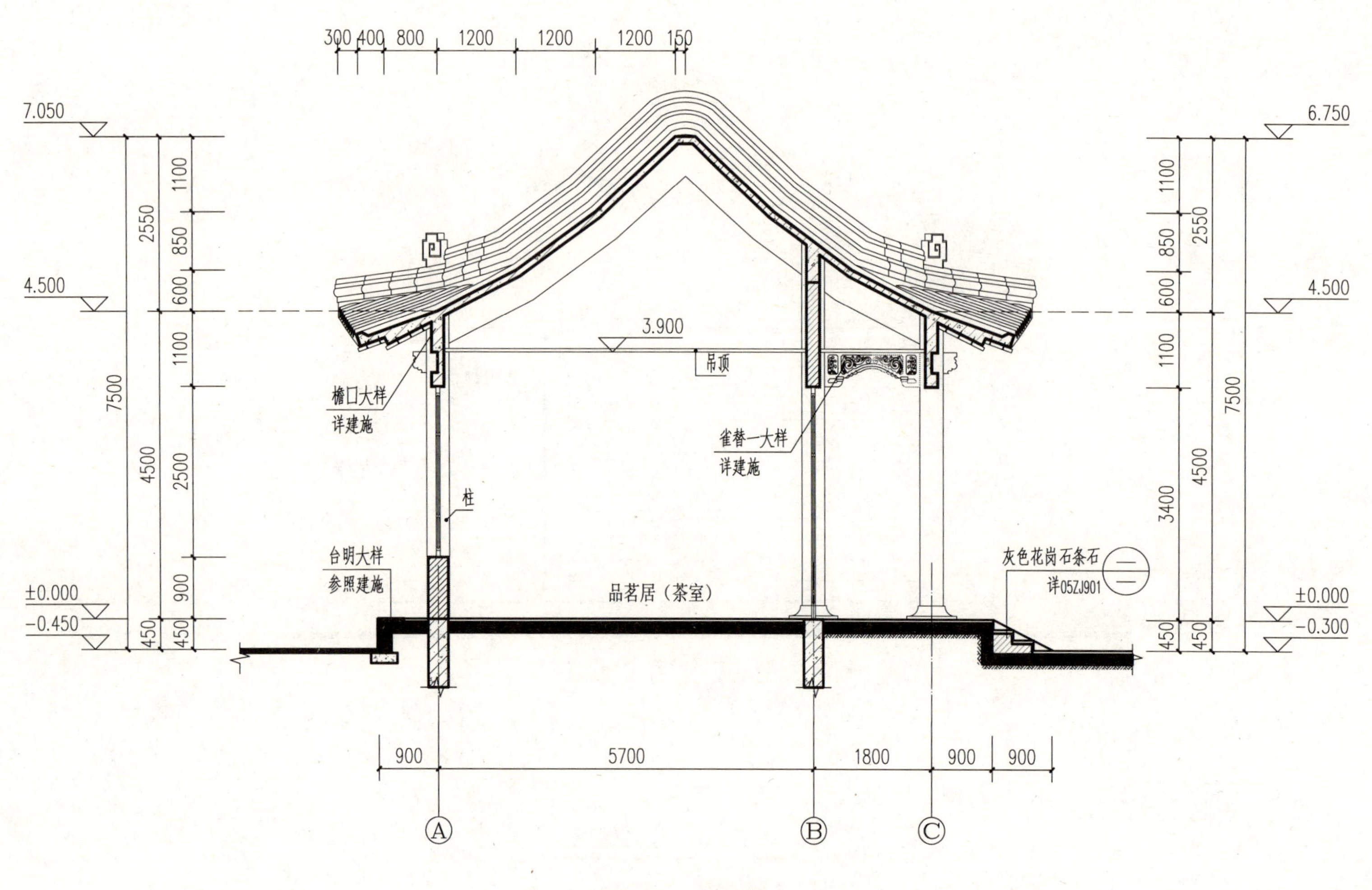

图 4-135　湖滨景观带品茗居（6）

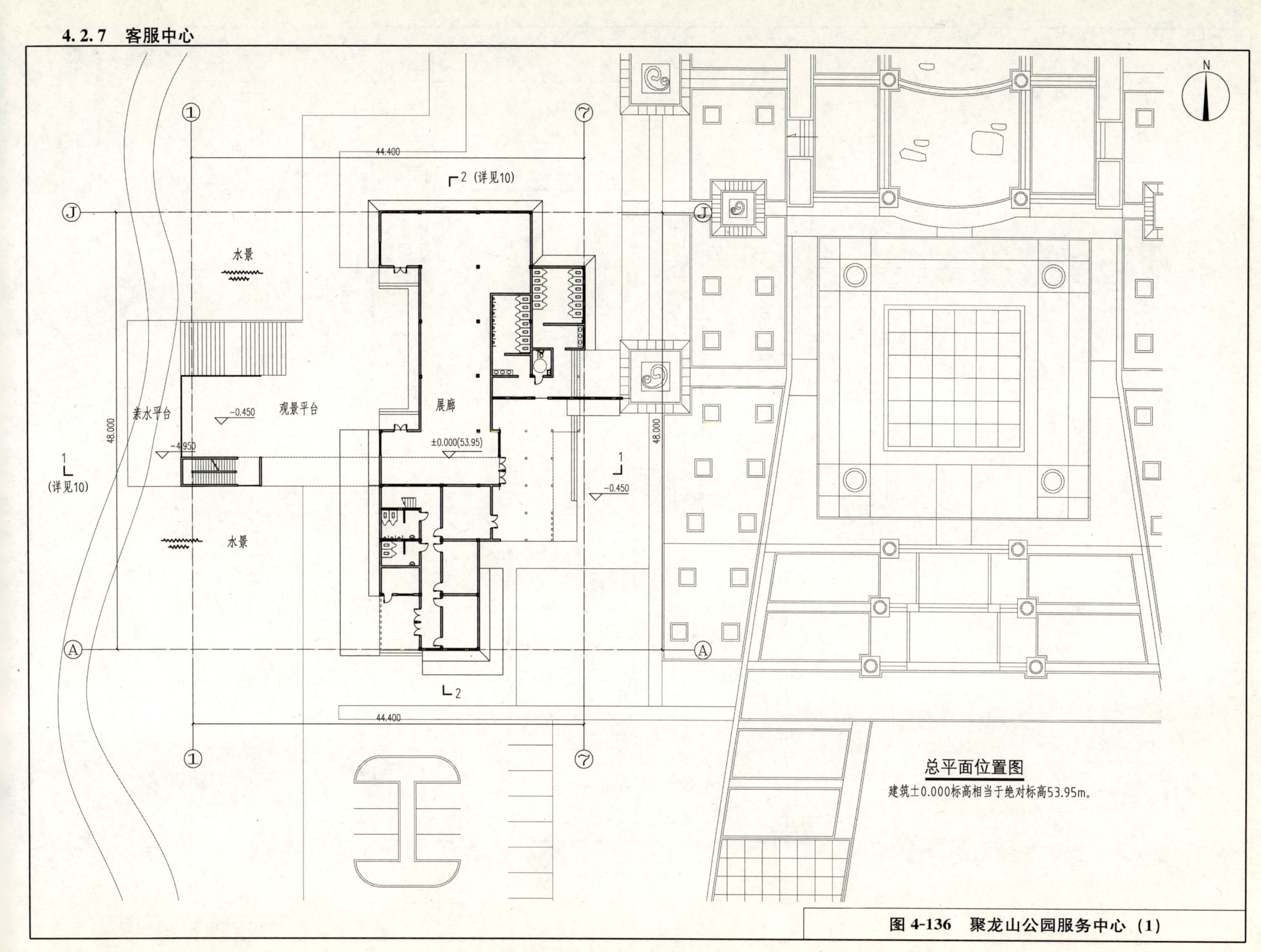

图 4-136 聚龙山公园服务中心（1）

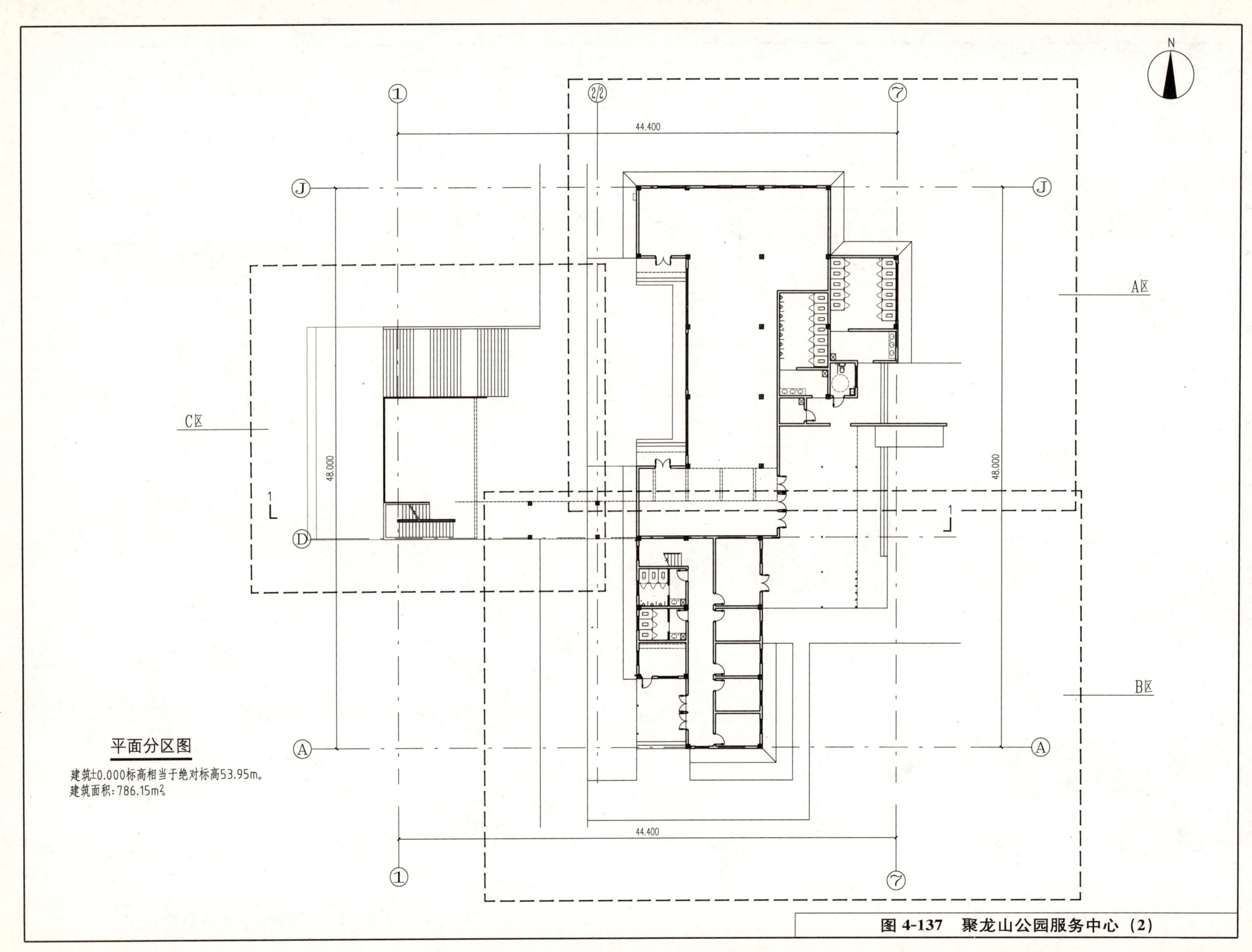

图 4-137　聚龙山公园服务中心（2）

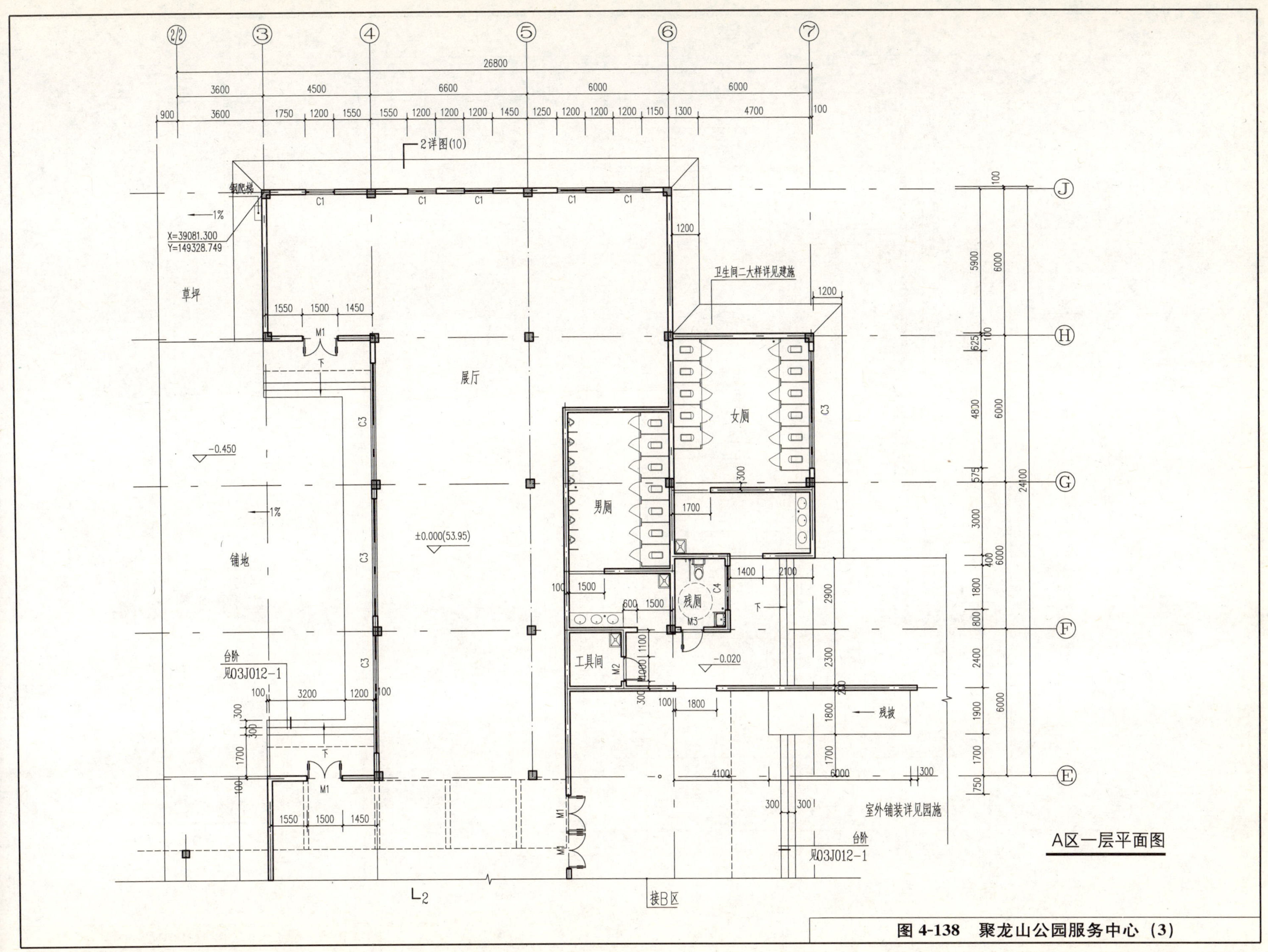

图 4-138 聚龙山公园服务中心（3）

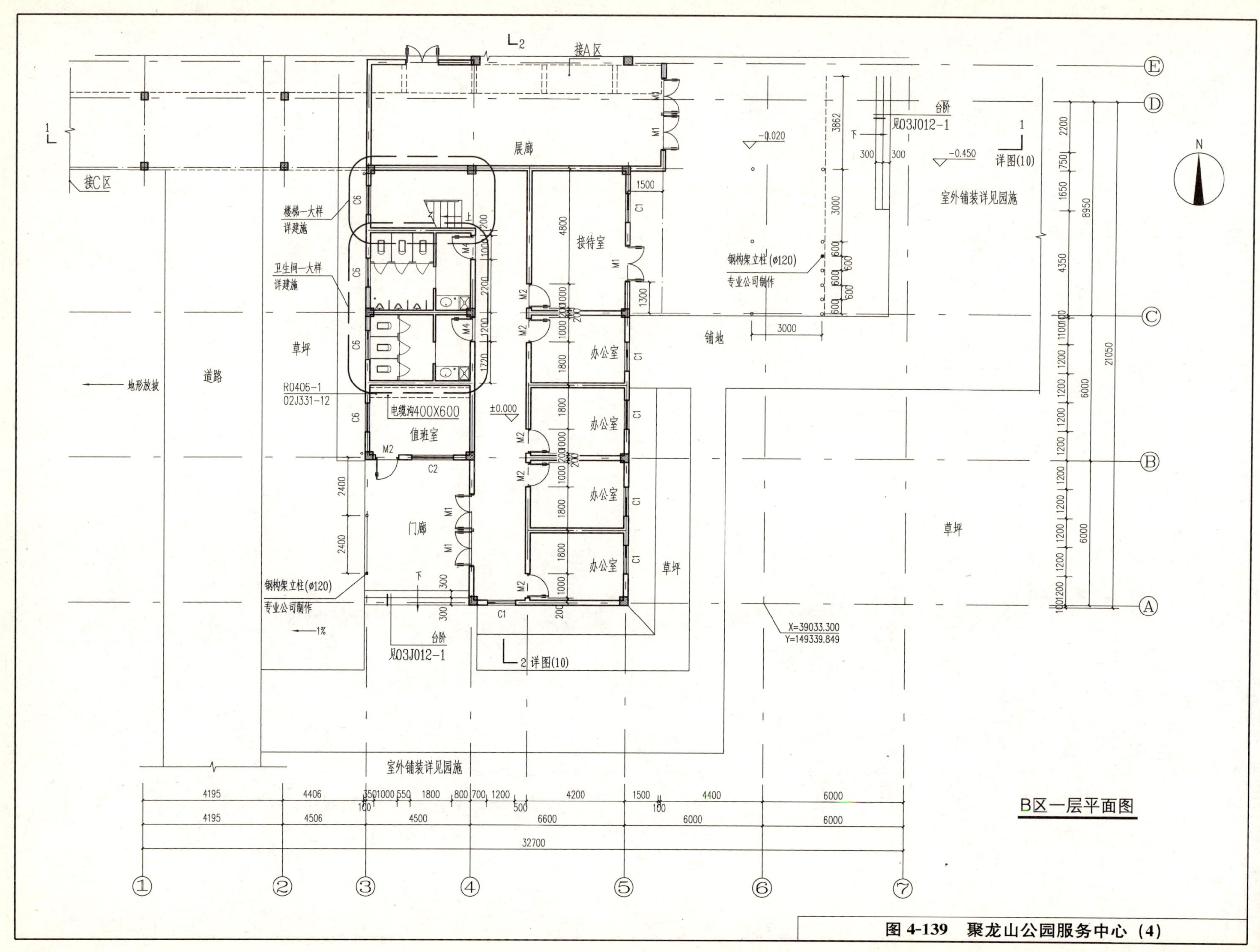

图 4-139 聚龙山公园服务中心（4）

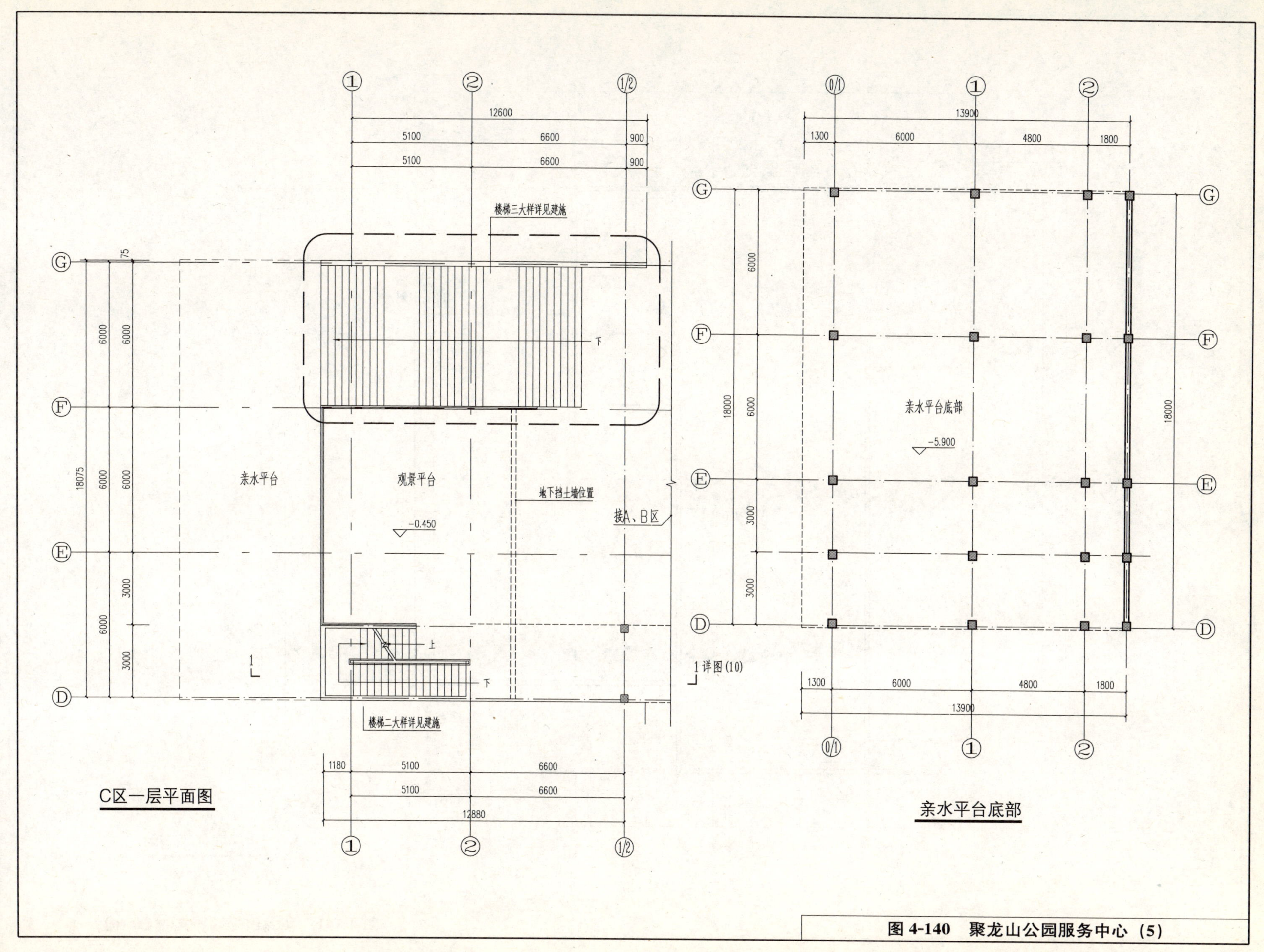

图 4-140　聚龙山公园服务中心（5）

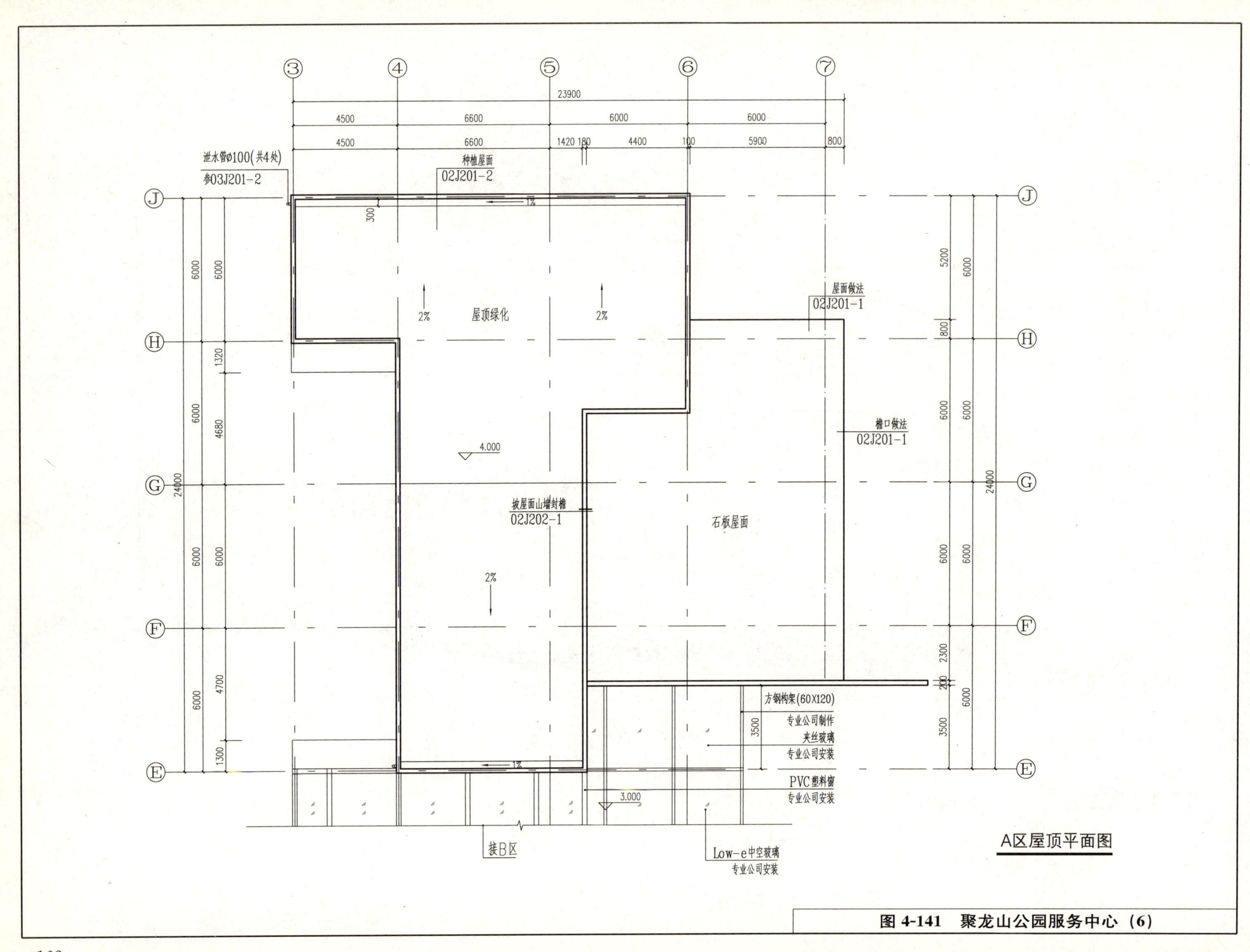

图 4-141　聚龙山公园服务中心（6）

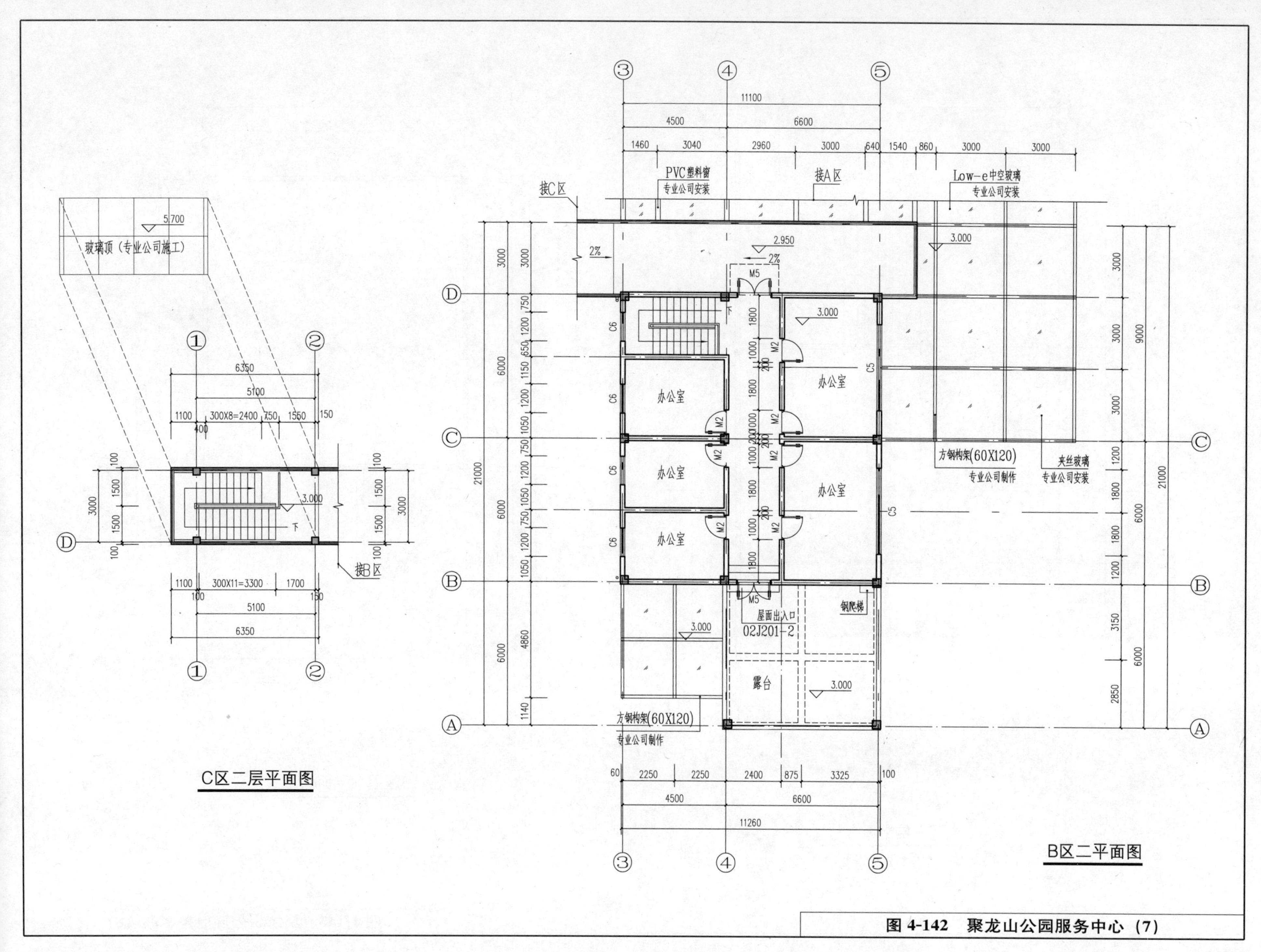

图 4-142 聚龙山公园服务中心（7）

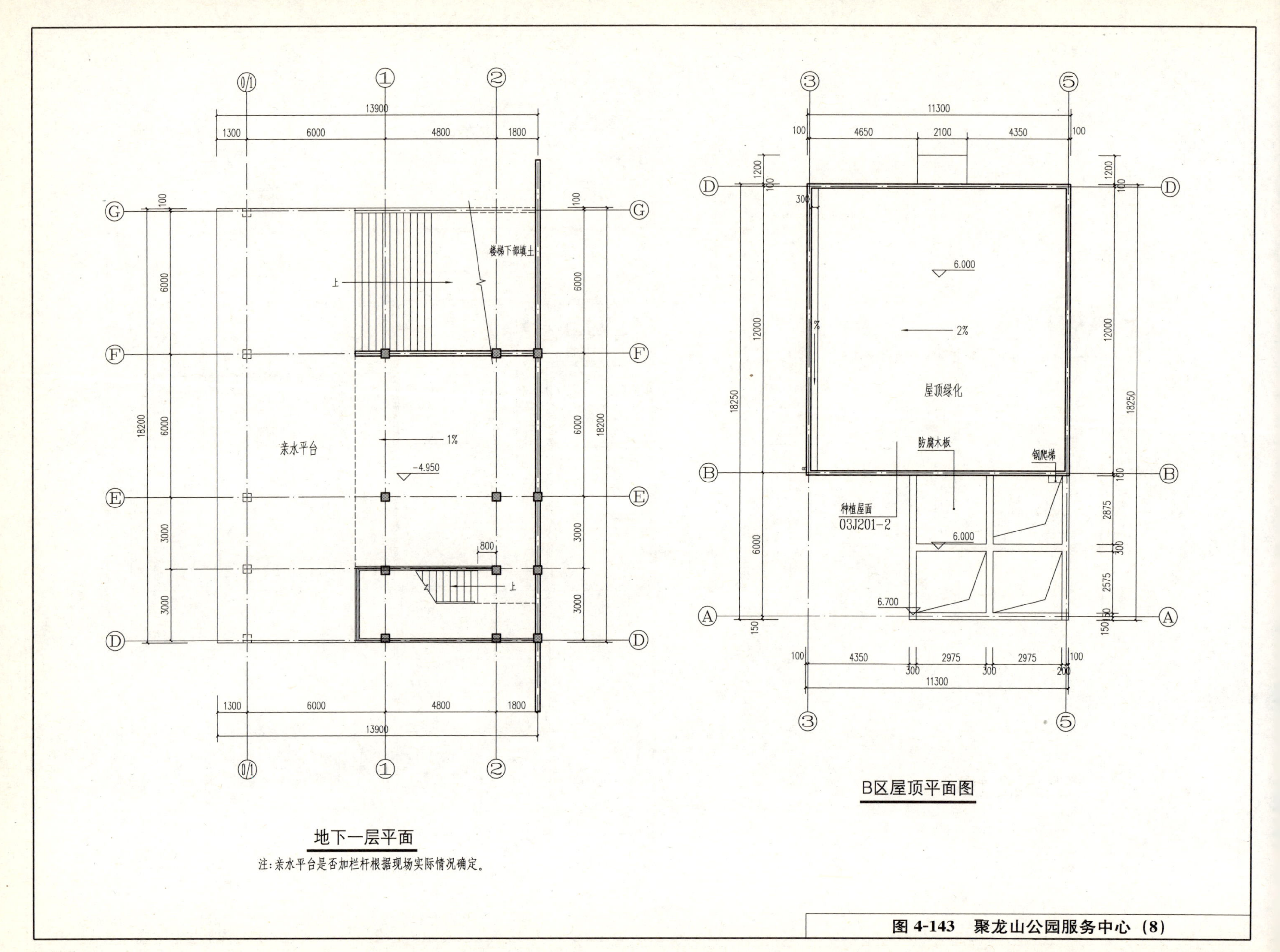

图 4-143　聚龙山公园服务中心（8）

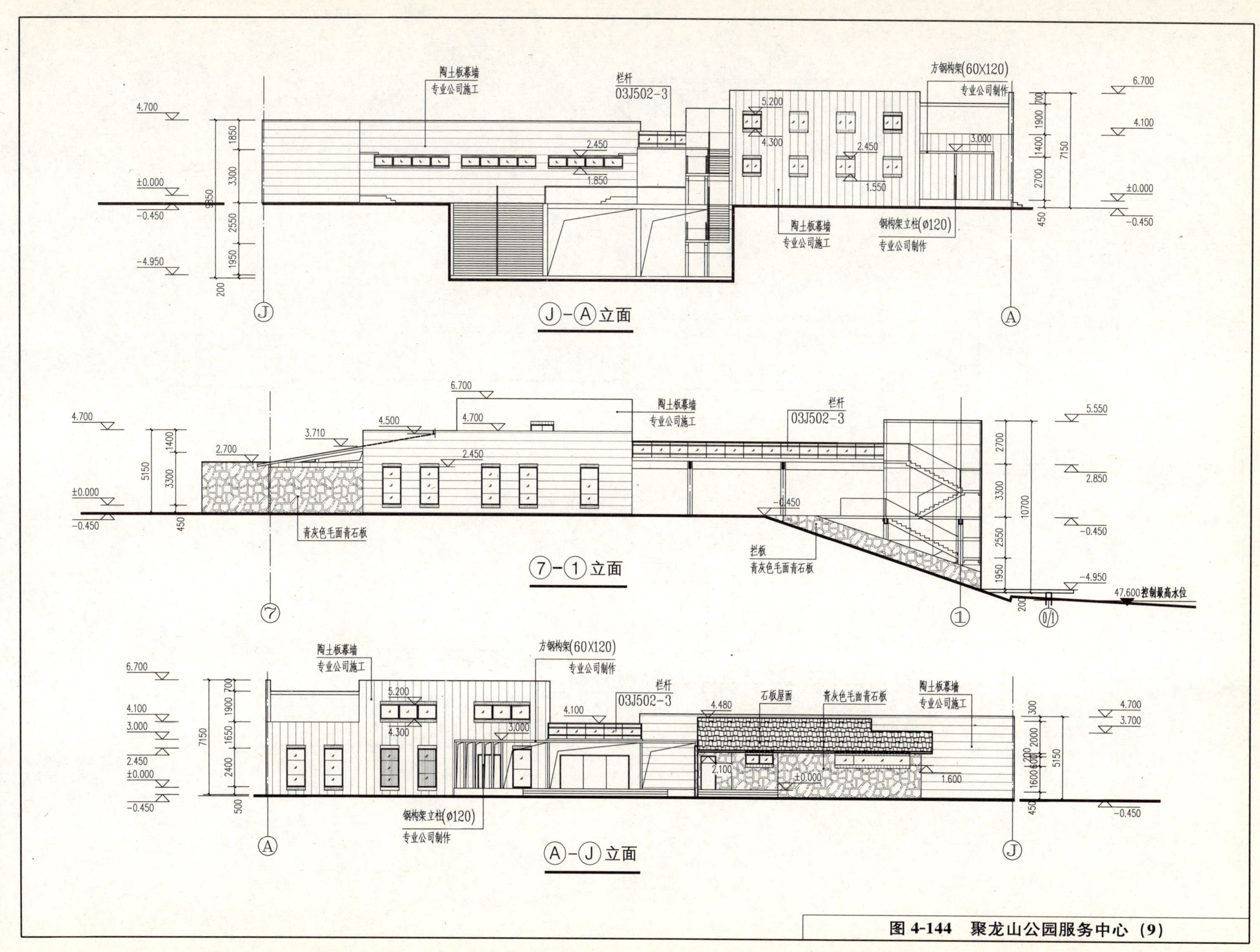

图 4-144　聚龙山公园服务中心（9）

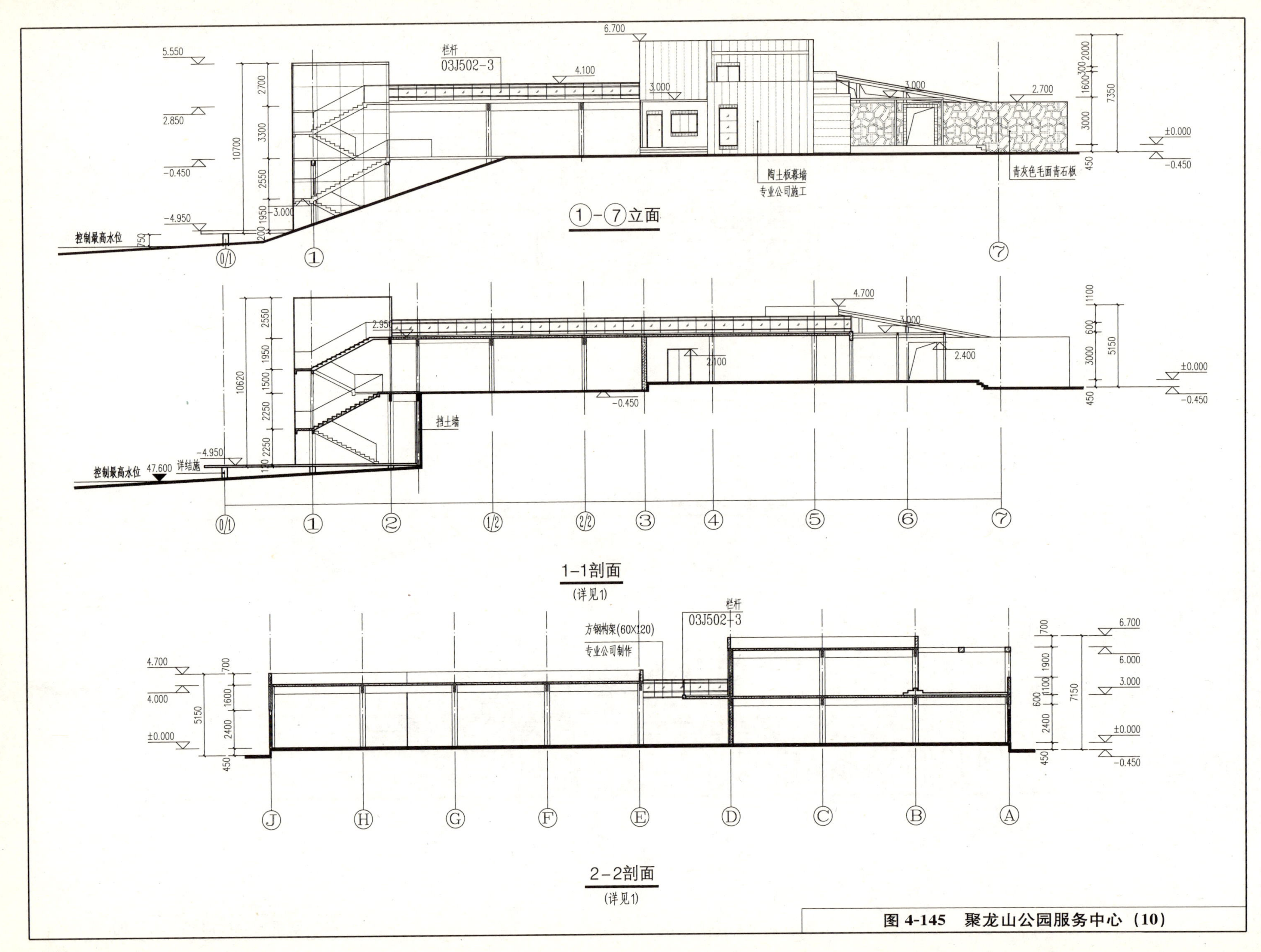

图 4-145　聚龙山公园服务中心（10）

4.2.8 服务部

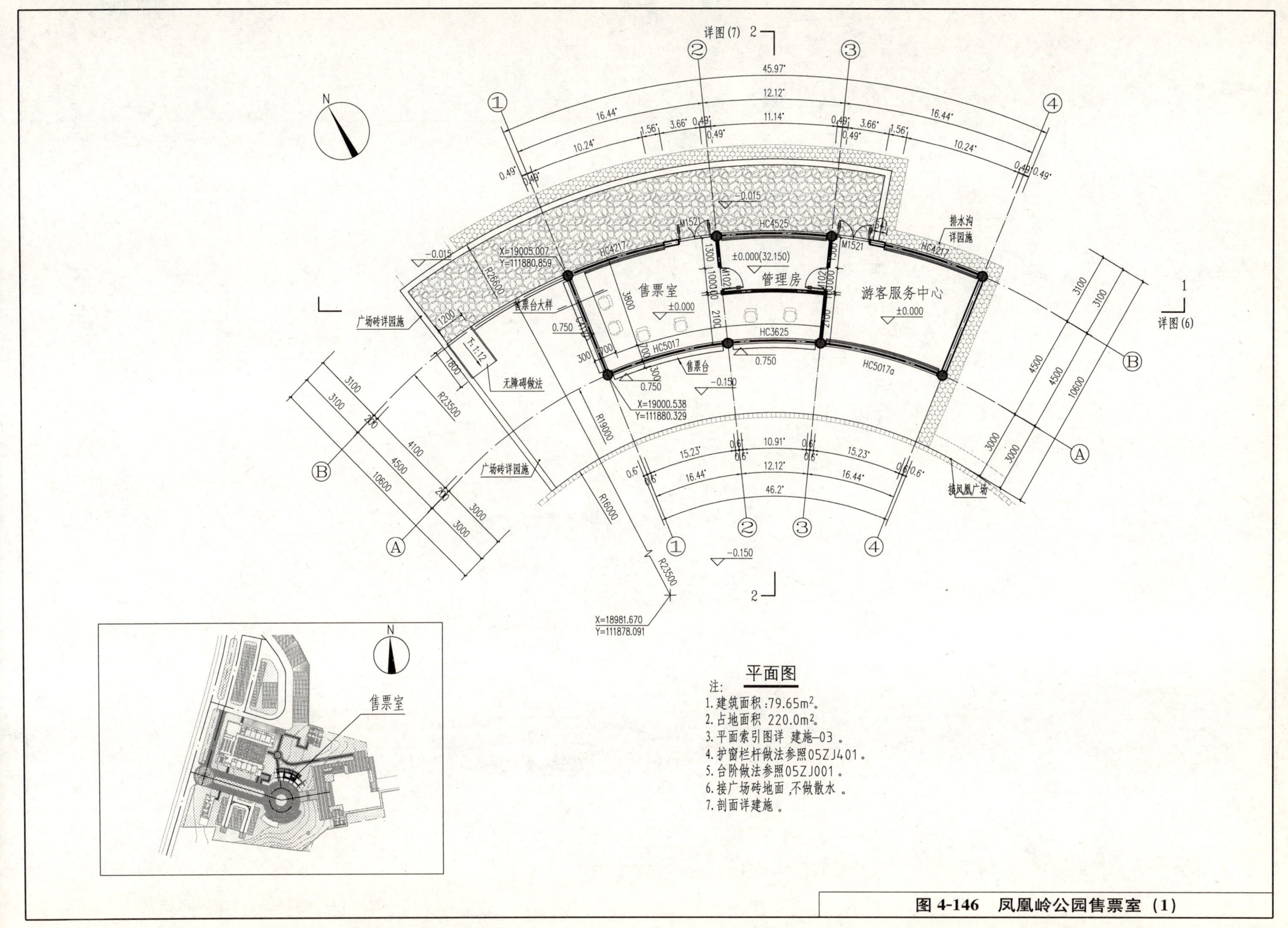

图 4-146 凤凰岭公园售票室（1）

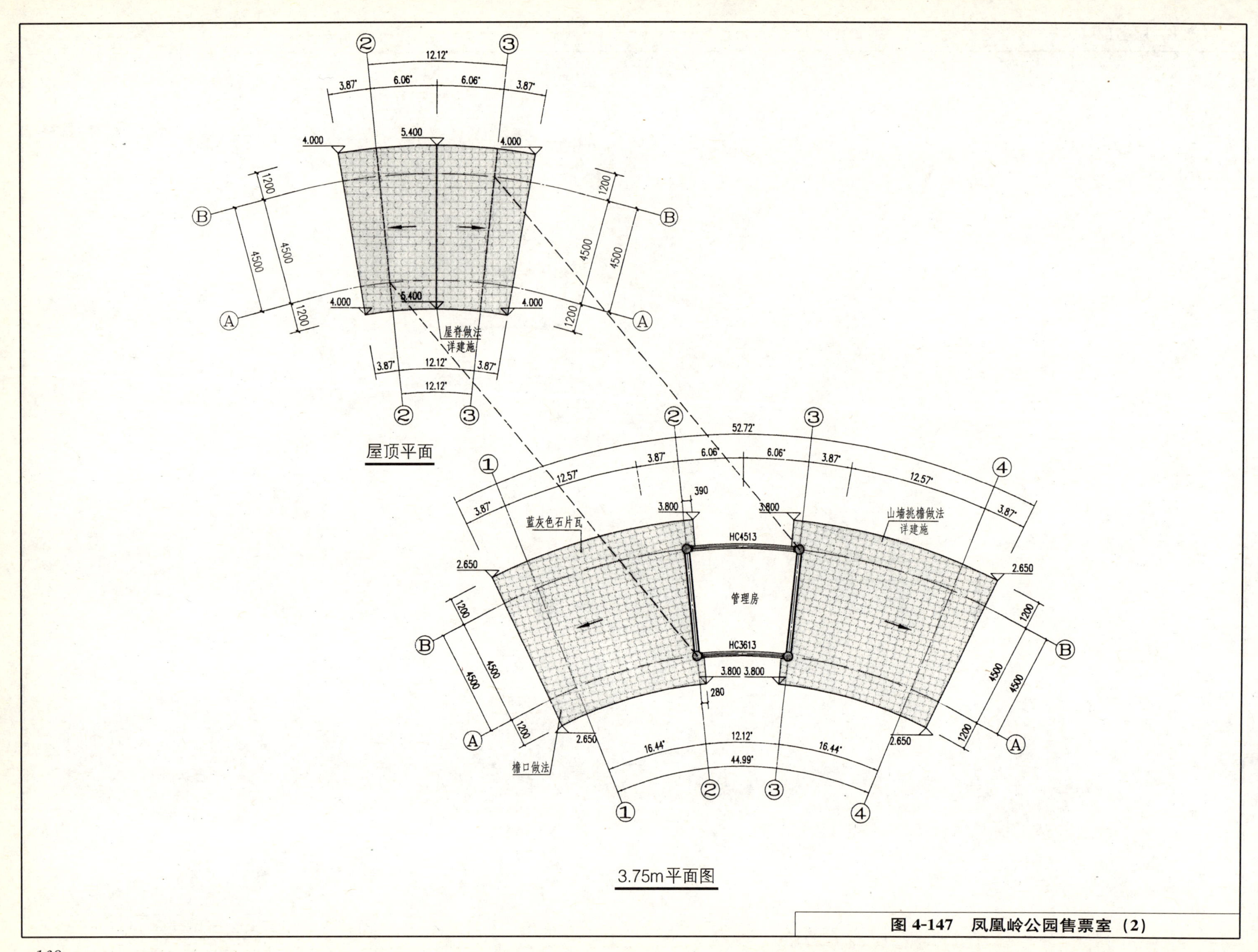

图 4-147 凤凰岭公园售票室（2）

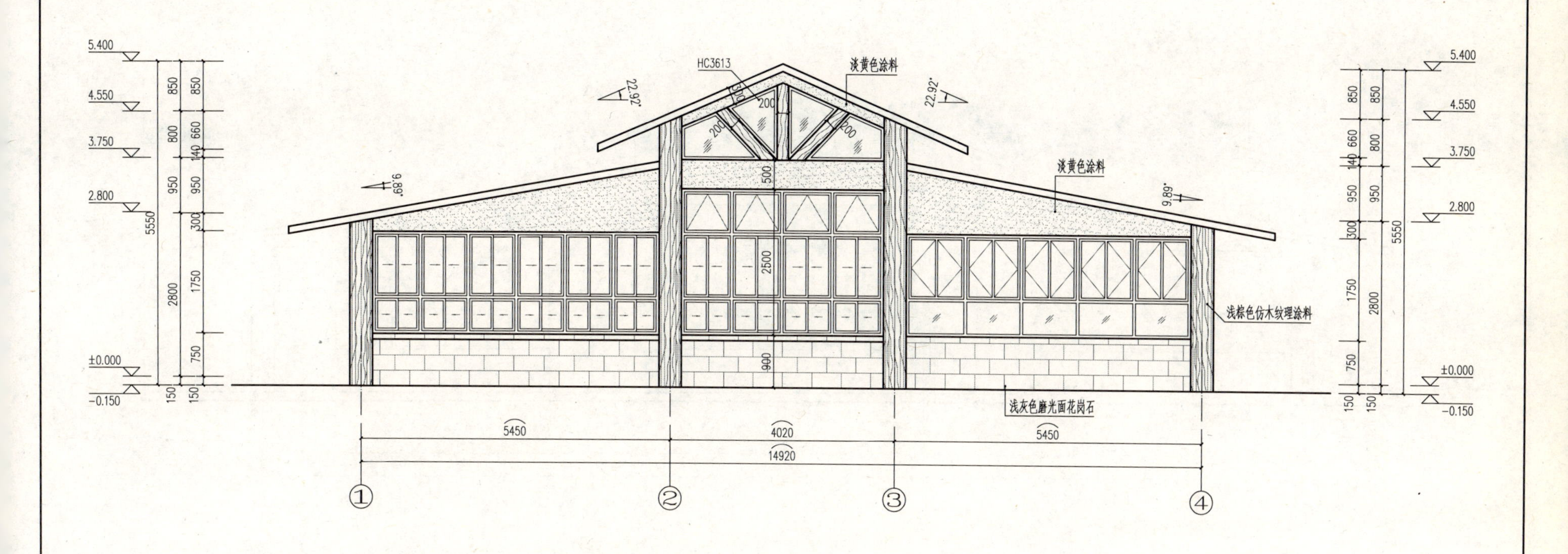

①-④展开立面图

图 4-148 凤凰岭公园售票室（3）

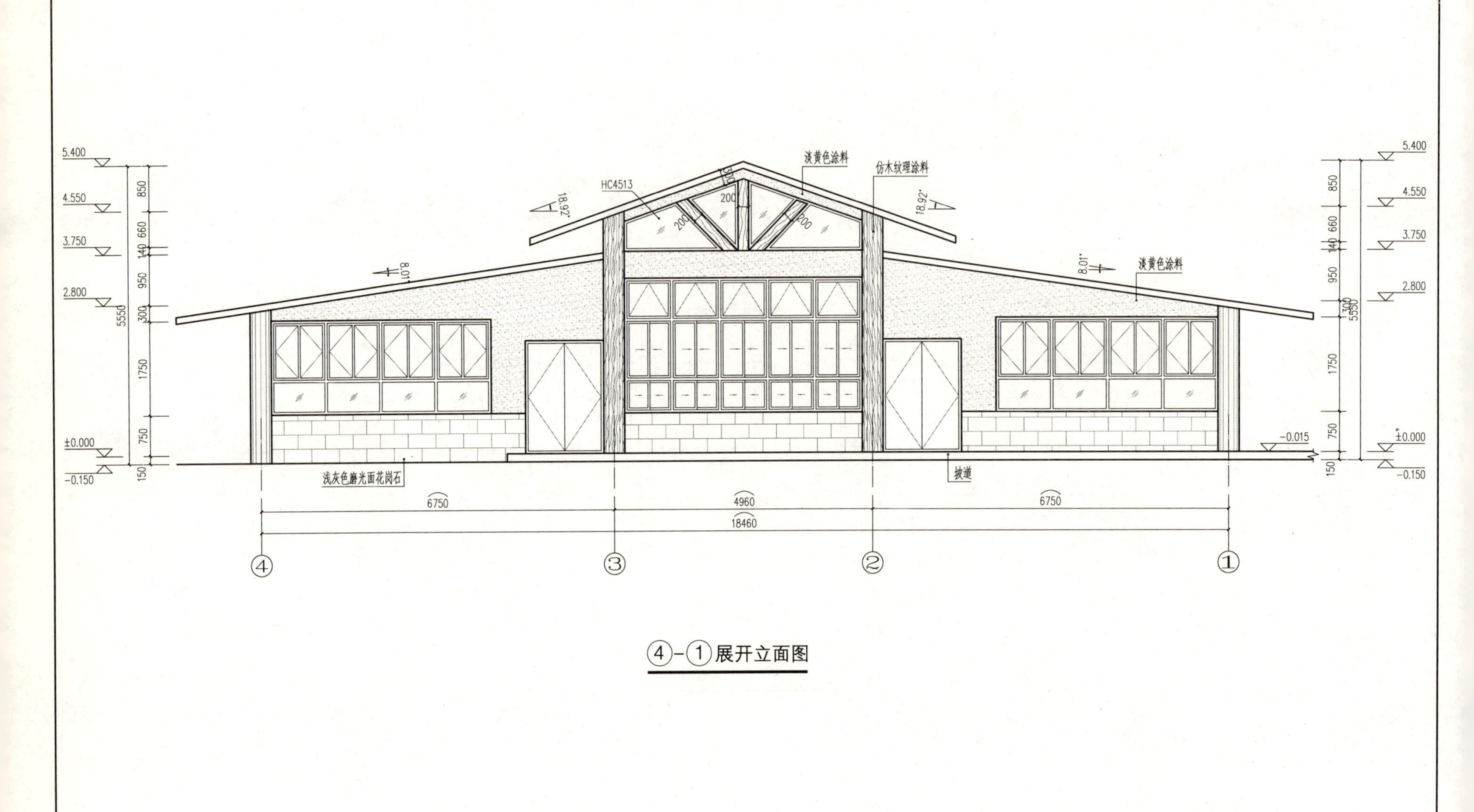

④-①展开立面图

图 4-149　凤凰岭公园售票室（4）

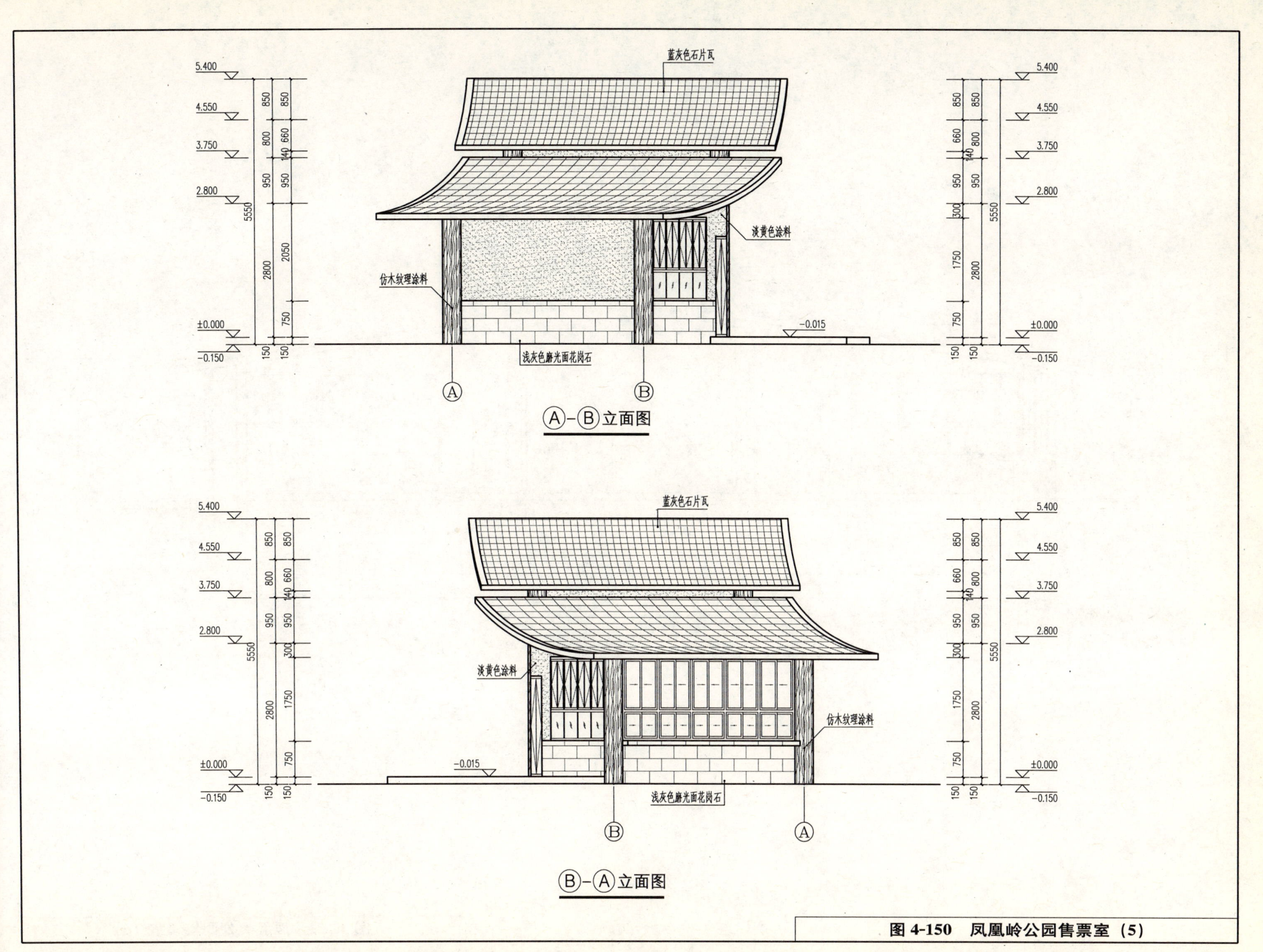

图 4-150 凤凰岭公园售票室（5）

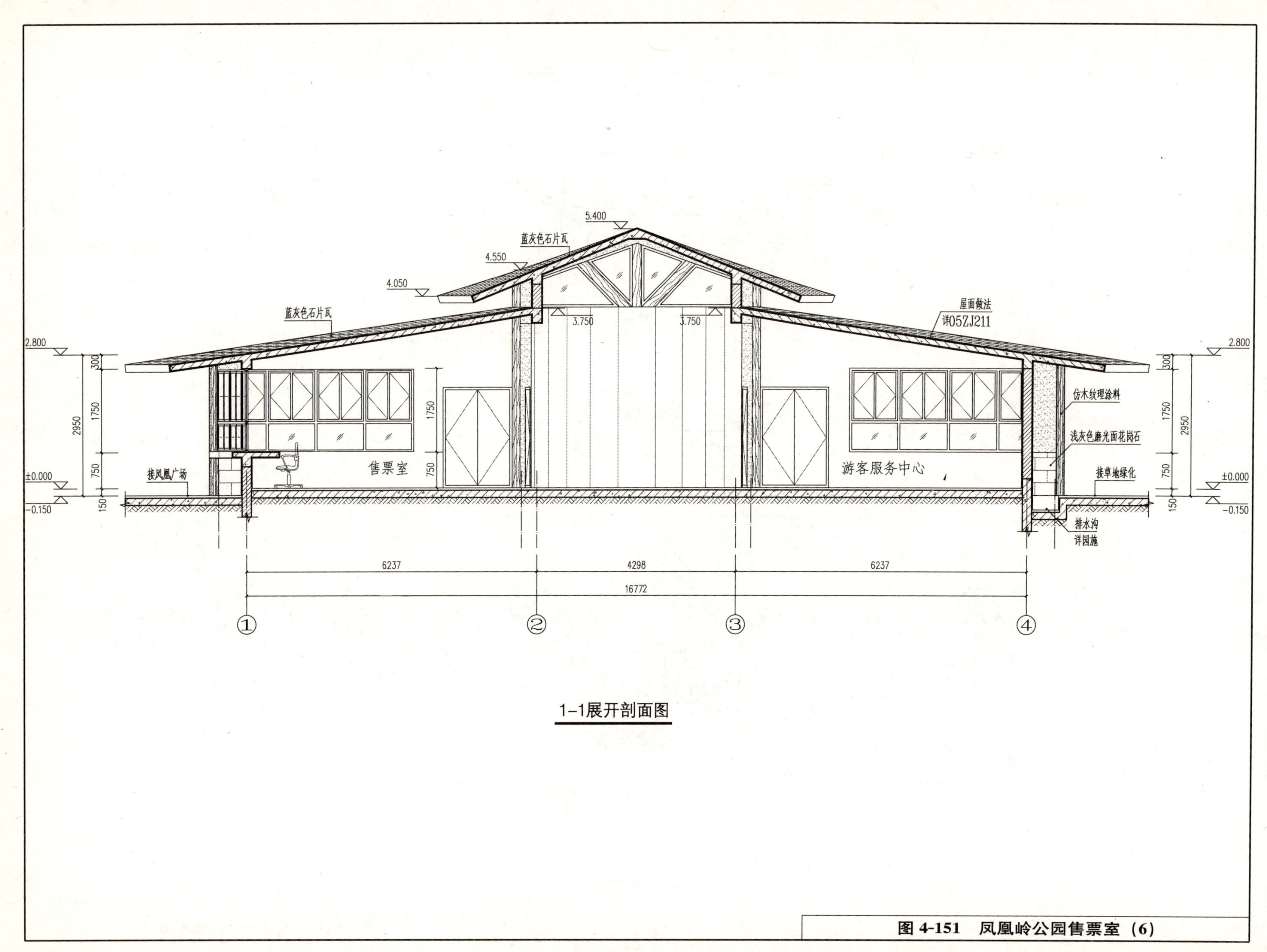

图 4-151 凤凰岭公园售票室（6）

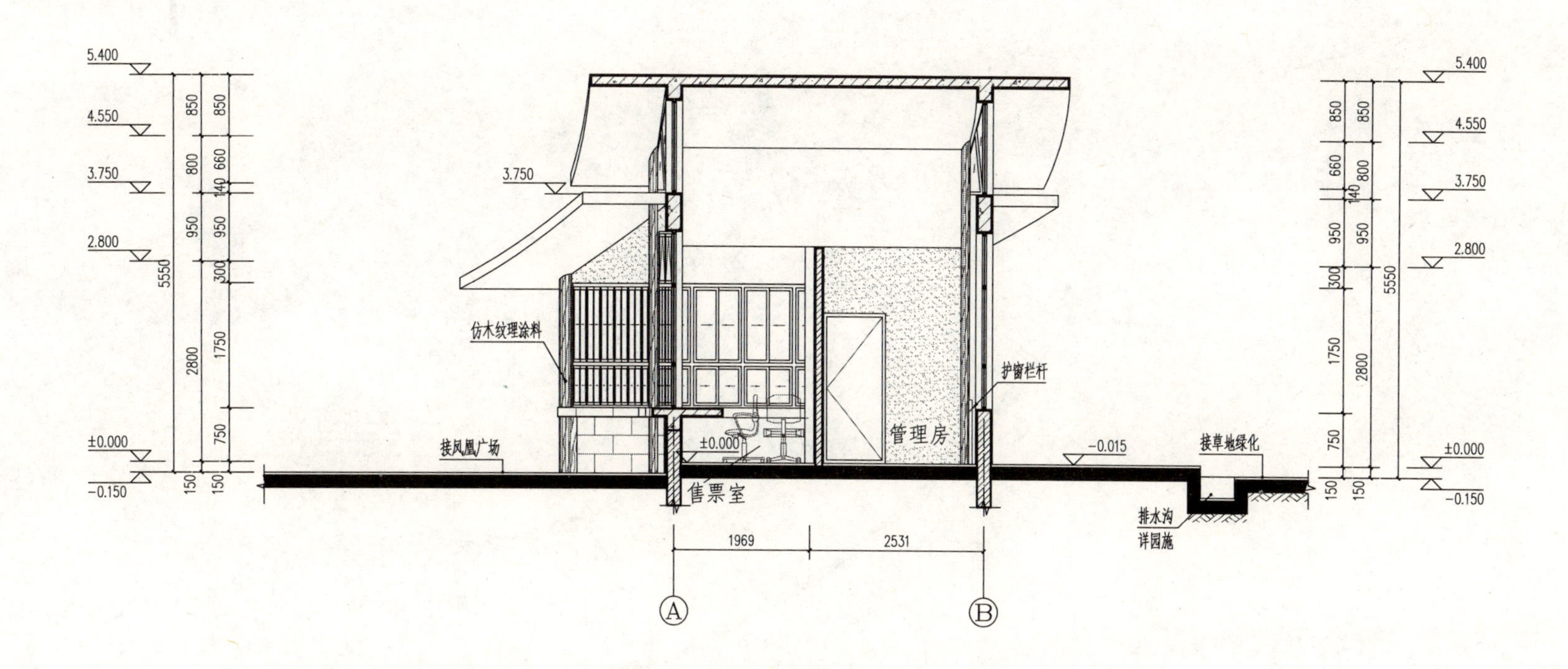

2-2剖面图

图 4-152　凤凰岭公园售票室（7）

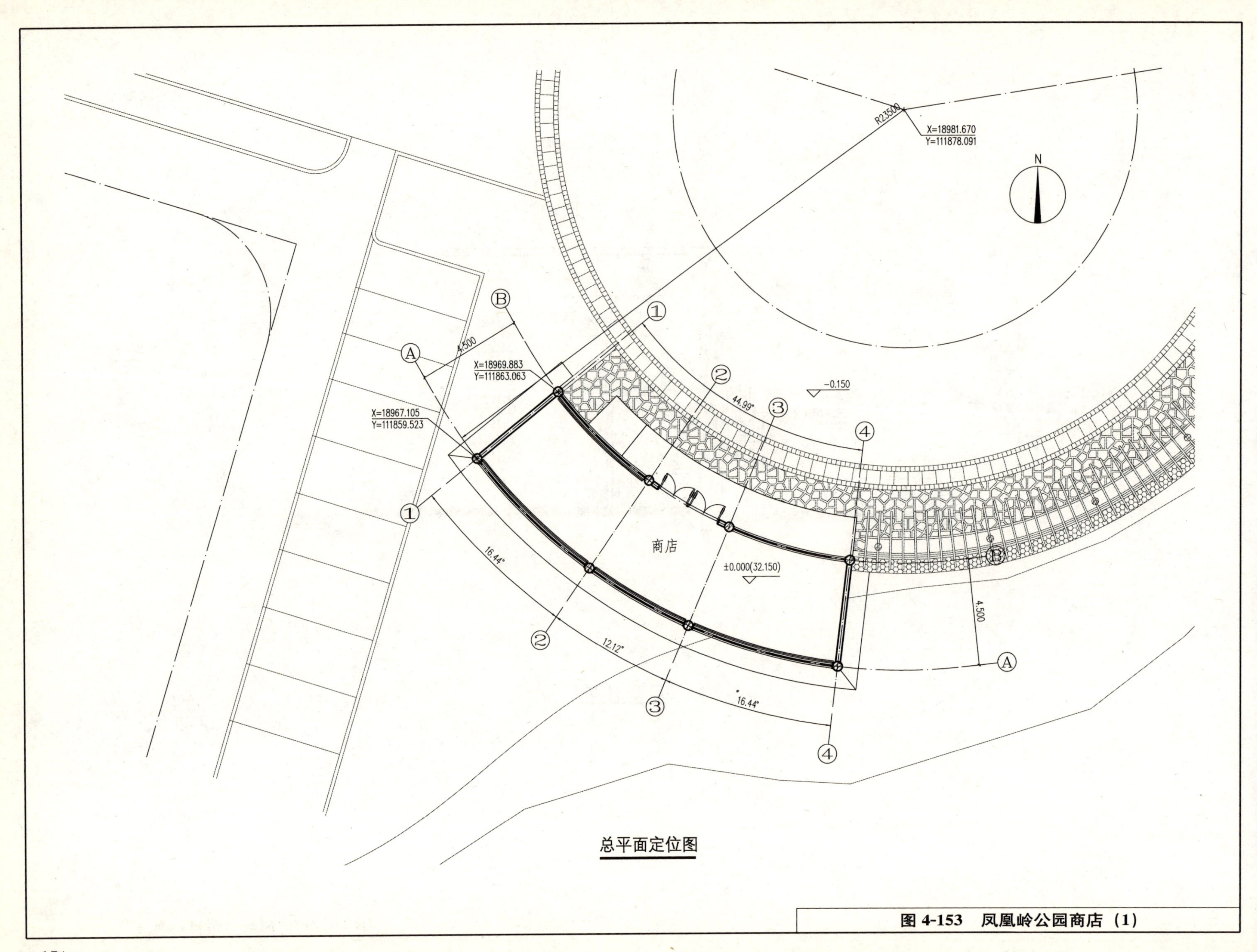

图 4-153　凤凰岭公园商店（1）

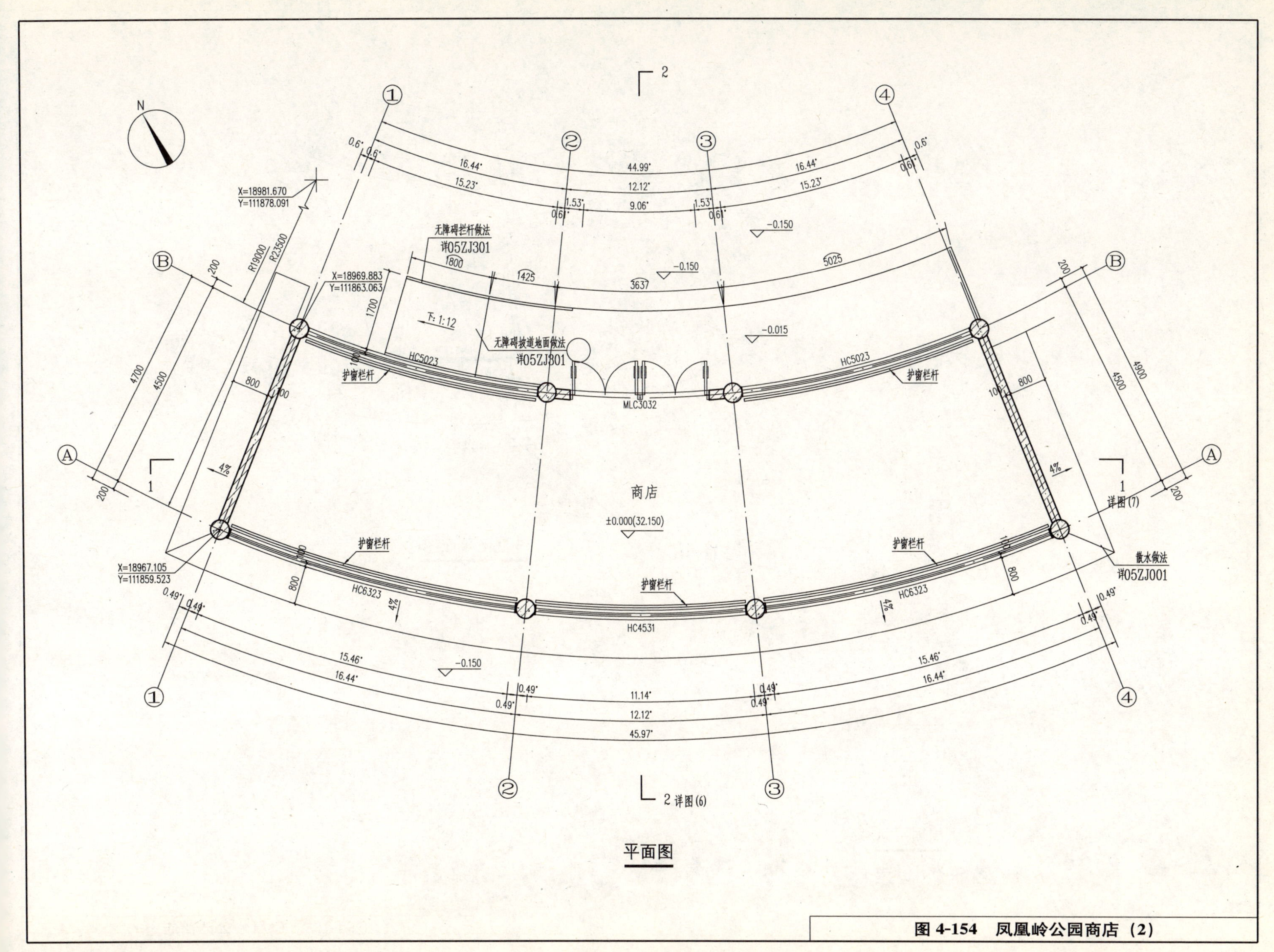

图 4-154 凤凰岭公园商店（2）

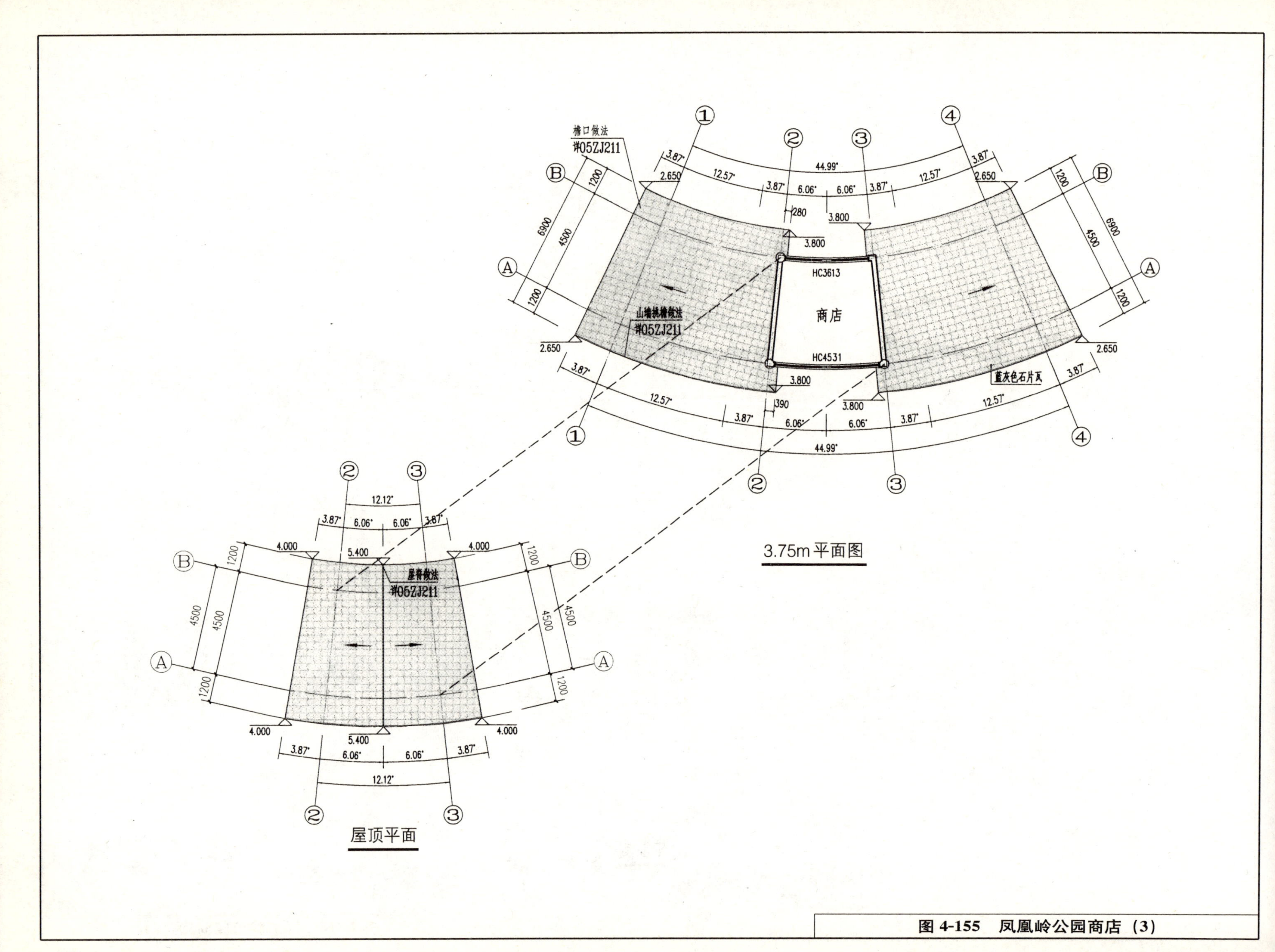

图 4-155　凤凰岭公园商店（3）

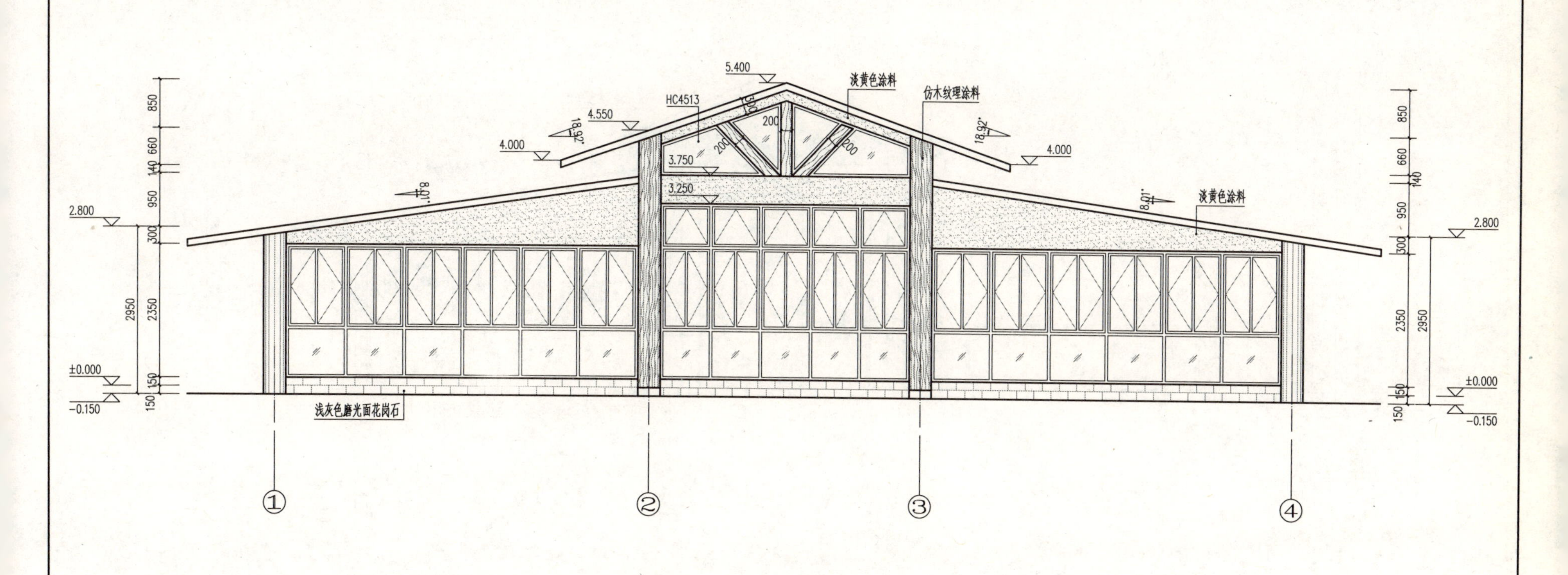

①-④立面展开图

图 4-156　凤凰岭公园商店（4）

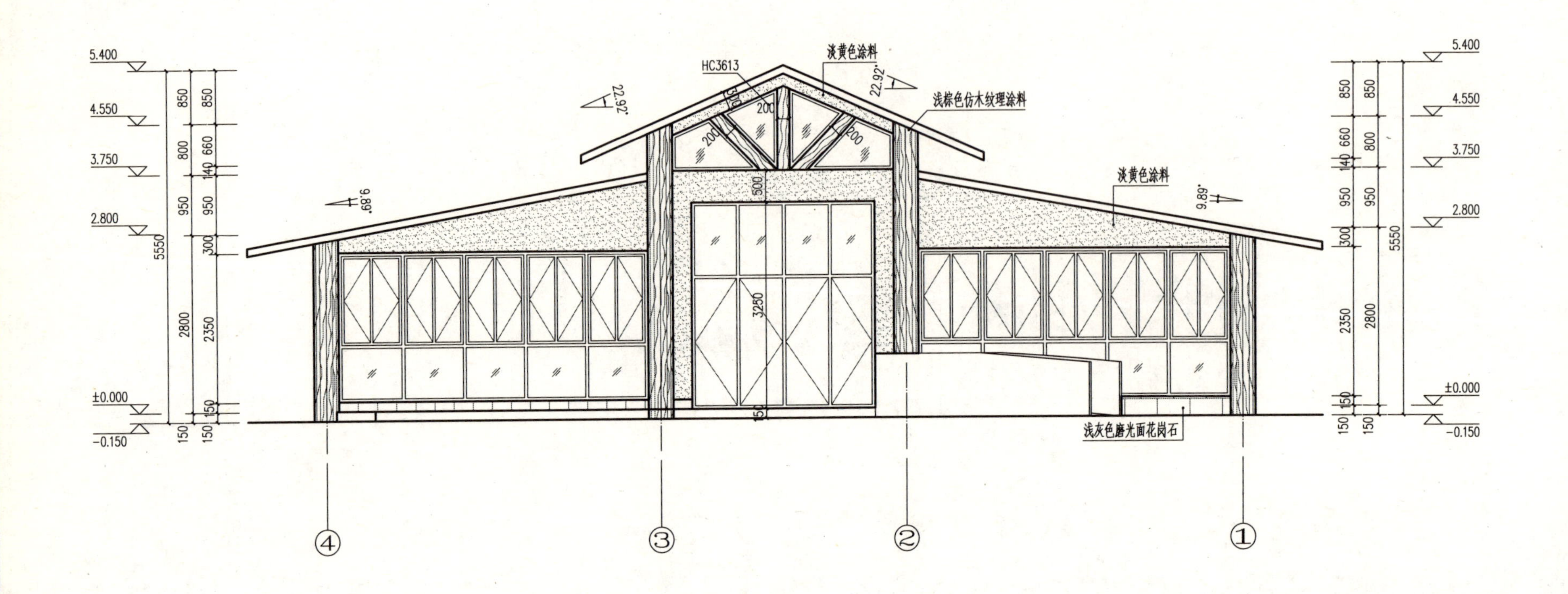

④-①立面展开图

图 4-157 凤凰岭公园商店（5）

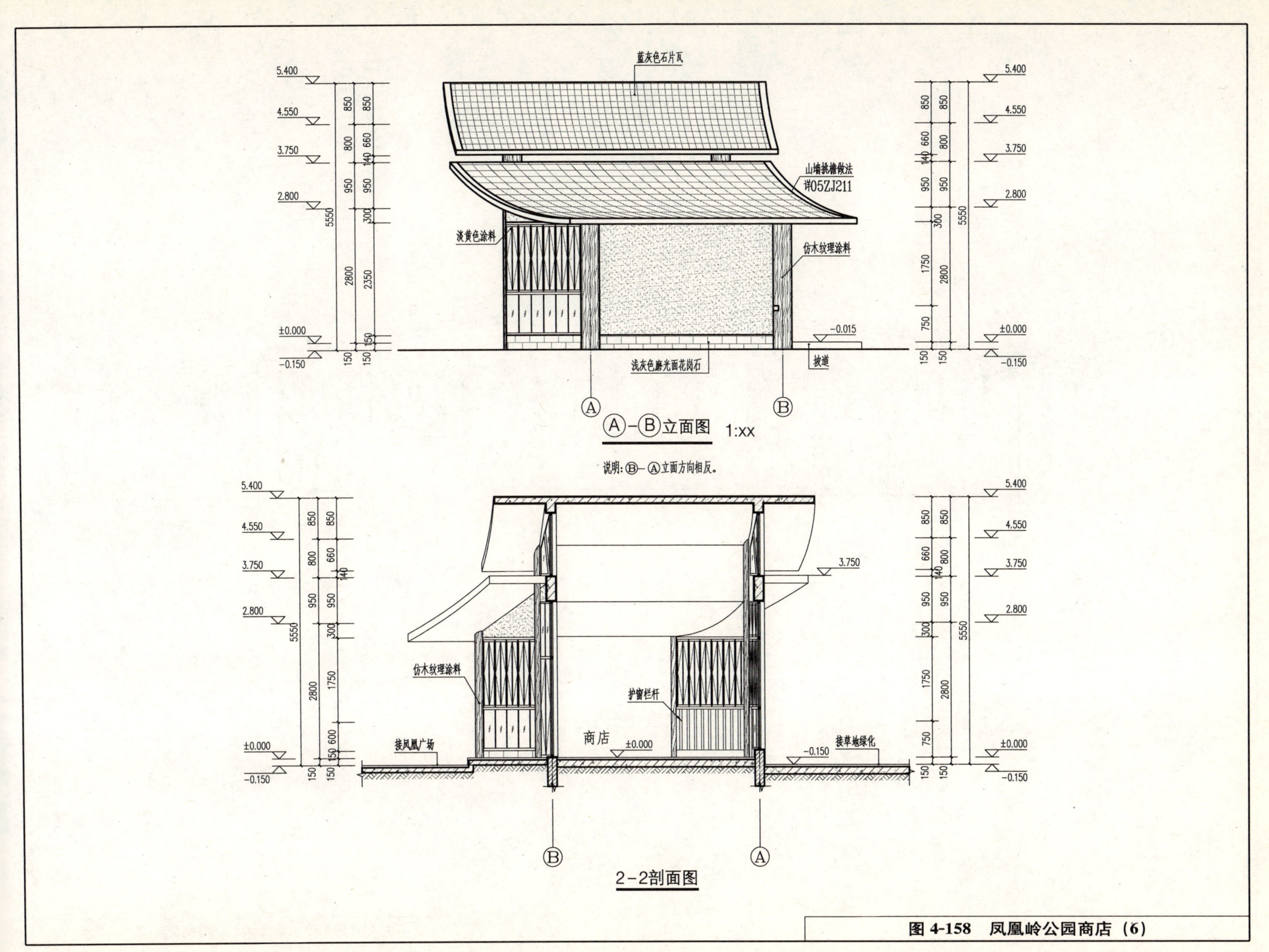

图 4-158 凤凰岭公园商店（6）

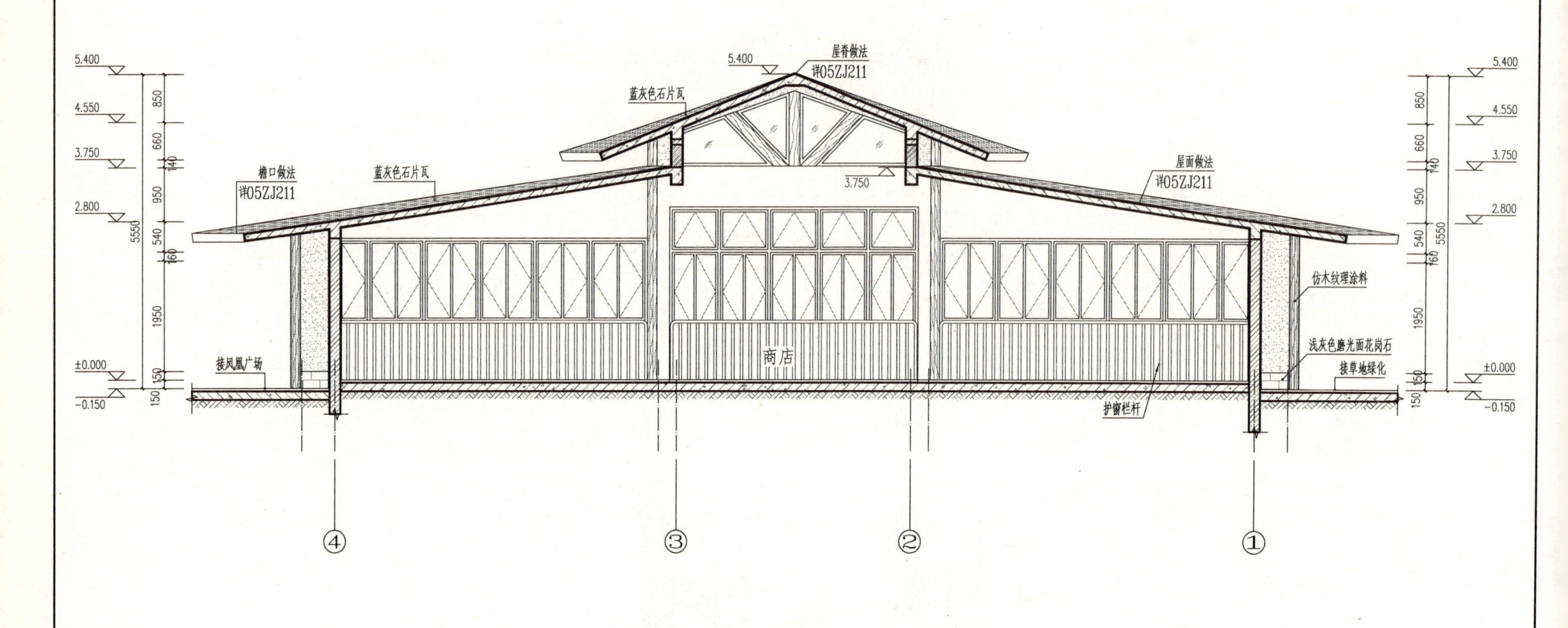

1-1剖面展开图

图 4-159　凤凰岭公园商店（7）

4.2.9 码头

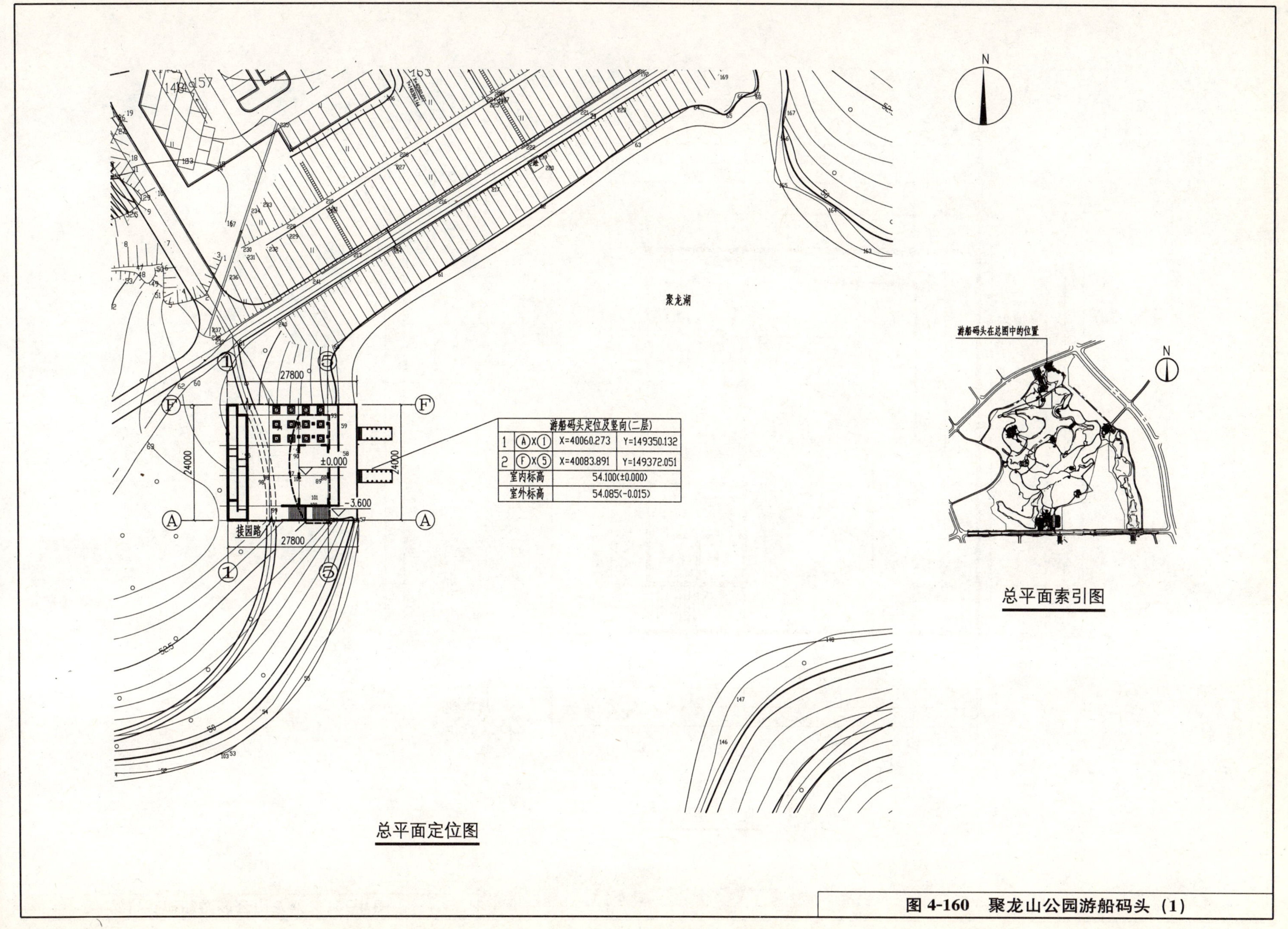

图 4-160　聚龙山公园游船码头（1）

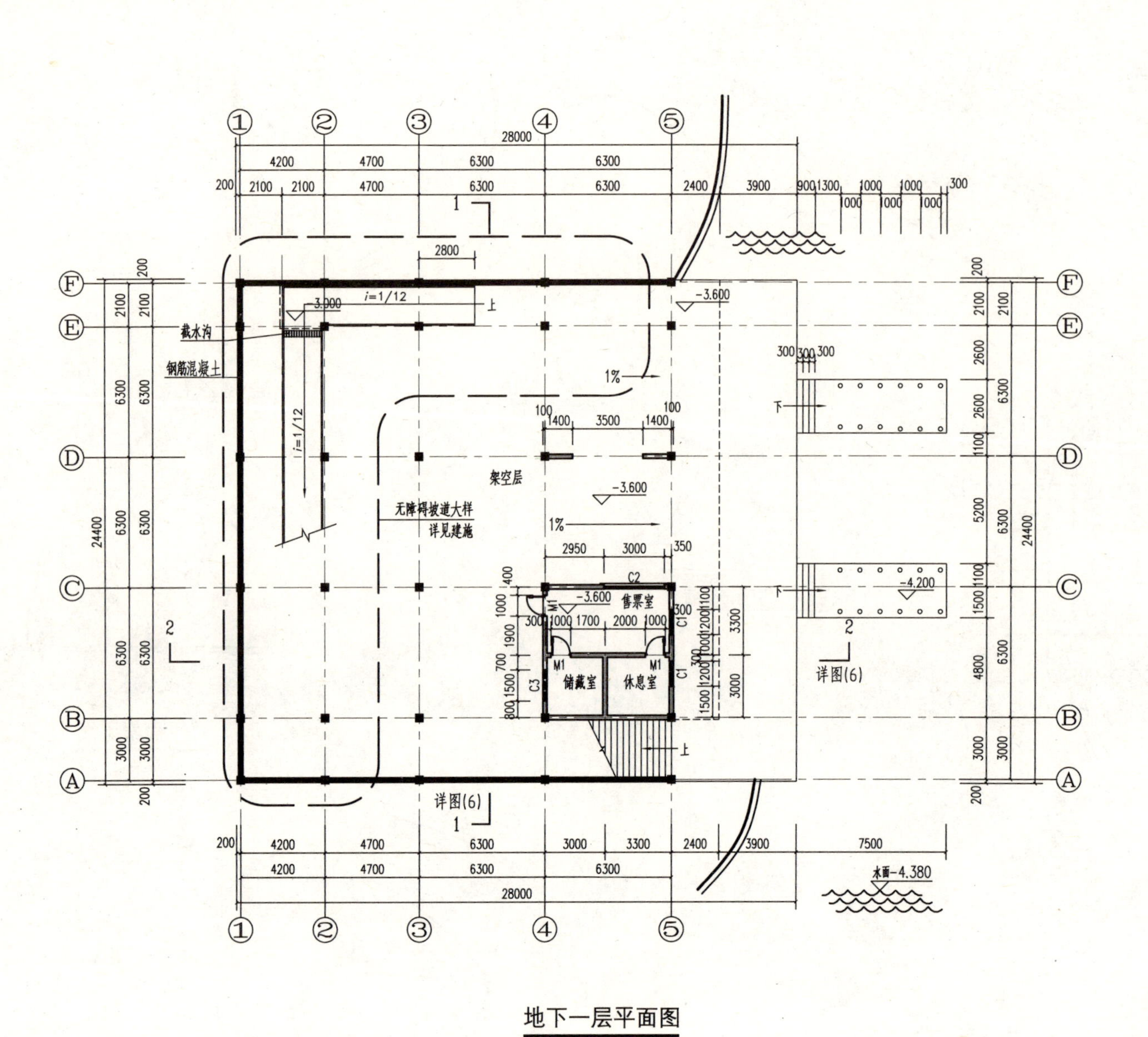

图 4-161　聚龙山公园游船码头（2）

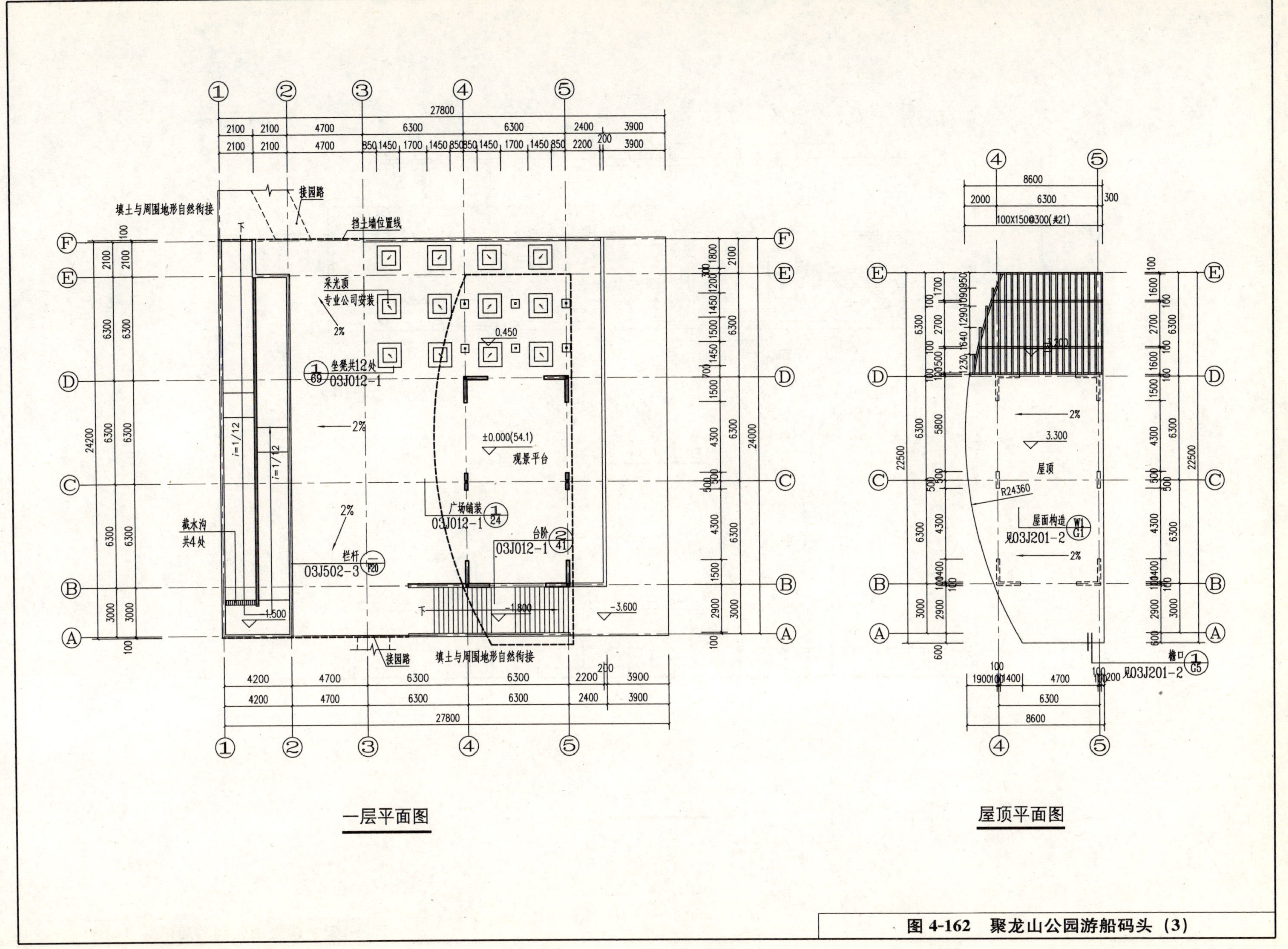

图 4-162 聚龙山公园游船码头（3）

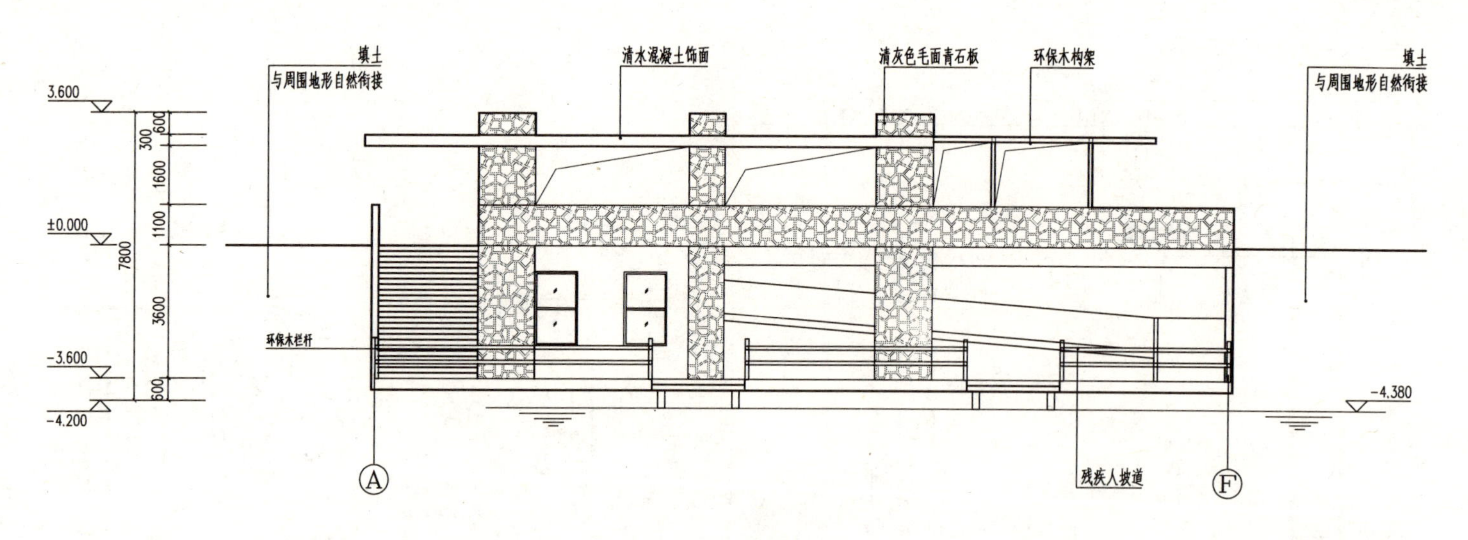

Ⓐ-Ⓕ立面图

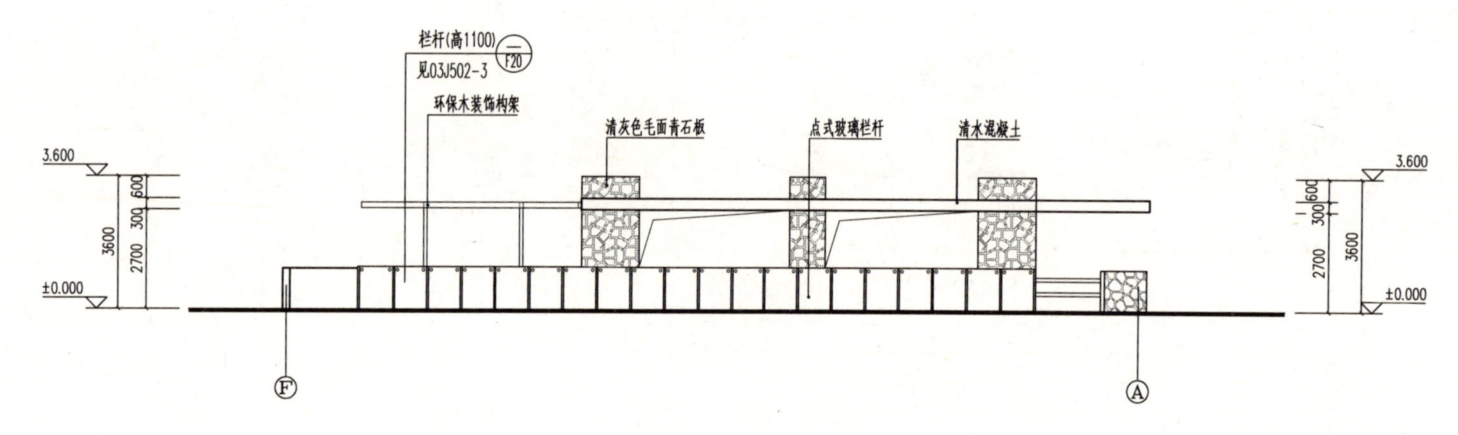

Ⓕ-Ⓐ立面图

图 4-163　聚龙山公园游船码头（4）

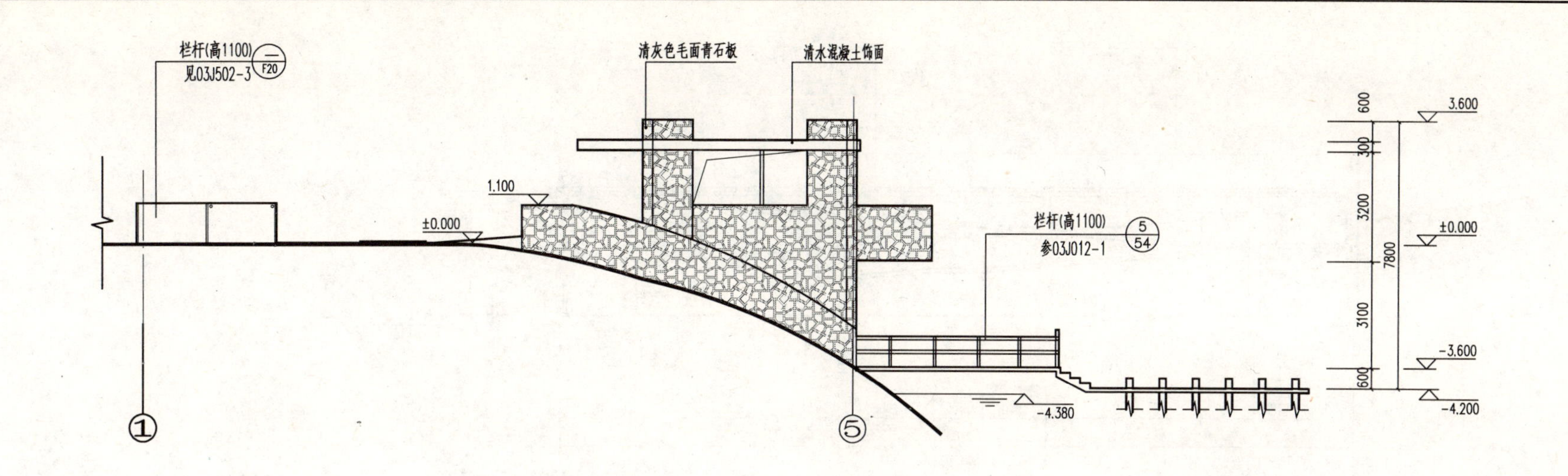

①-⑤立面图

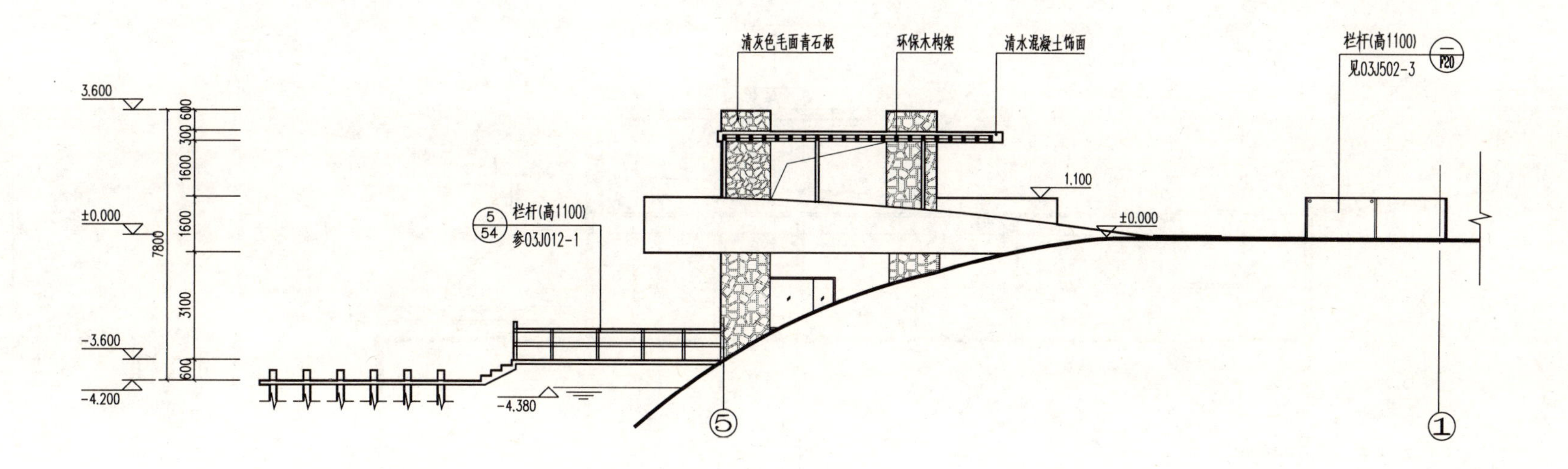

⑤-①立面图

图 4-164　聚龙山公园游船码头（5）

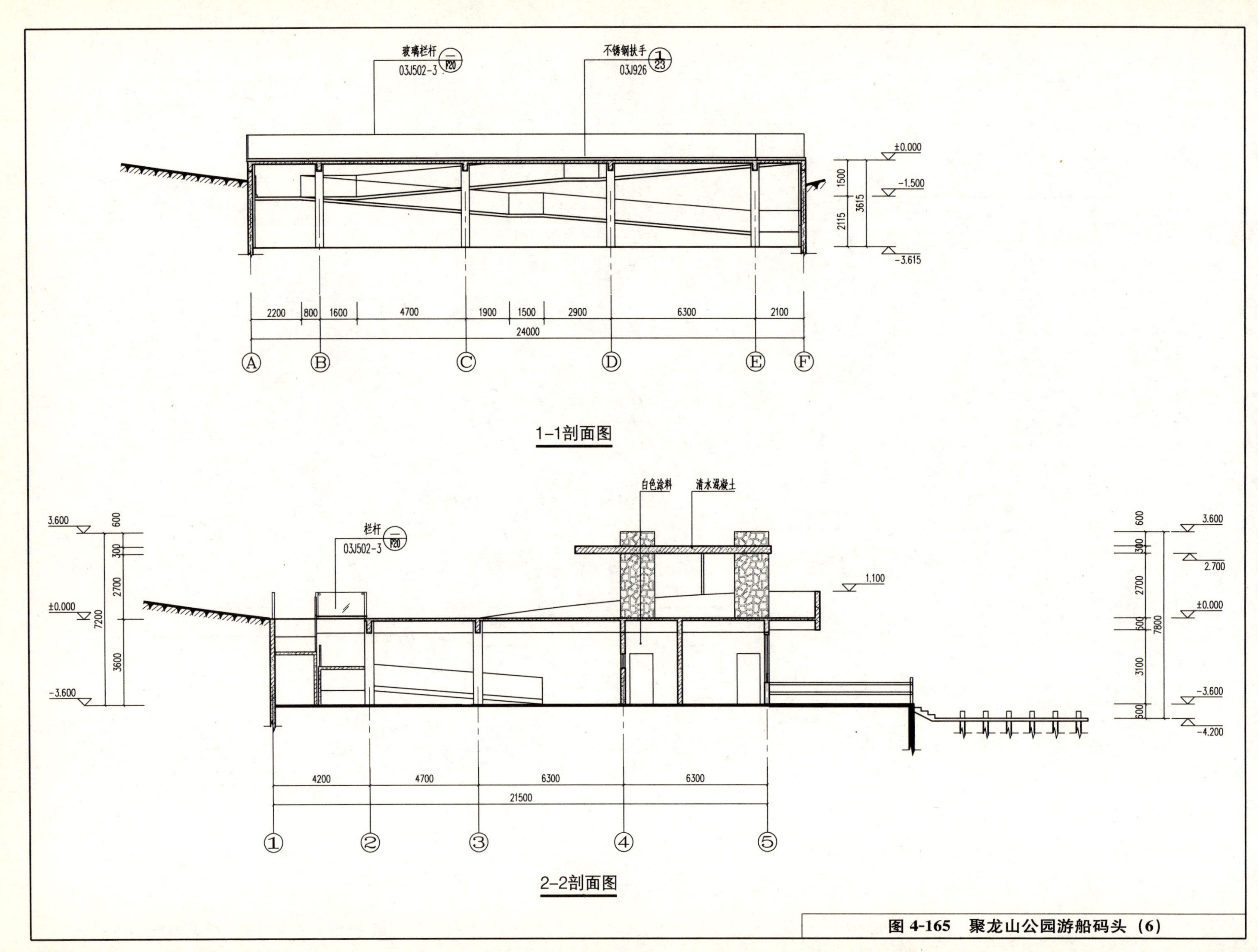

图 4-165　聚龙山公园游船码头（6）

4.2.10 泳池更衣室

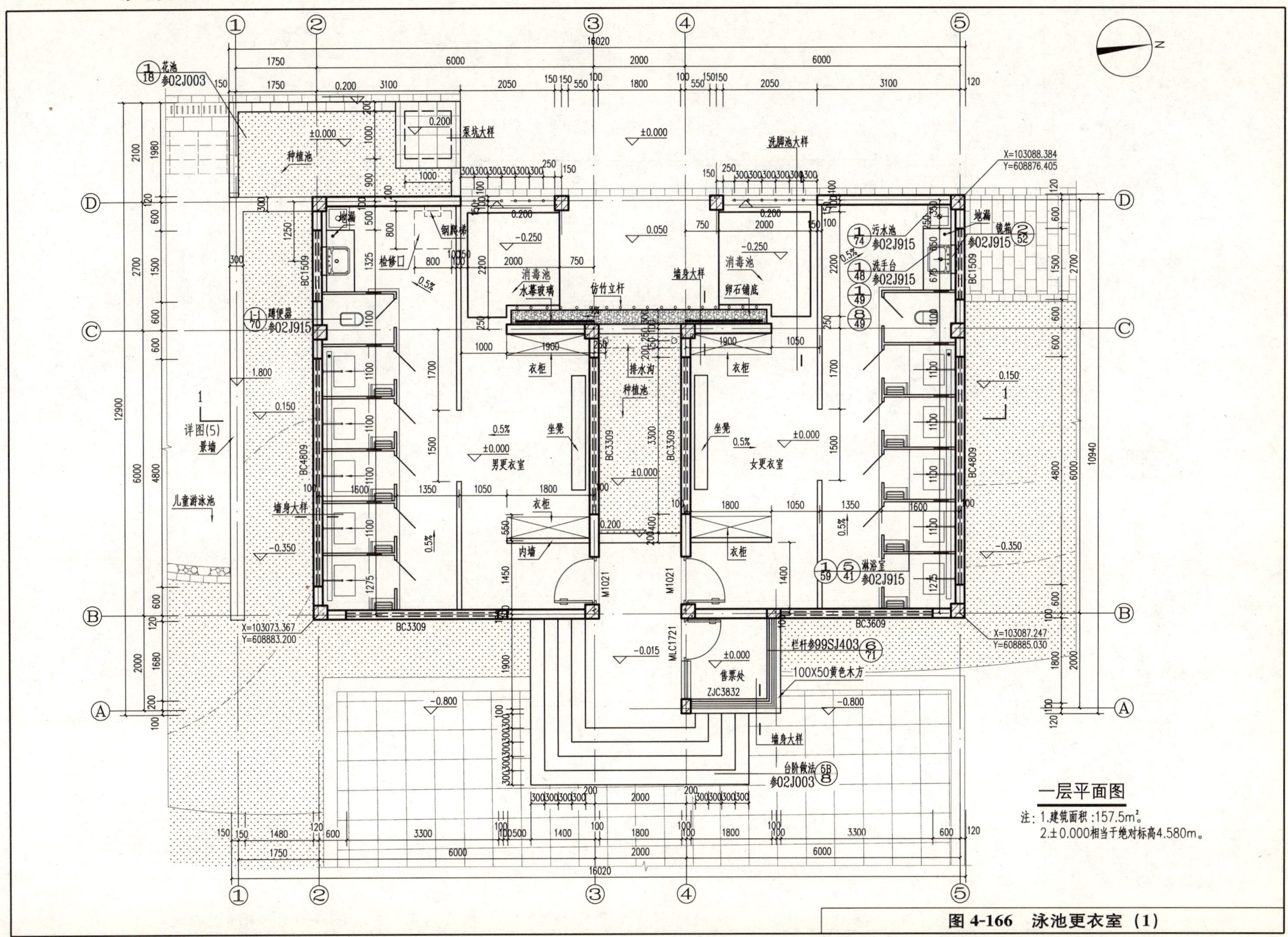

图 4-166 泳池更衣室（1）

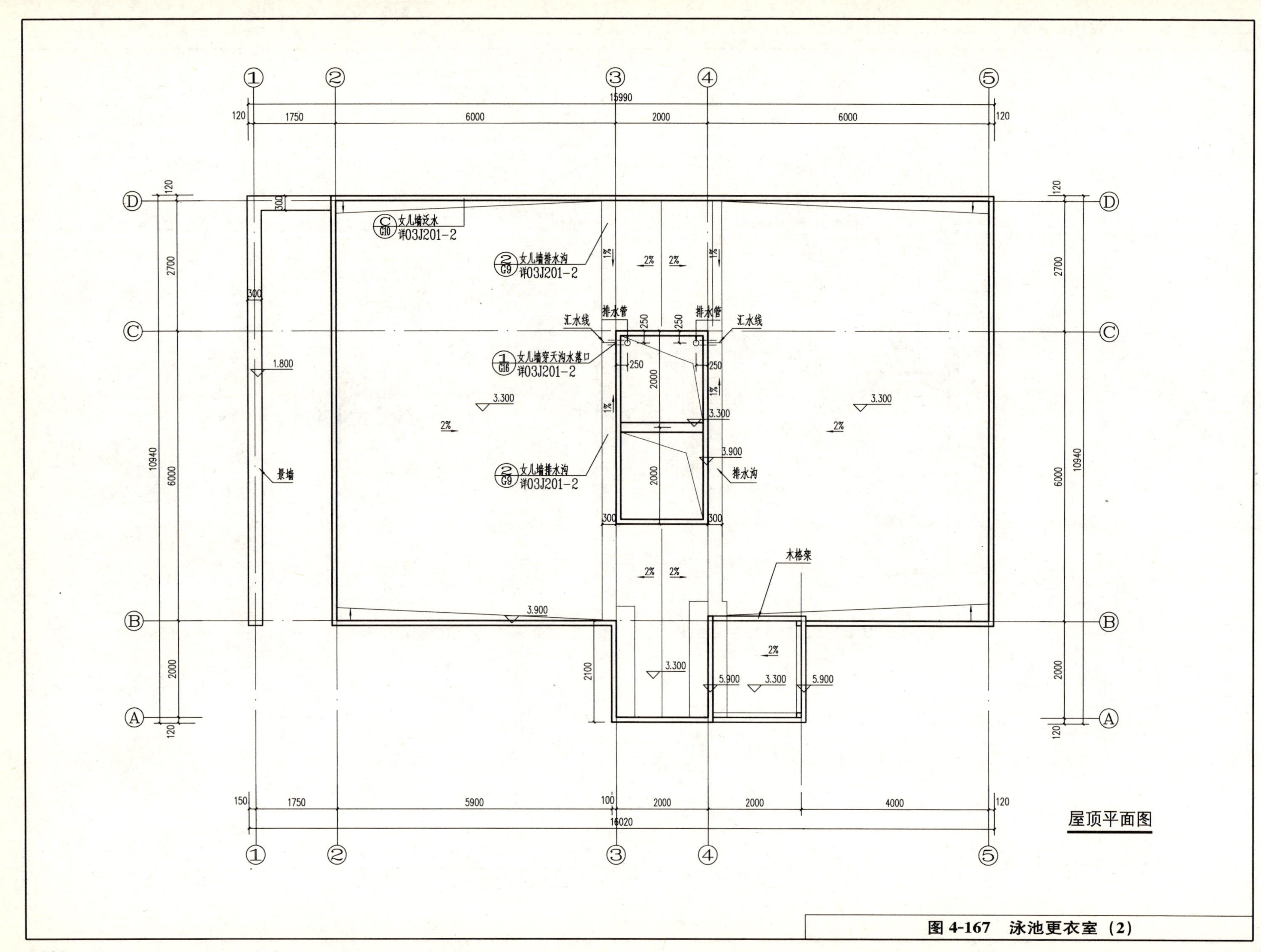

图 4-167　泳池更衣室（2）

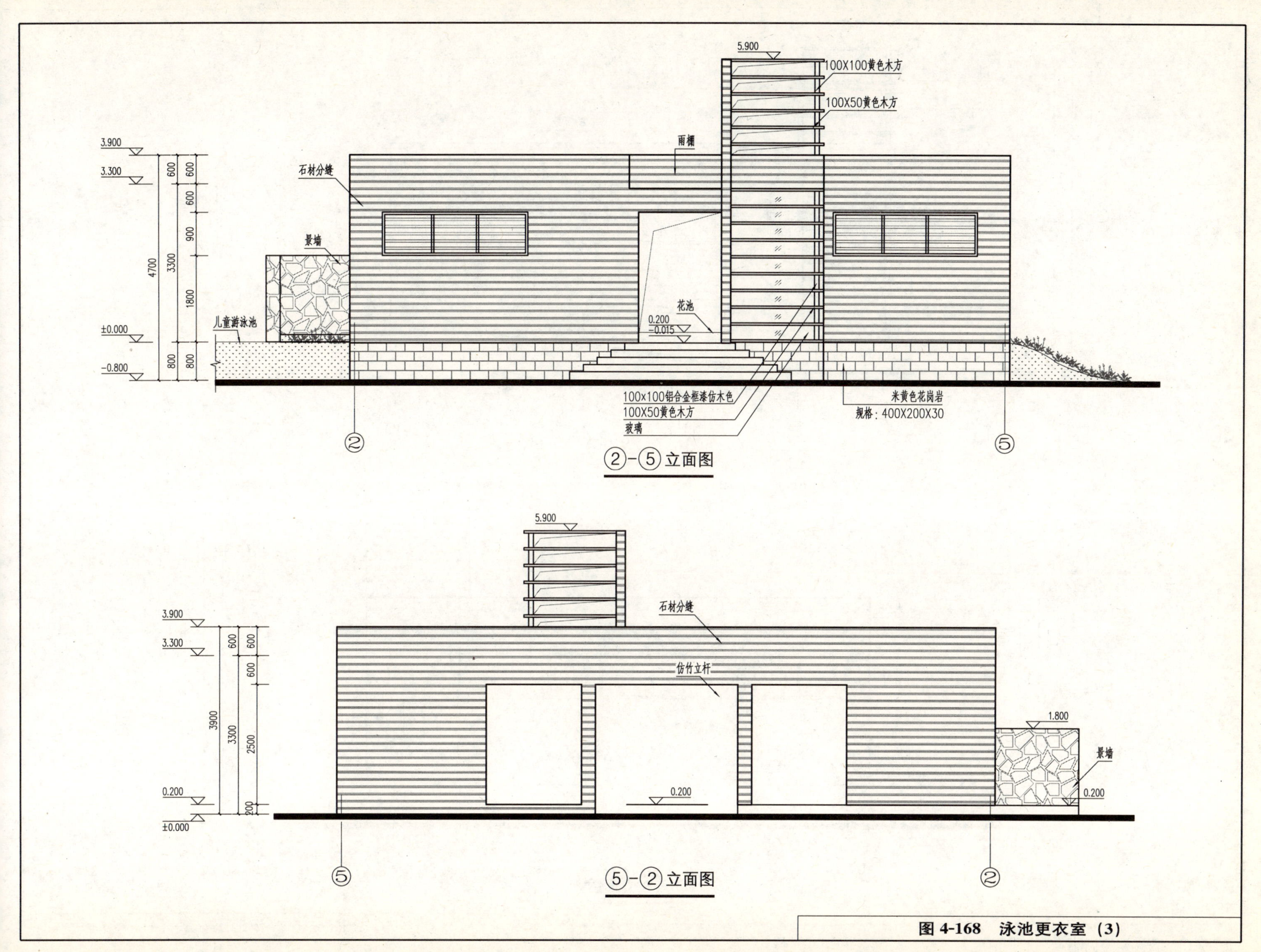

图 4-168　泳池更衣室（3）

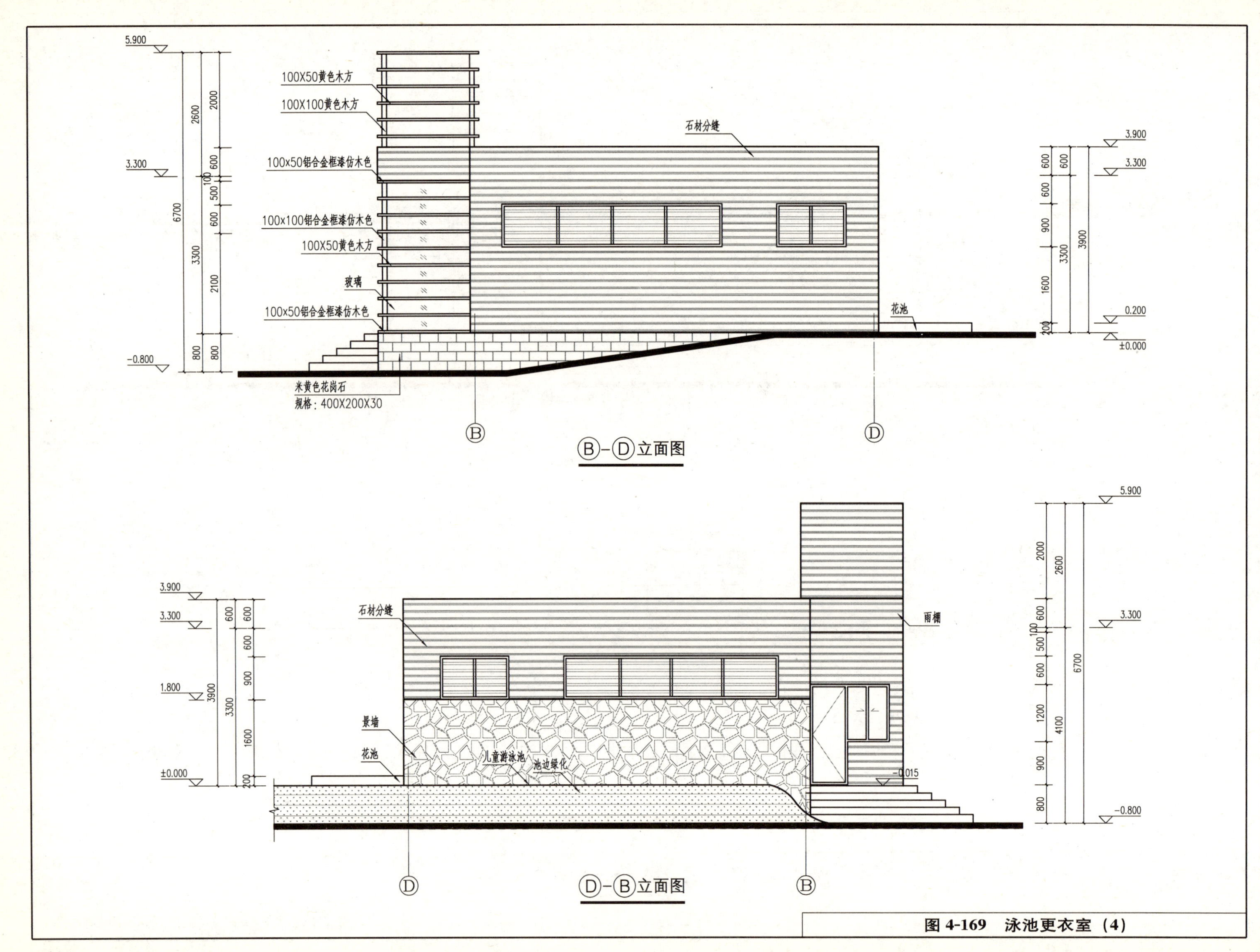

图 4-169 泳池更衣室（4）

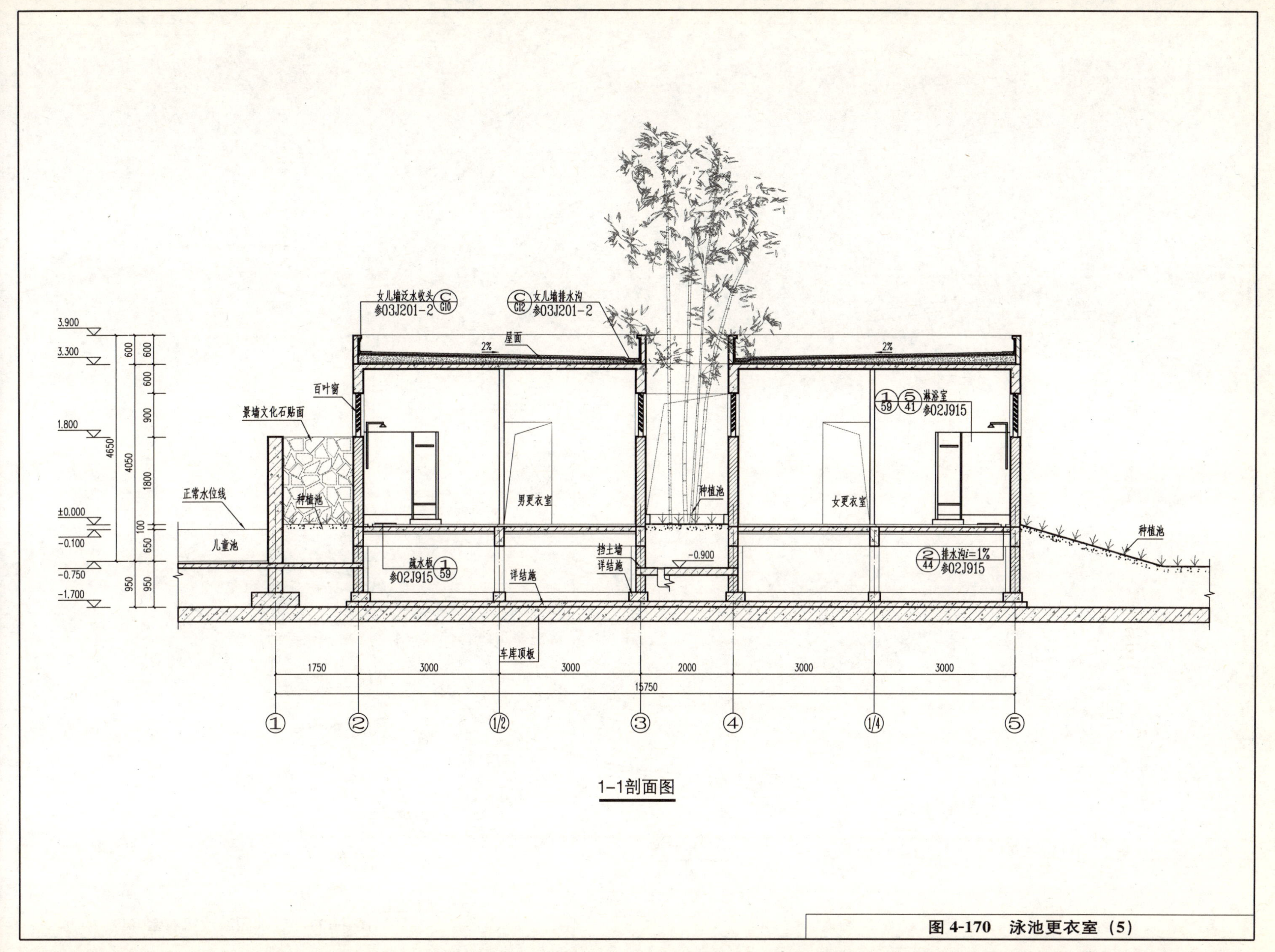

图 4-170 泳池更衣室（5）

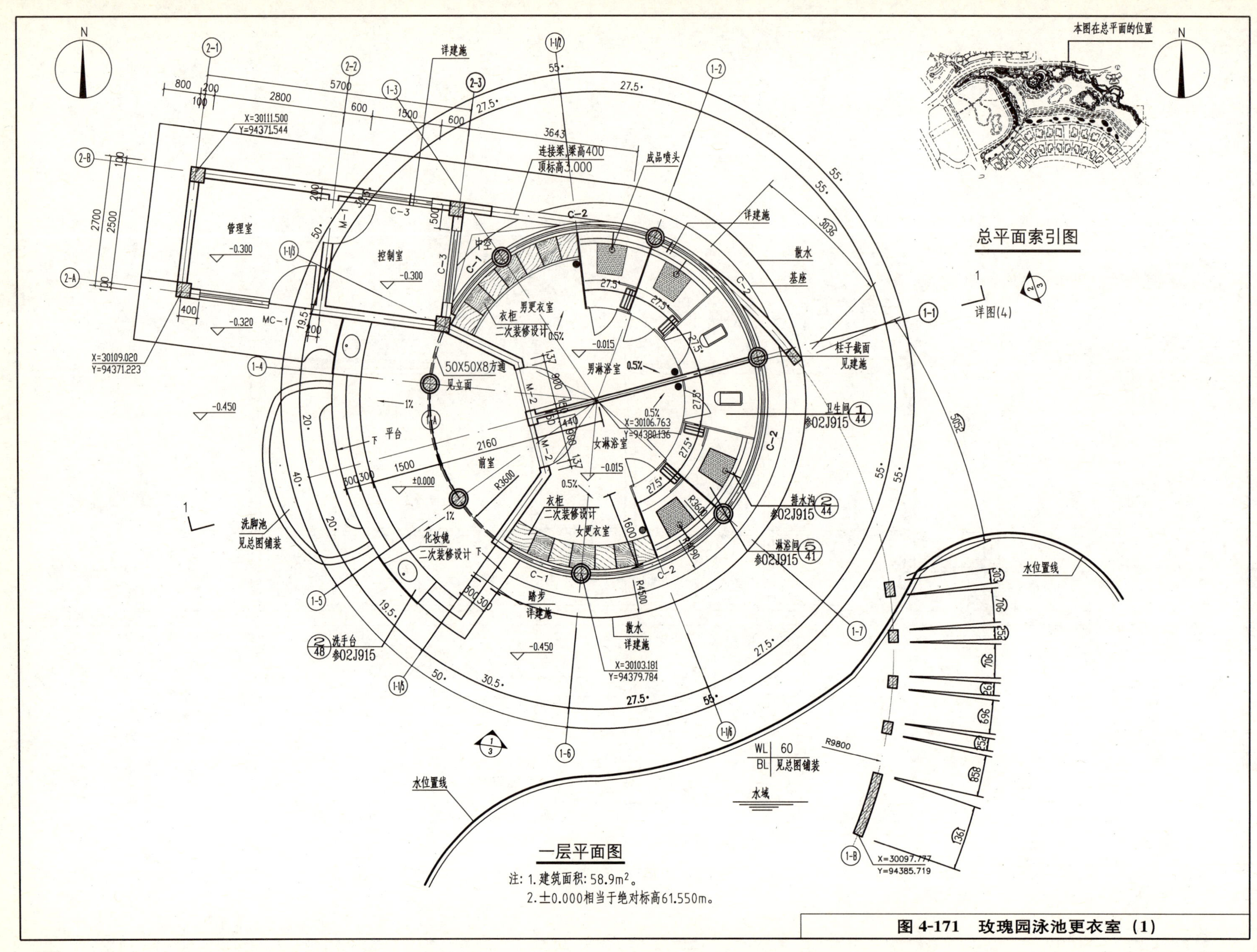

注: 1. 建筑面积: 58.9m²。

2. ±0.000相当于绝对标高61.550m。

图 4-171　玫瑰园泳池更衣室（1）

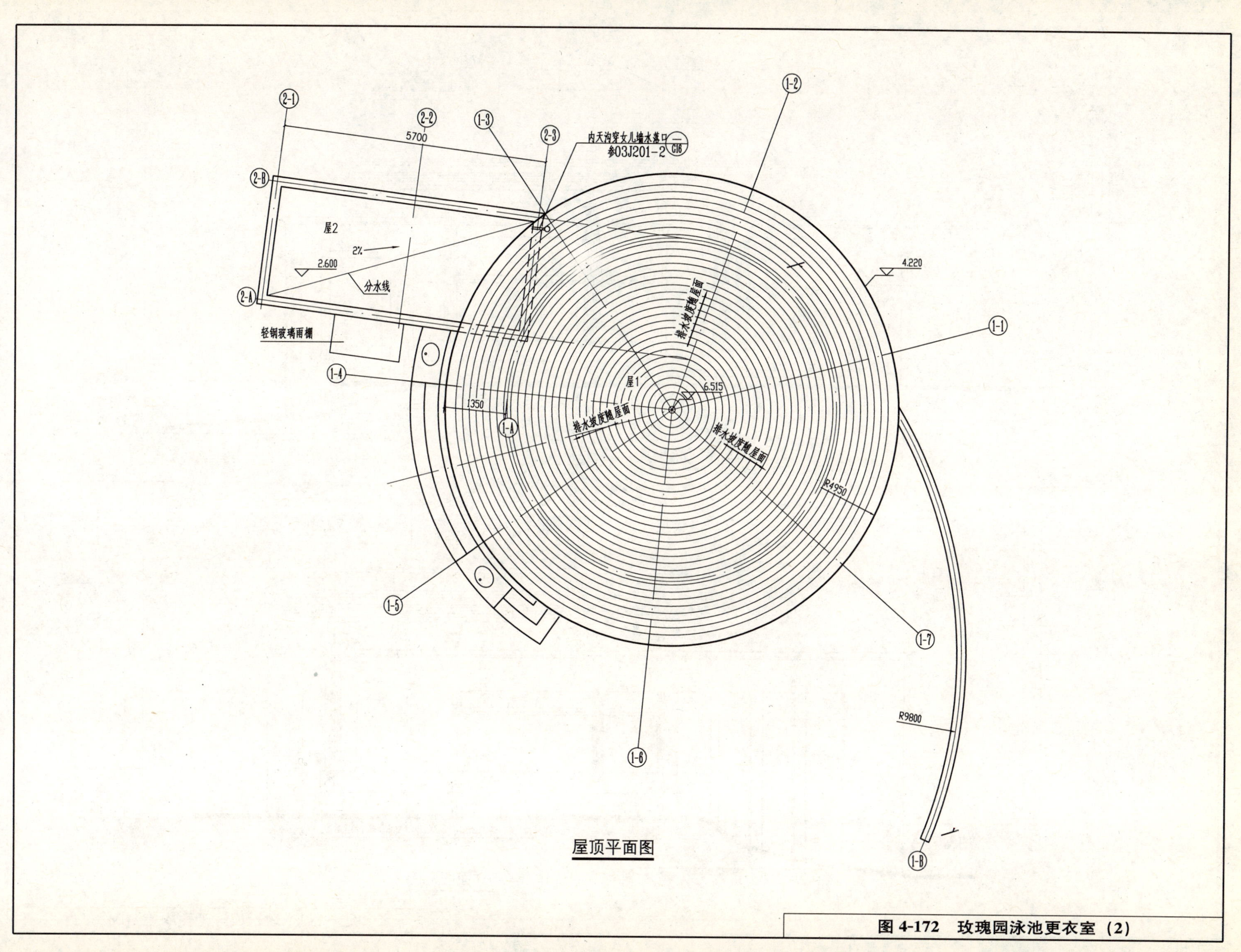

屋顶平面图

图 4-172 玫瑰园泳池更衣室（2）

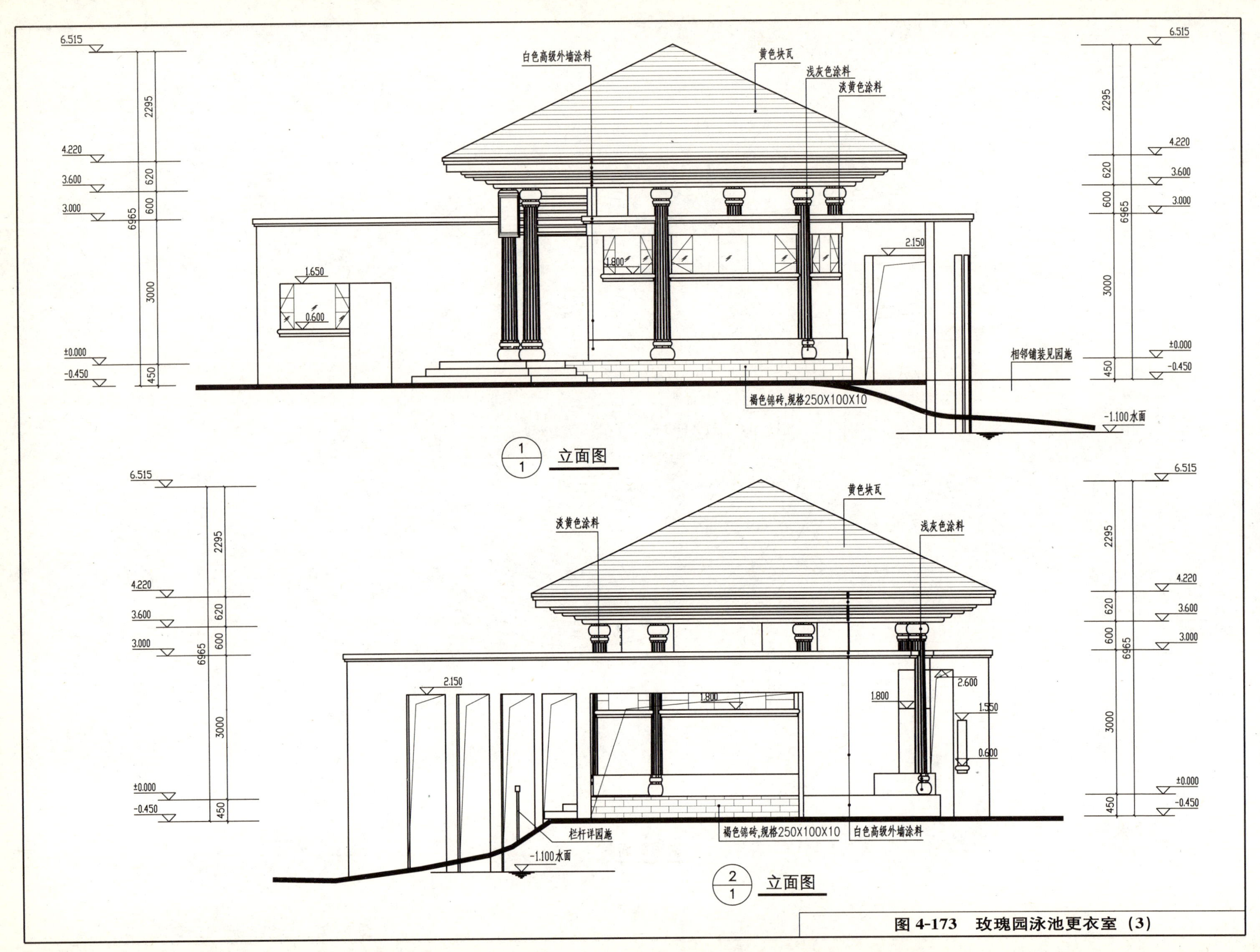

图 4-173 玫瑰园泳池更衣室（3）

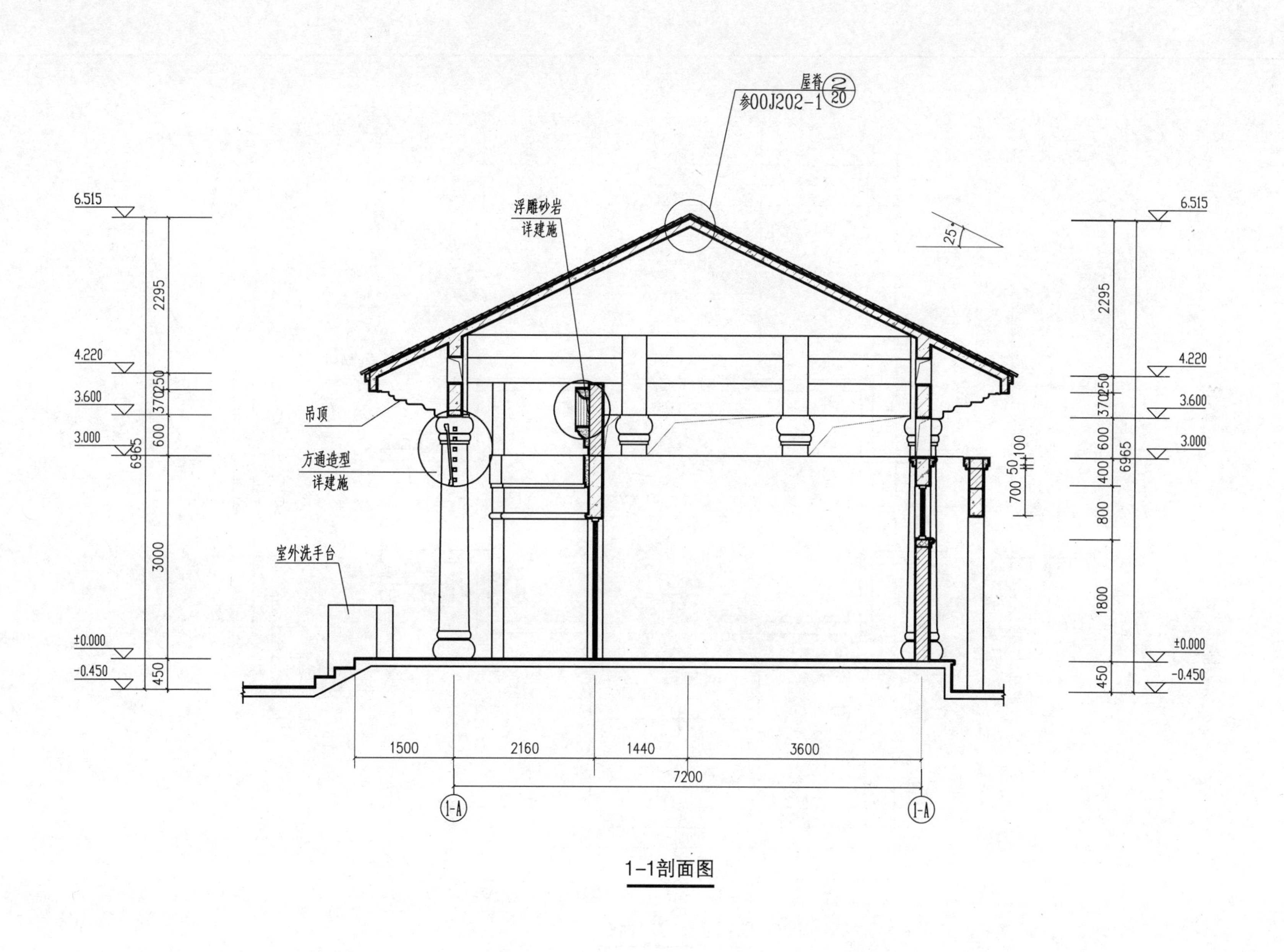

1-1剖面图

图 4-174 玫瑰园泳池更衣室（4）

4.3 休闲憩息类

4.3.1 亭

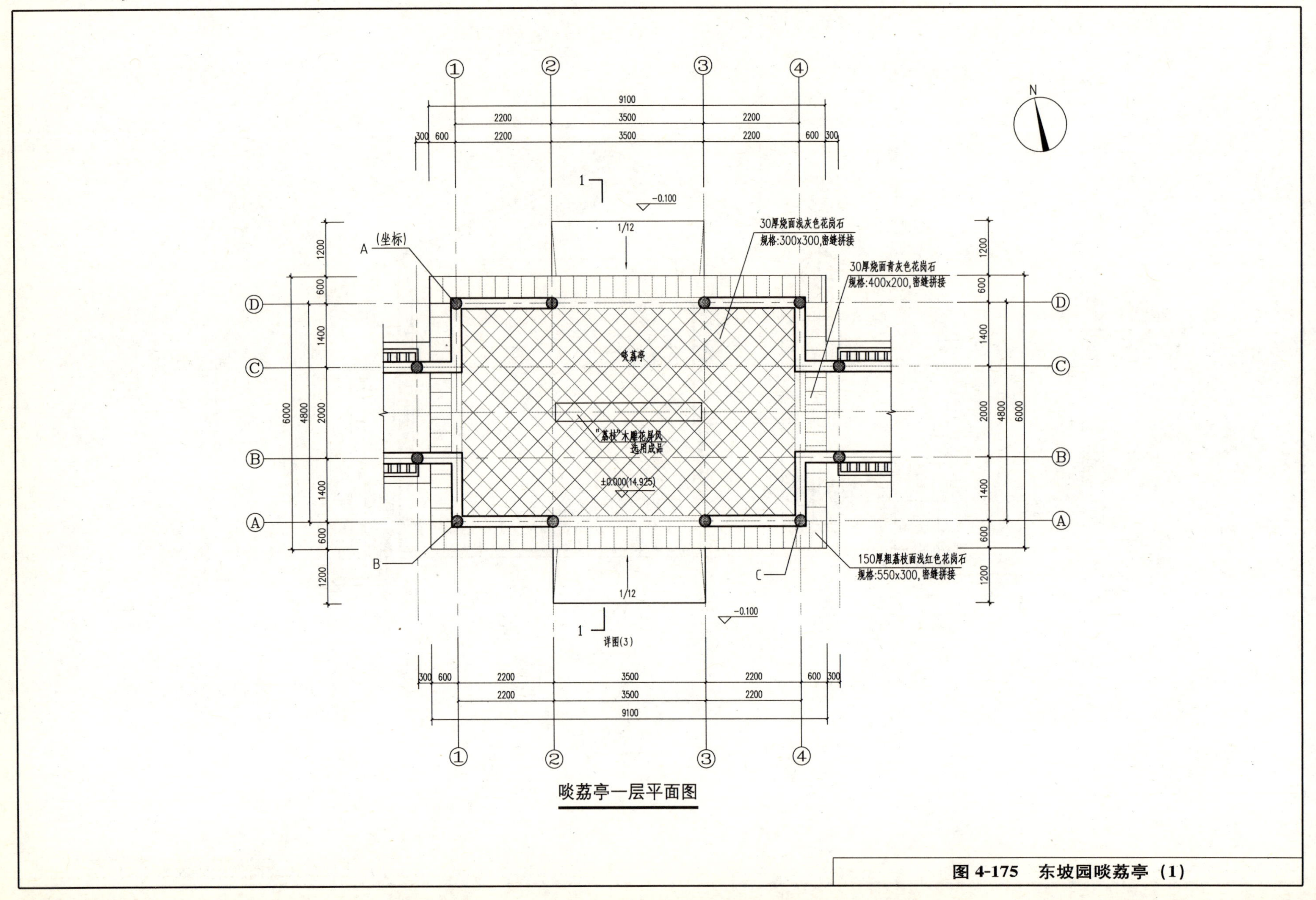

图 4-175　东坡园啖荔亭（1）

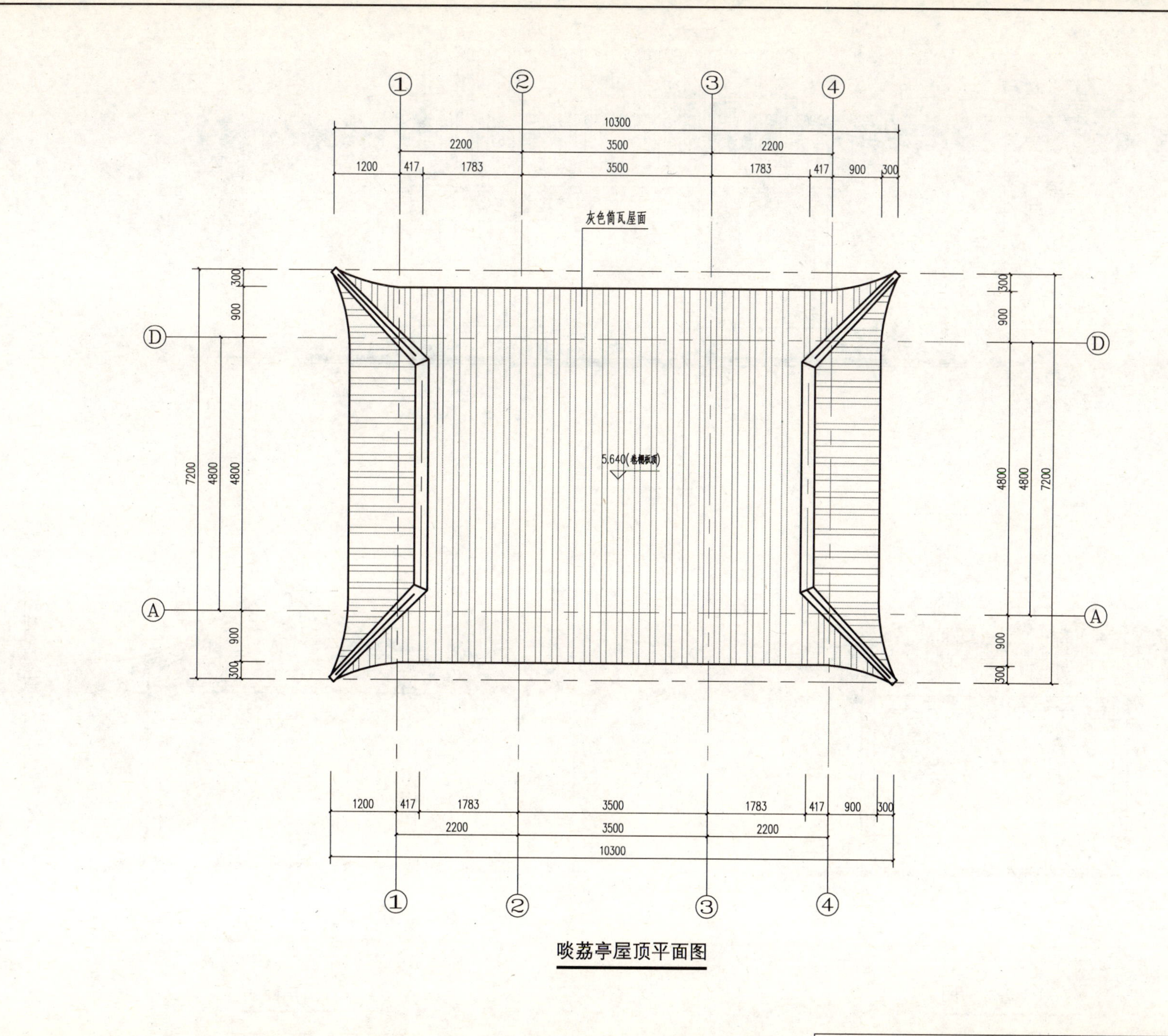

喷荔亭屋顶平面图

图 4-176　东坡园啖荔亭（2）

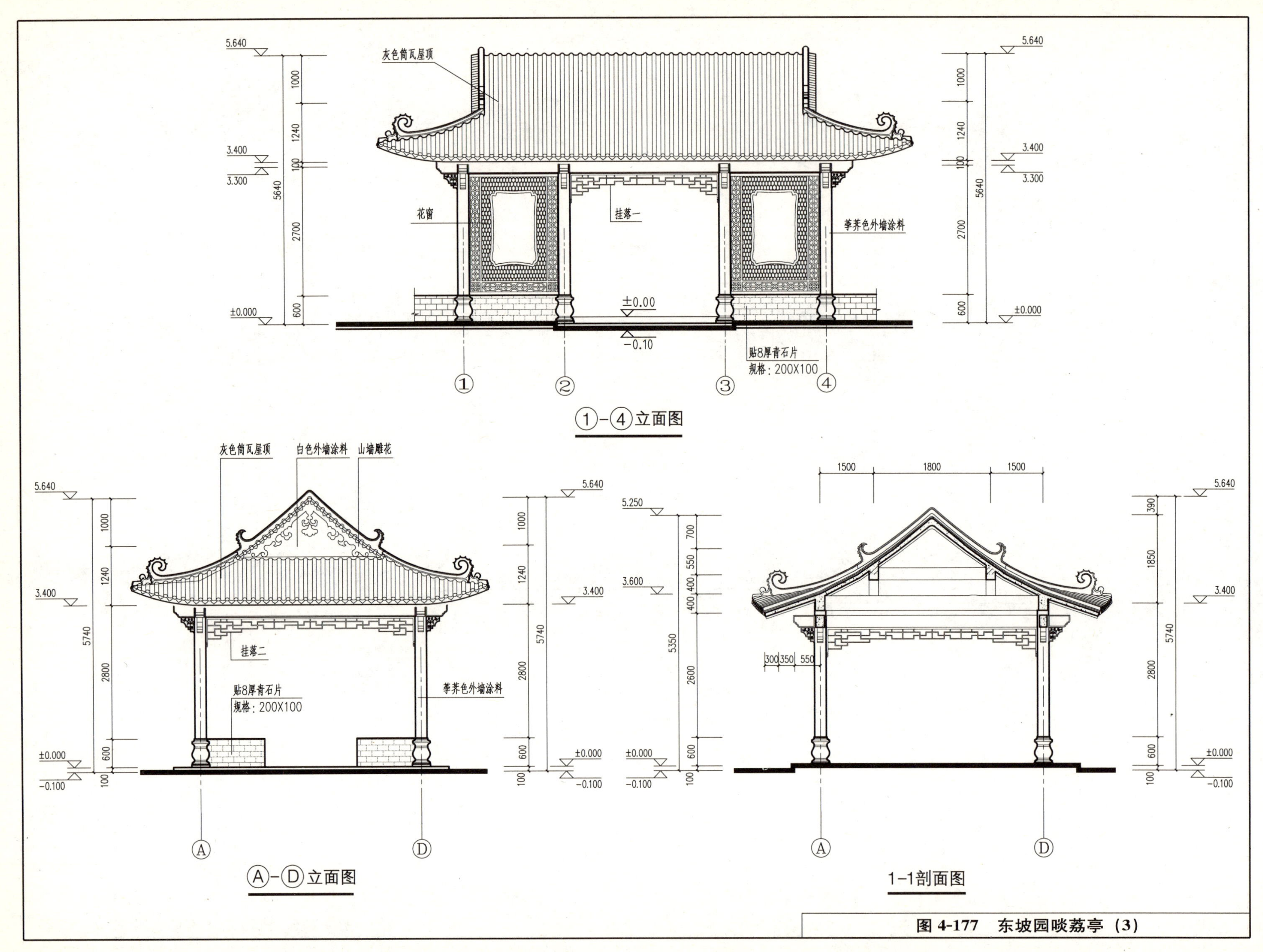

图 4-177 东坡园啖荔亭（3）

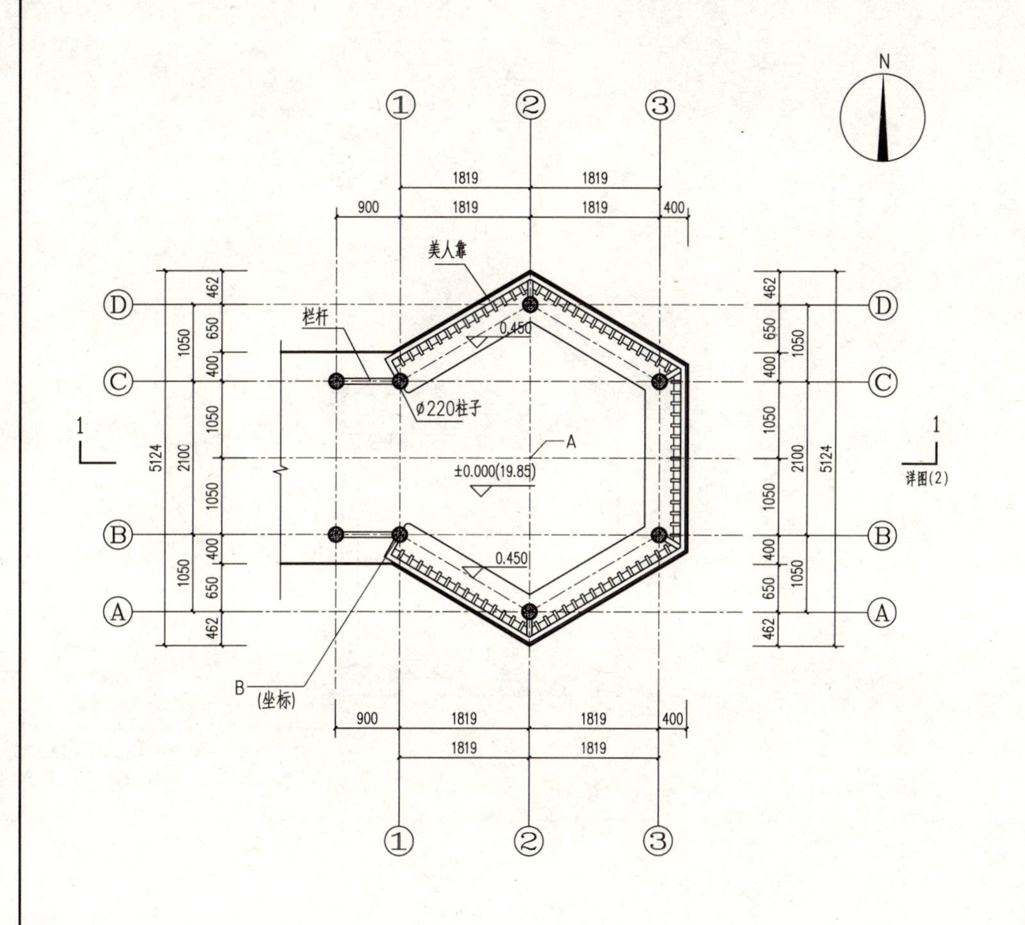

咏词亭一层平面图

筒板瓦
200 750 1819 1819 750 200
548 250 800 1050 2100

咏词亭屋顶平面图

图 4-178　东坡园咏词亭（1）

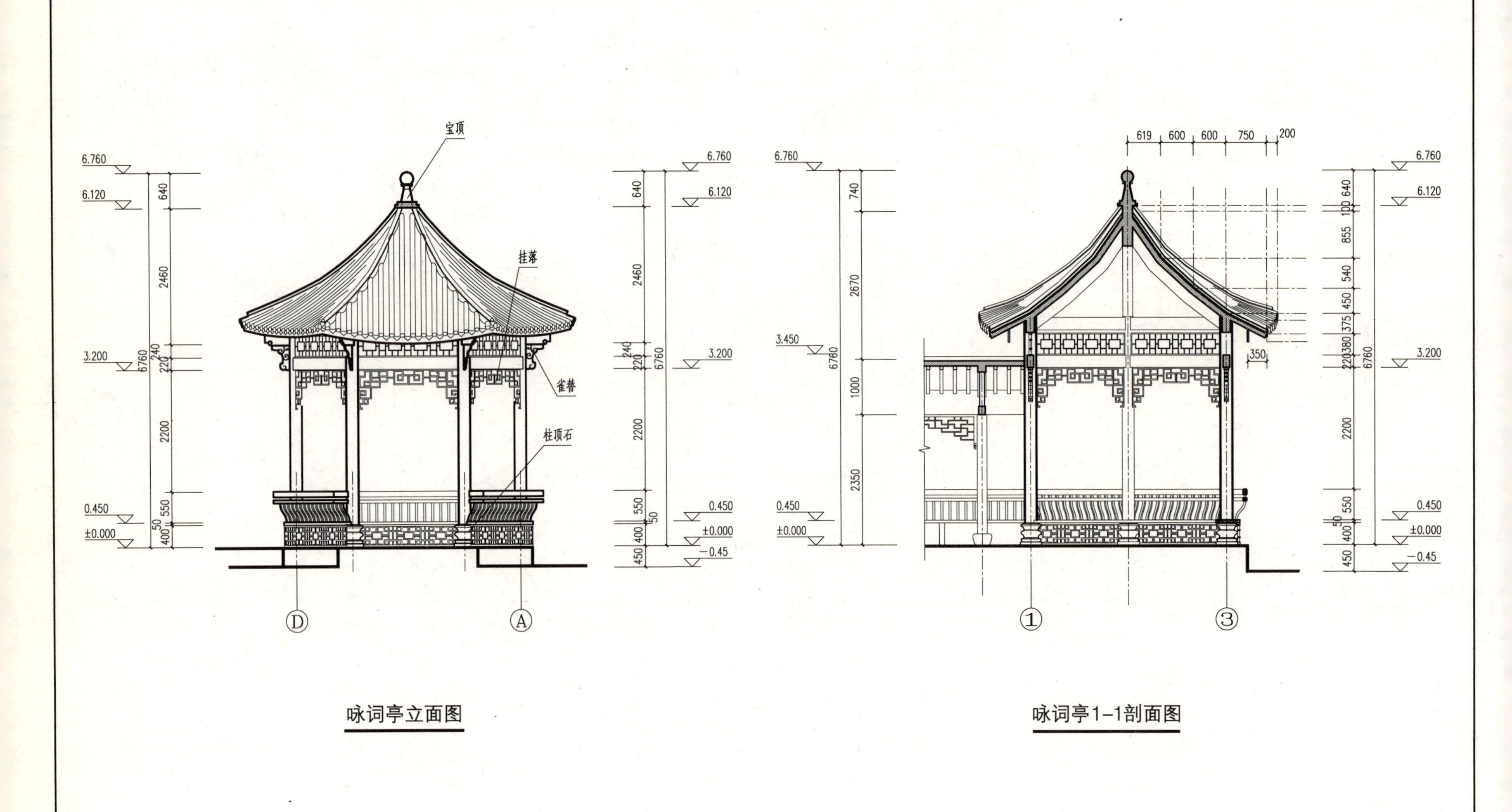

咏词亭立面图

咏词亭1-1剖面图

图 4-179　东坡园咏词亭（2）

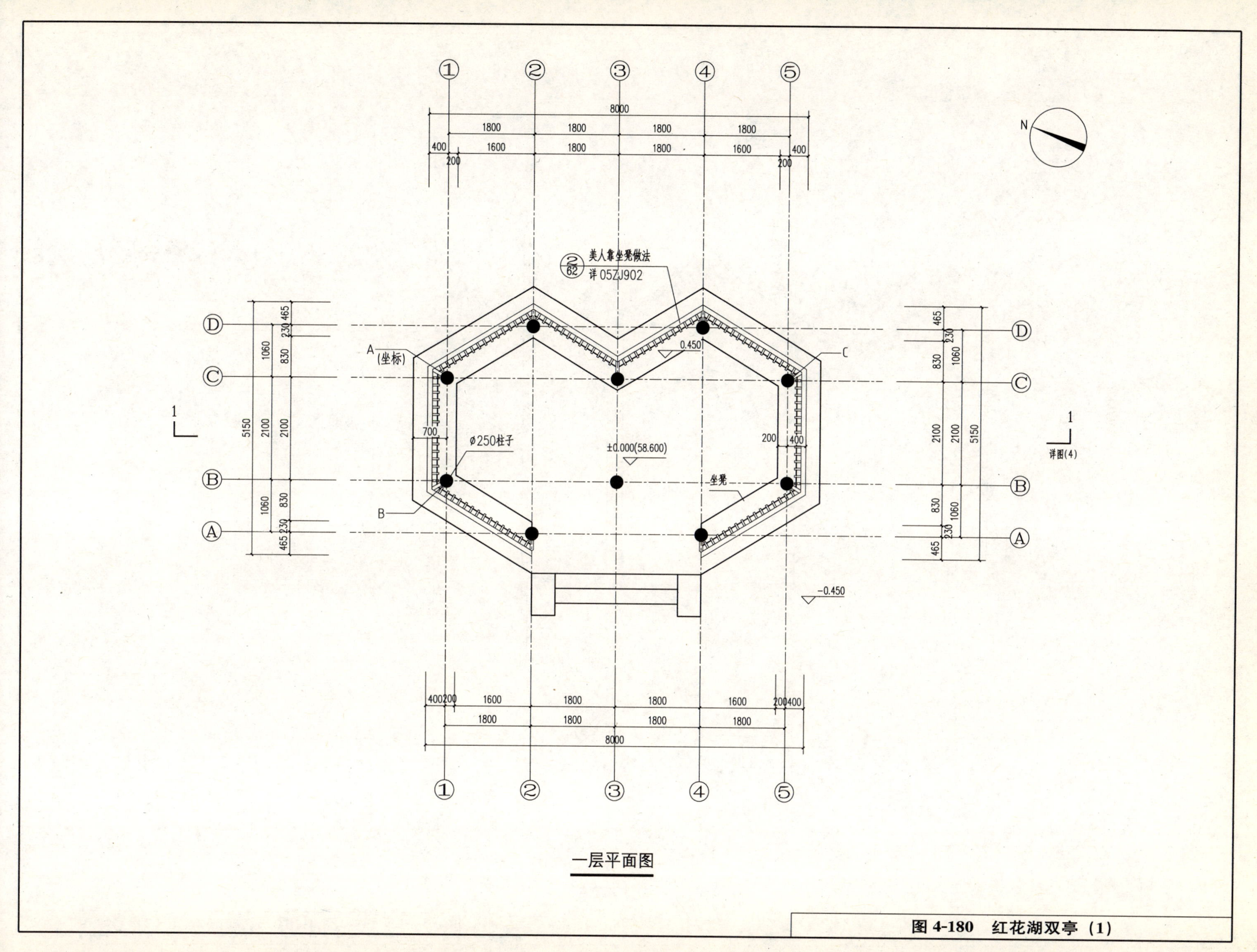

图 4-180 红花湖双亭（1）

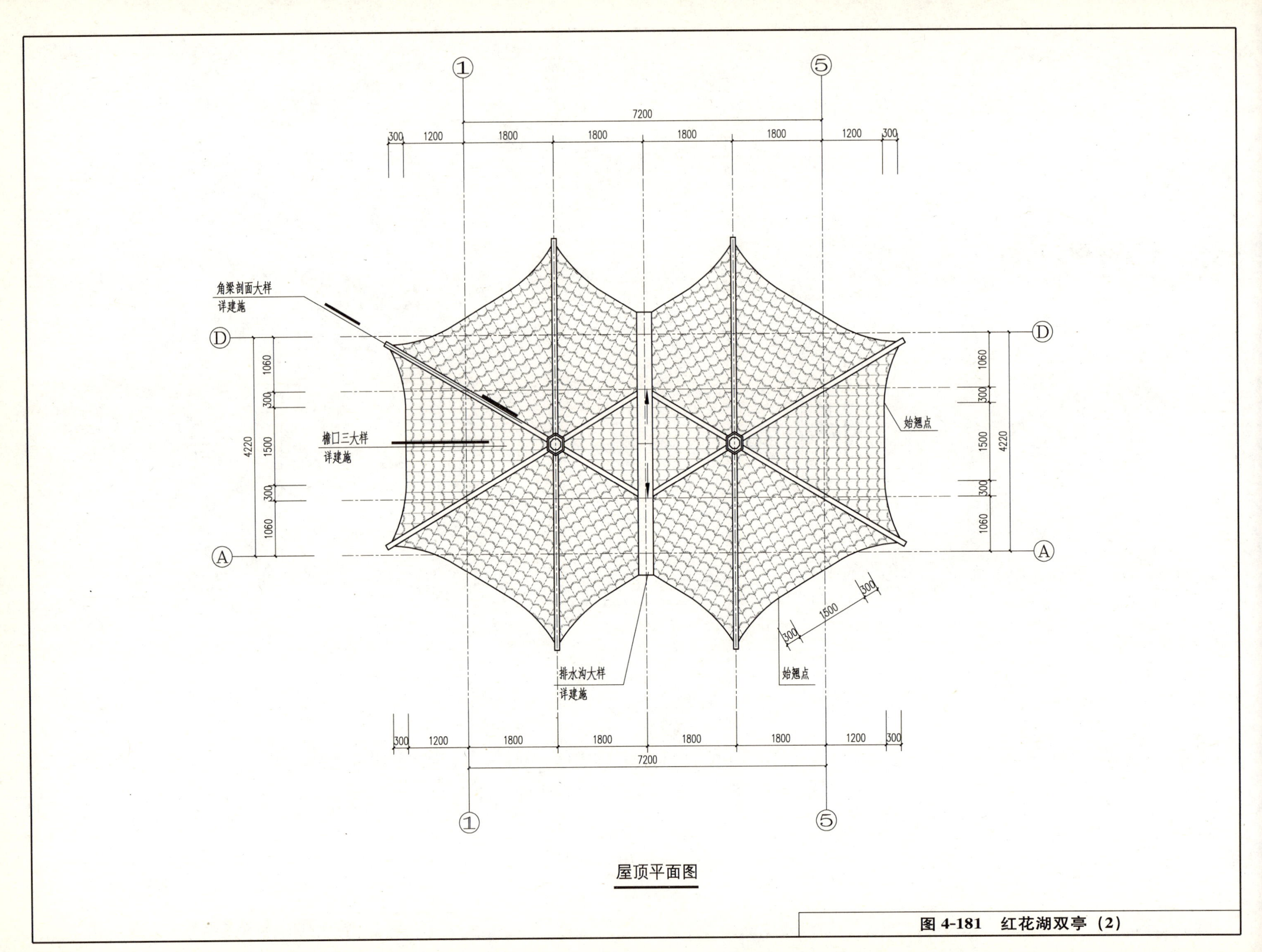

图 4-181　红花湖双亭（2）

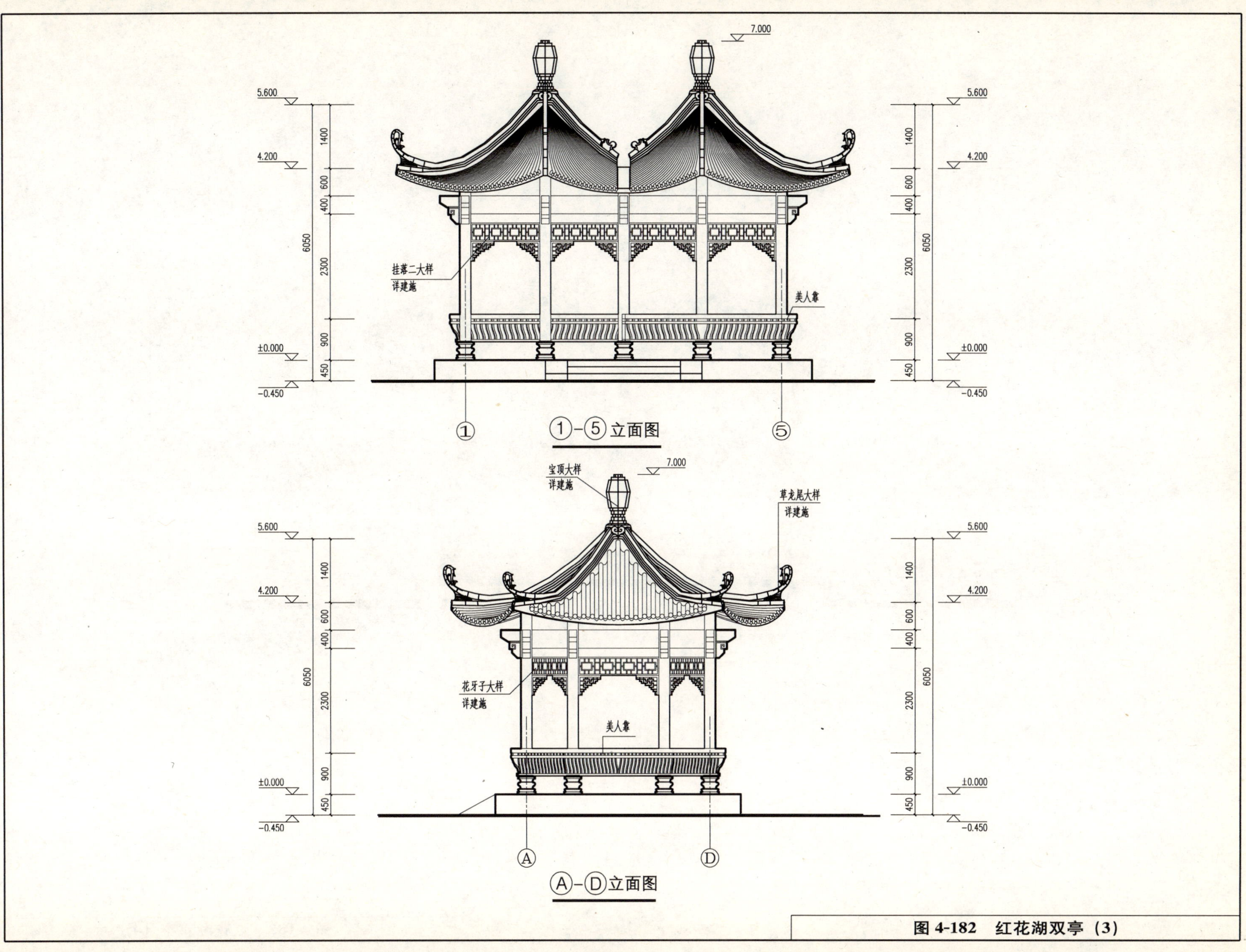

图 4-182　红花湖双亭（3）

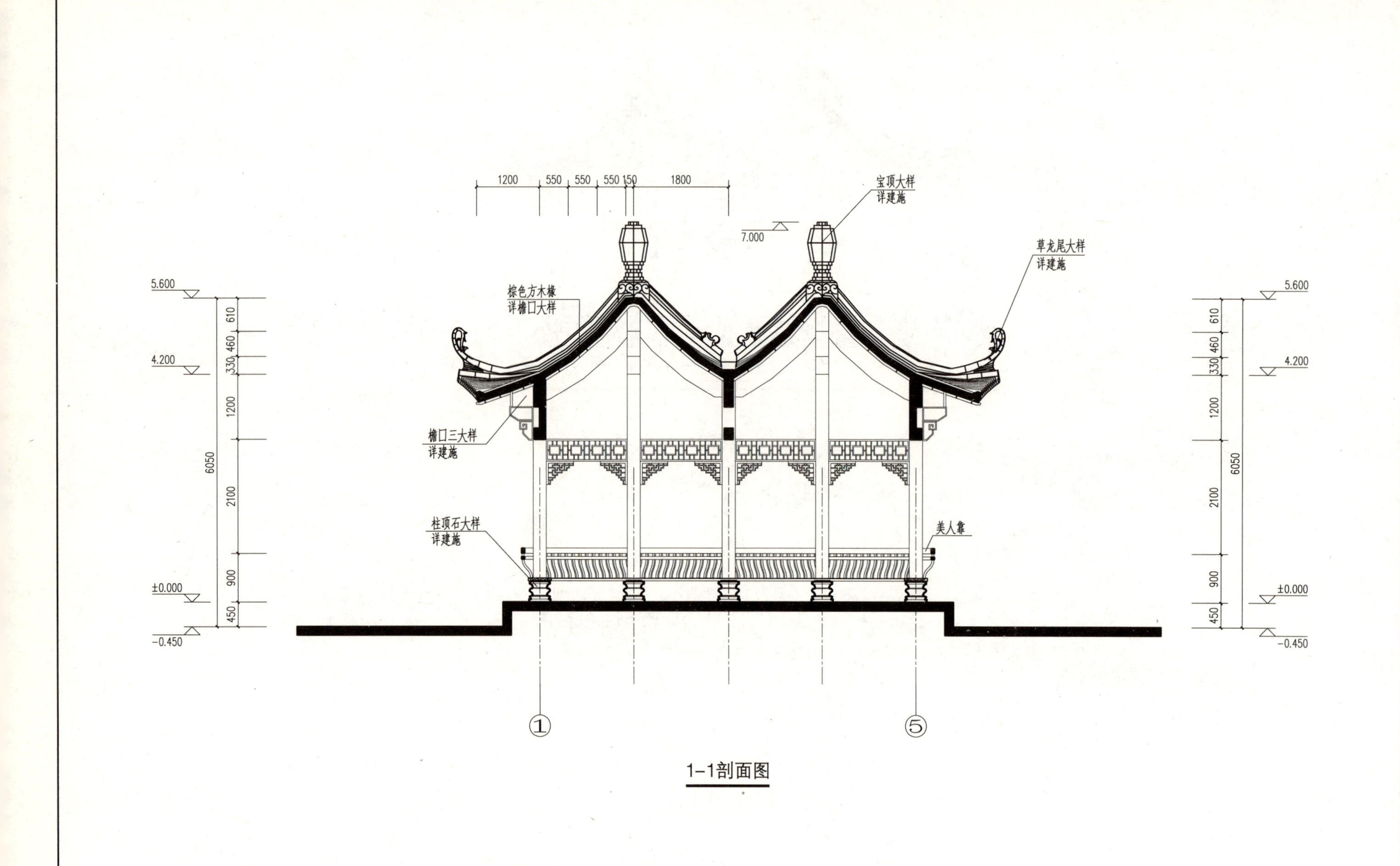

1-1剖面图

图 4-183　红花湖双亭（4）

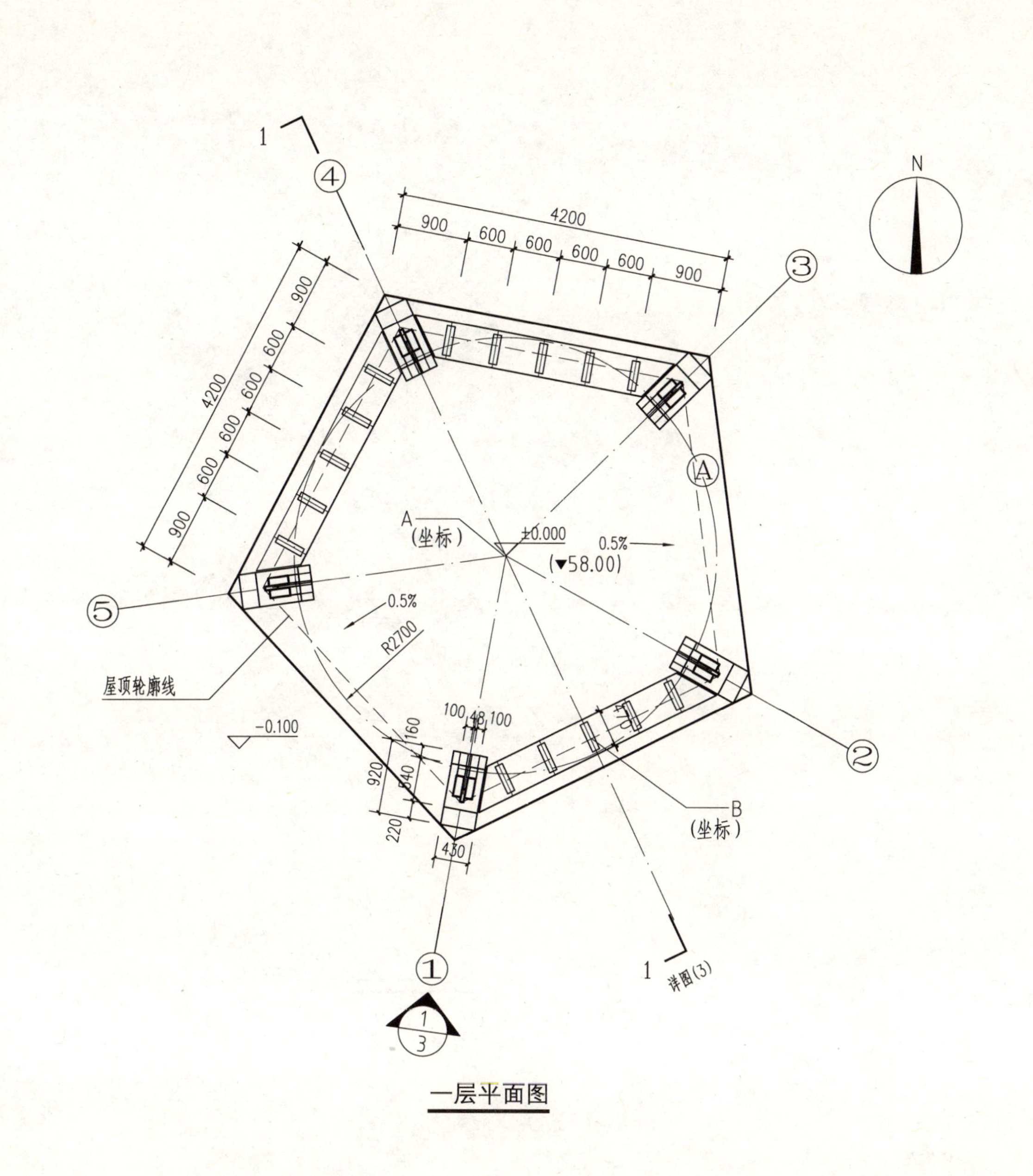

一层平面图

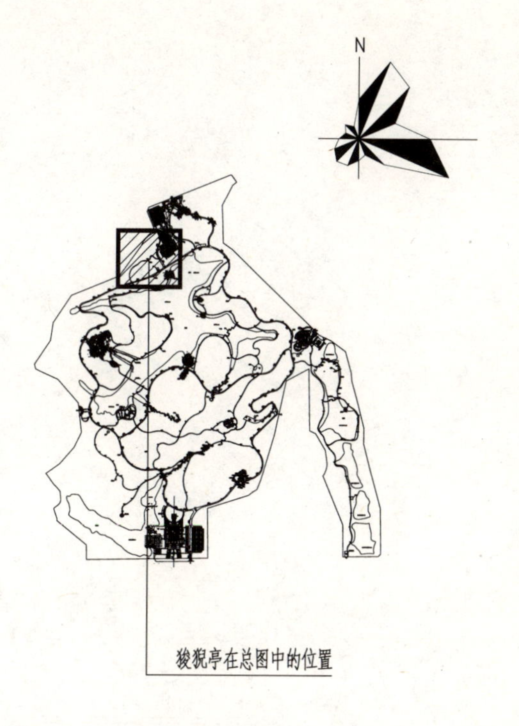

总图索引图

图 4-184　聚龙山公园亭（一）(1)

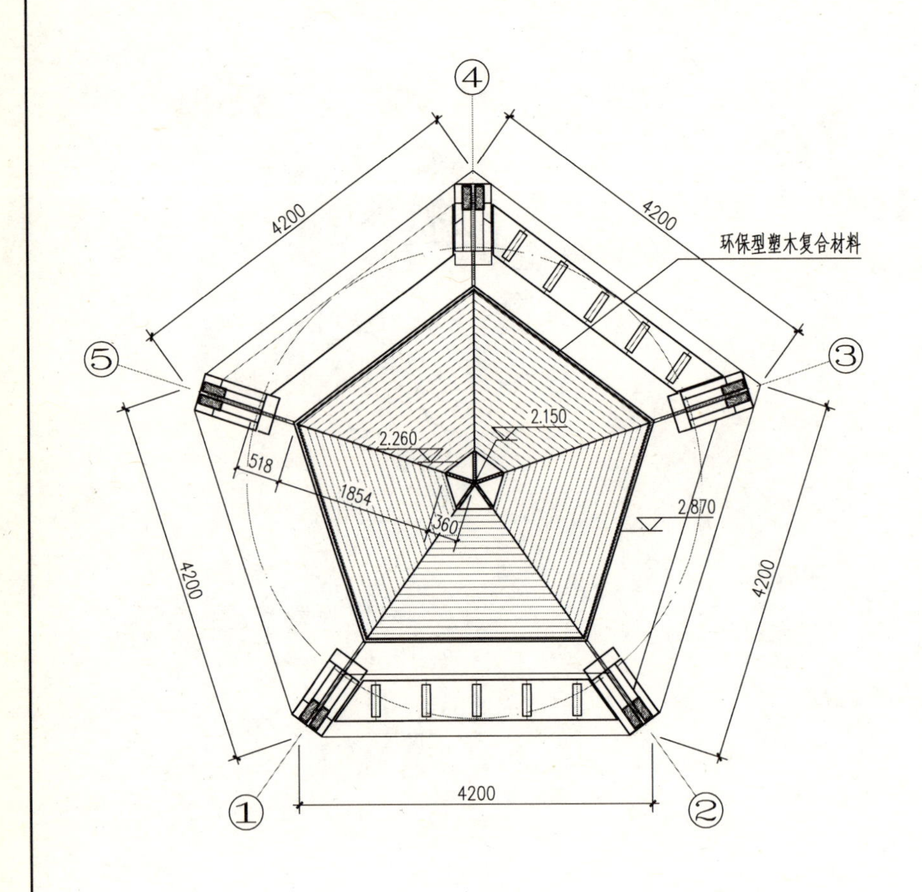

屋顶夹层平面图

（2.87标高）

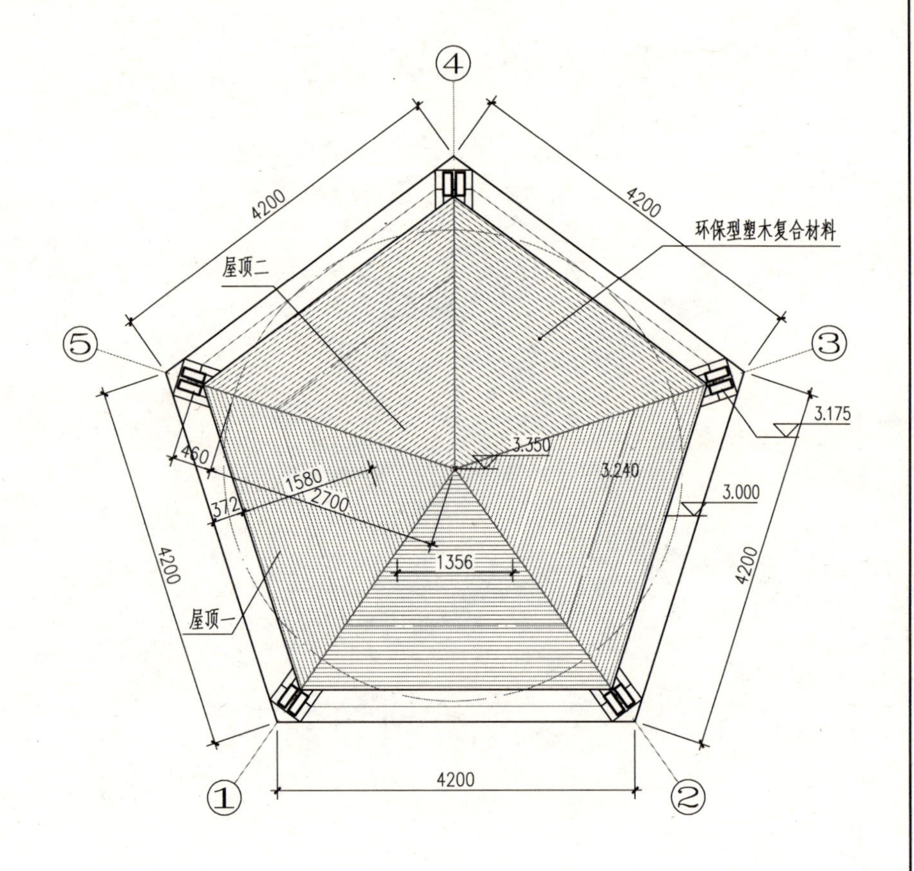

屋顶平面图

图 4-185　聚龙山公园亭（一）（2）

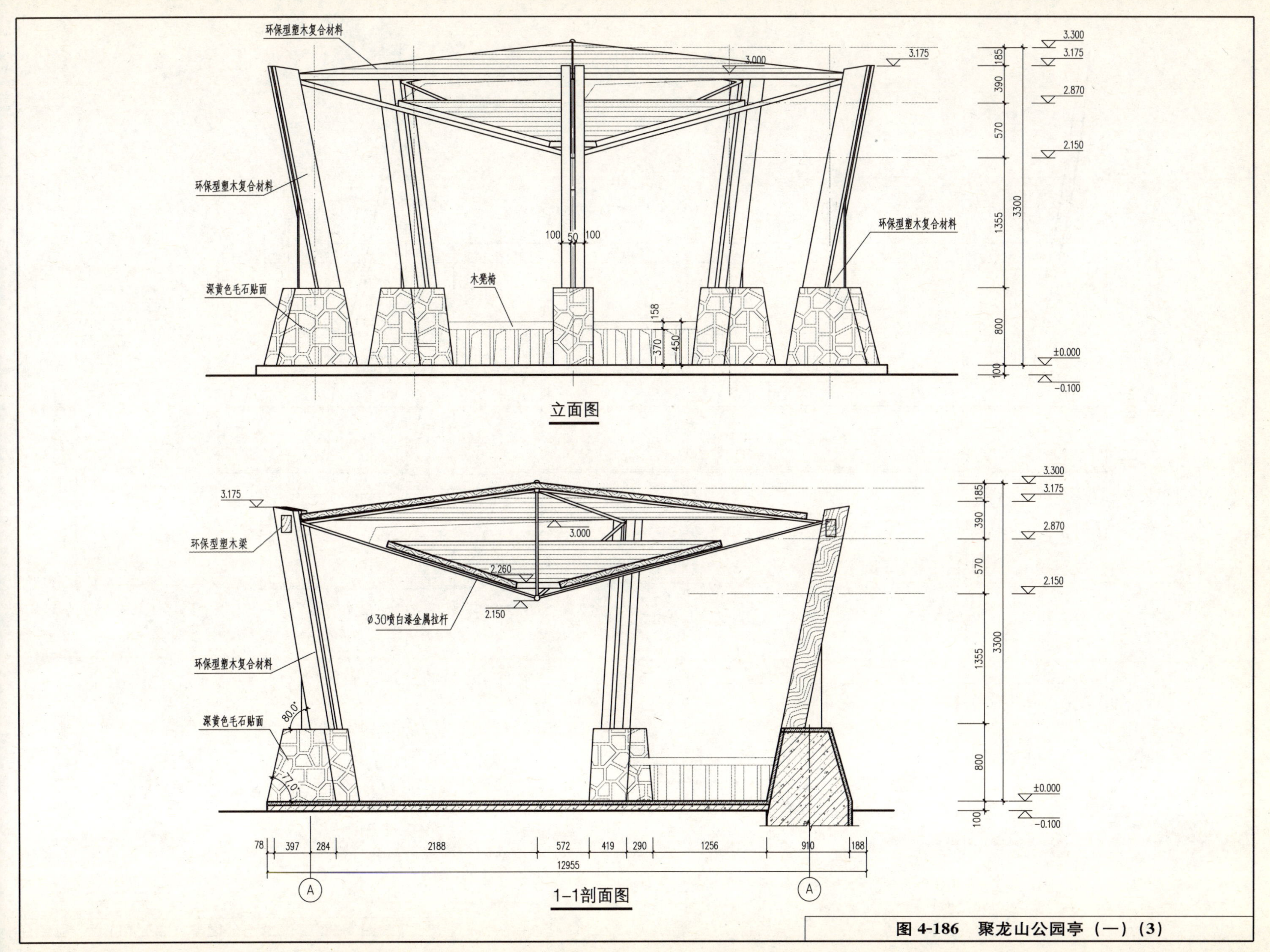

图 4-186 聚龙山公园亭（一）（3）

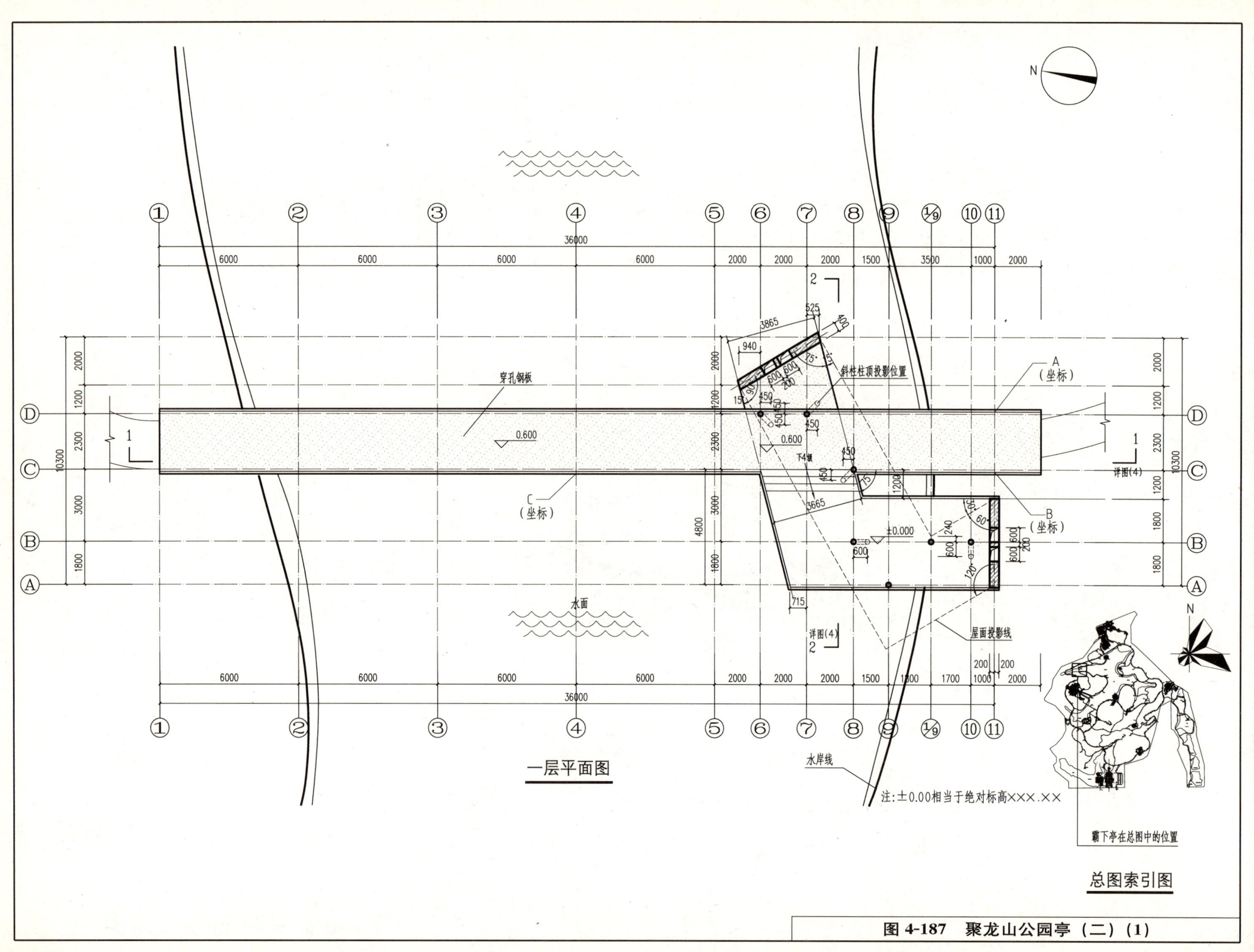

图 4-187 聚龙山公园亭（二）（1）

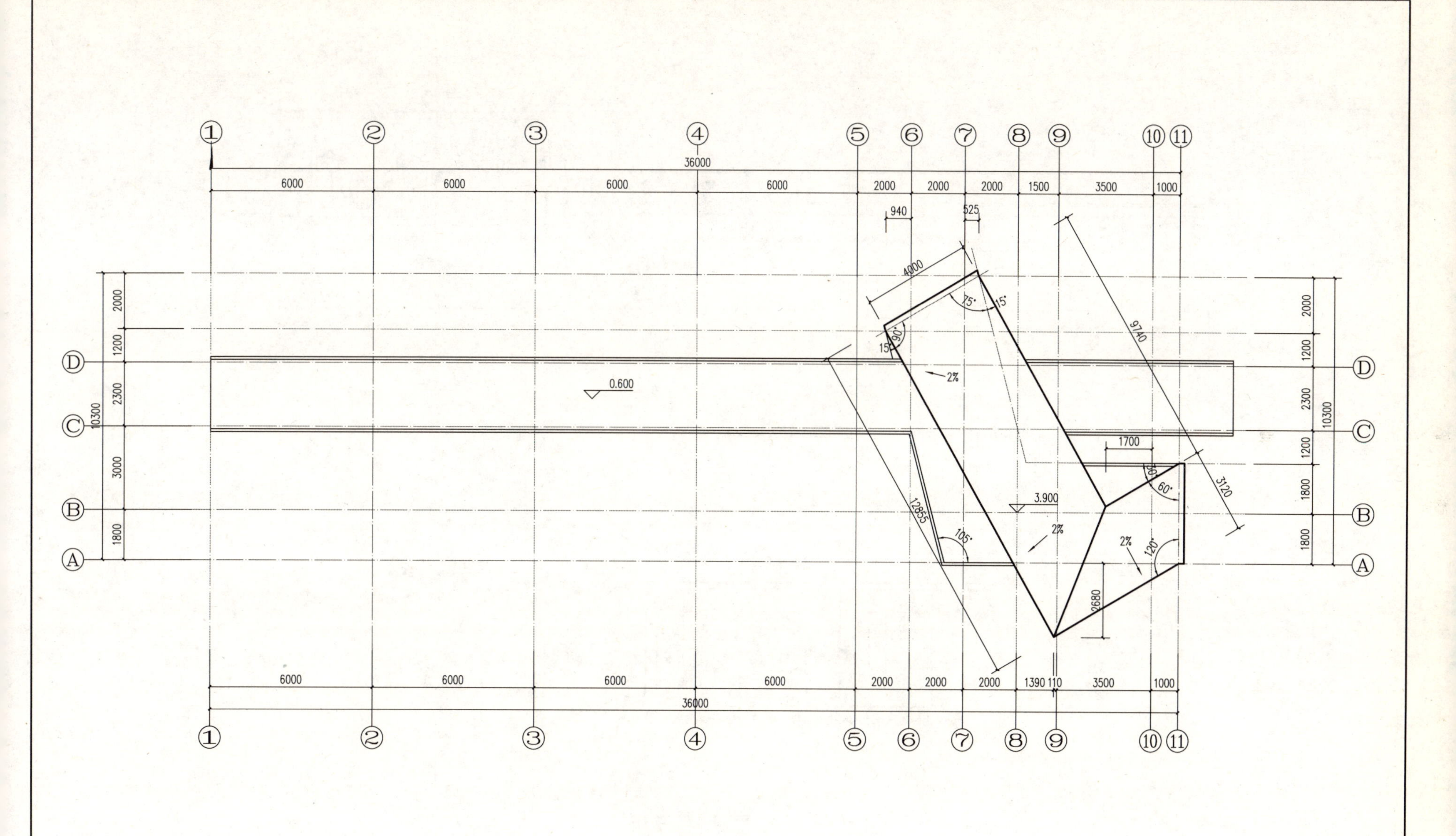

图 4-188 聚龙山公园亭（二）（2）

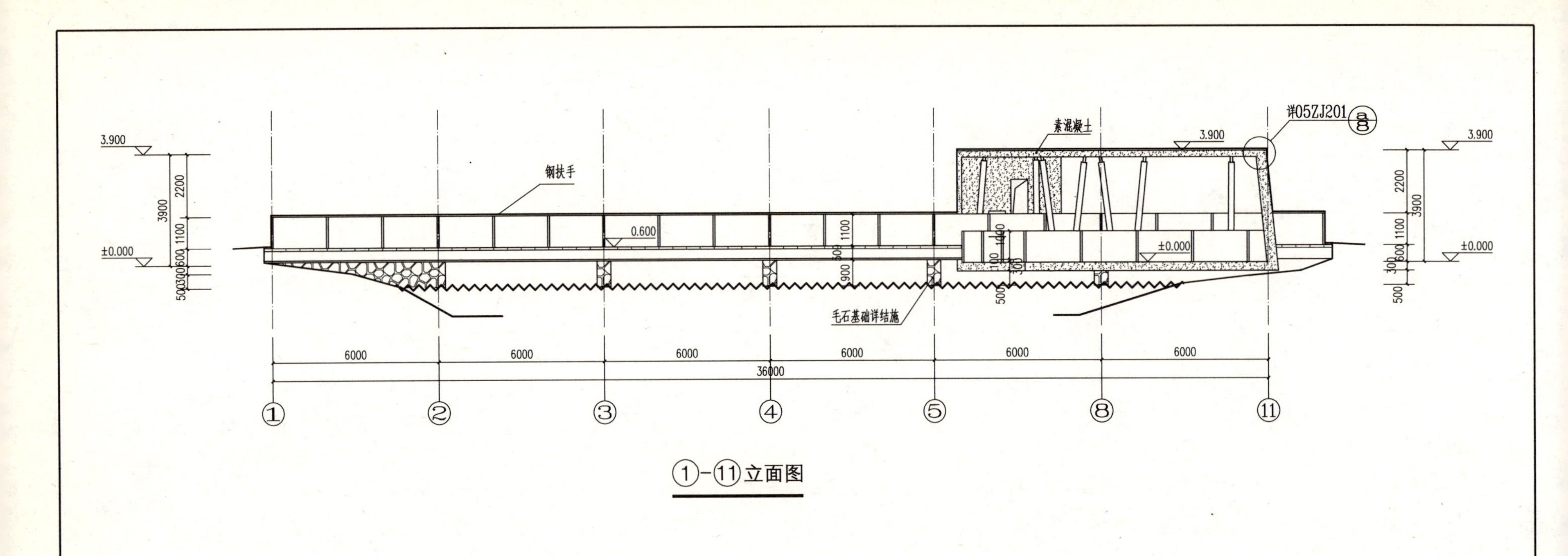

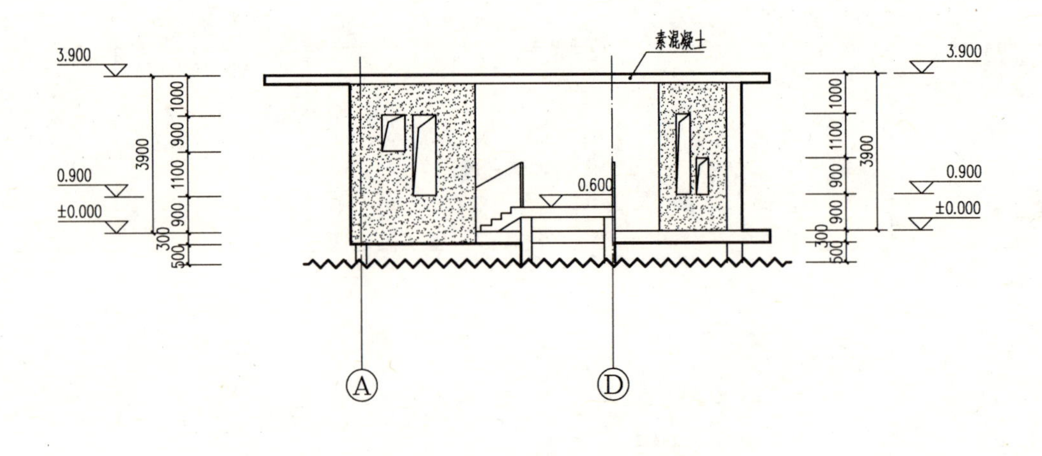

图 4-189　聚龙山公园亭（二）（3）

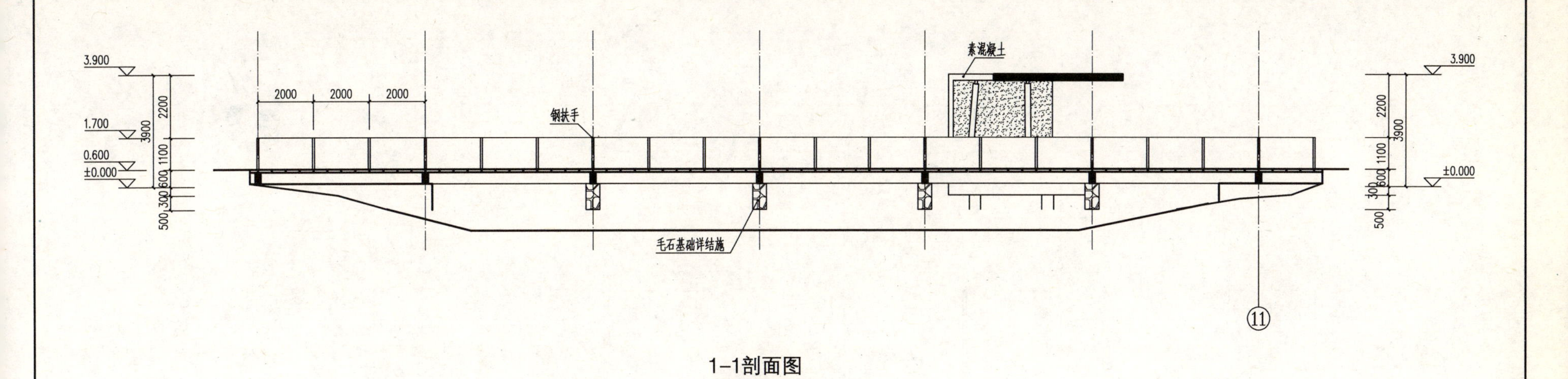

1-1剖面图

详见（1）

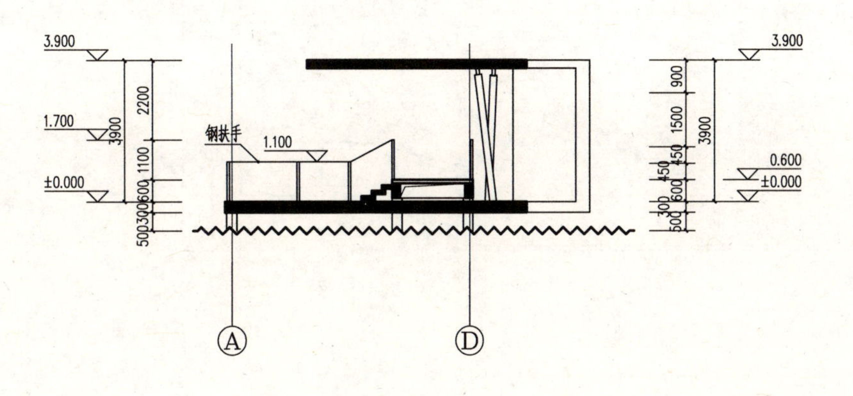

2-2剖面图

详见（1）

图 4-190　聚龙山公园亭（二）（4）

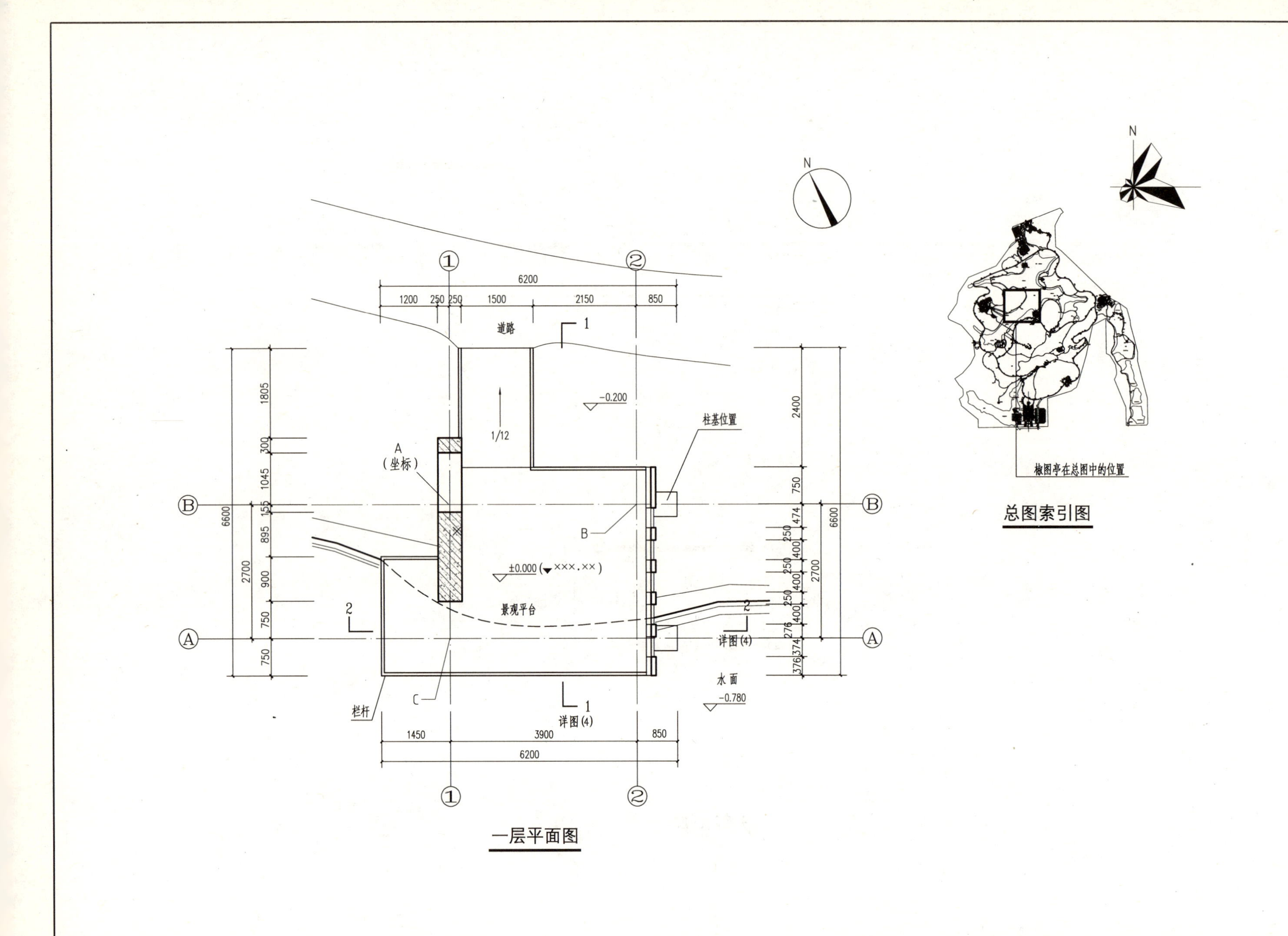

一层平面图

总图索引图

图 4-191 聚龙山公园亭（三）(1)

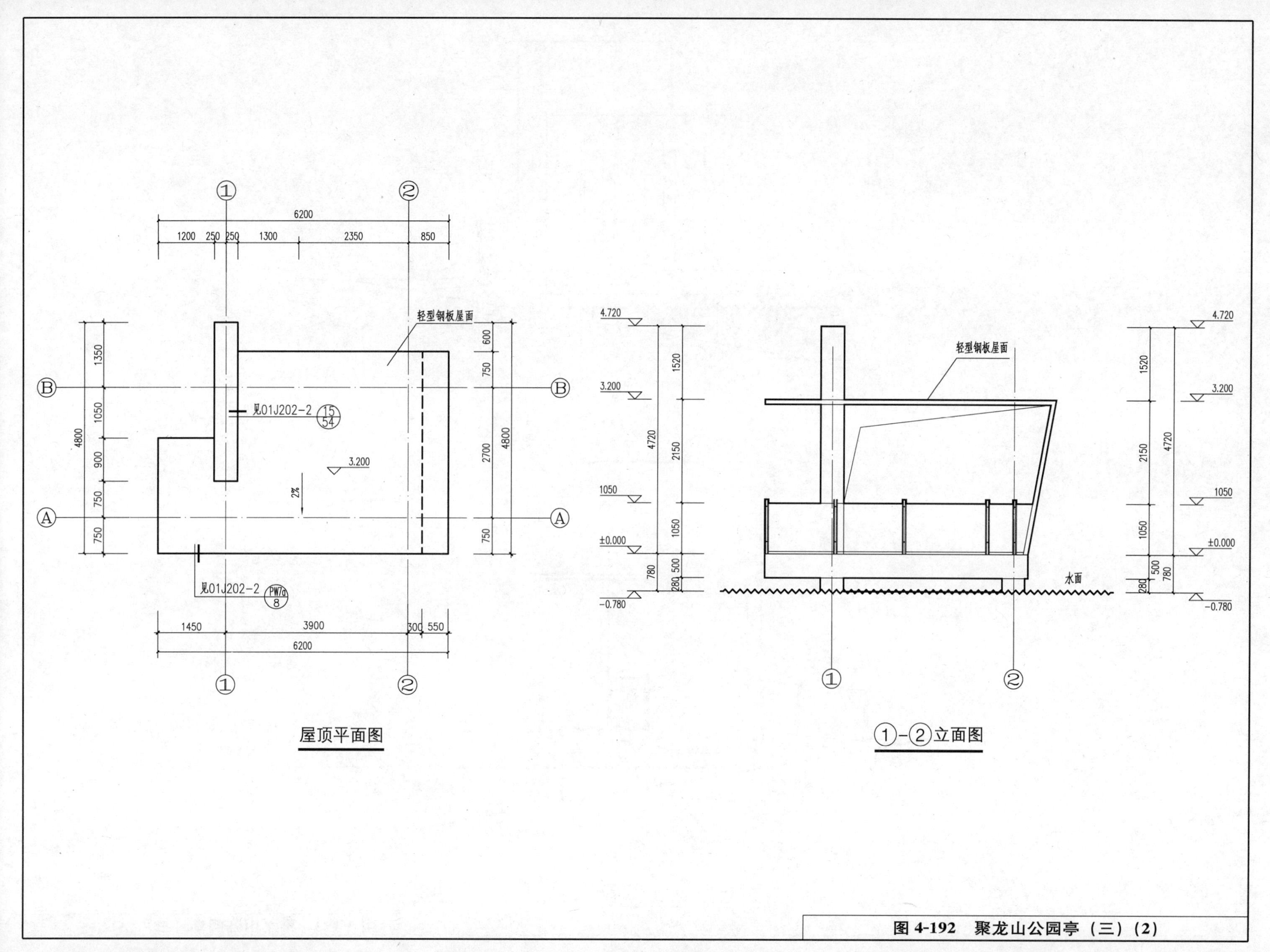

图 4-192　聚龙山公园亭（三）（2）

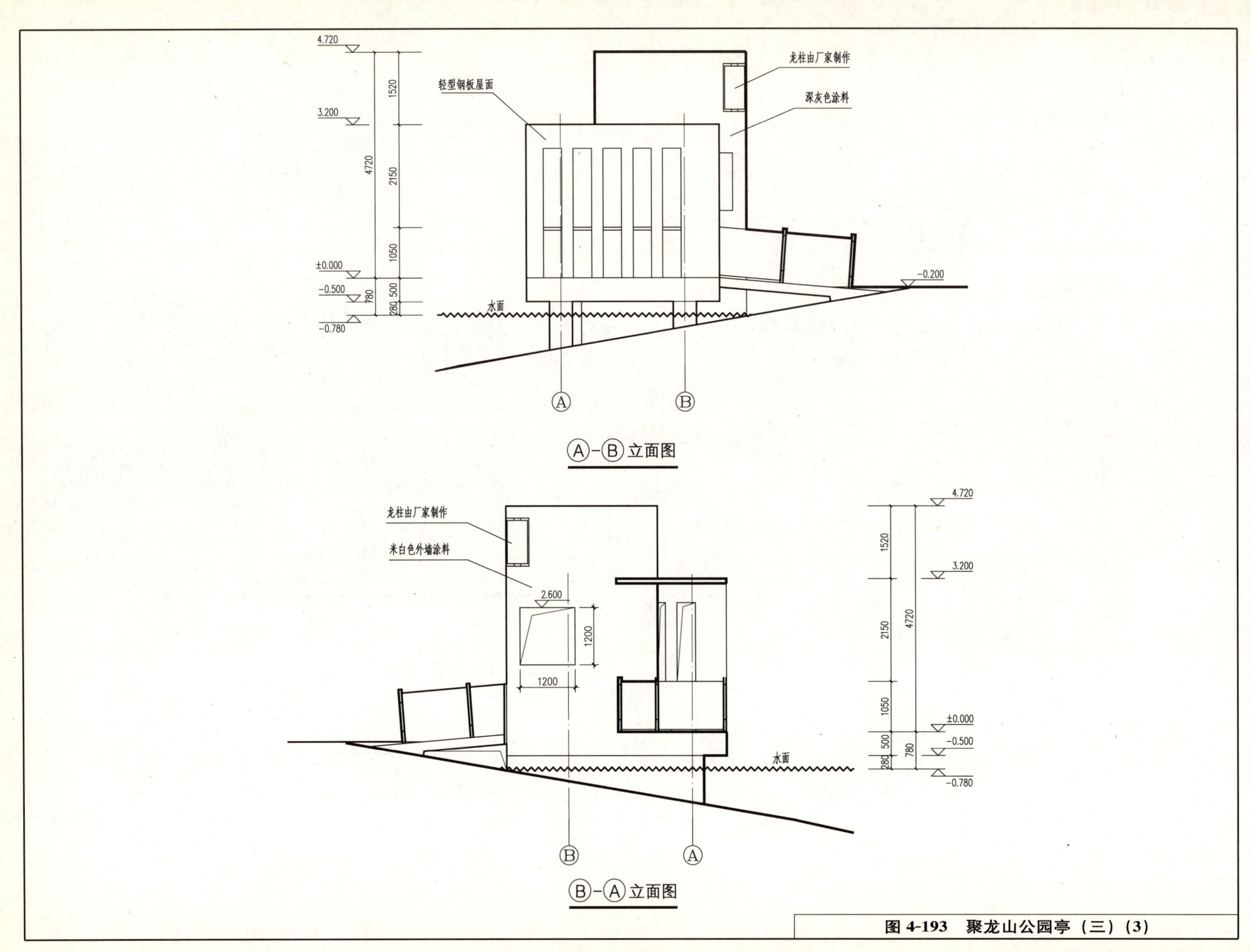

图 4-193 聚龙山公园亭（三）(3)

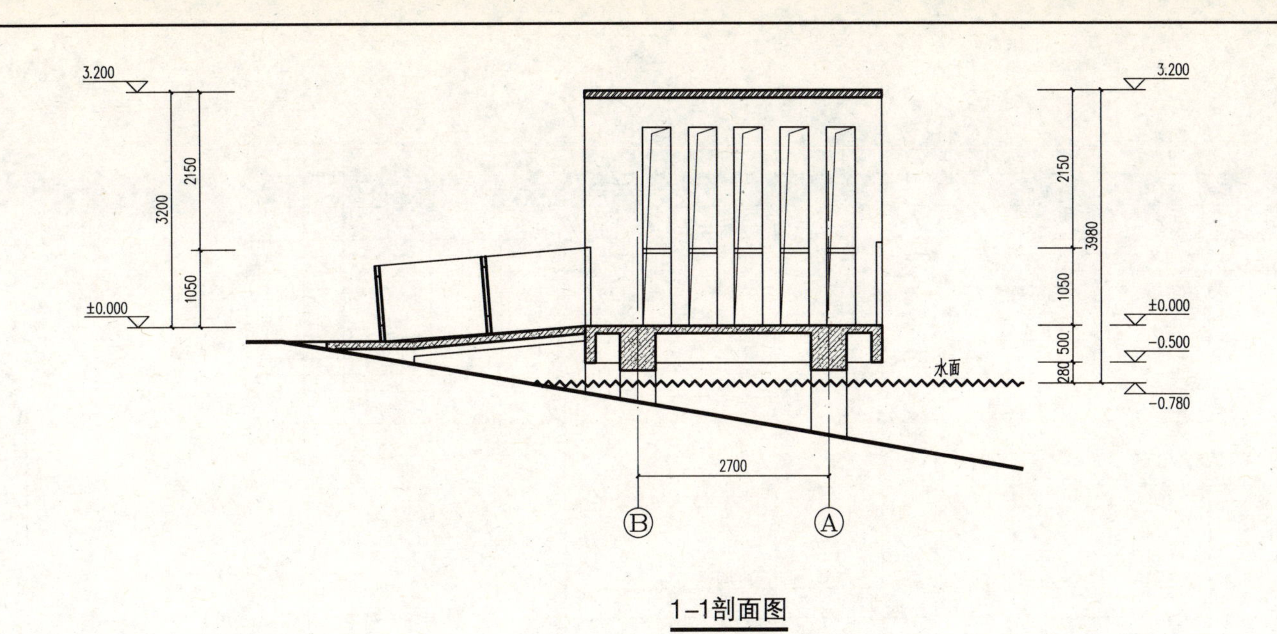

1-1剖面图

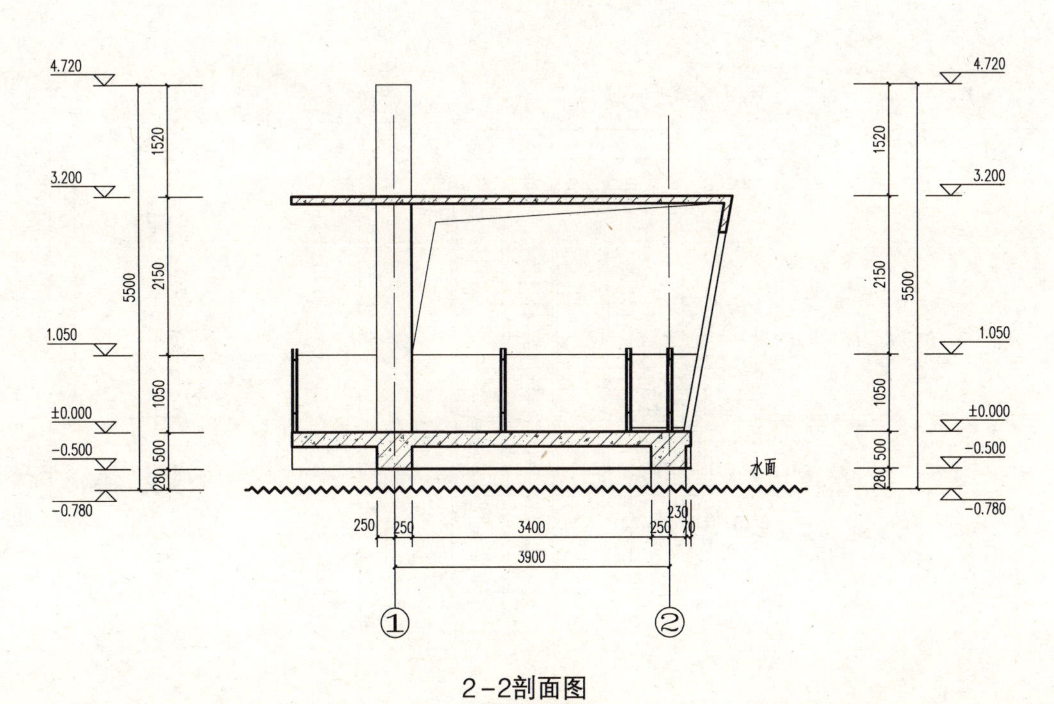

2-2剖面图

图 4-194 聚龙山公园亭（三）（4）

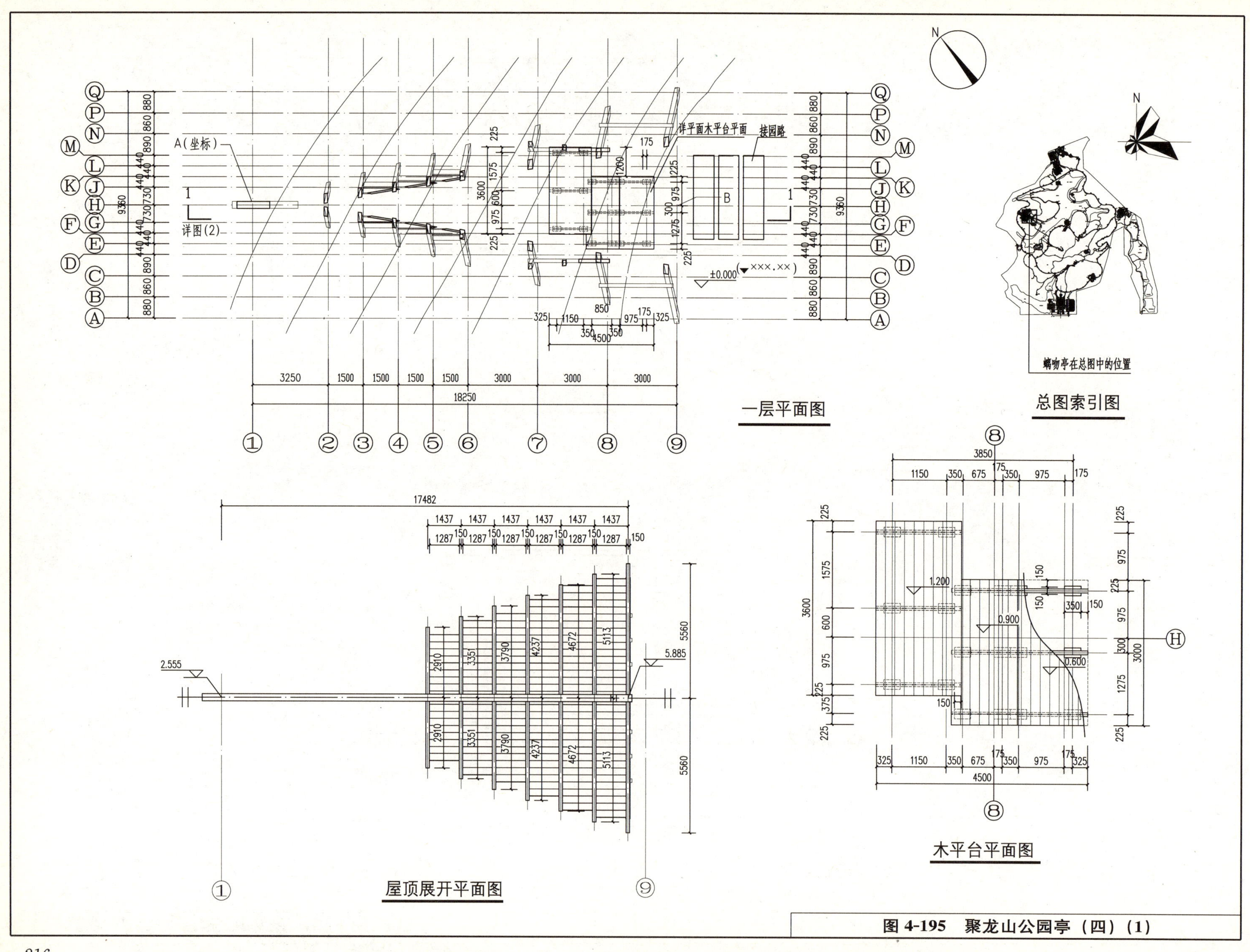

图 4-195　聚龙山公园亭（四）（1）

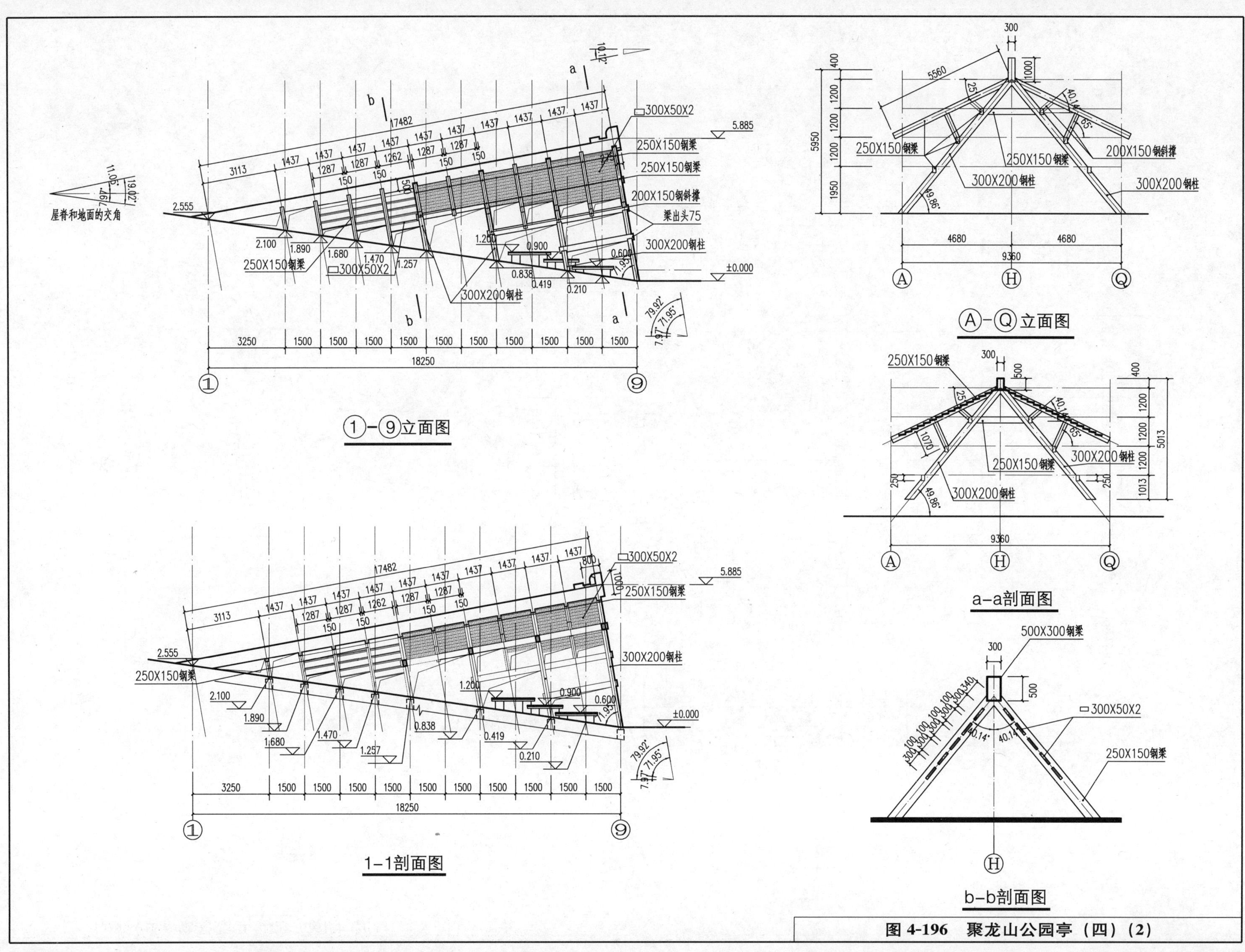

图 4-196 聚龙山公园亭（四）(2)

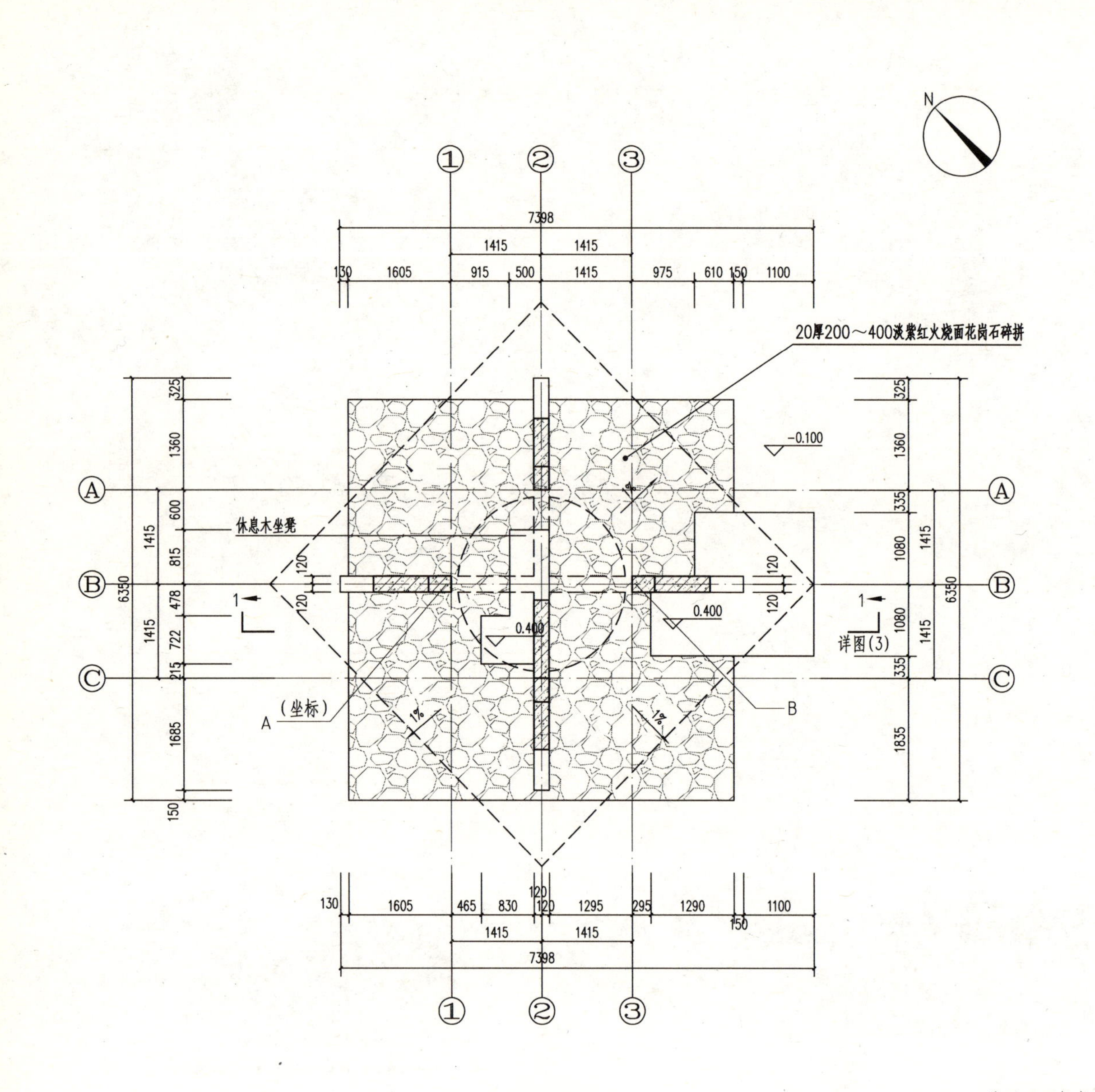

一层平面图

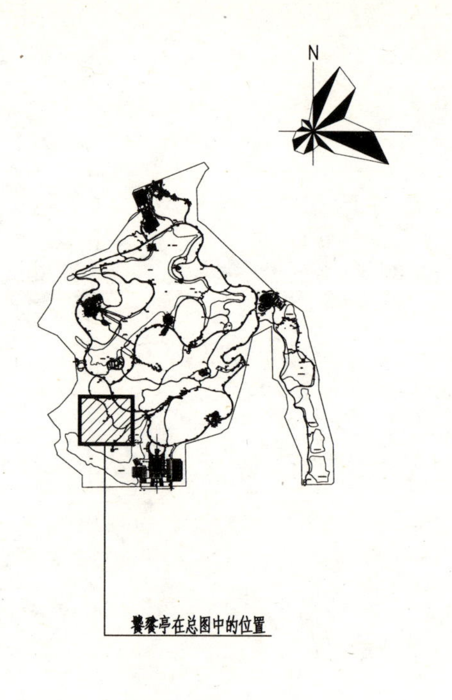

总图索引图

注：±0.00相当于绝对标高×××.××

图 4-197　聚龙山公园亭（五）（1）

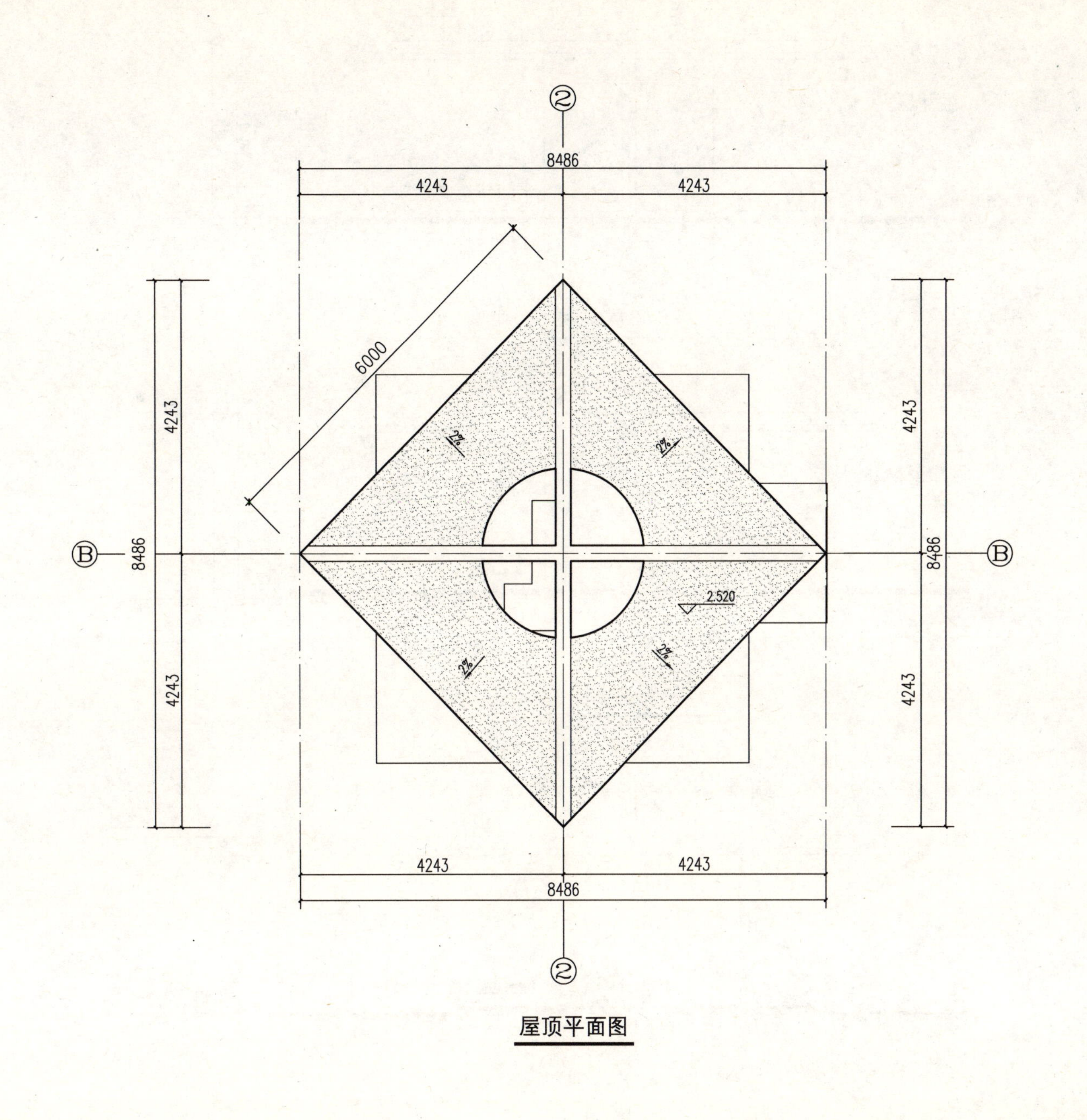

图 4-198　聚龙山公园亭（五）（2）

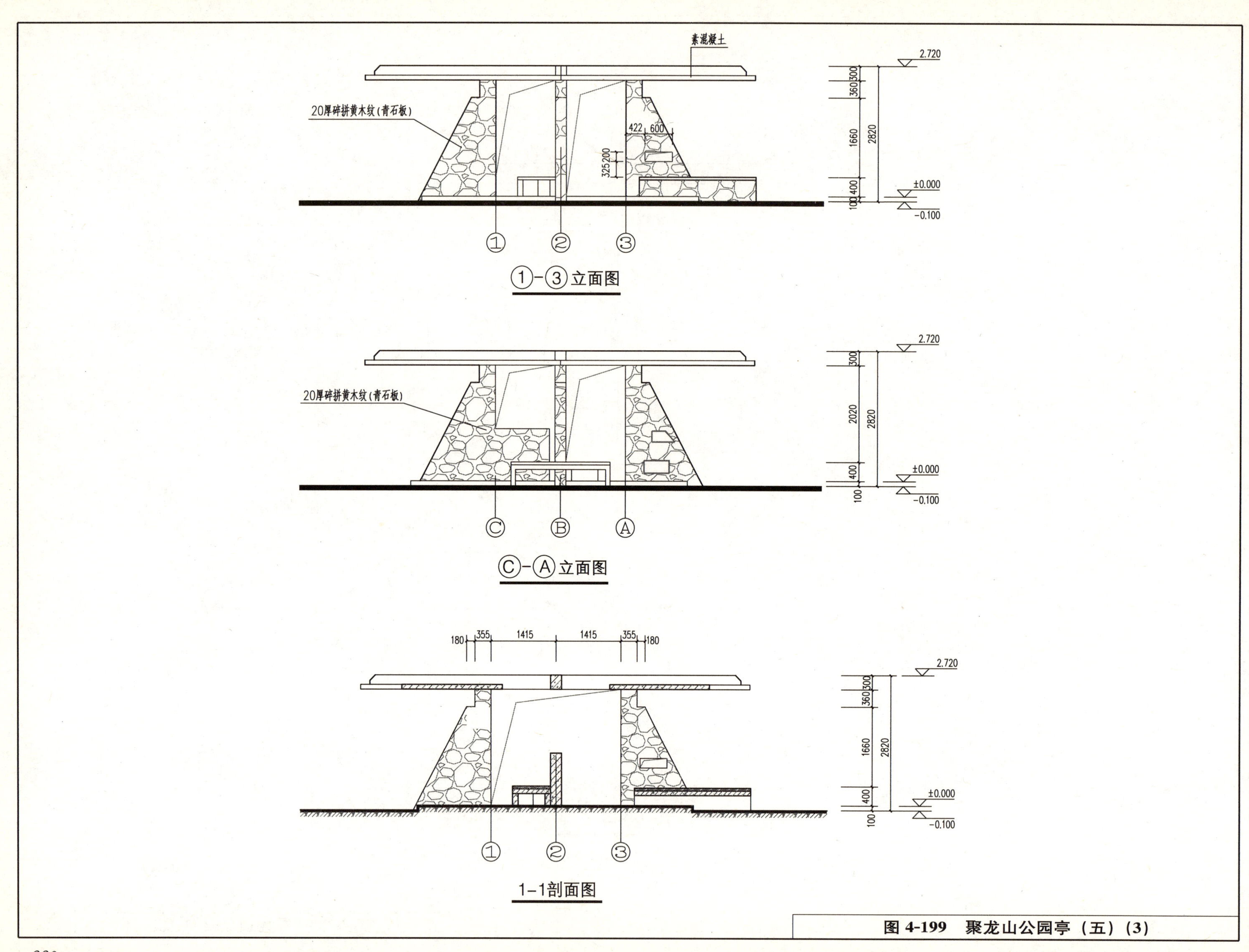

图 4-199　聚龙山公园亭（五）（3）

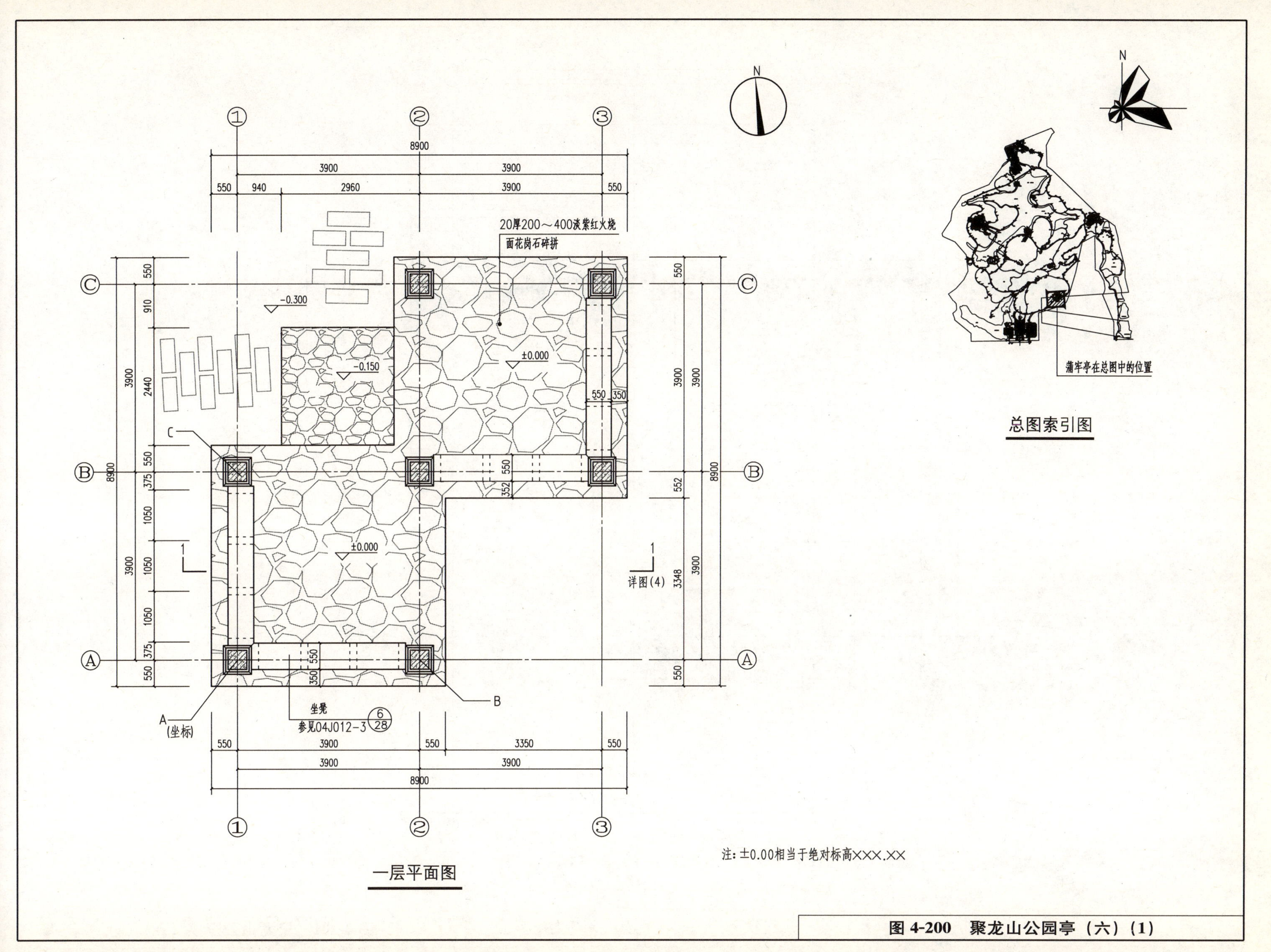

图 4-200　聚龙山公园亭（六）（1）

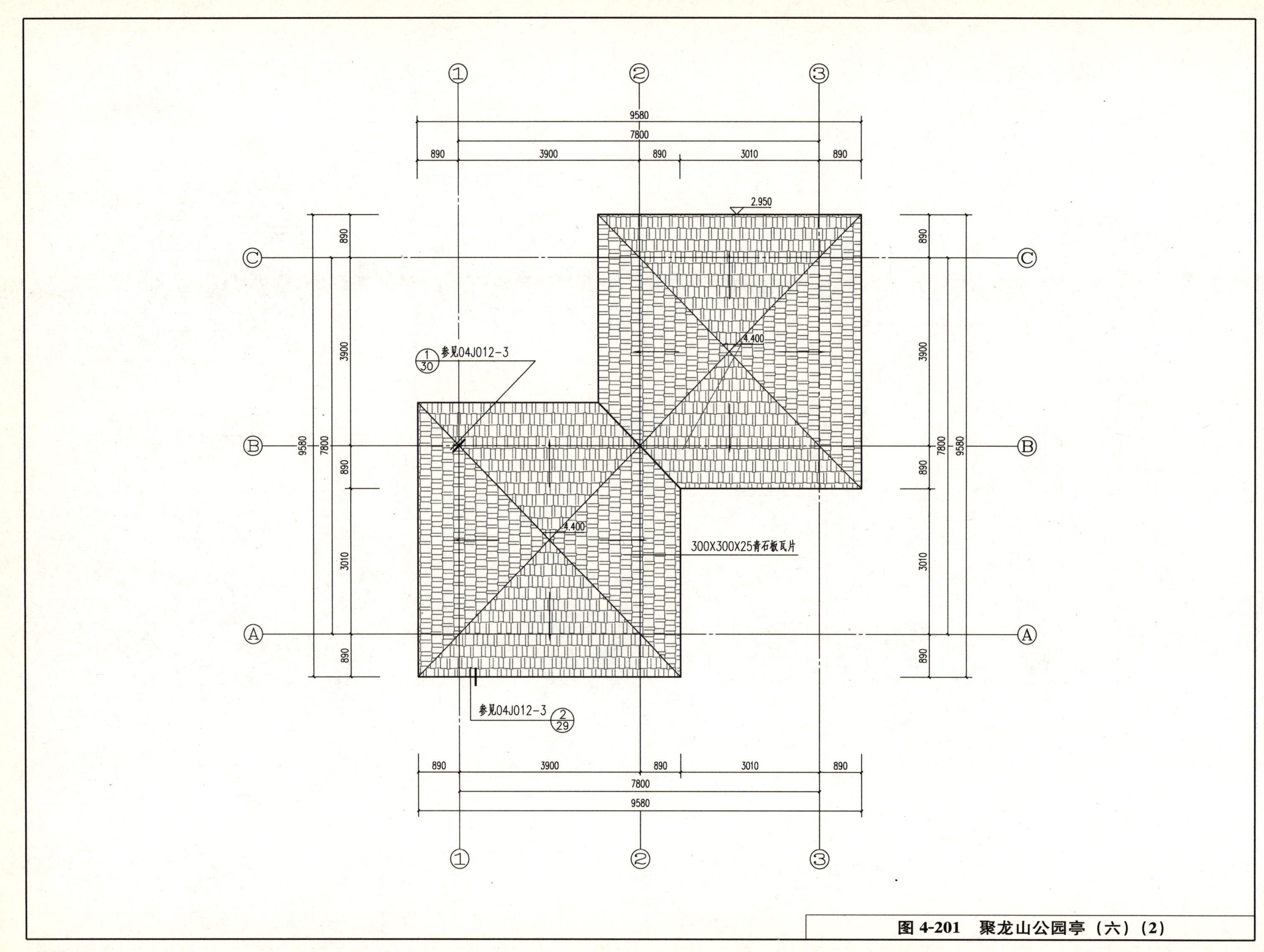

图 4-201 聚龙山公园亭（六）(2)

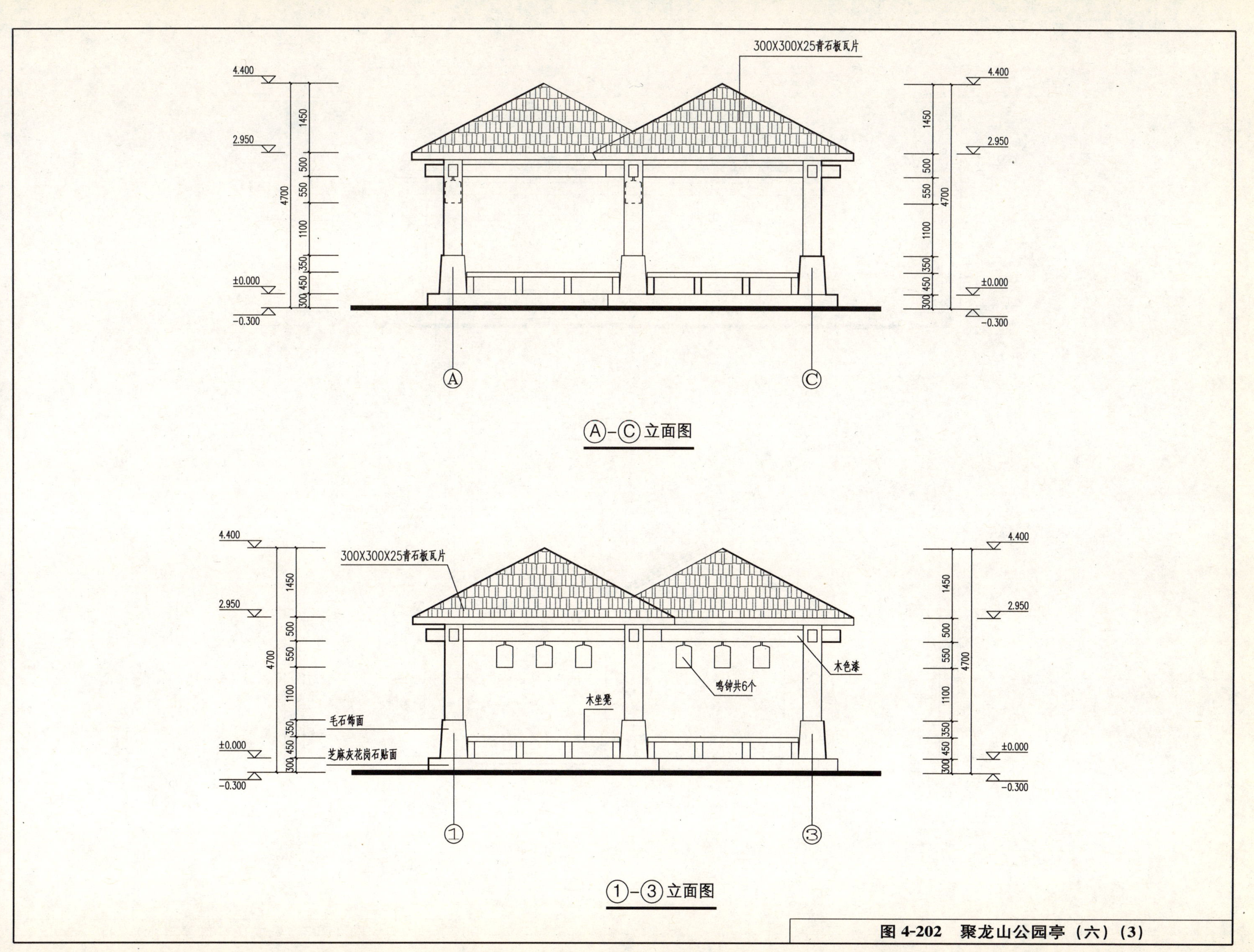

图 4-202 聚龙山公园亭（六）（3）

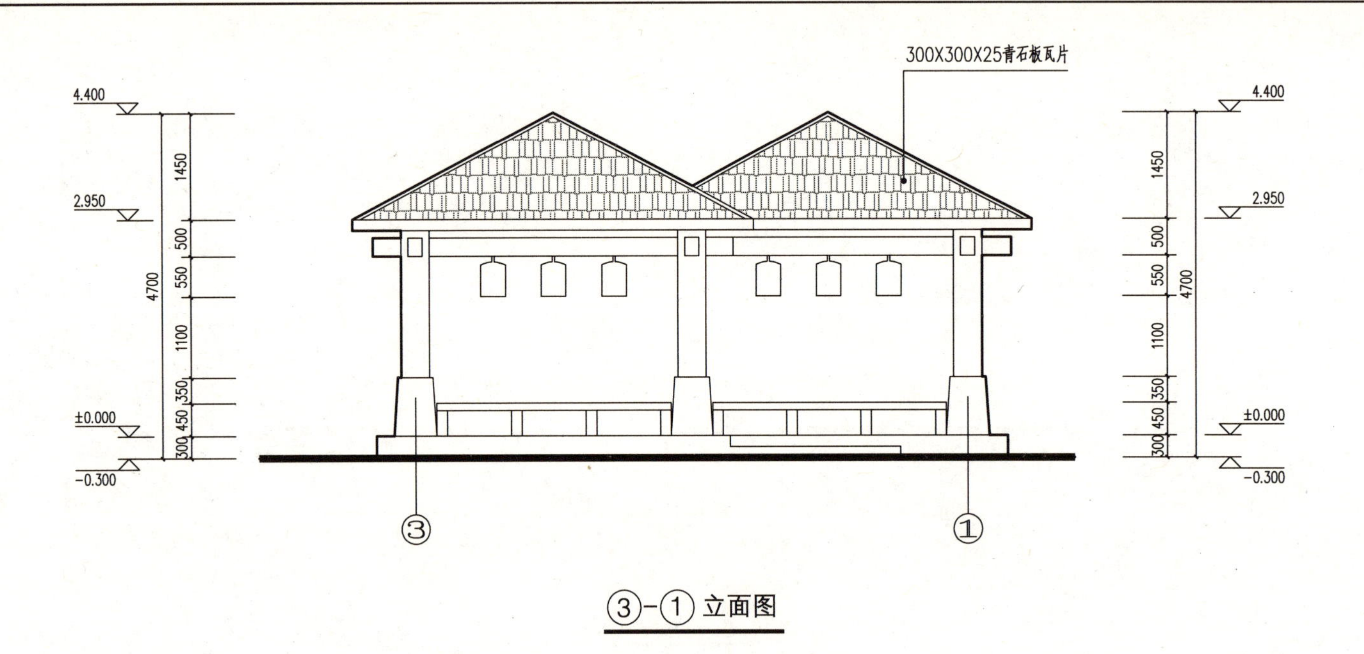

③-① 立面图

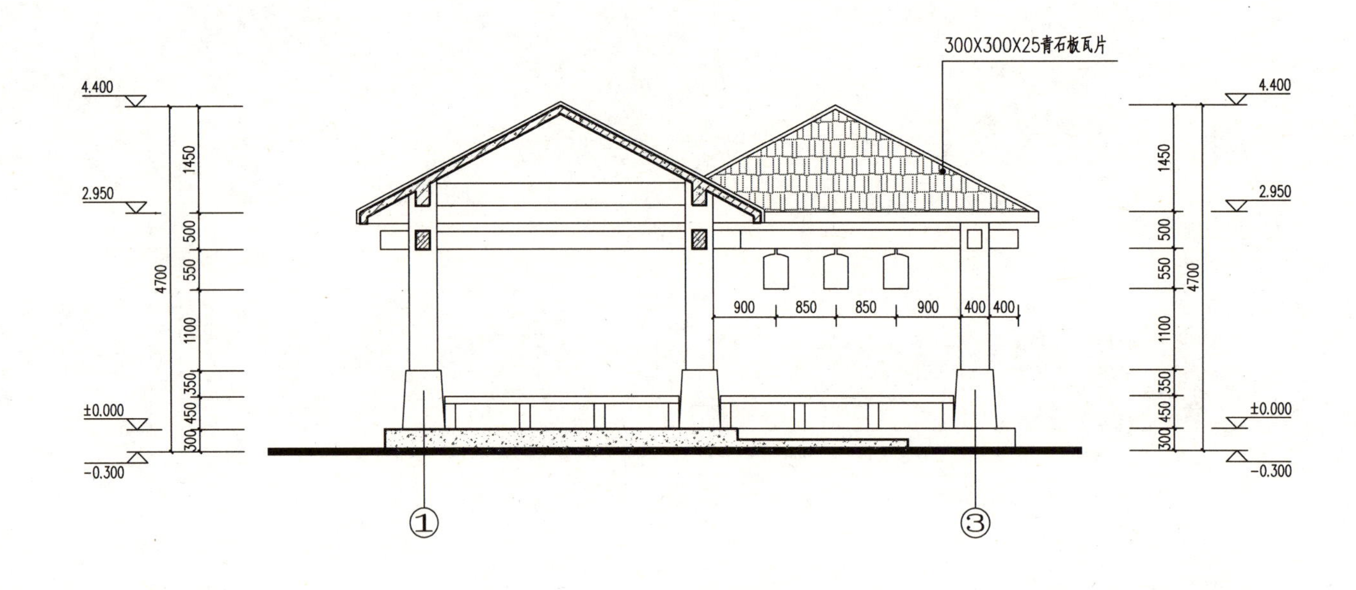

1-1 剖面图

图 4-203　聚龙山公园亭（六）（4）

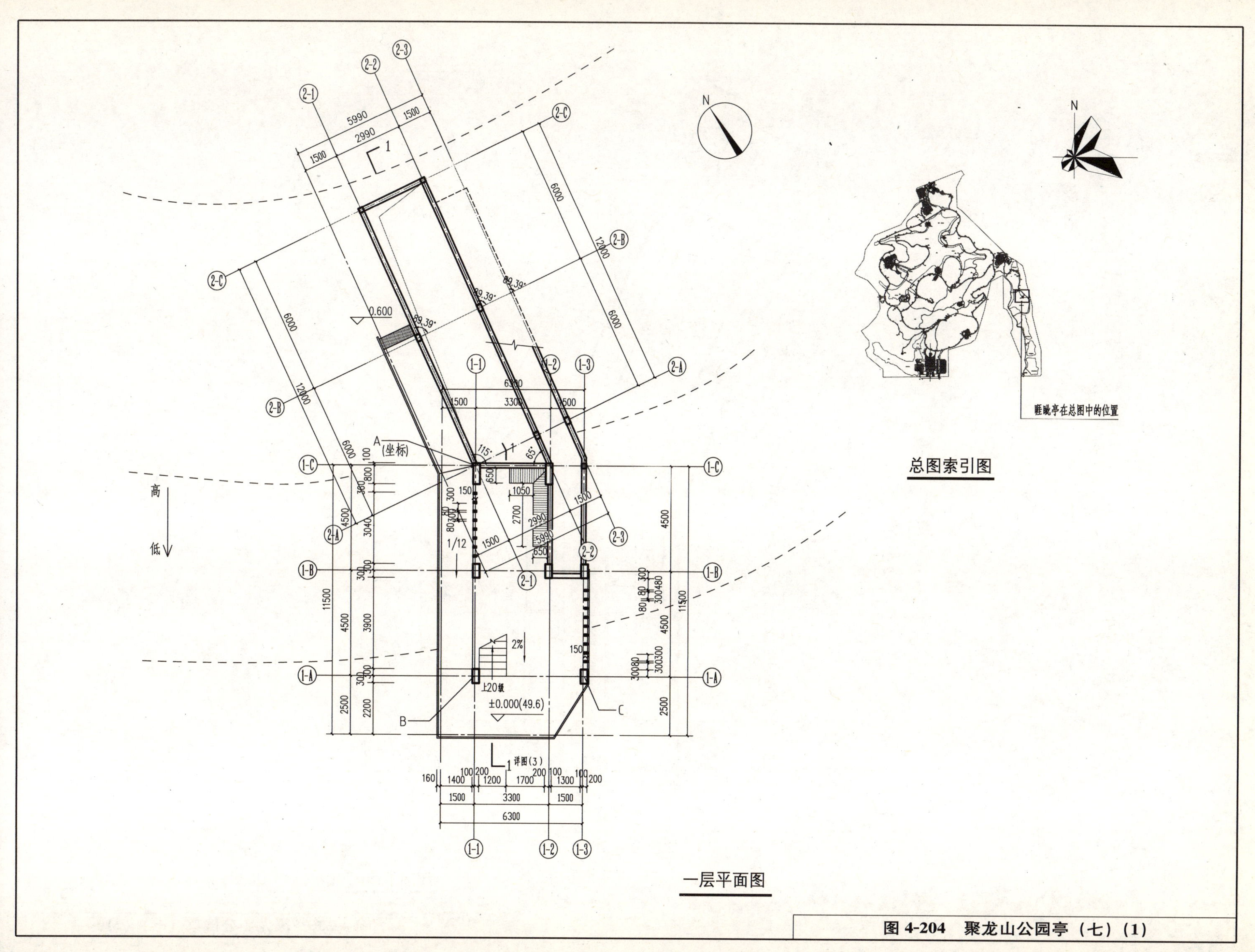

图 4-204 聚龙山公园亭（七）（1）

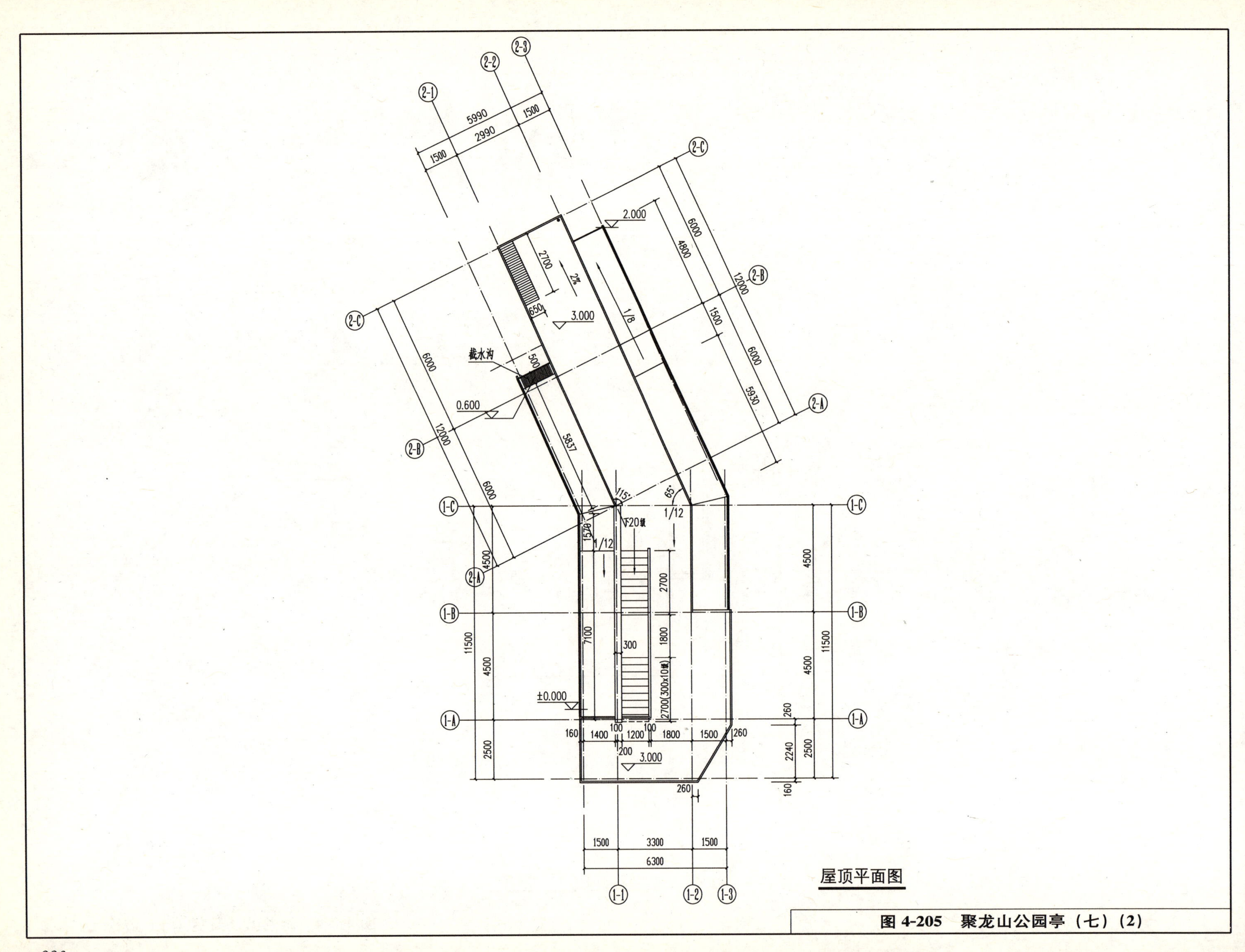

图 4-205 聚龙山公园亭（七）（2）

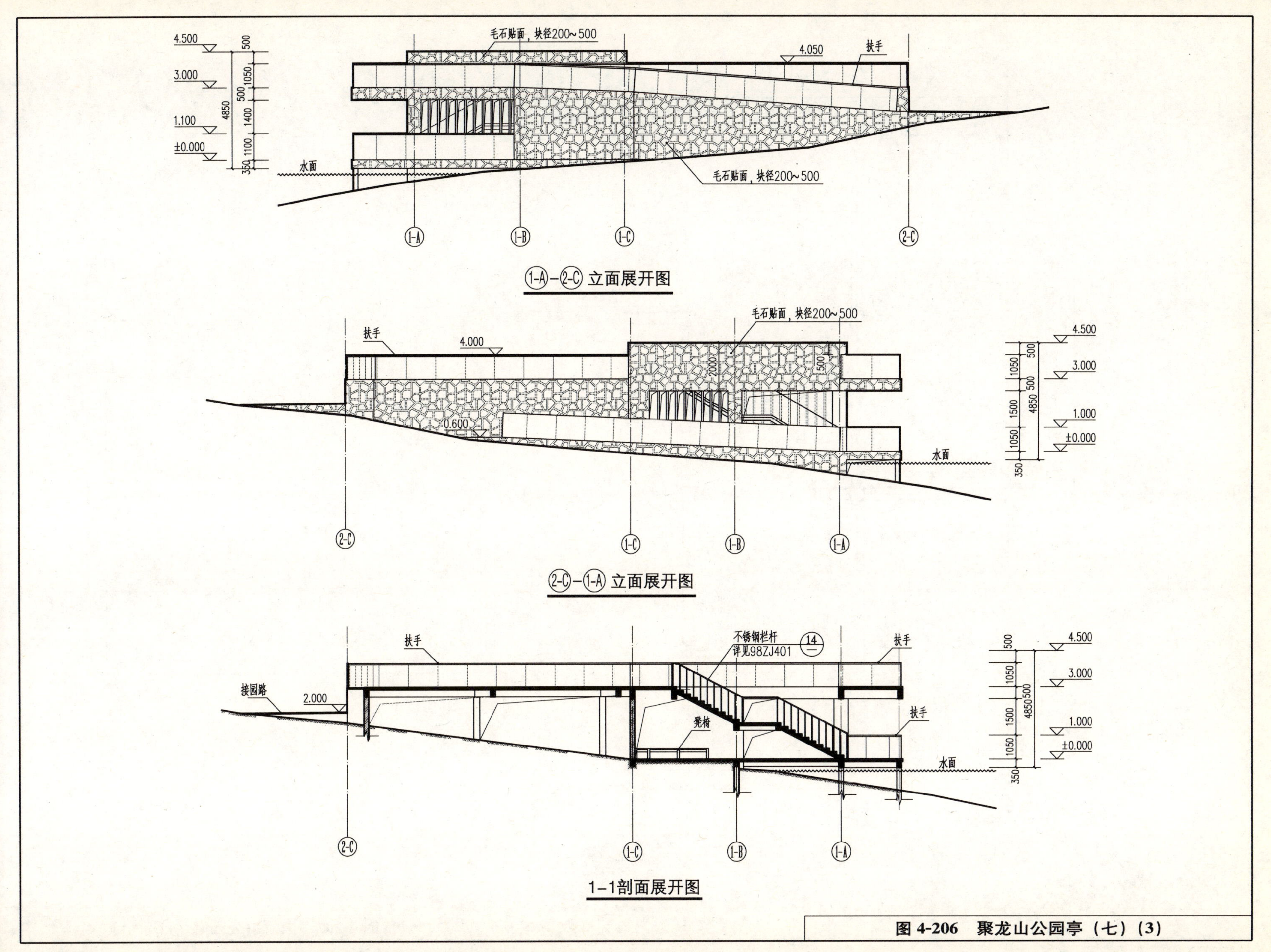

图 4-206　聚龙山公园亭（七）（3）

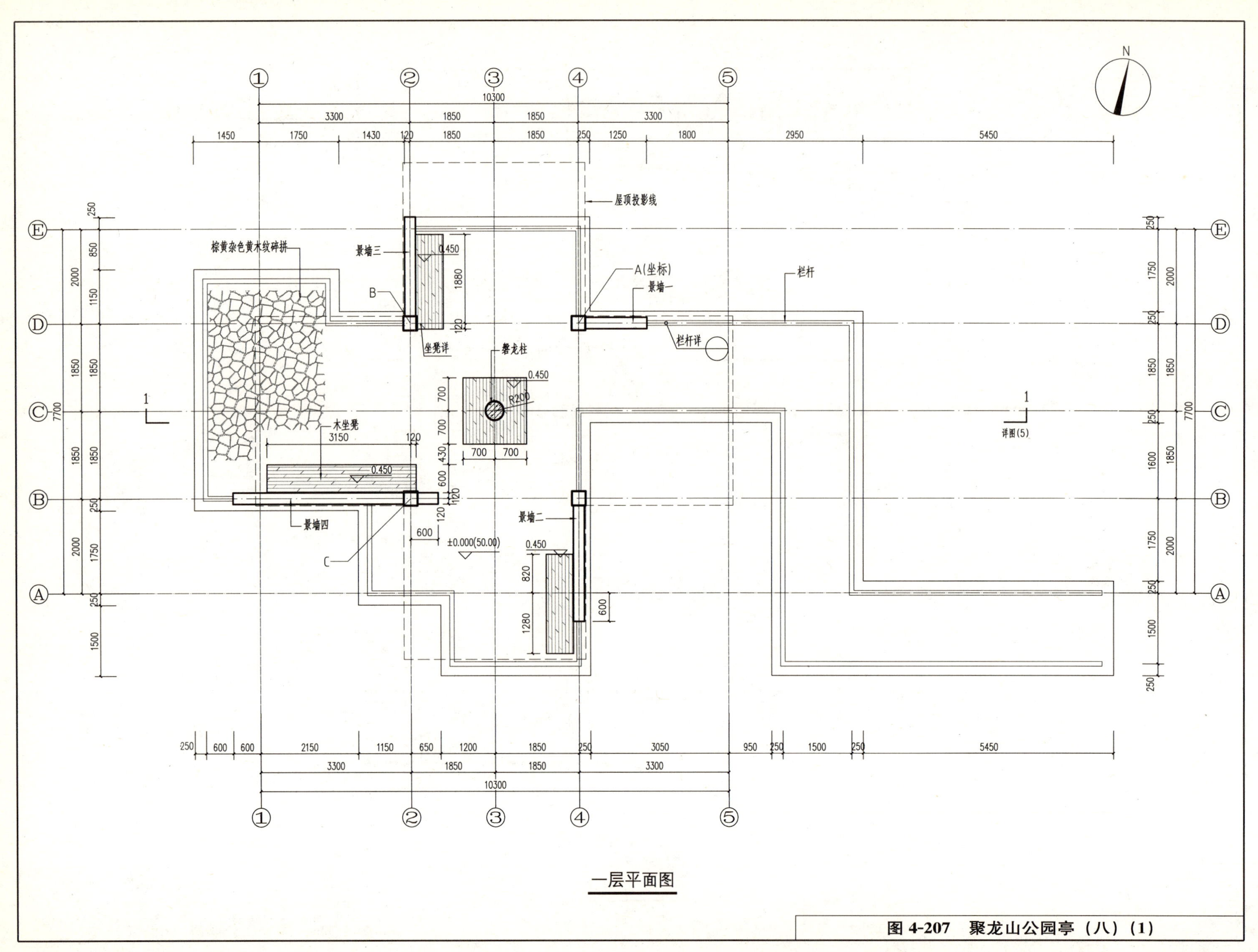

图 4-207 聚龙山公园亭（八）（1）

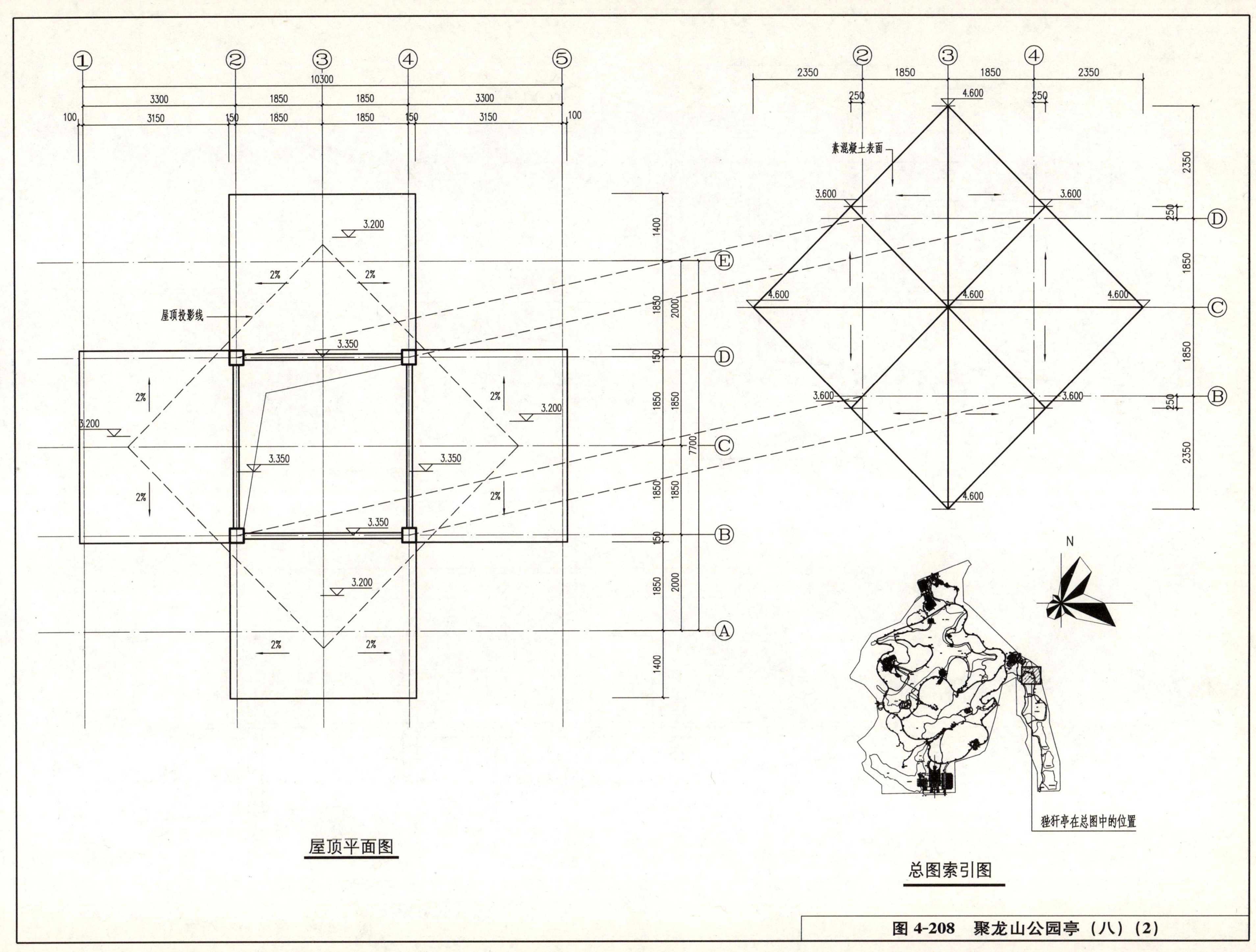

图 4-208　聚龙山公园亭（八）（2）

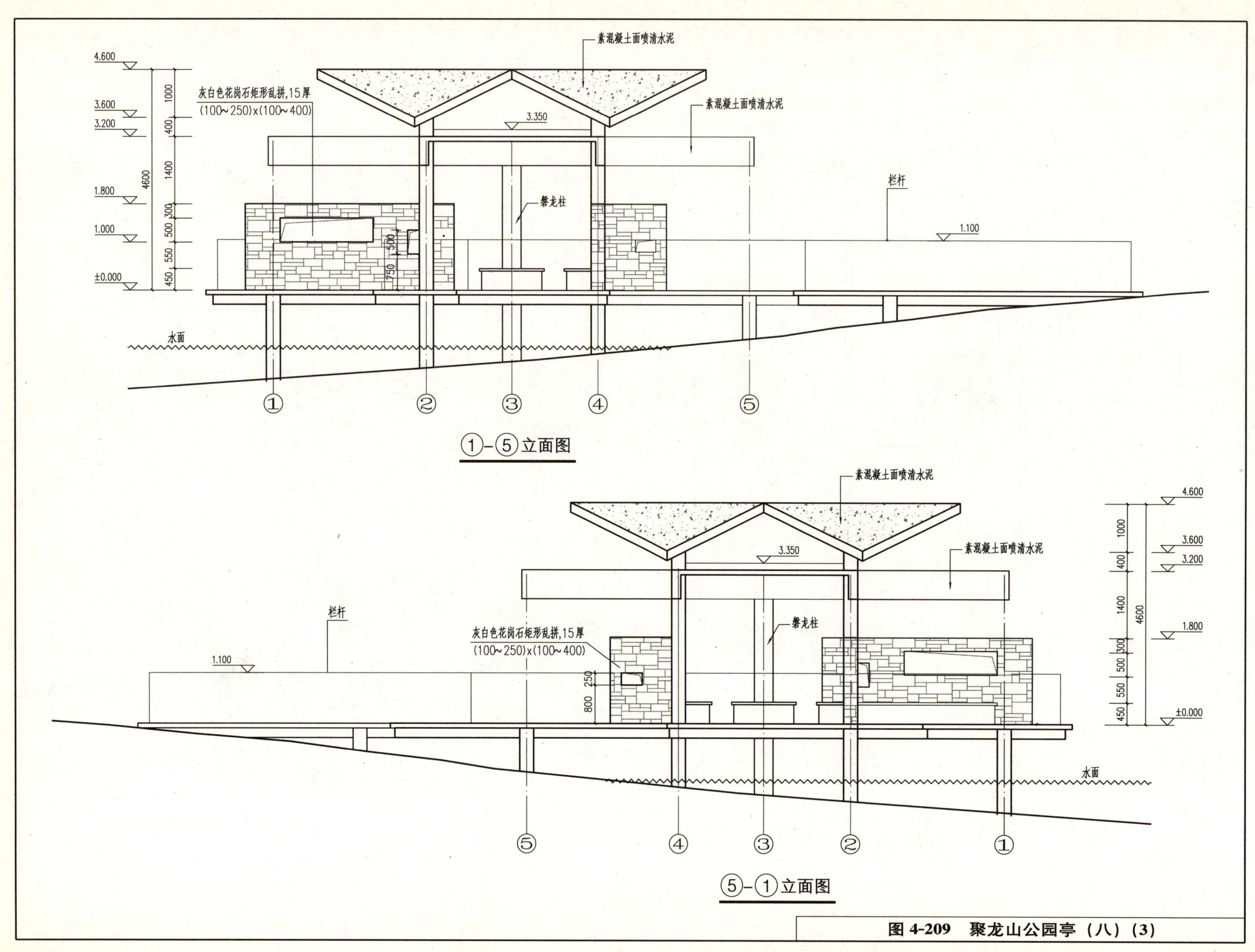

图 4-209 聚龙山公园亭（八）(3)

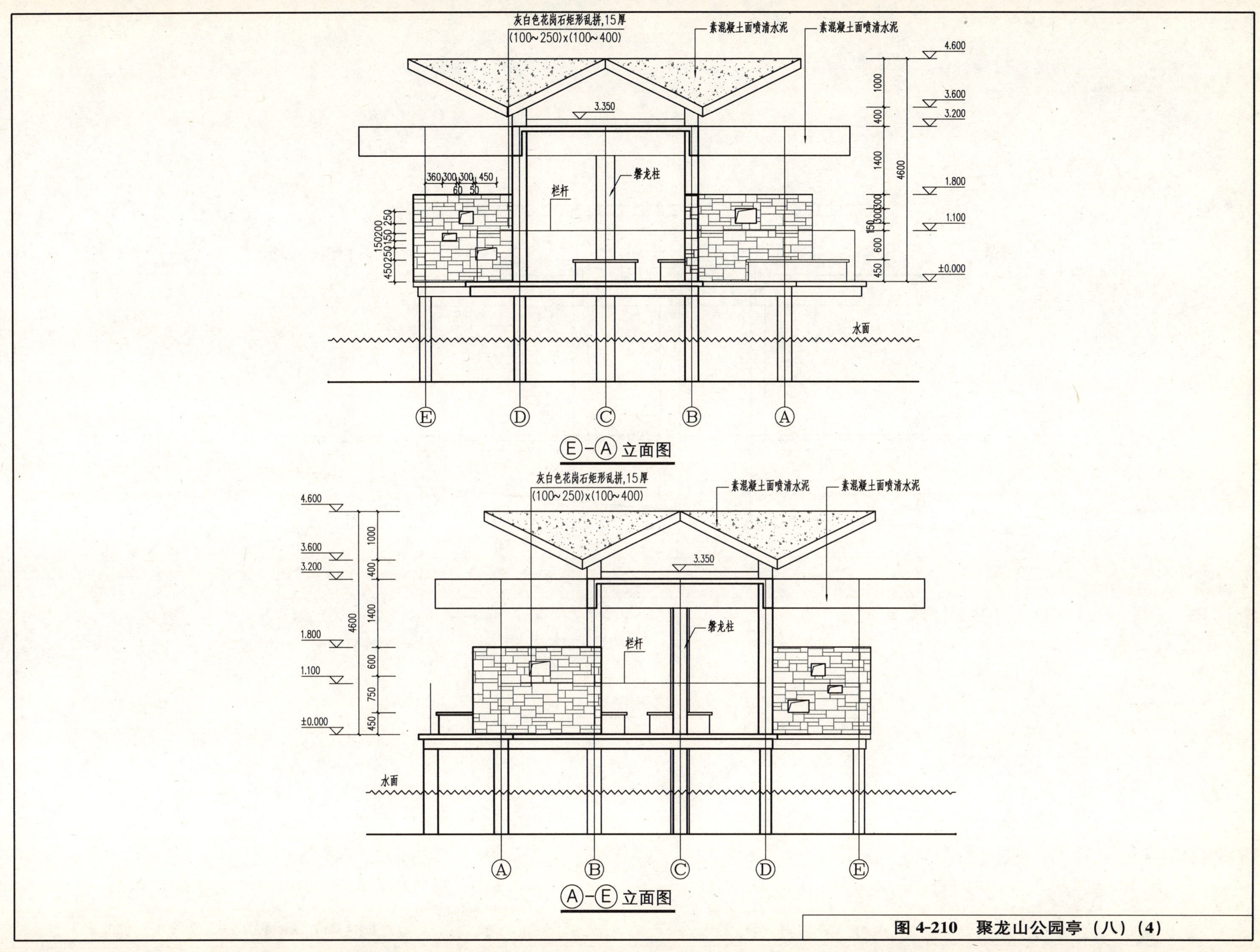

图 4-210 聚龙山公园亭（八）（4）

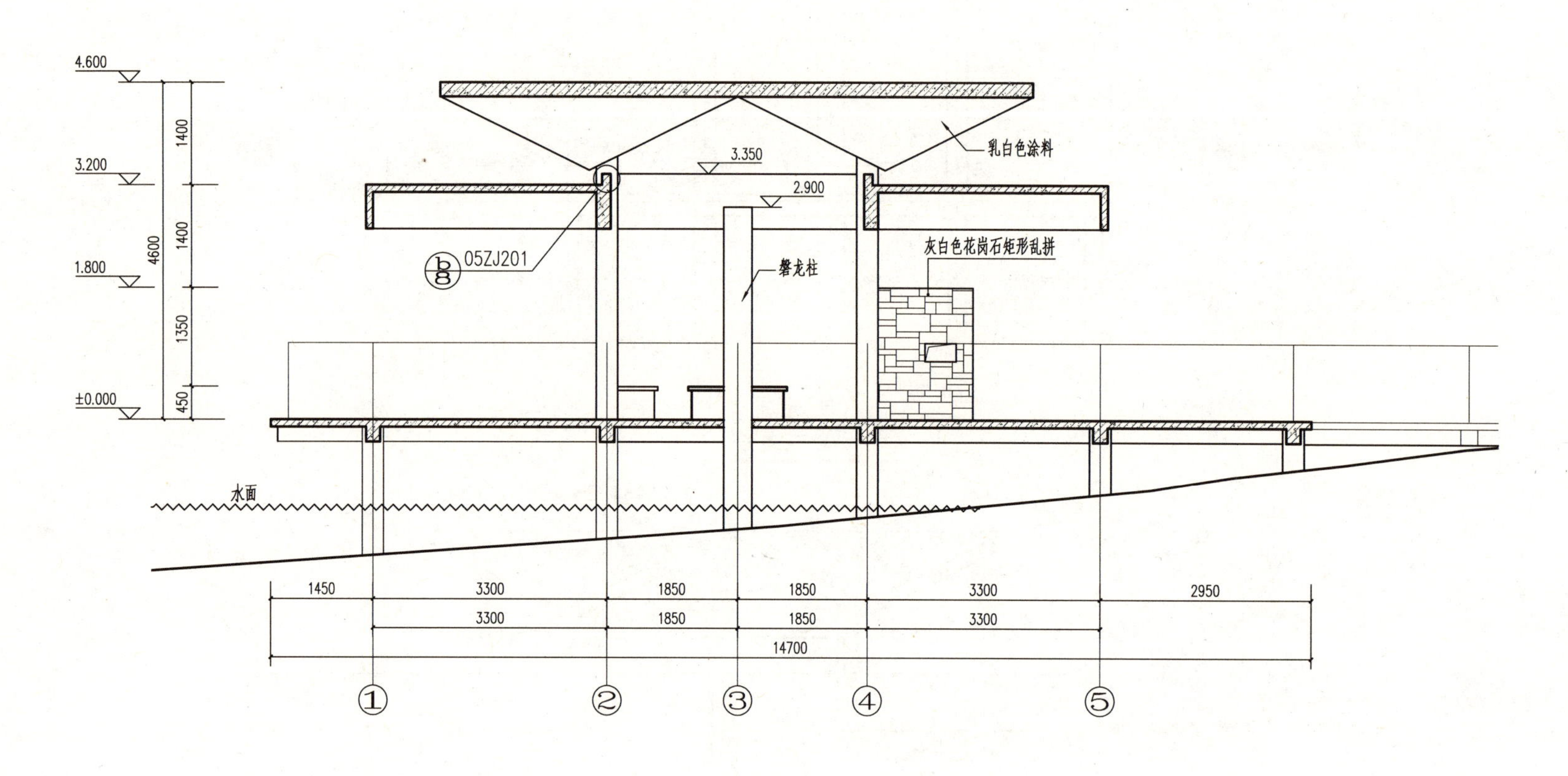

1-1剖面图

详见(1)

图 4-211 聚龙山公园亭（八）（5）

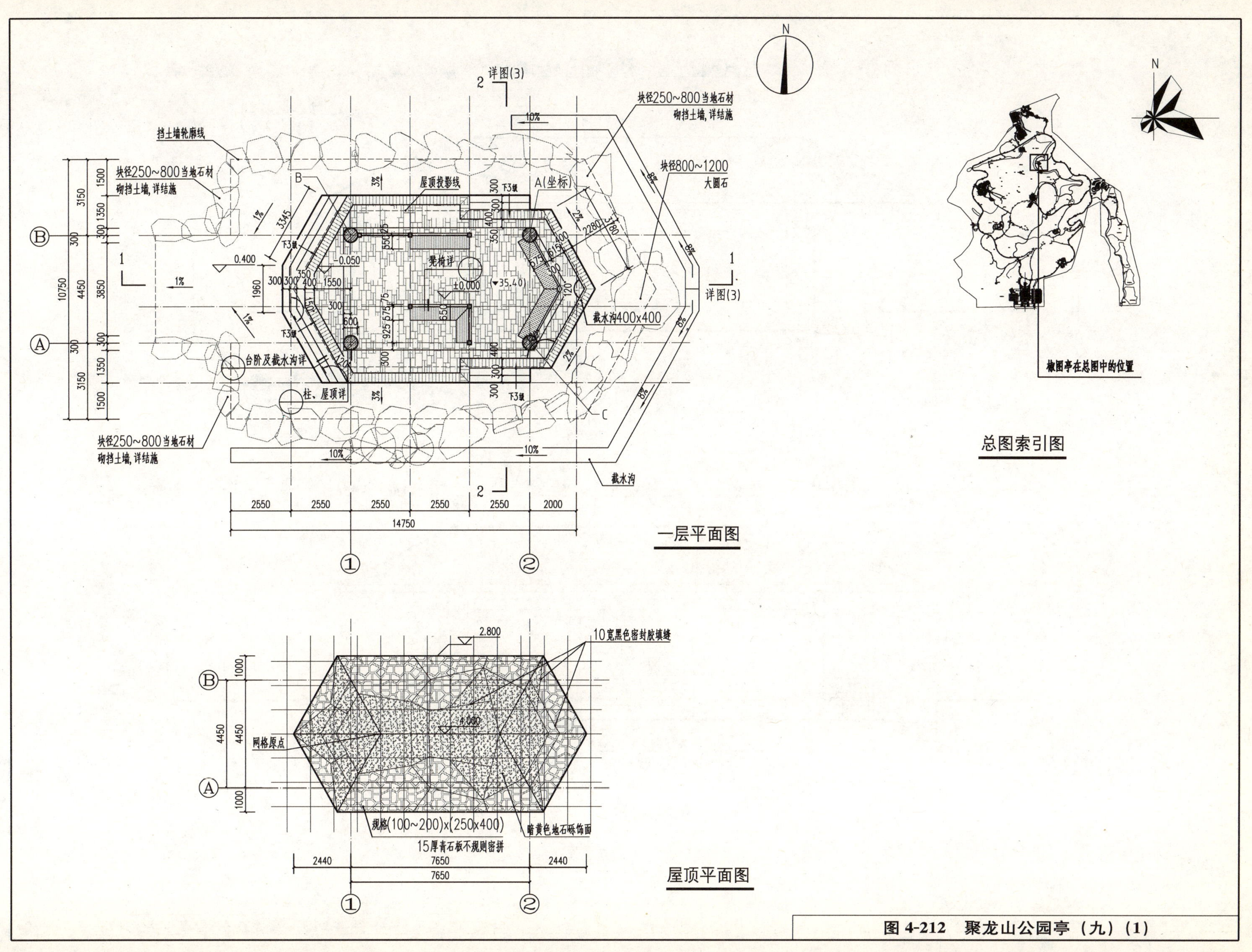

图 4-212　聚龙山公园亭（九）（1）

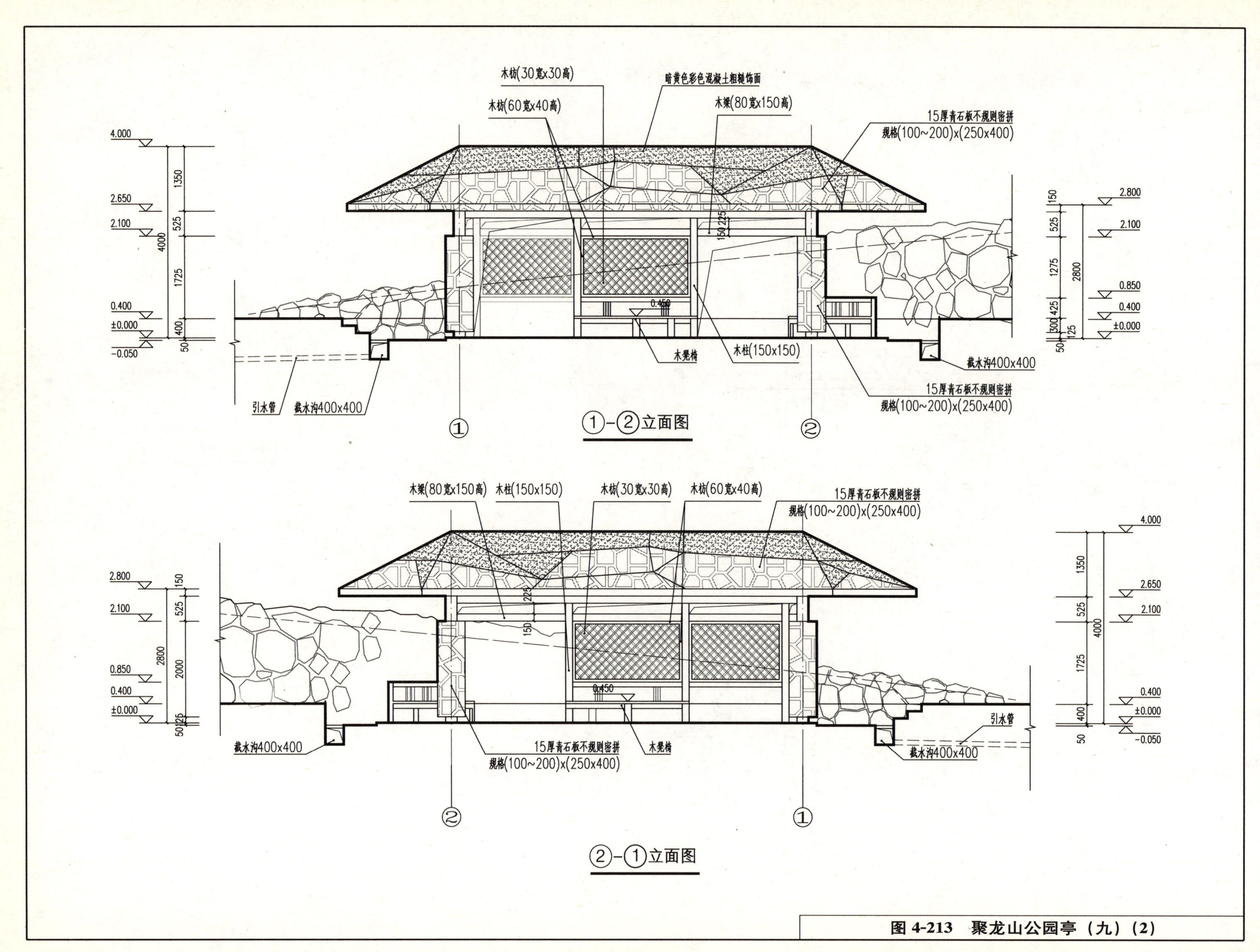

图 4-213 聚龙山公园亭（九）（2）

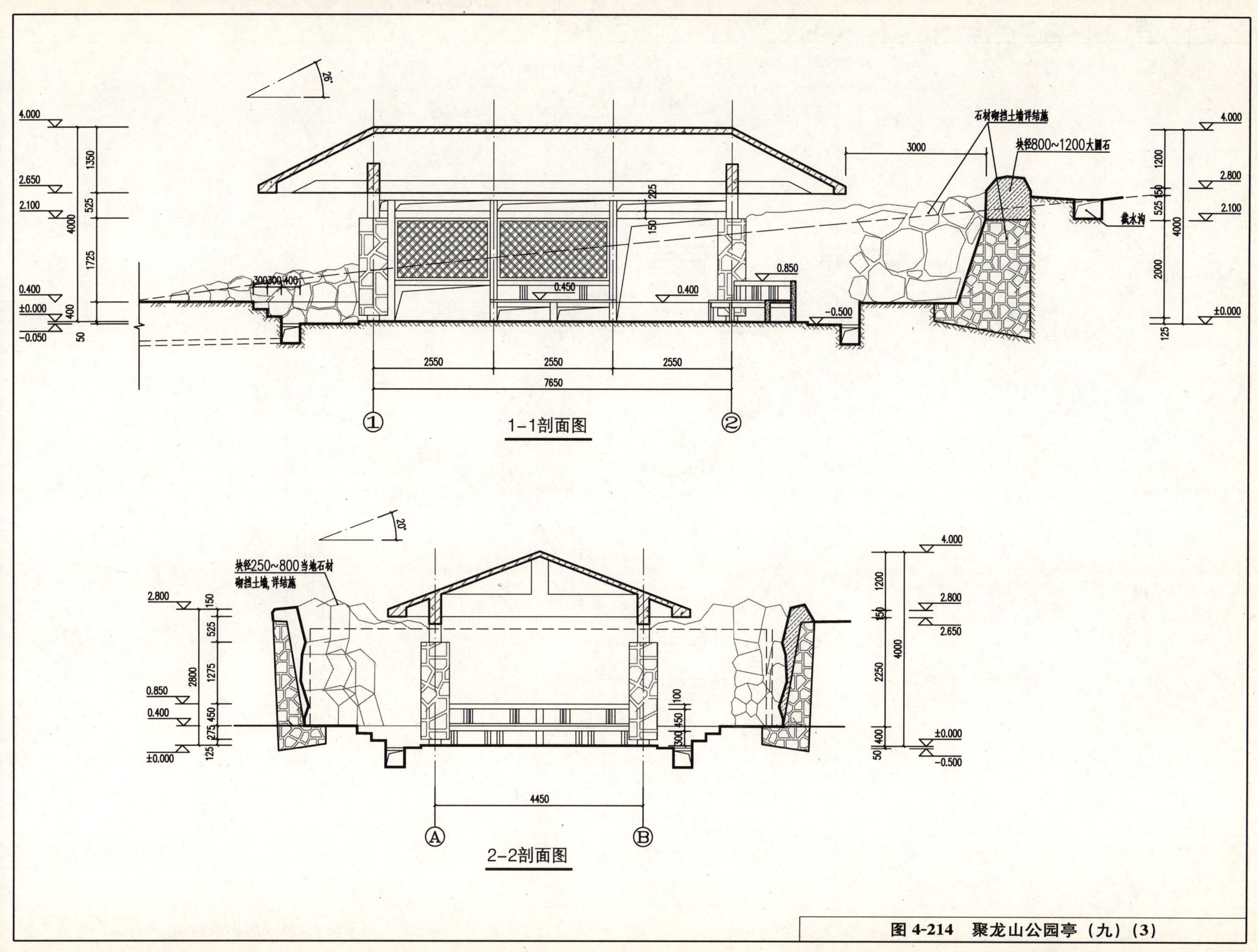

图 4-214 聚龙山公园亭（九）（3）

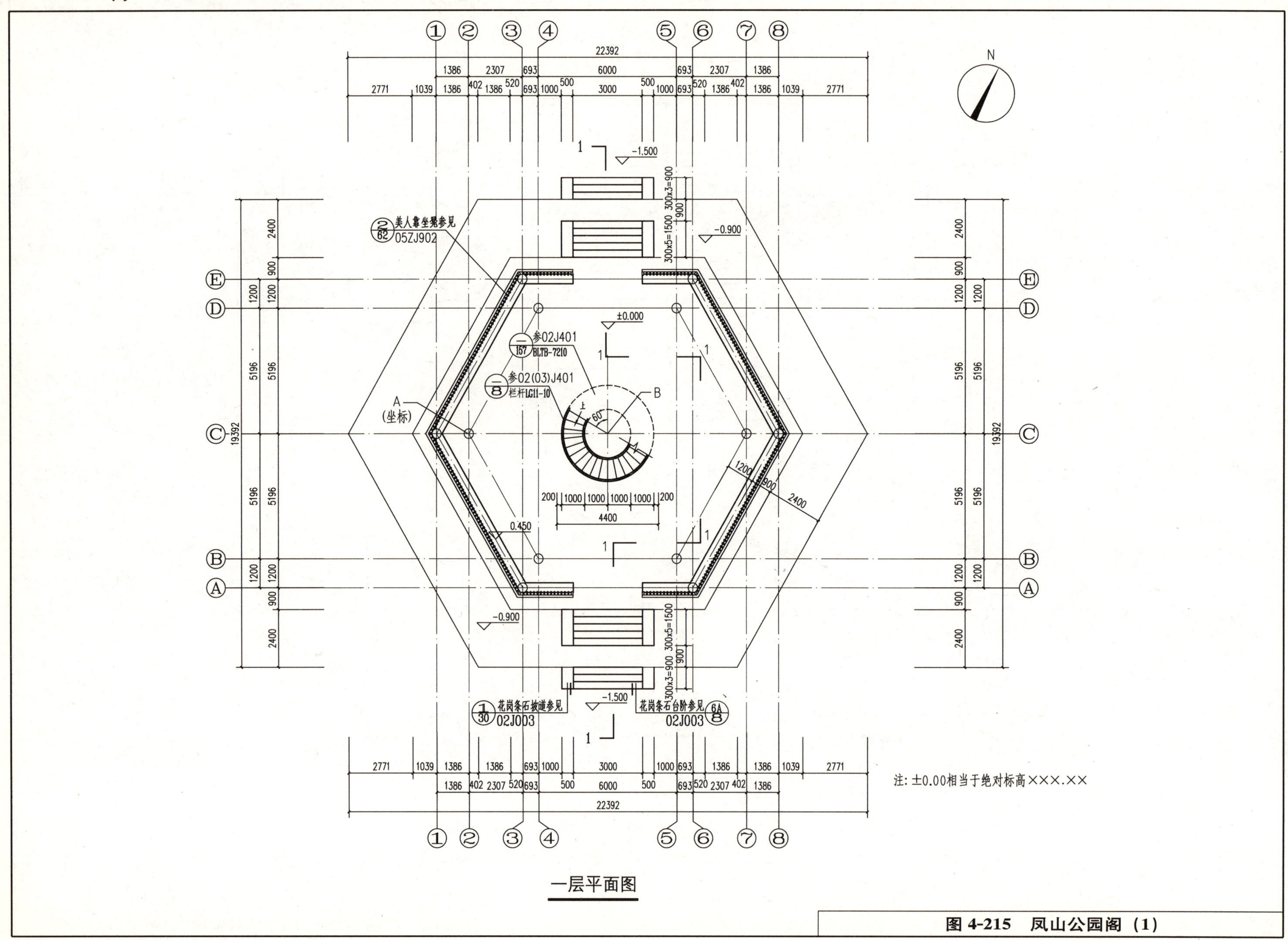

图 4-215 凤山公园阁（1）

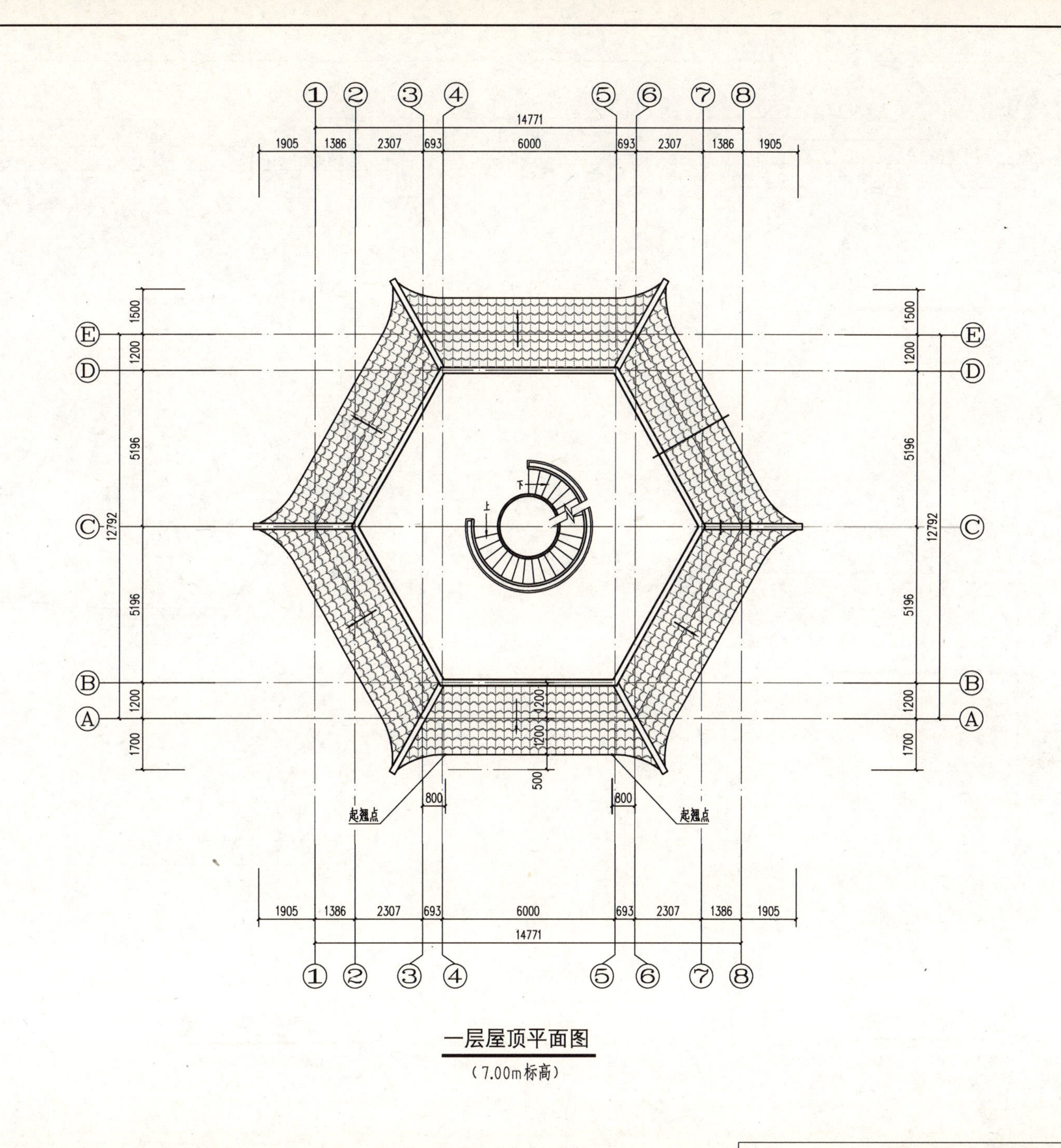

一层屋顶平面图

（7.00m标高）

图 4-216　凤山公园阁（2）

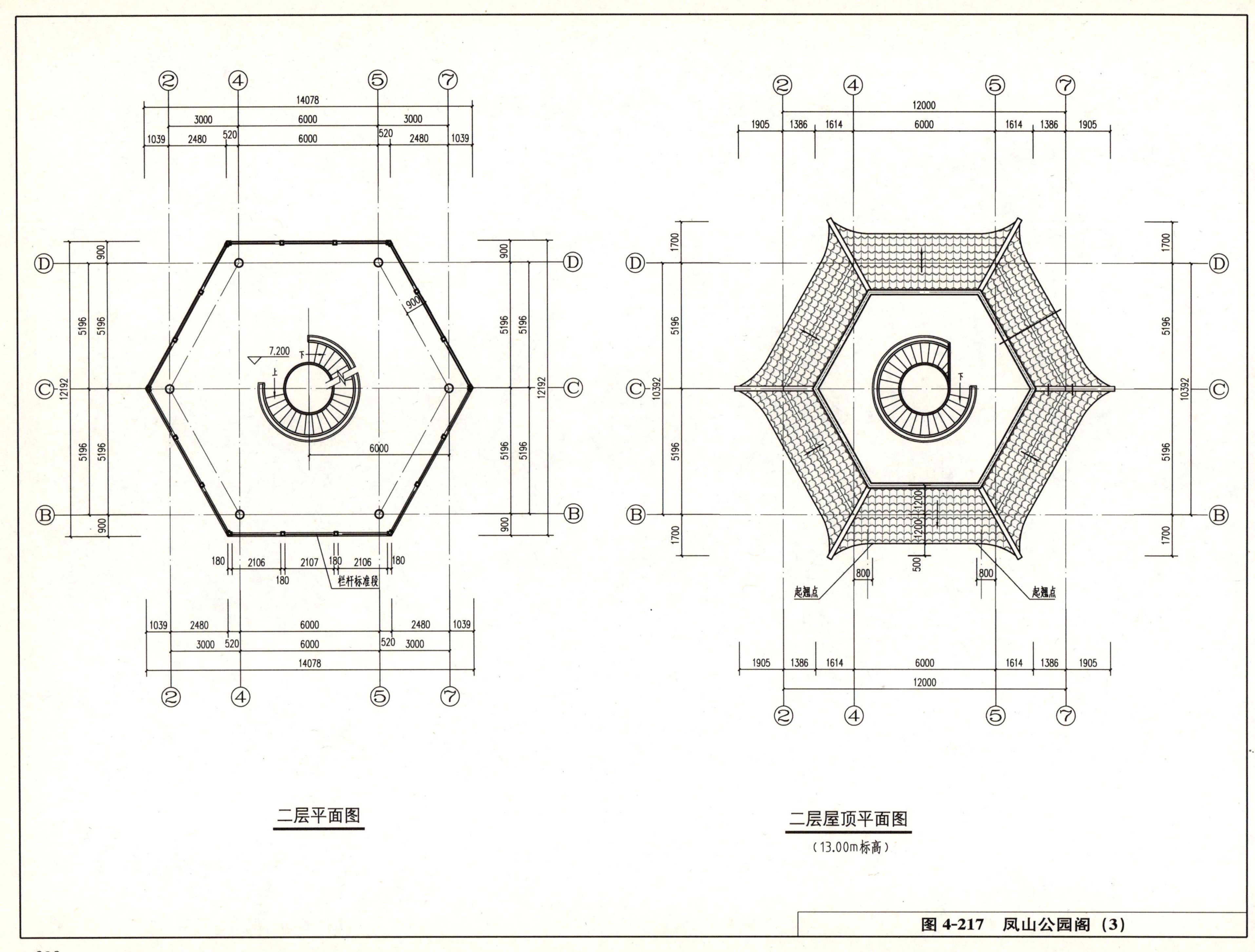

图 4-217　凤山公园阁（3）

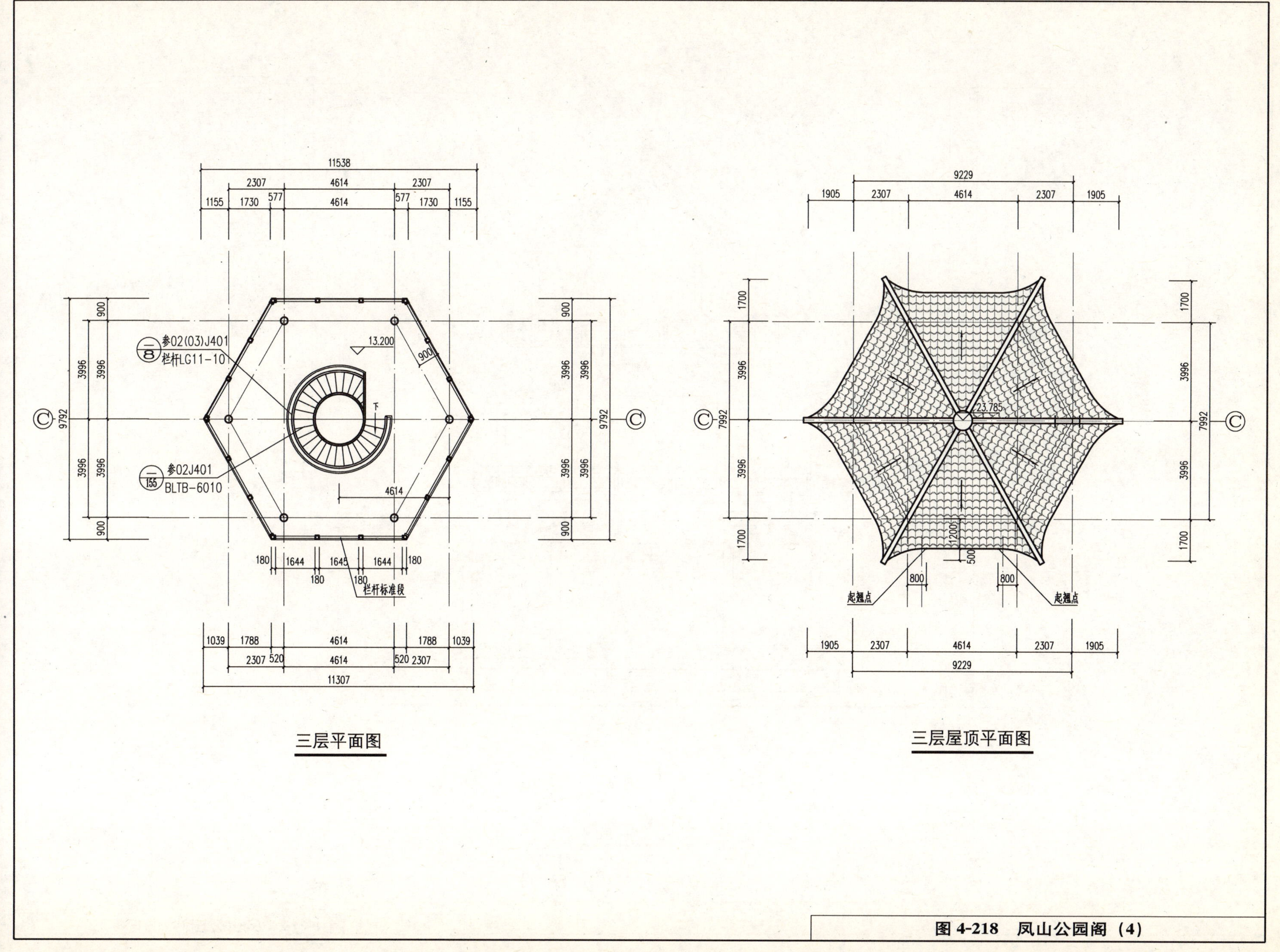

图 4-218　凤山公园阁（4）

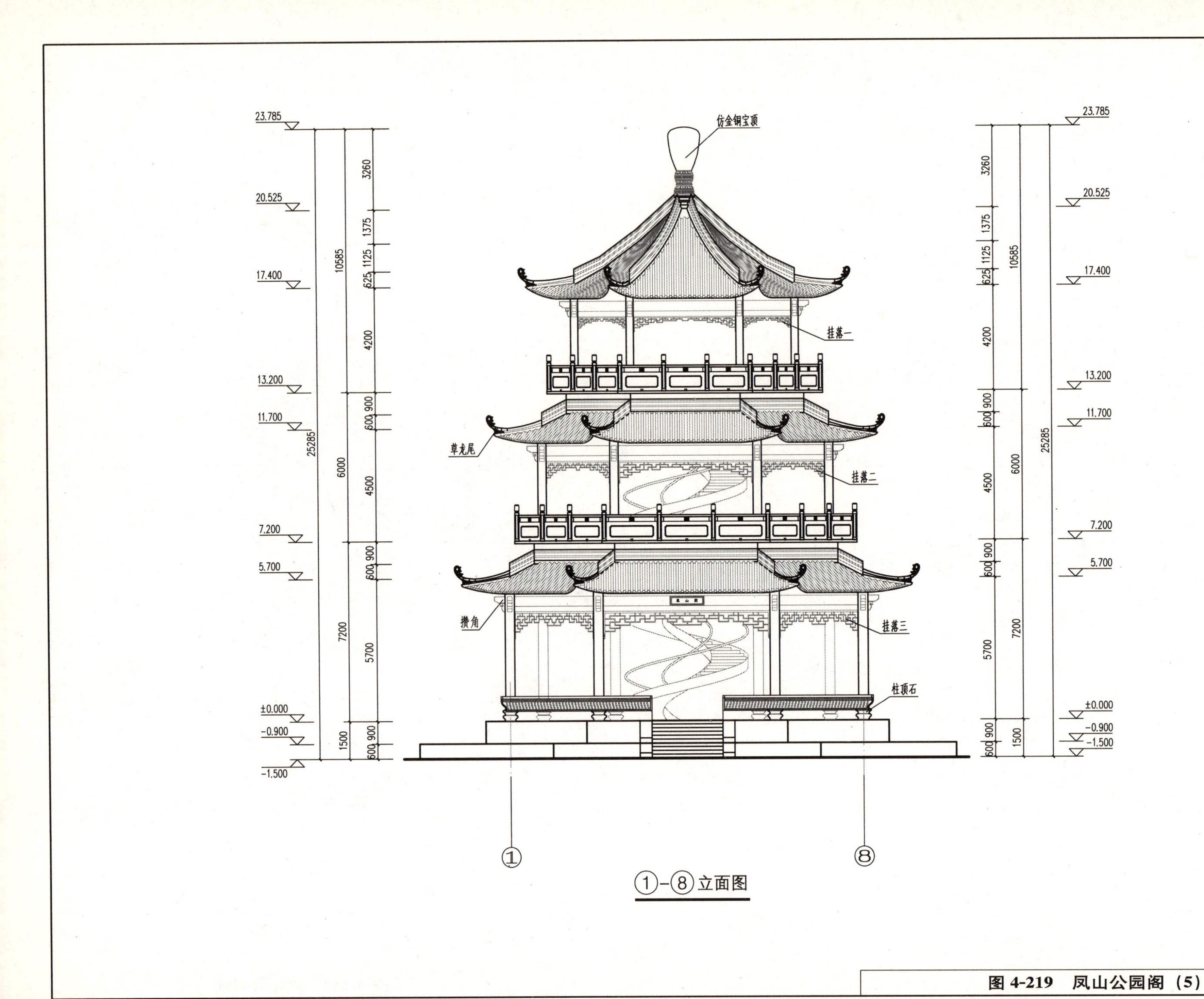

图 4-219　凤山公园阁（5）

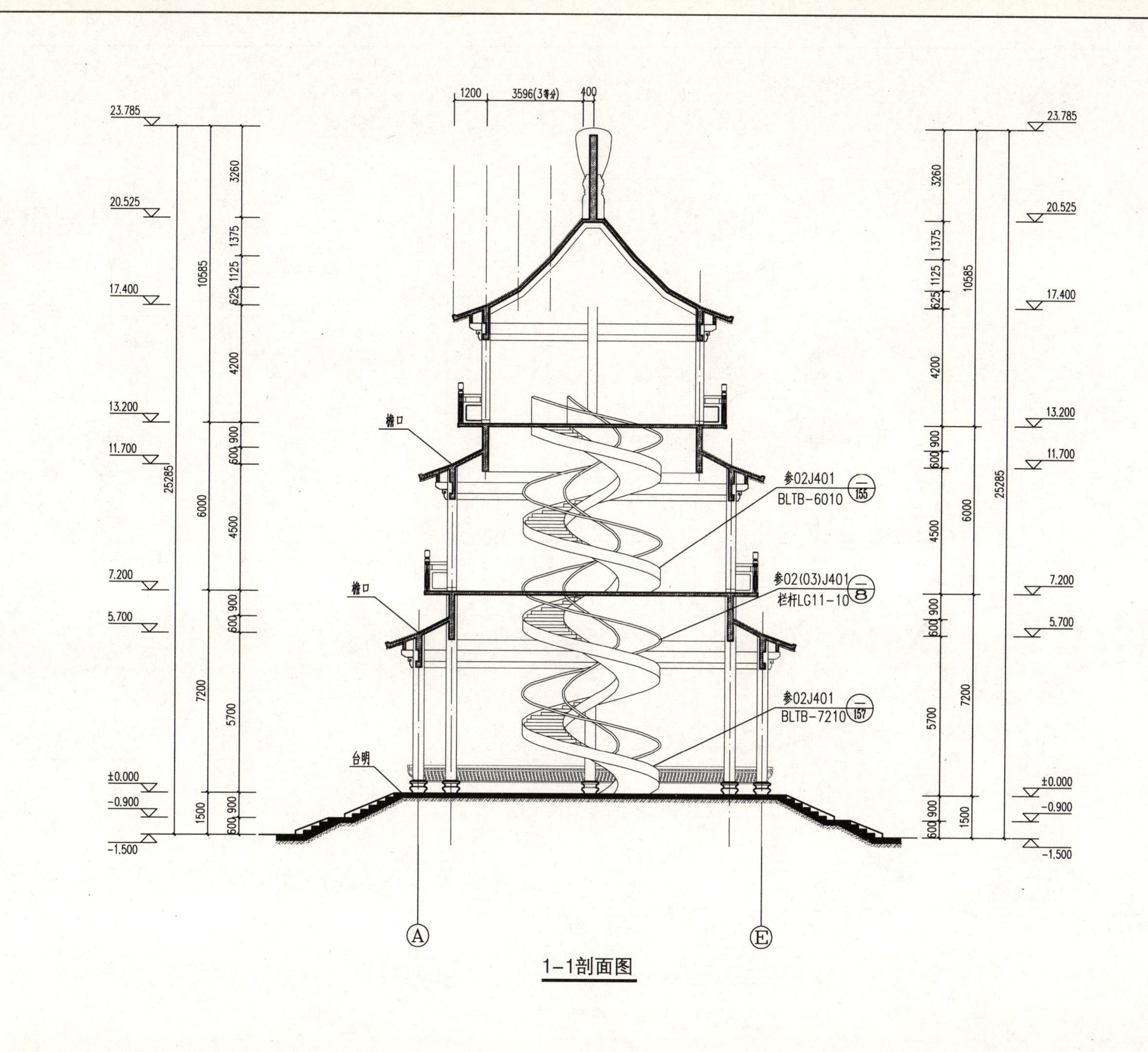

1-1剖面图

图 4-220　凤山公园阁（6）

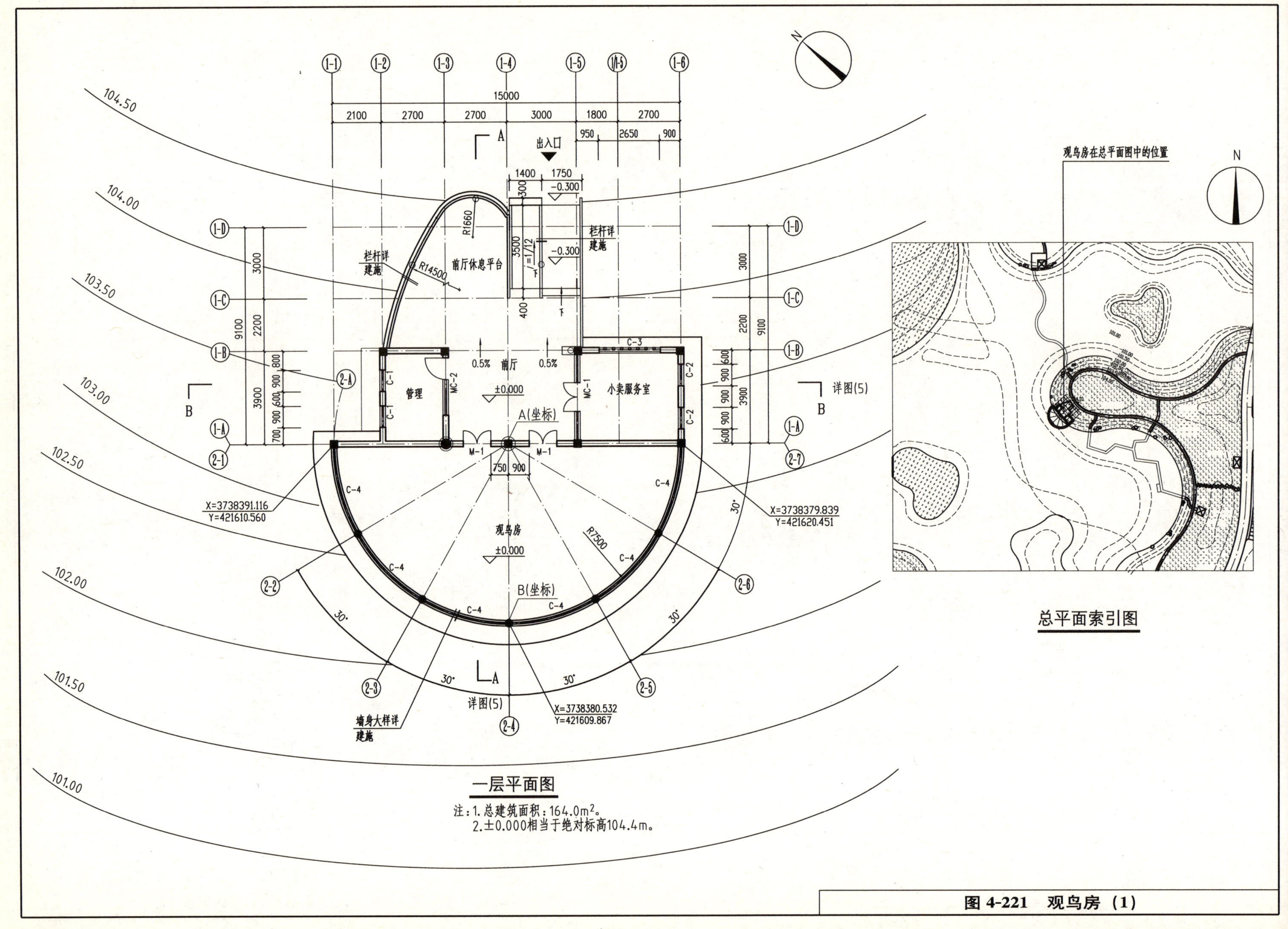

注：1. 总建筑面积：164.0m²。
2. ±0.000相当于绝对标高104.4m。

图 4-221 观鸟房（1）

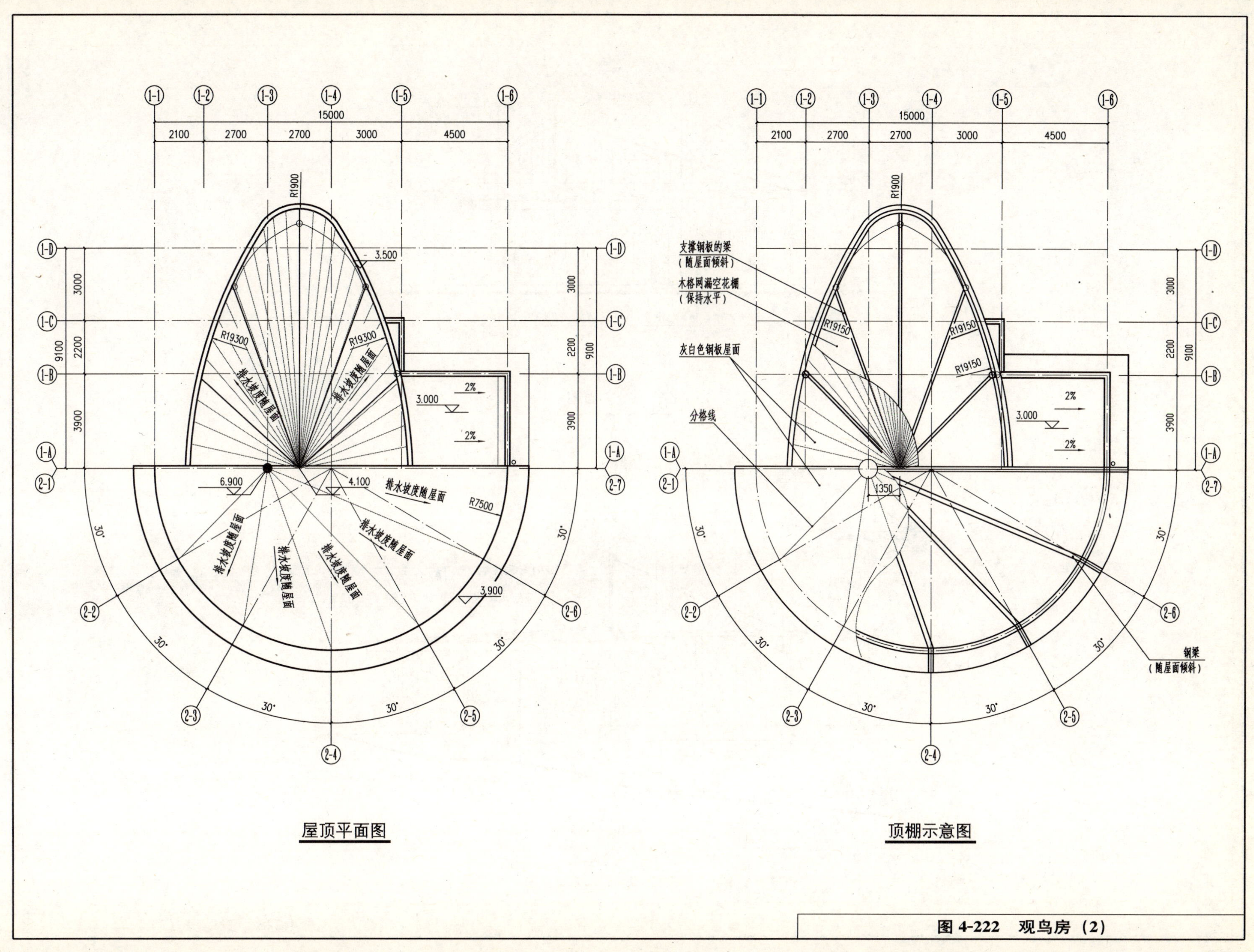

屋顶平面图
顶棚示意图
15000
2100
2700
2700
3000
4500
9100
3000
2200
3900
R1900
R19300
R19150
R7500
3.500
3.000
6.900
4.100
3.900
2%
30°
1350
排水坡度随屋面
支撑钢板的梁（随屋面倾斜）
木格网漏空花棚（保持水平）
灰白色钢板屋面
分格线
钢梁（随屋面倾斜）

图 4-222 观鸟房（2）

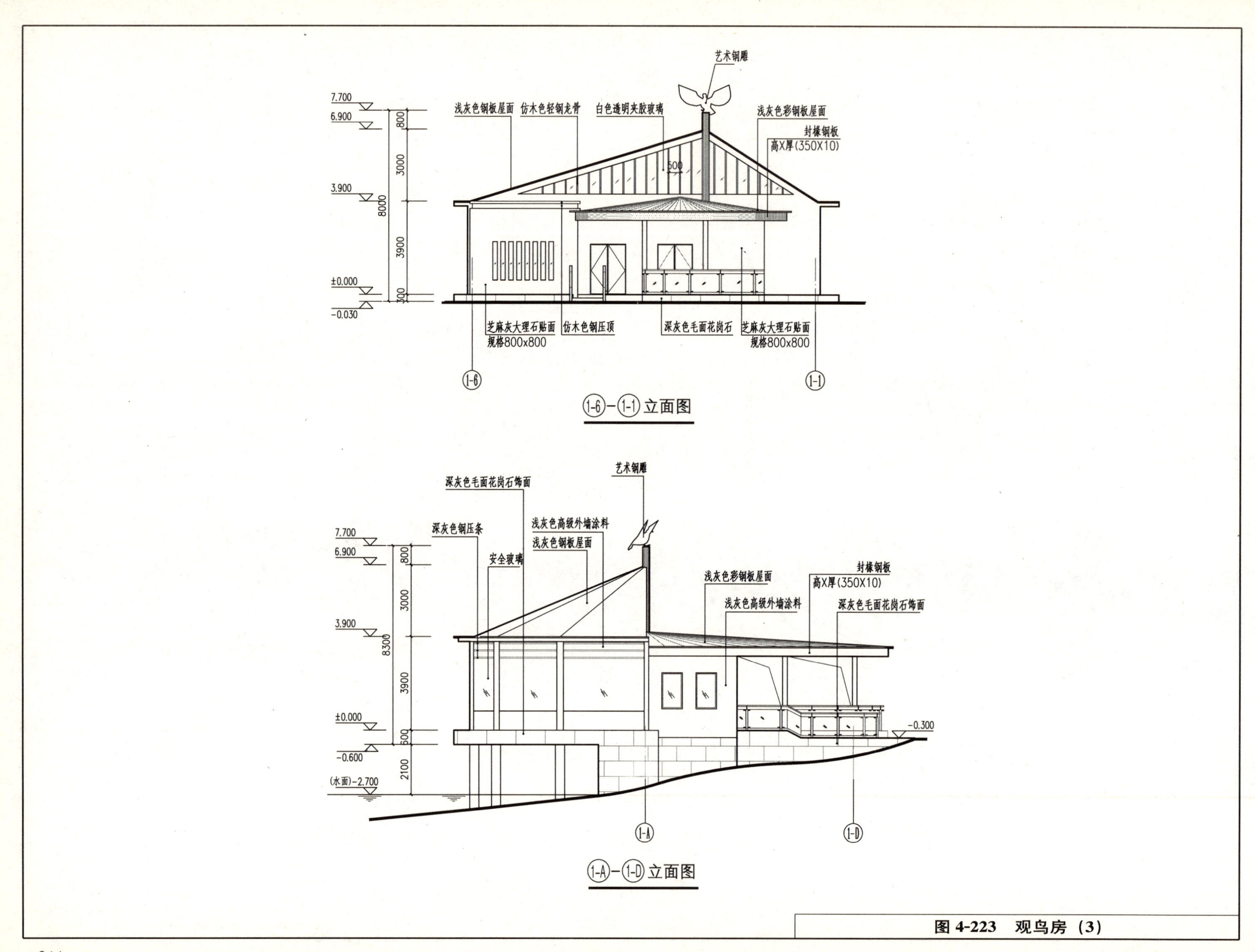
艺术钢雕
7.700
6.900
浅灰色钢板屋面
仿木色轻钢龙骨
白色透明夹胶玻璃
浅灰色彩钢板屋面
封椽钢板
高X厚(350X10)
800
3000
500
3.900
8000
3900
±0.000
300
-0.030
芝麻灰大理石贴面
规格800x800
仿木色钢压顶
深灰色毛面花岗石
芝麻灰大理石贴面
规格800x800
1-6
1-1
1-6 — 1-1 立面图
艺术钢雕
深灰色毛面花岗石饰面
浅灰色高级外墙涂料
深灰色钢压条
浅灰色钢板屋面
安全玻璃
浅灰色彩钢板屋面
封椽钢板
高X厚(350X10)
浅灰色高级外墙涂料
深灰色毛面花岗石饰面
7.700
6.900
800
3000
3.900
8300
3900
±0.000
600
-0.600
2100
(水面)-2.700
-0.300
1-A
1-D
1-A — 1-D 立面图

图 4-223　观鸟房（3）

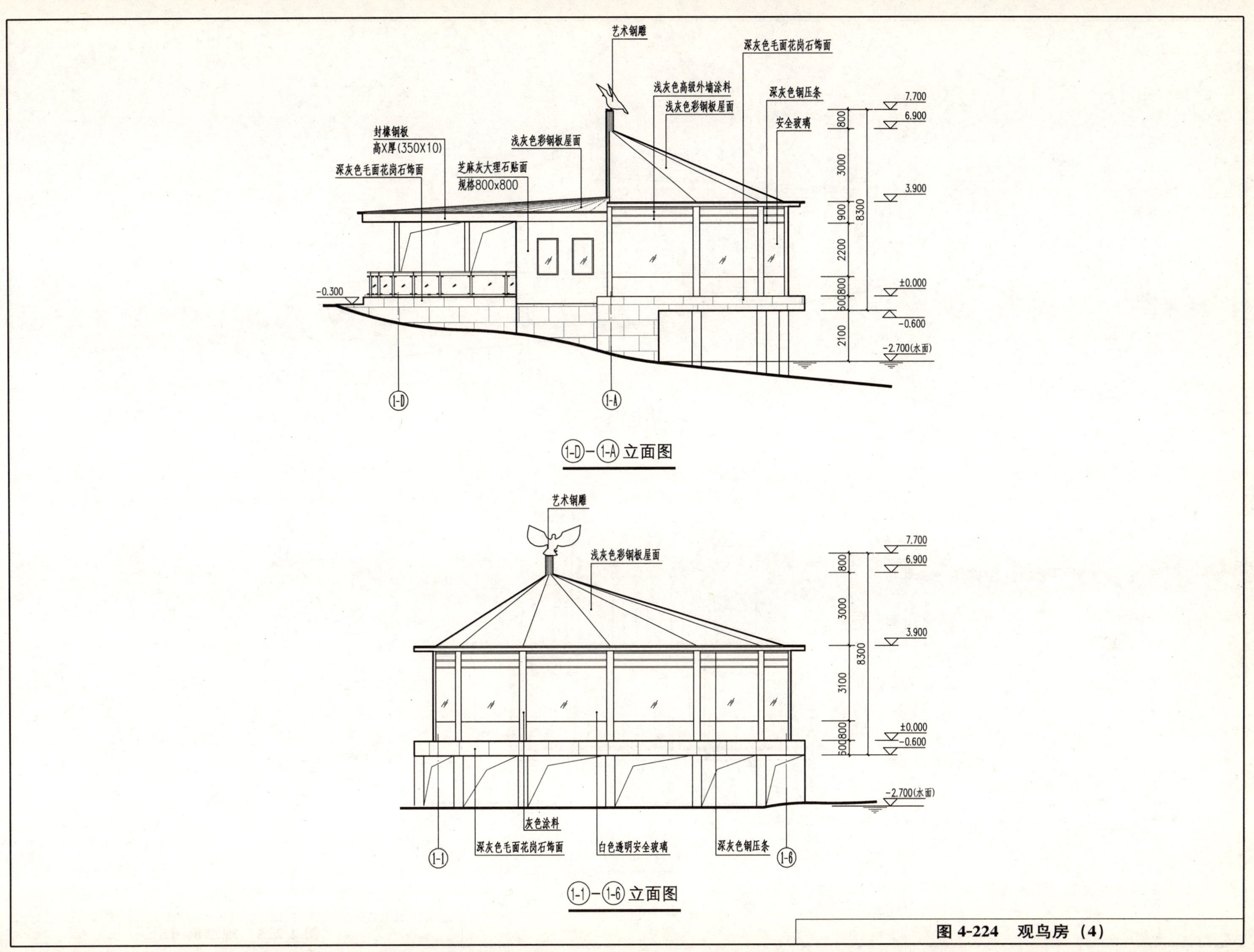
艺术钢雕
深灰色毛面花岗石饰面
浅灰色高级外墙涂料
浅灰色彩钢板屋面
深灰色钢压条
安全玻璃
封檐钢板
高X厚(350X10)
深灰色毛面花岗石饰面
芝麻灰大理石贴面
规格800x800
浅灰色彩钢板屋面
7.700
6.900
3.900
±0.000
-0.600
-2.700(水面)
-0.300
800
3000
900
2200
800
600
2100
8300
1-D
1-A
1-D - 1-A 立面图
艺术钢雕
浅灰色彩钢板屋面
7.700
6.900
3.900
±0.000
-0.600
-2.700(水面)
800
3000
3100
800
600
8300
灰色涂料
深灰色毛面花岗石饰面
白色透明安全玻璃
深灰色钢压条
1-1
1-6
1-1 - 1-6 立面图

图 4-224 观鸟房（4）

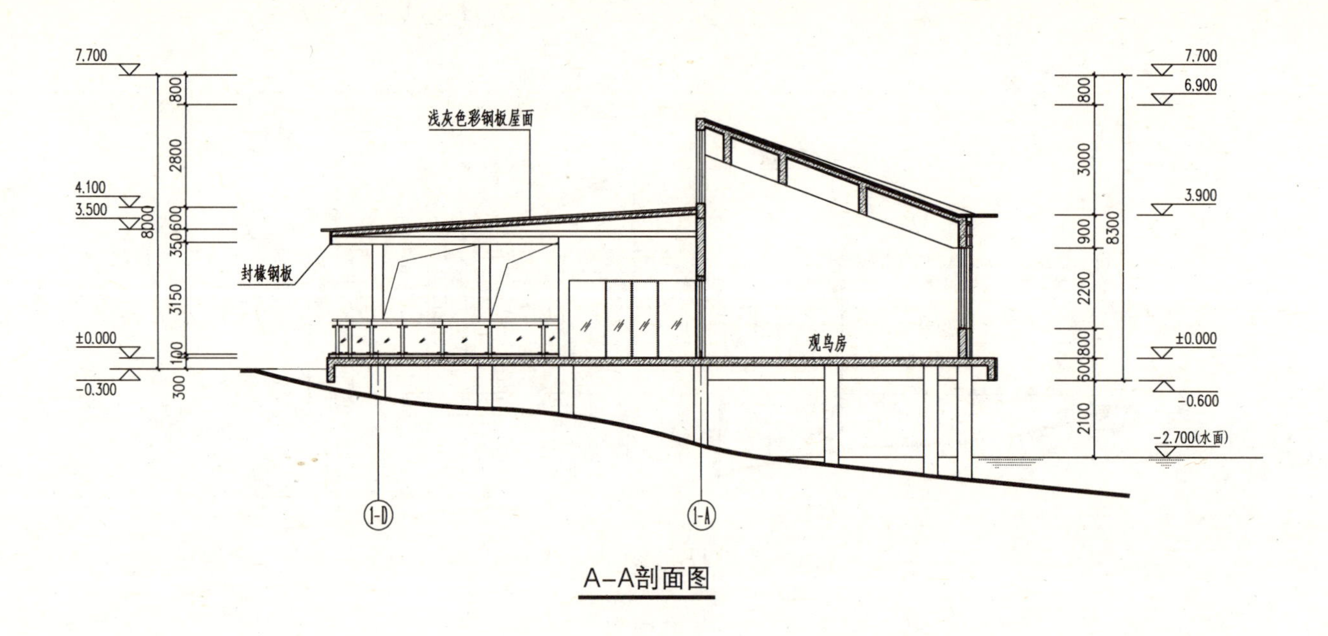

A-A剖面图

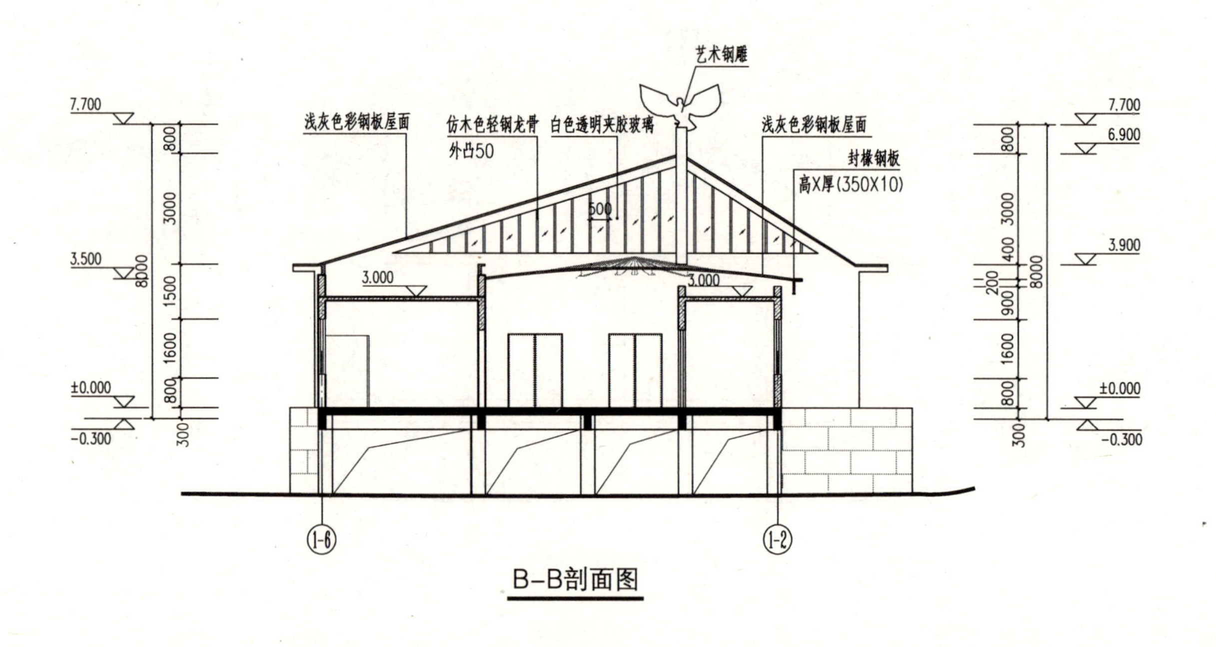

B-B剖面图

图 4-225　观鸟房（5）

4.4 景观类

4.4.1 景桥

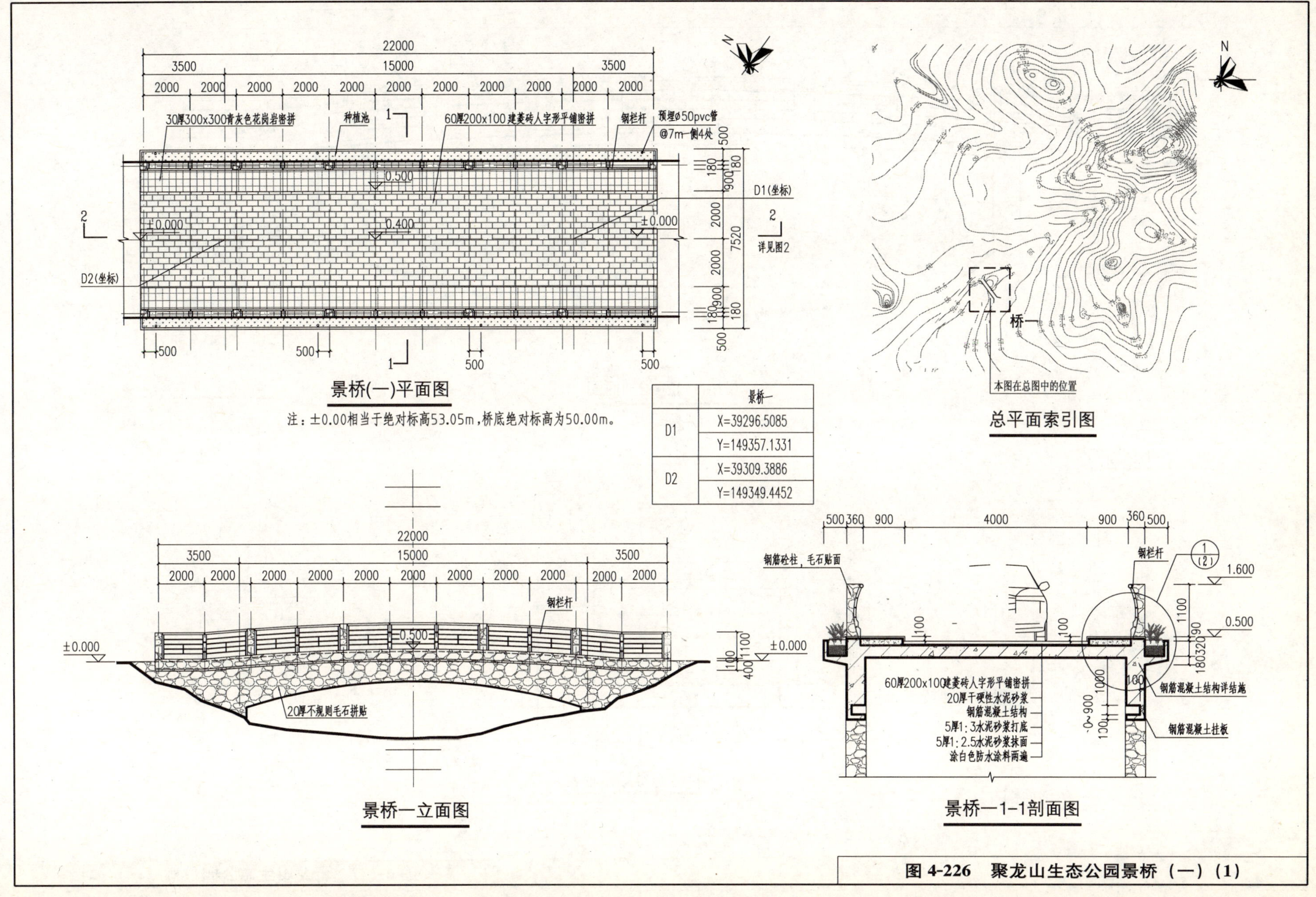

	景桥一
D1	X=39296.5085
	Y=149357.1331
D2	X=39309.3886
	Y=149349.4452

图 4-226 聚龙山生态公园景桥（一）(1)

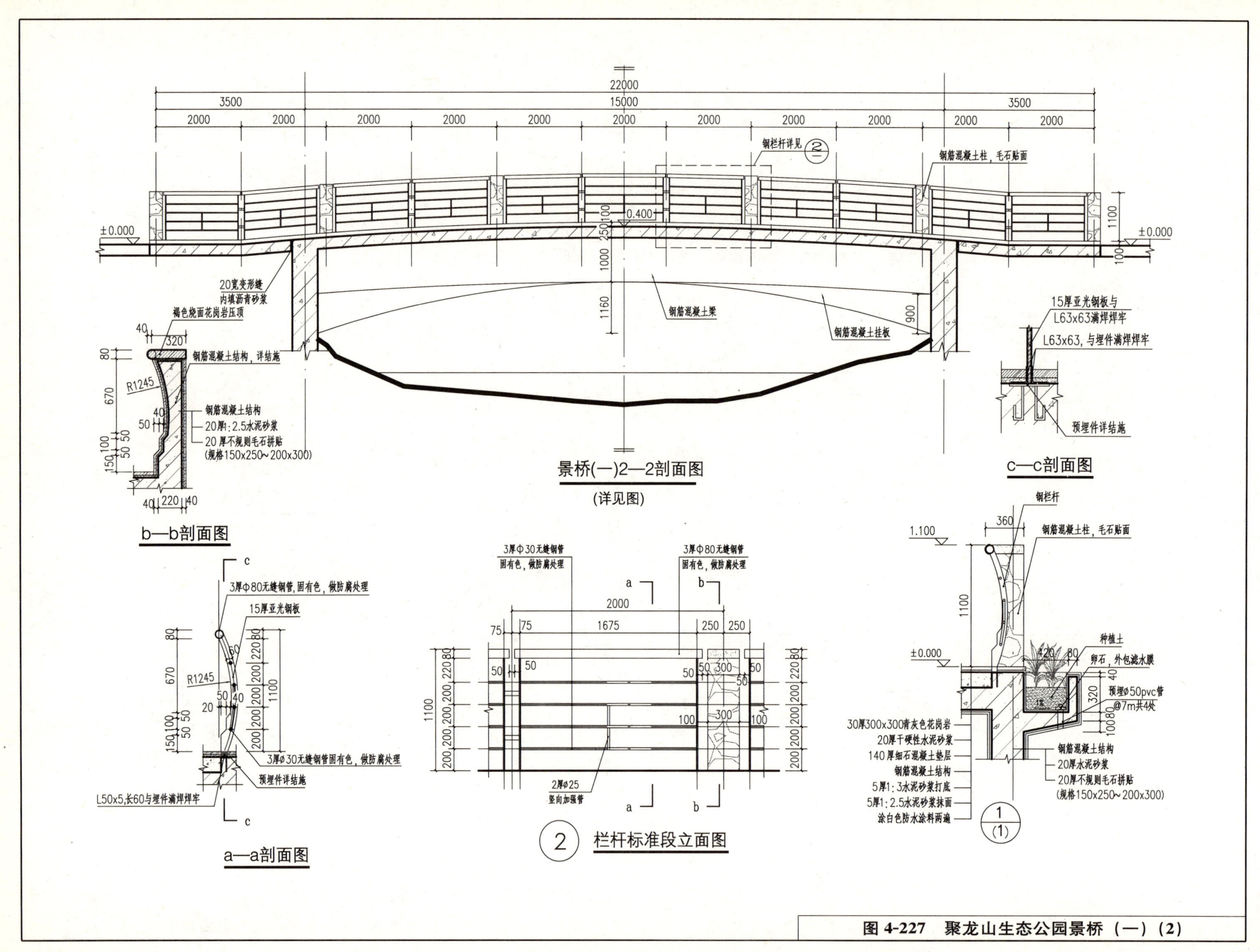

图 4-227 聚龙山生态公园景桥（一）（2）

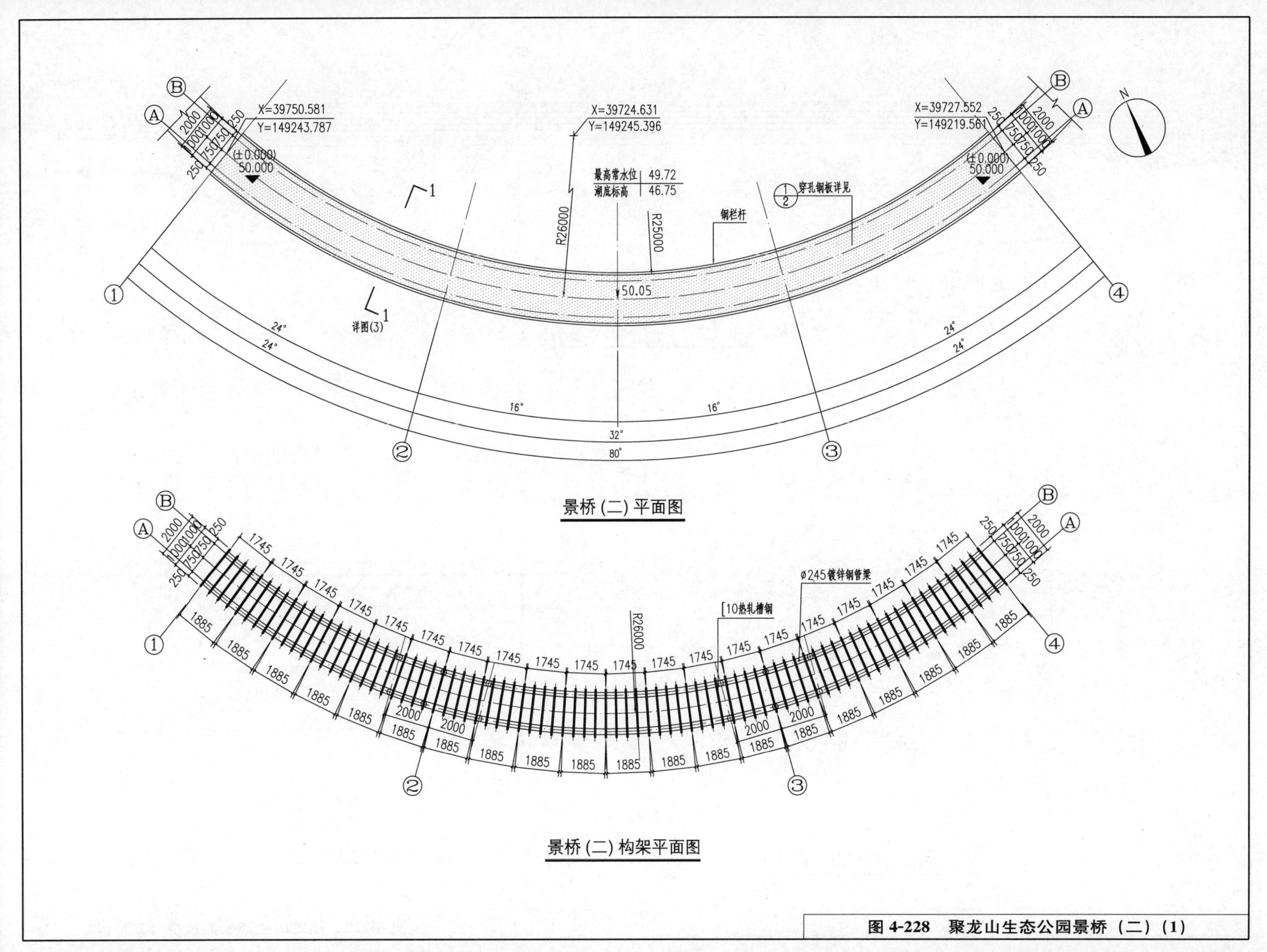

图 4-228 聚龙山生态公园景桥（二）（1）

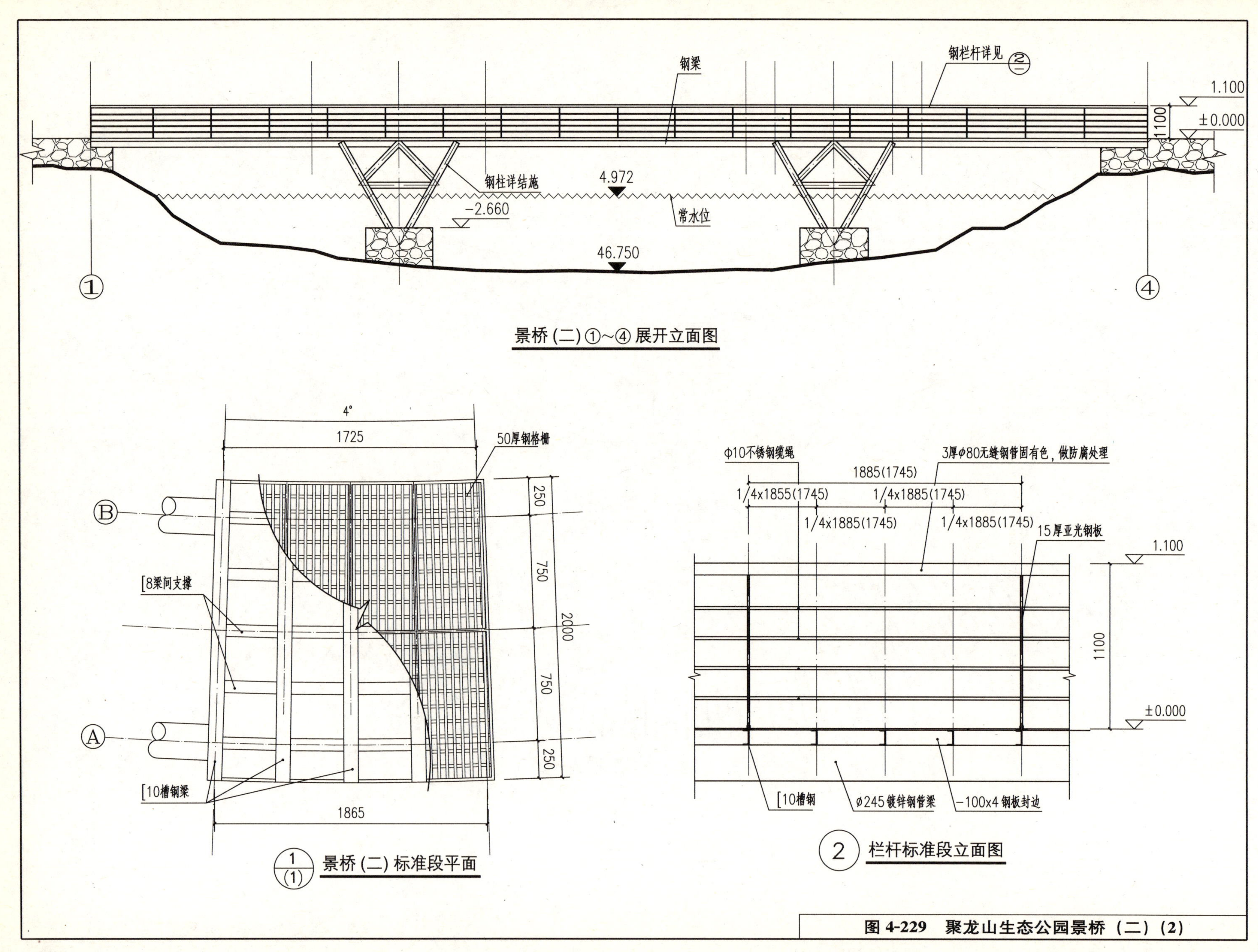

图 4-229　聚龙山生态公园景桥（二）(2)

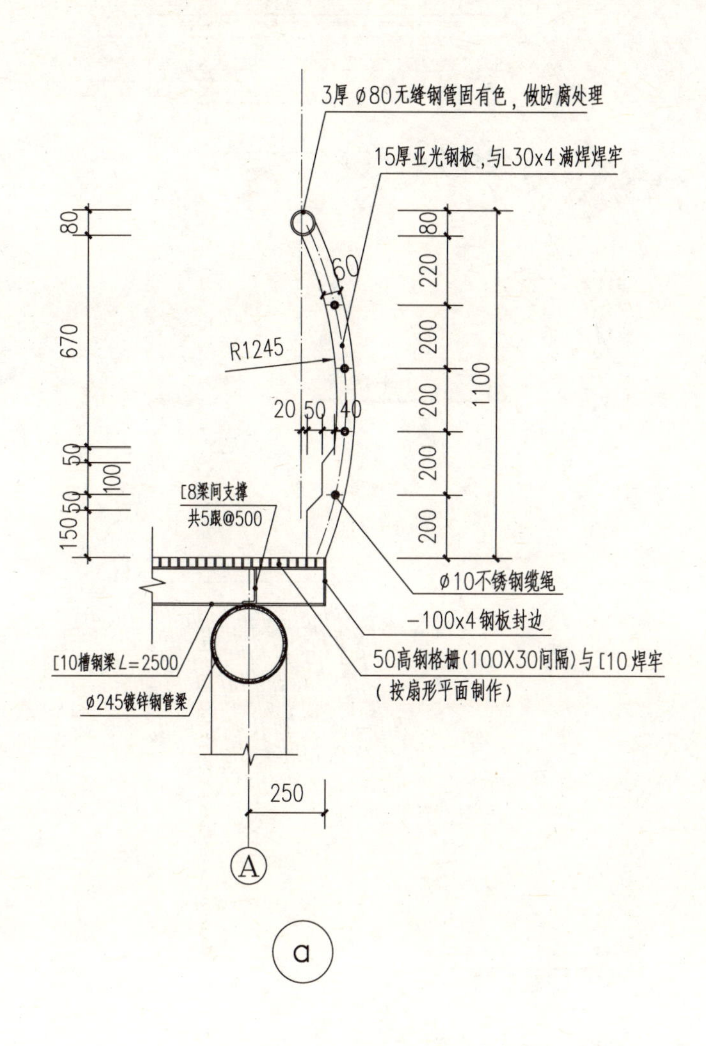

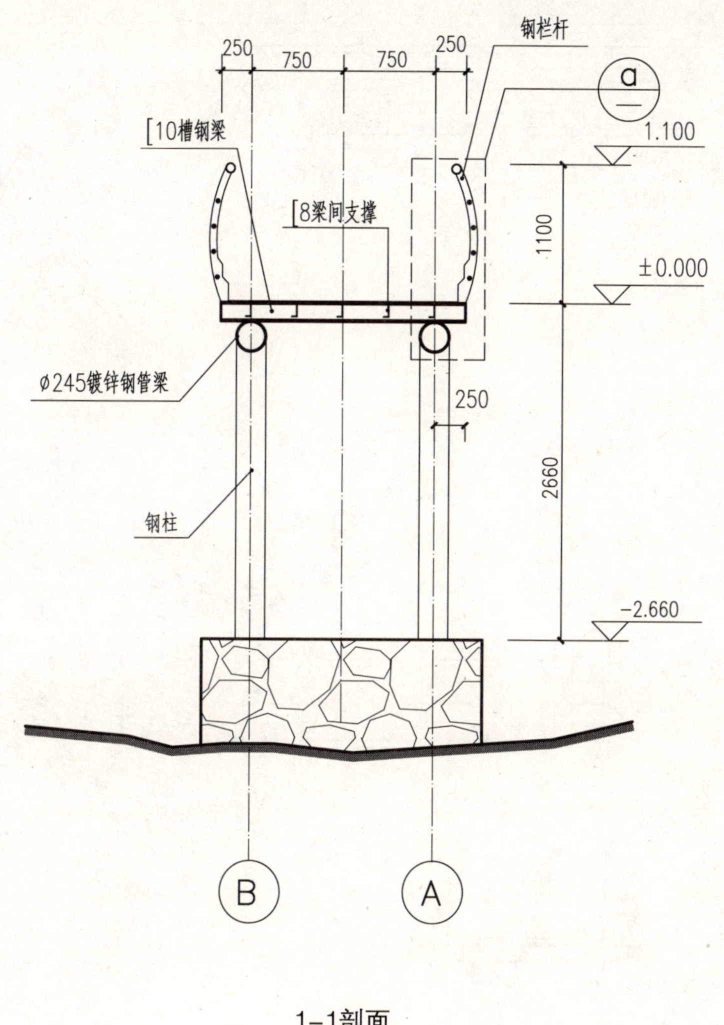

图 4-230　聚龙山生态公园景桥（二）(3)

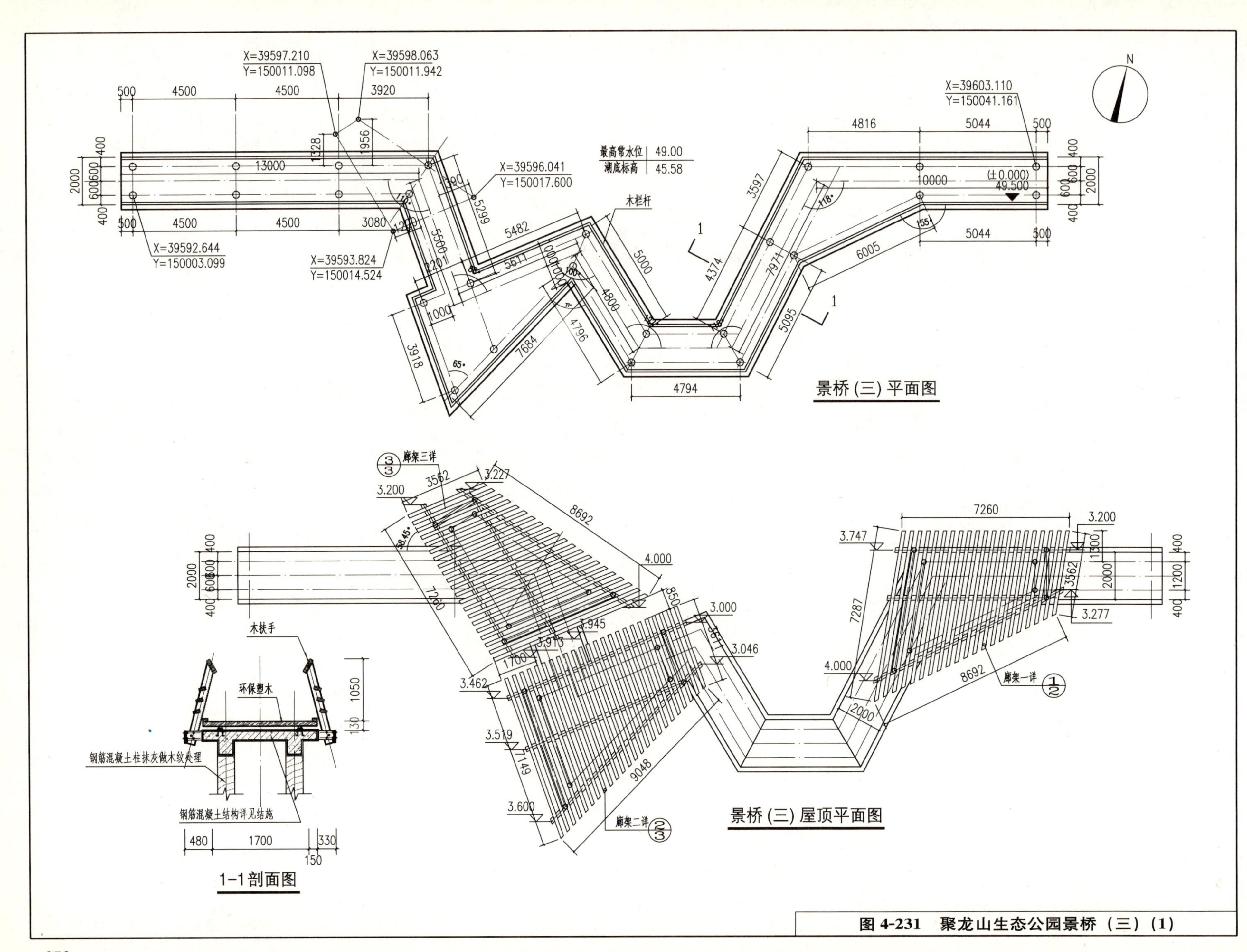

图 4-231 聚龙山生态公园景桥（三）(1)

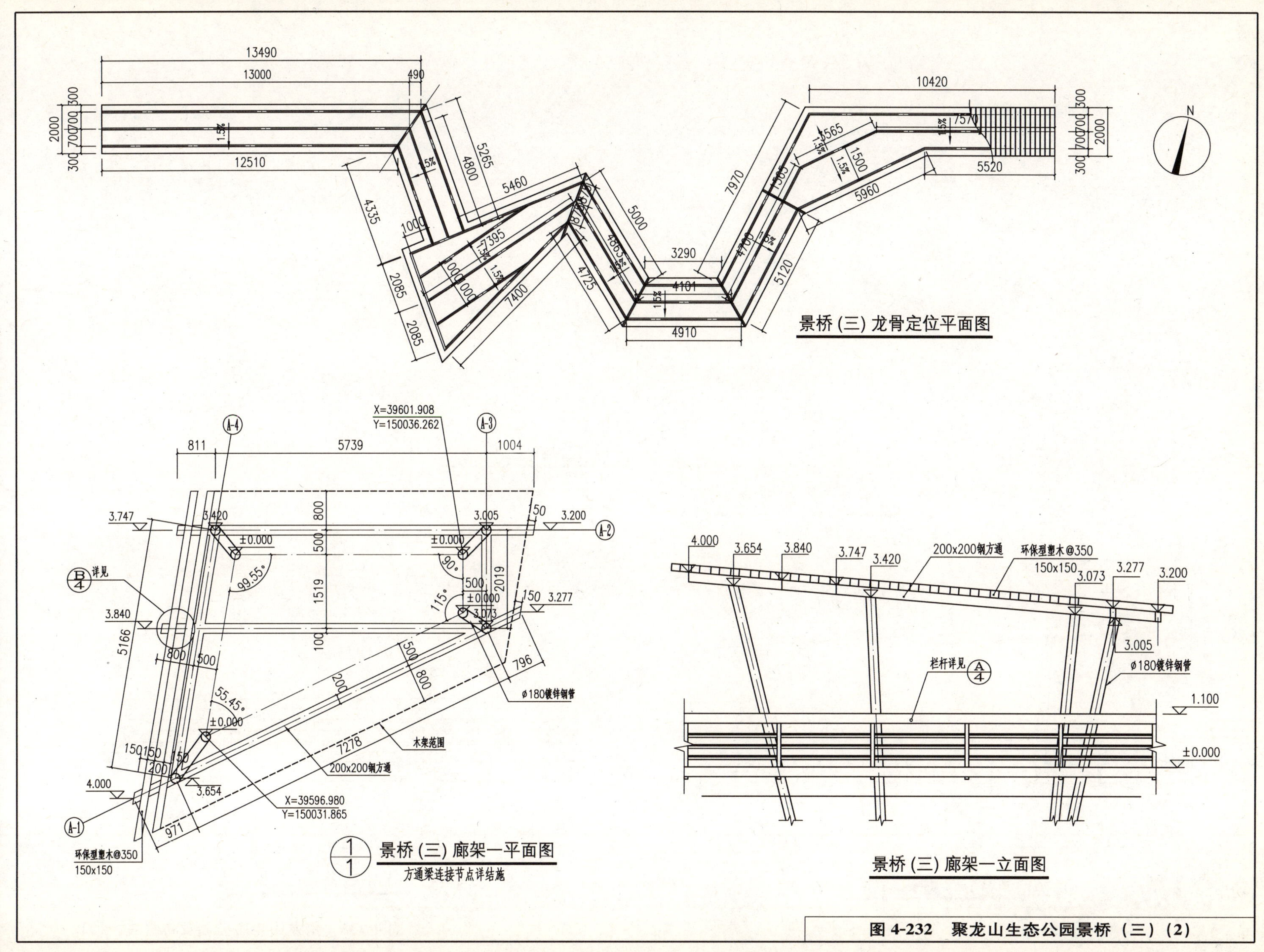

图 4-232　聚龙山生态公园景桥（三）（2）

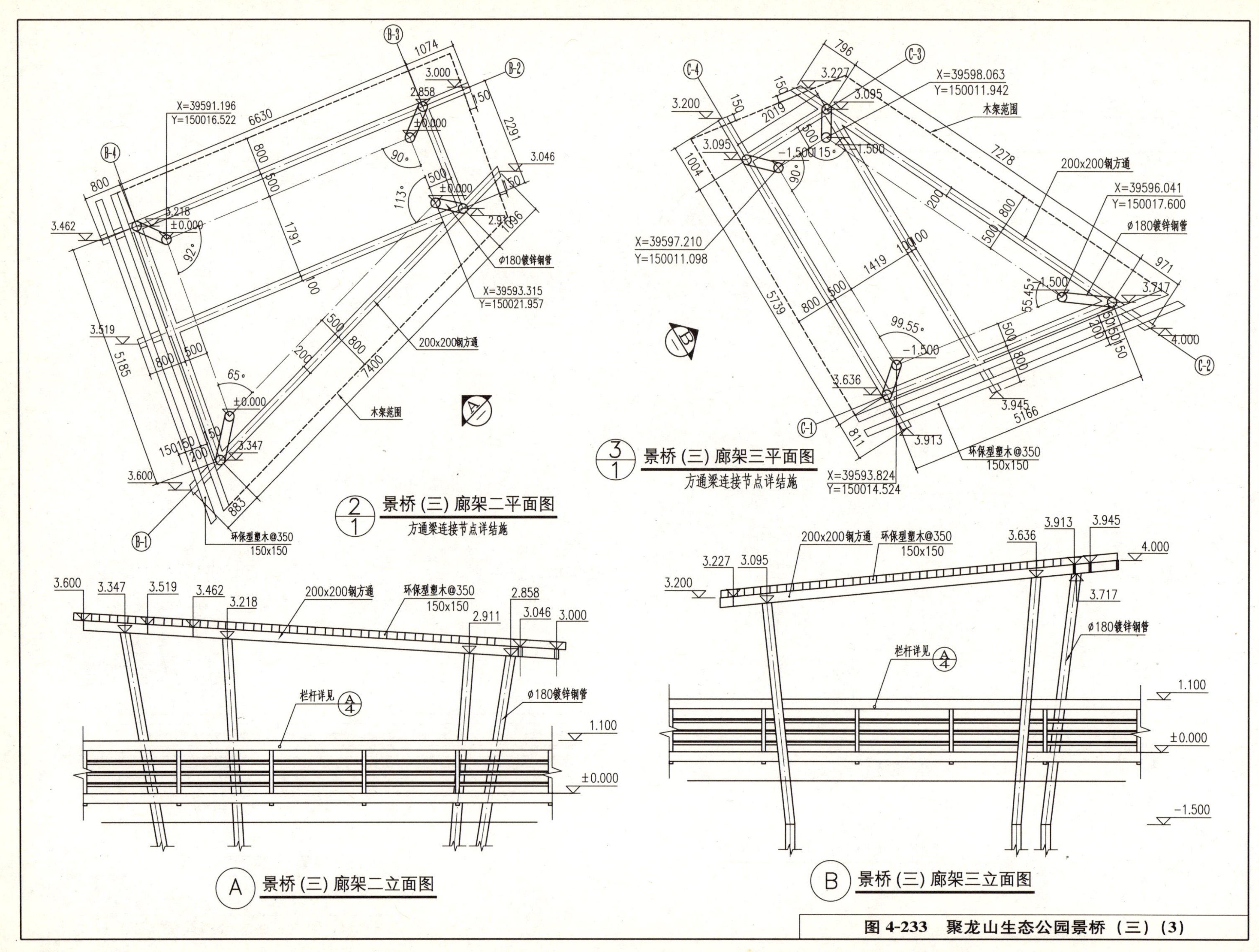

图 4-233　聚龙山生态公园景桥（三）（3）

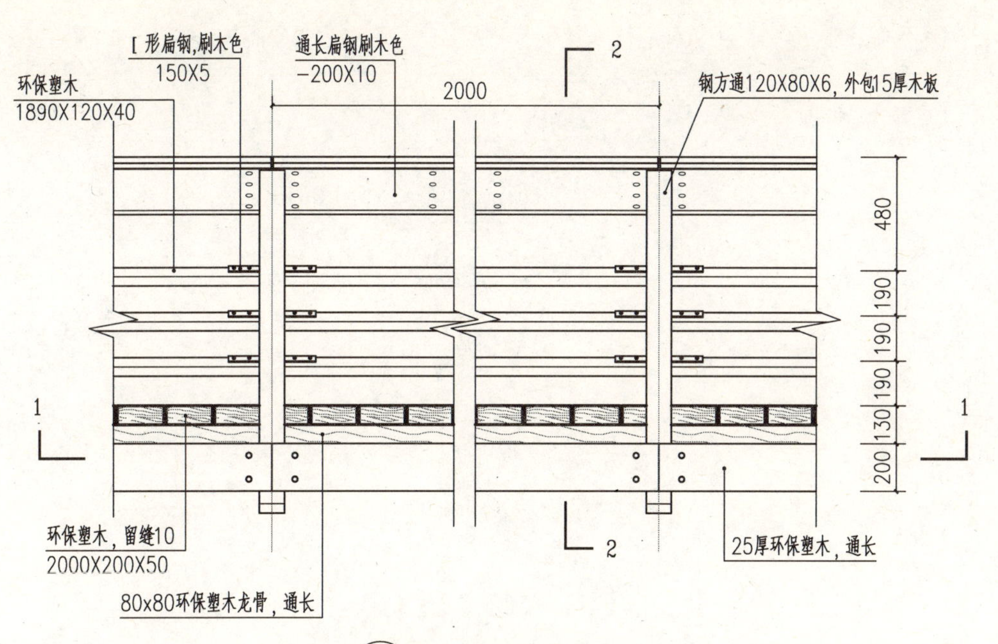

A (2)(3) 栏杆标准段立面

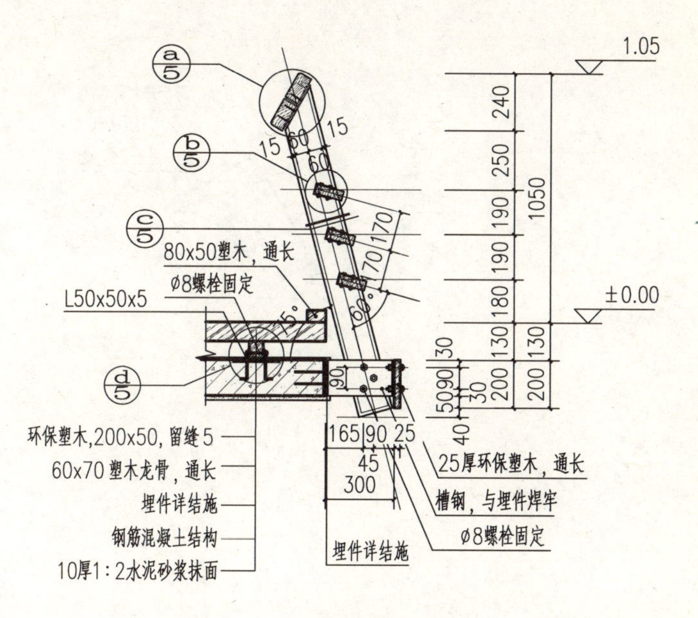

2-2剖面图

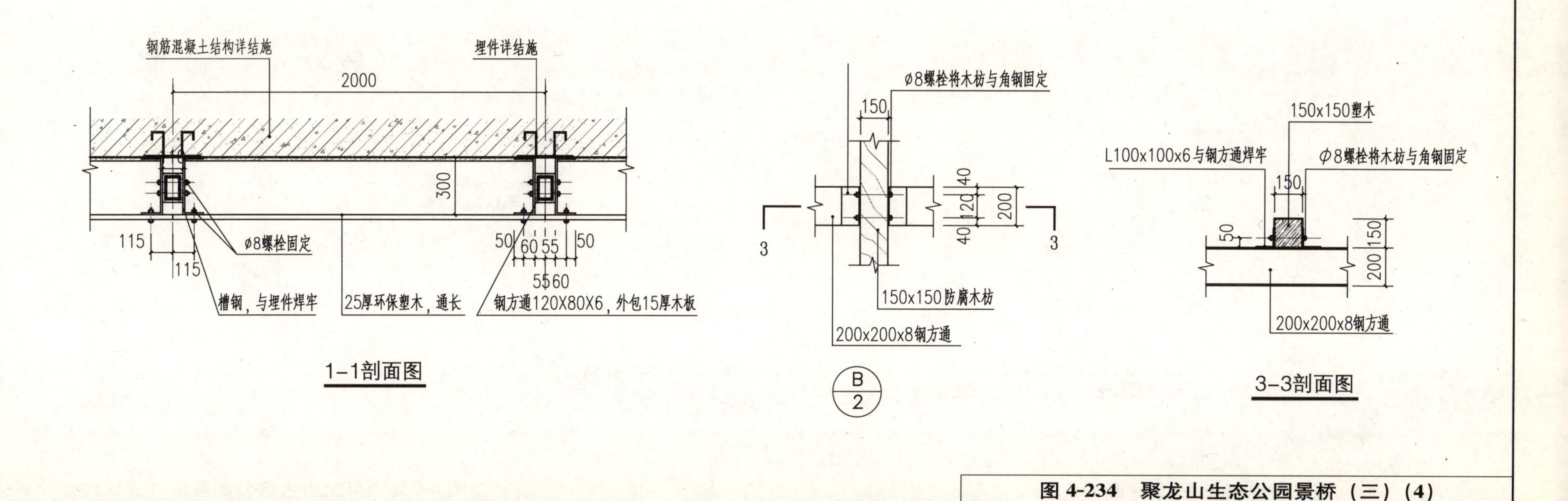

1-1剖面图

B/2

3-3剖面图

图 4-234　聚龙山生态公园景桥（三）（4）

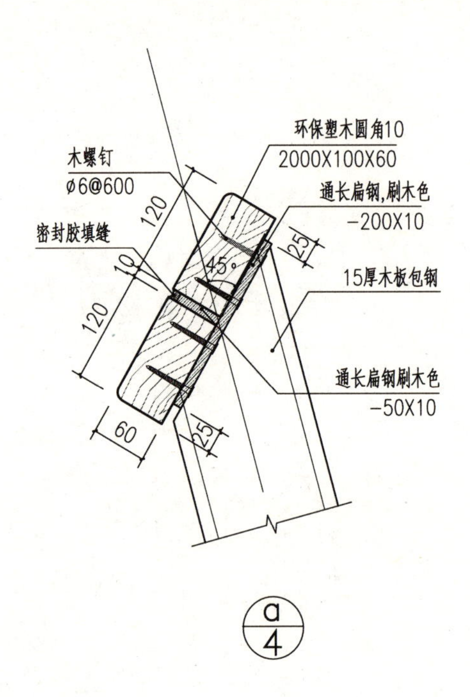

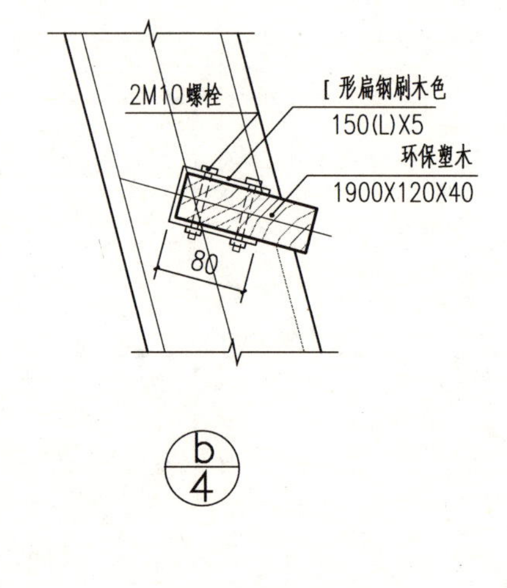

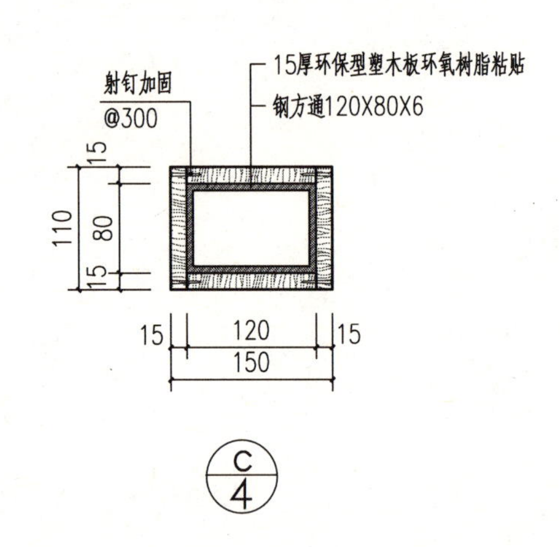

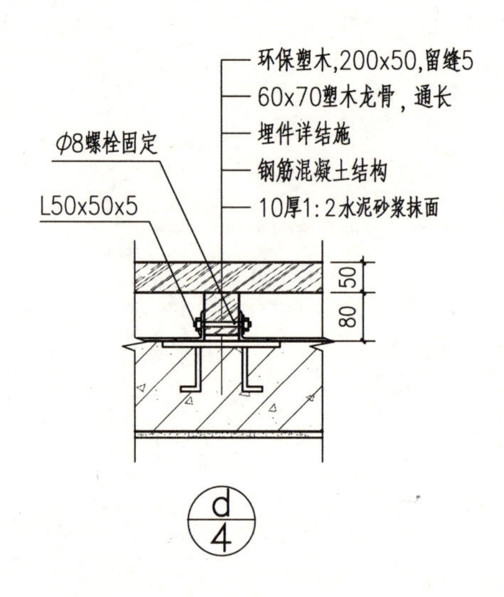

图 4-235 聚龙山生态公园景桥（三）(5)

4.4.2 景观塔

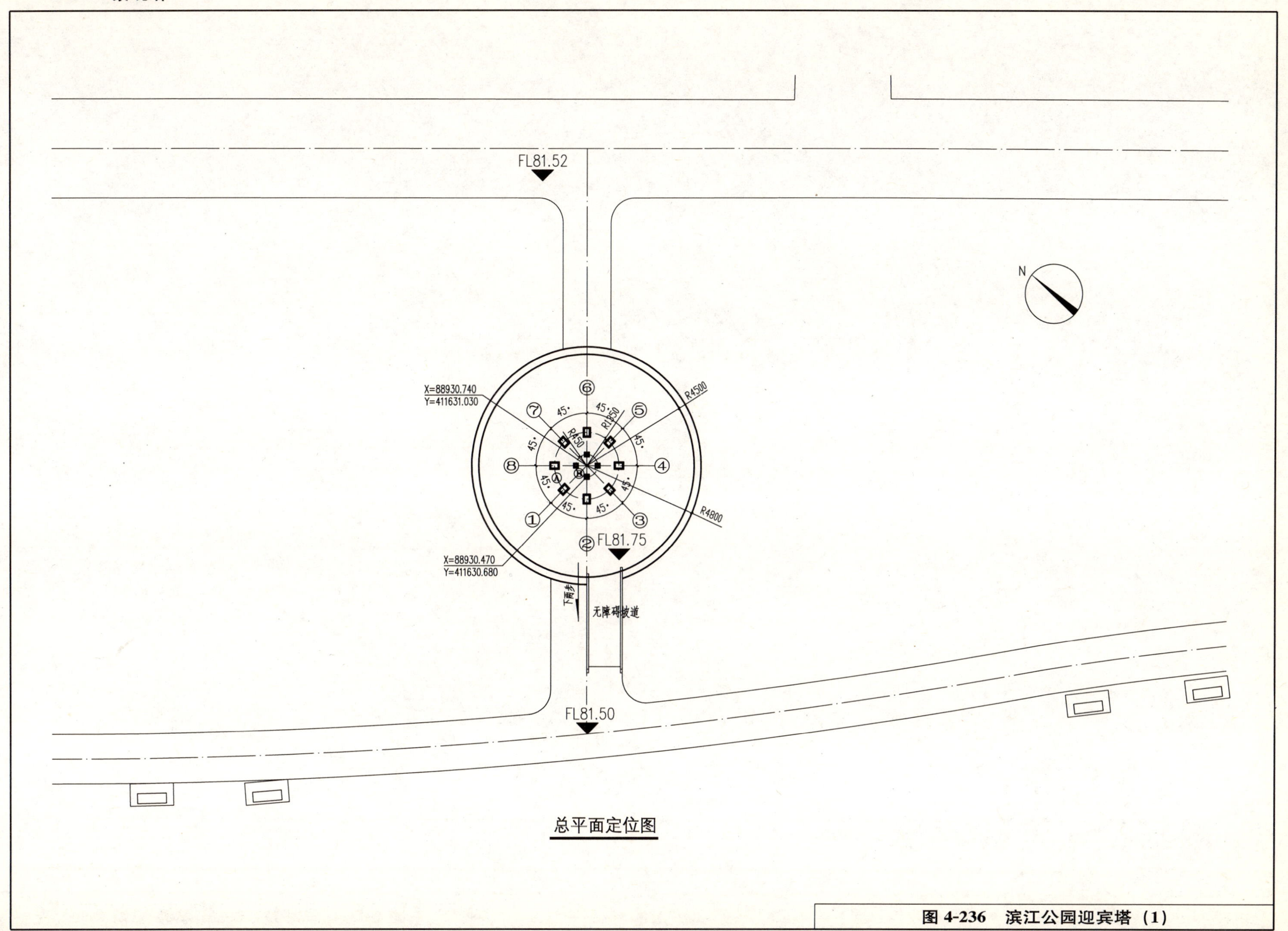

图 4-236 滨江公园迎宾塔（1）

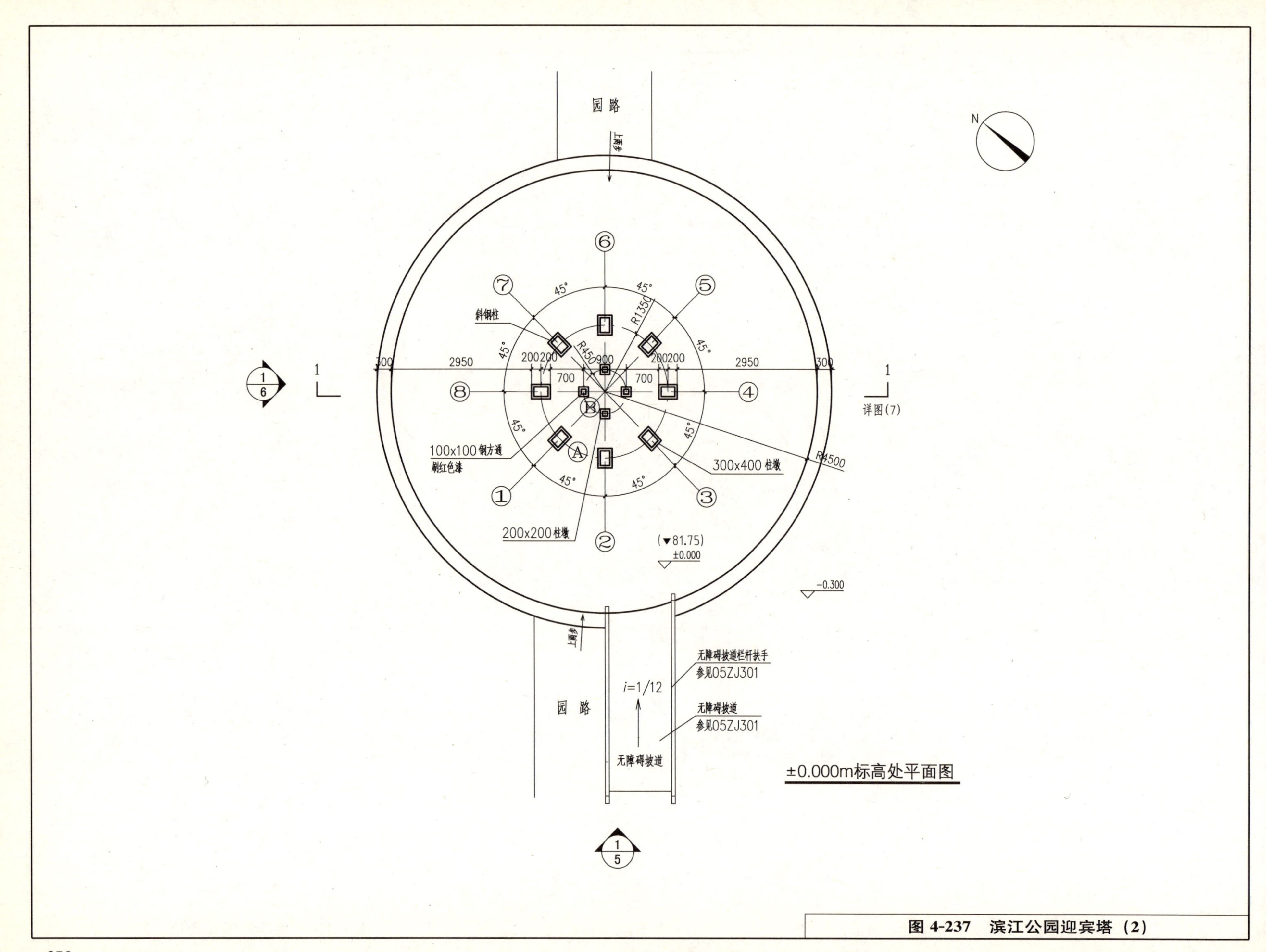

±0.000m标高处平面图

图 4-237　滨江公园迎宾塔（2）

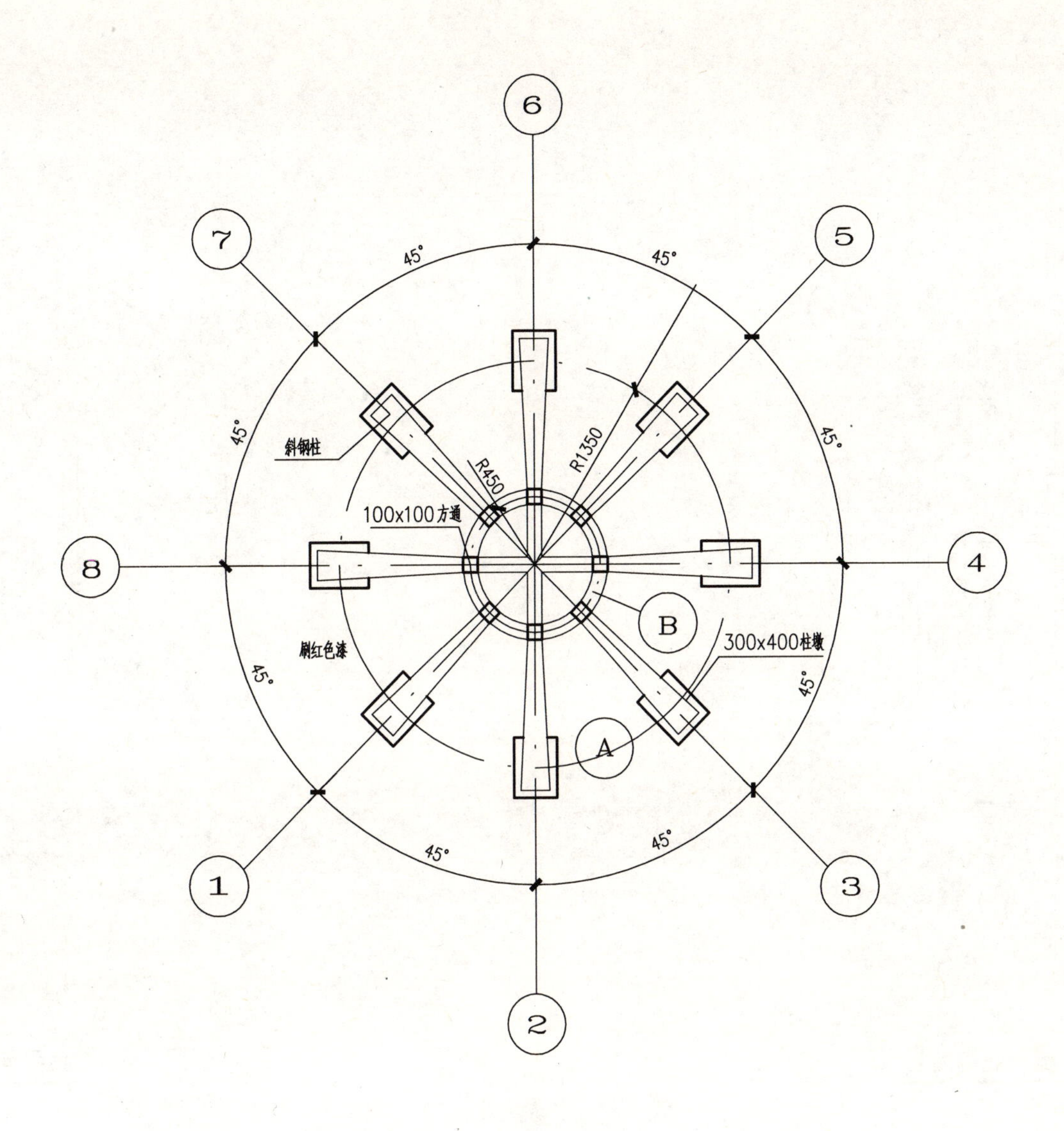

2.200m标高处平面图

图 4-238 滨江公园迎宾塔（3）

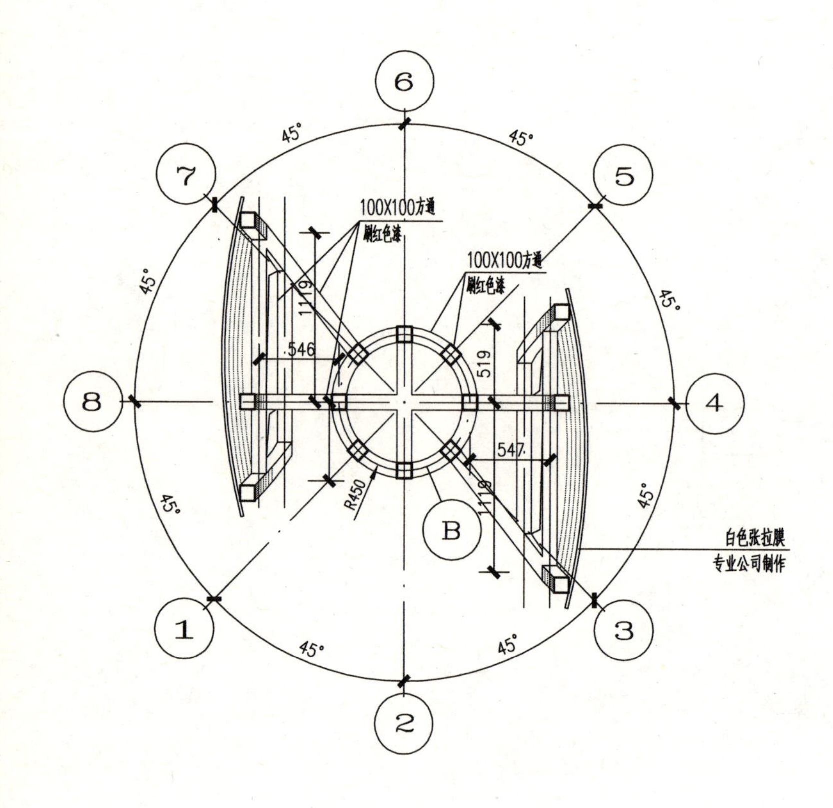

4.500m标高处平面图

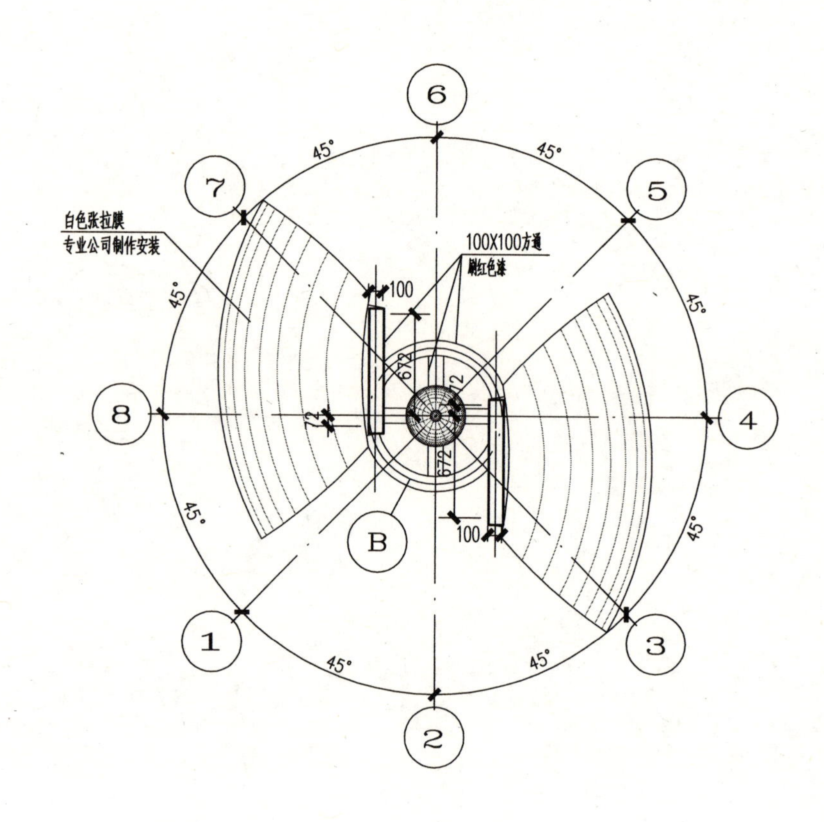

顶平面图

图 4-239　滨江公园迎宾塔（4）

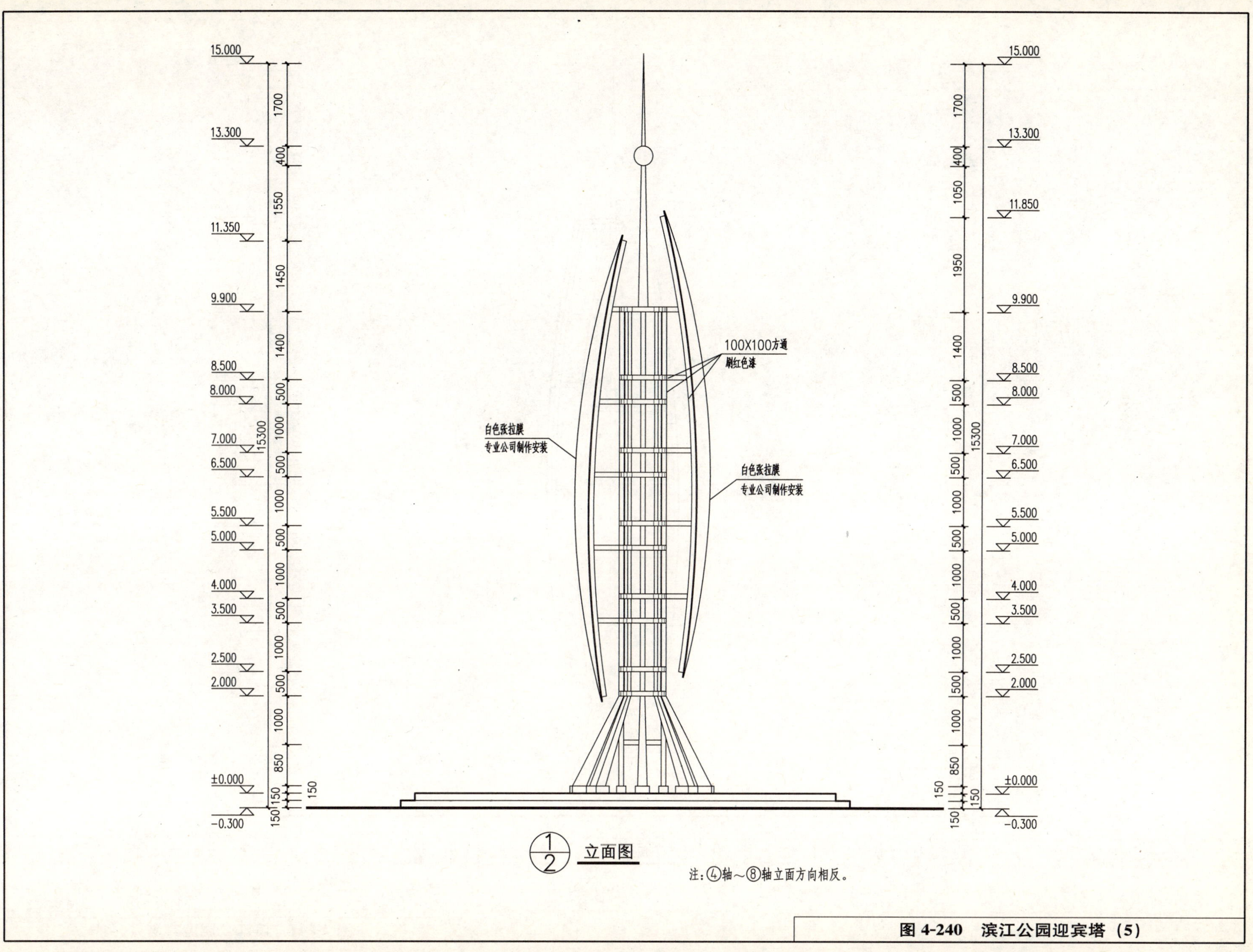

图 4-240　滨江公园迎宾塔（5）

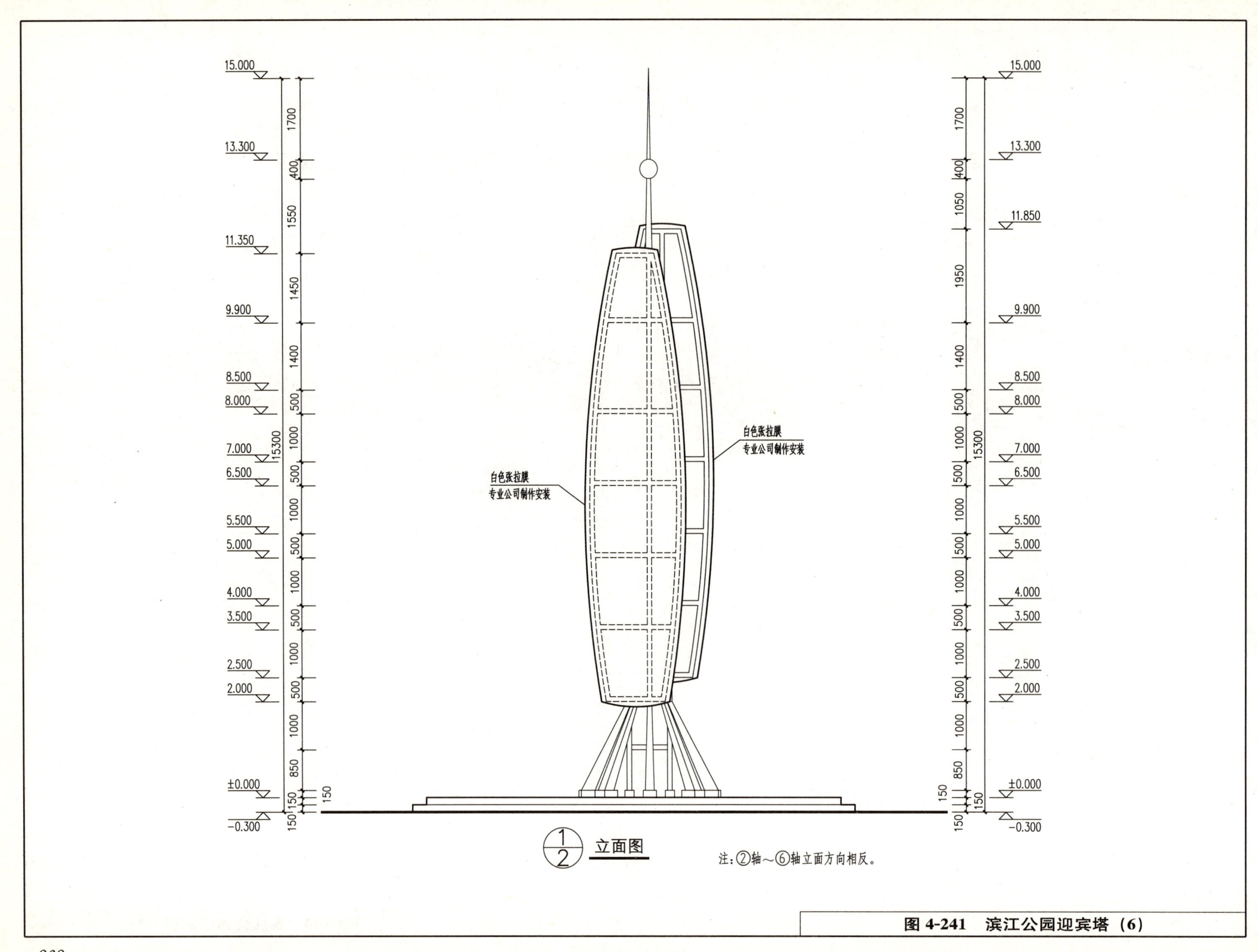

图 4-241　滨江公园迎宾塔（6）

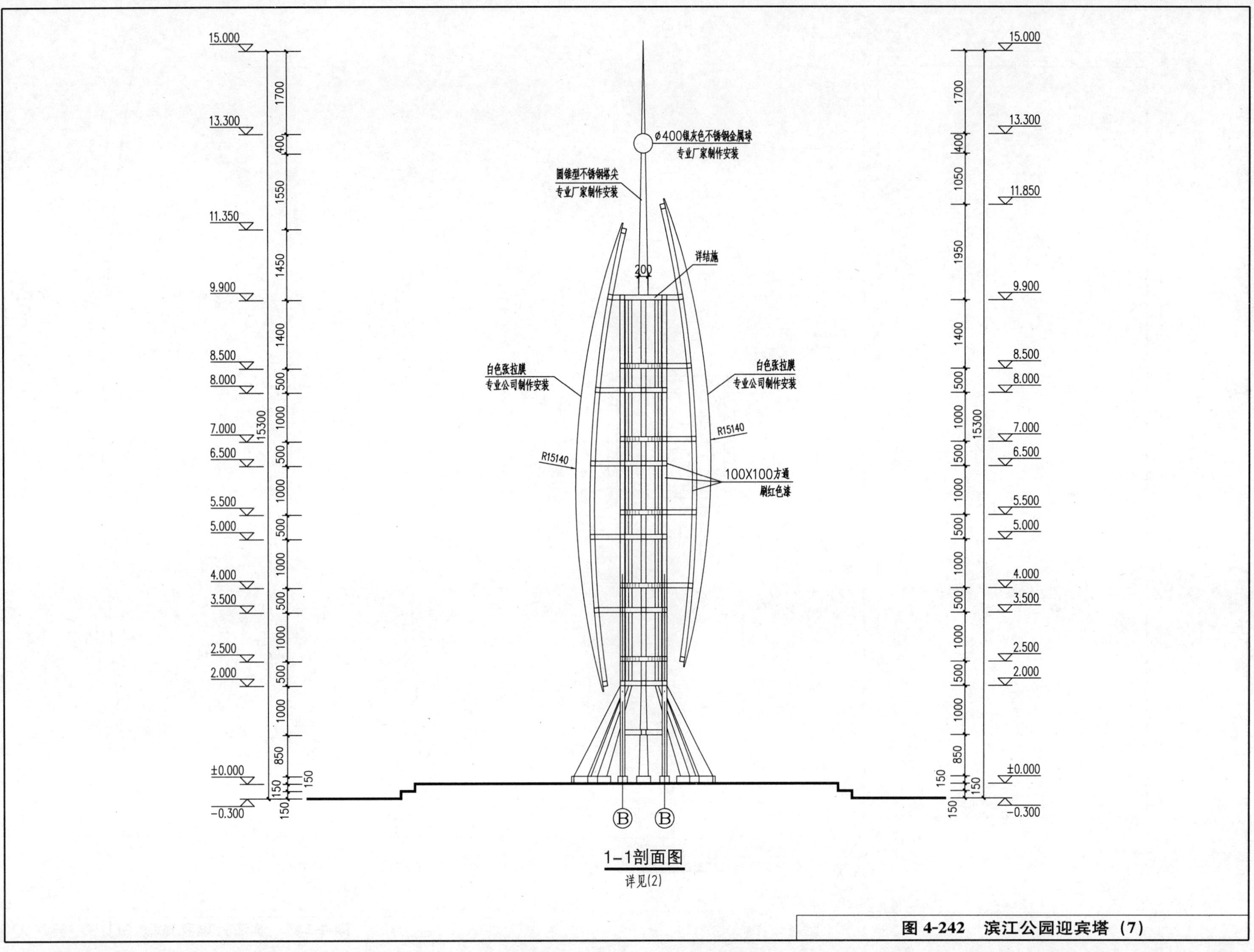

图 4-242 滨江公园迎宾塔（7）

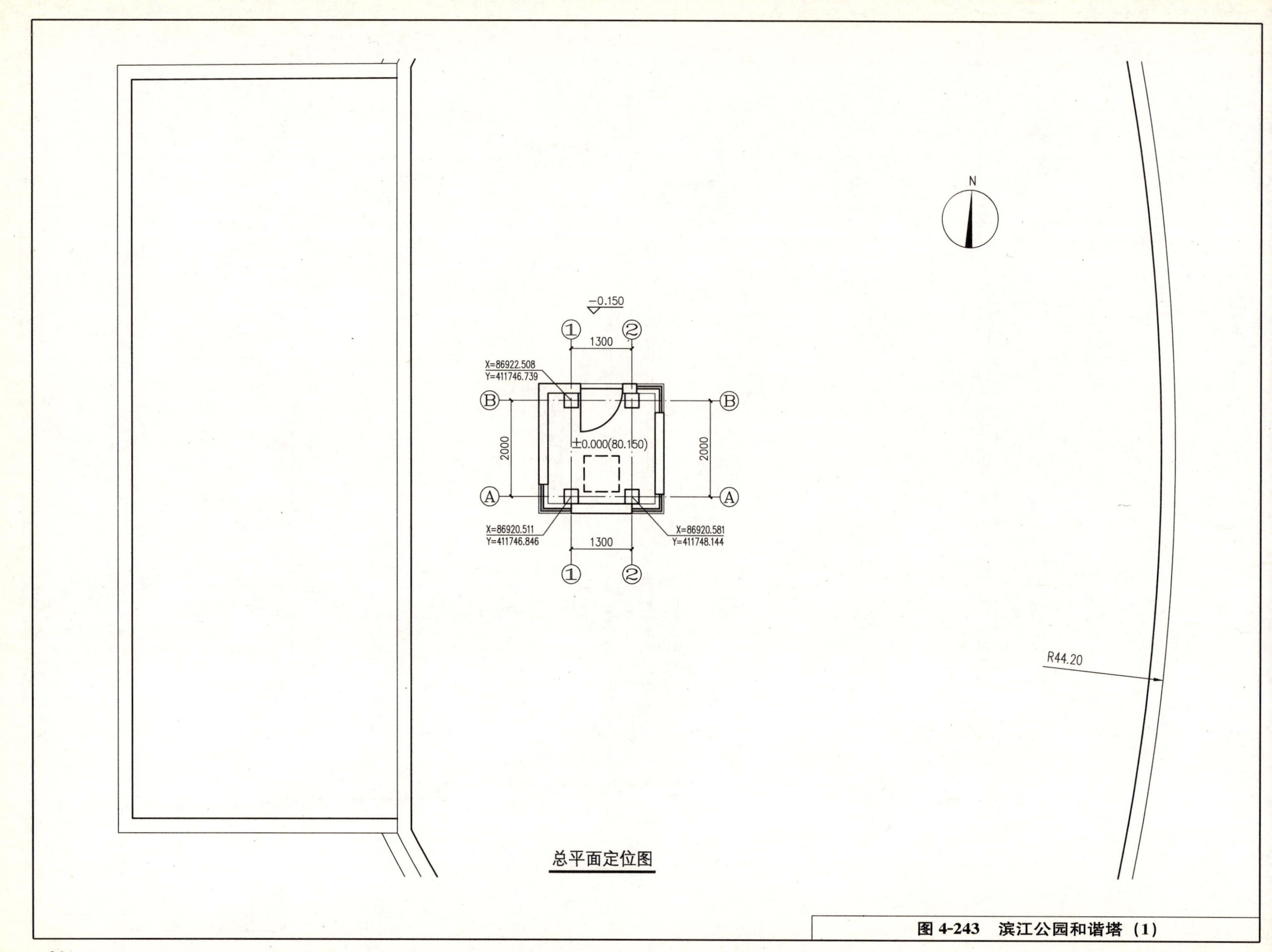

图 4-243 滨江公园和谐塔（1）

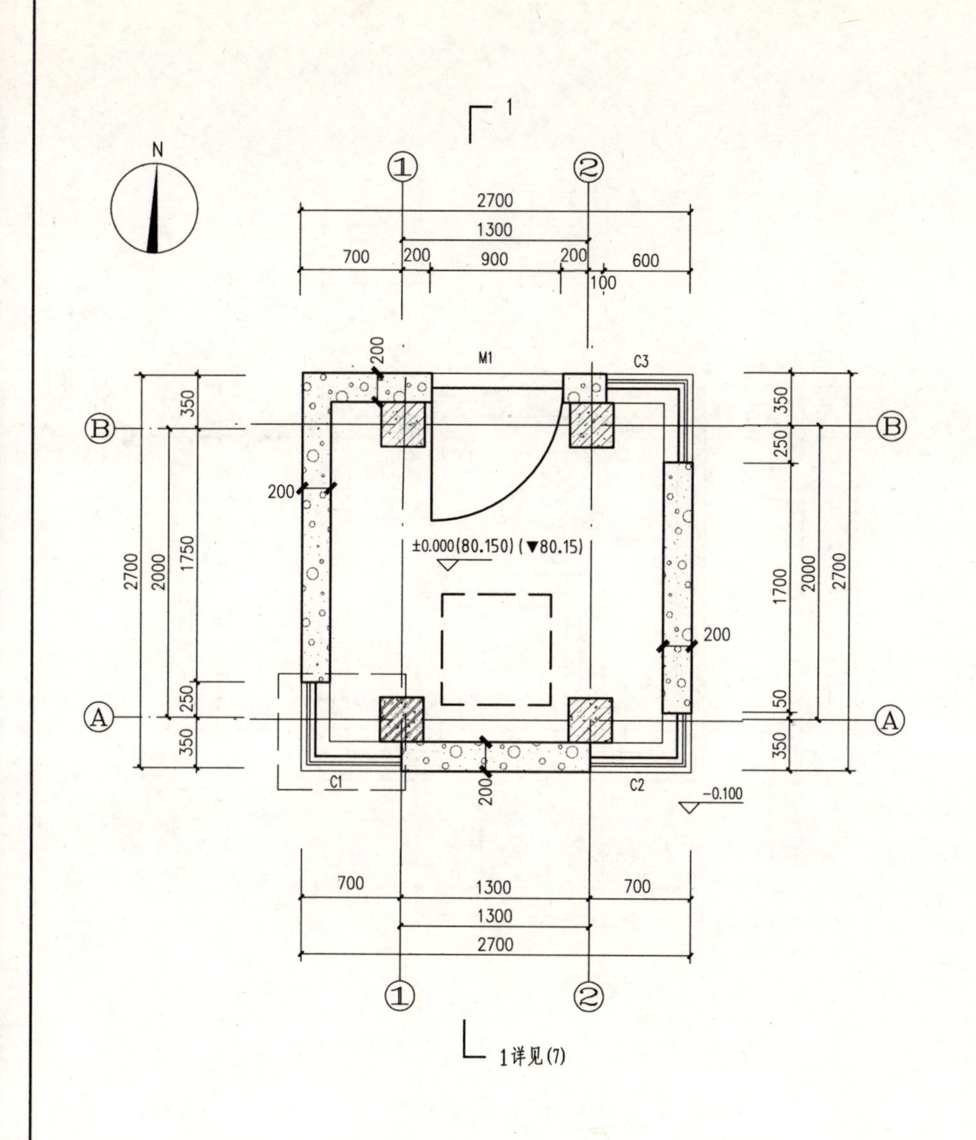

±0.000m标高处平面图

3.500m标高处平面图

图 4-244　滨江公园和谐塔（2）

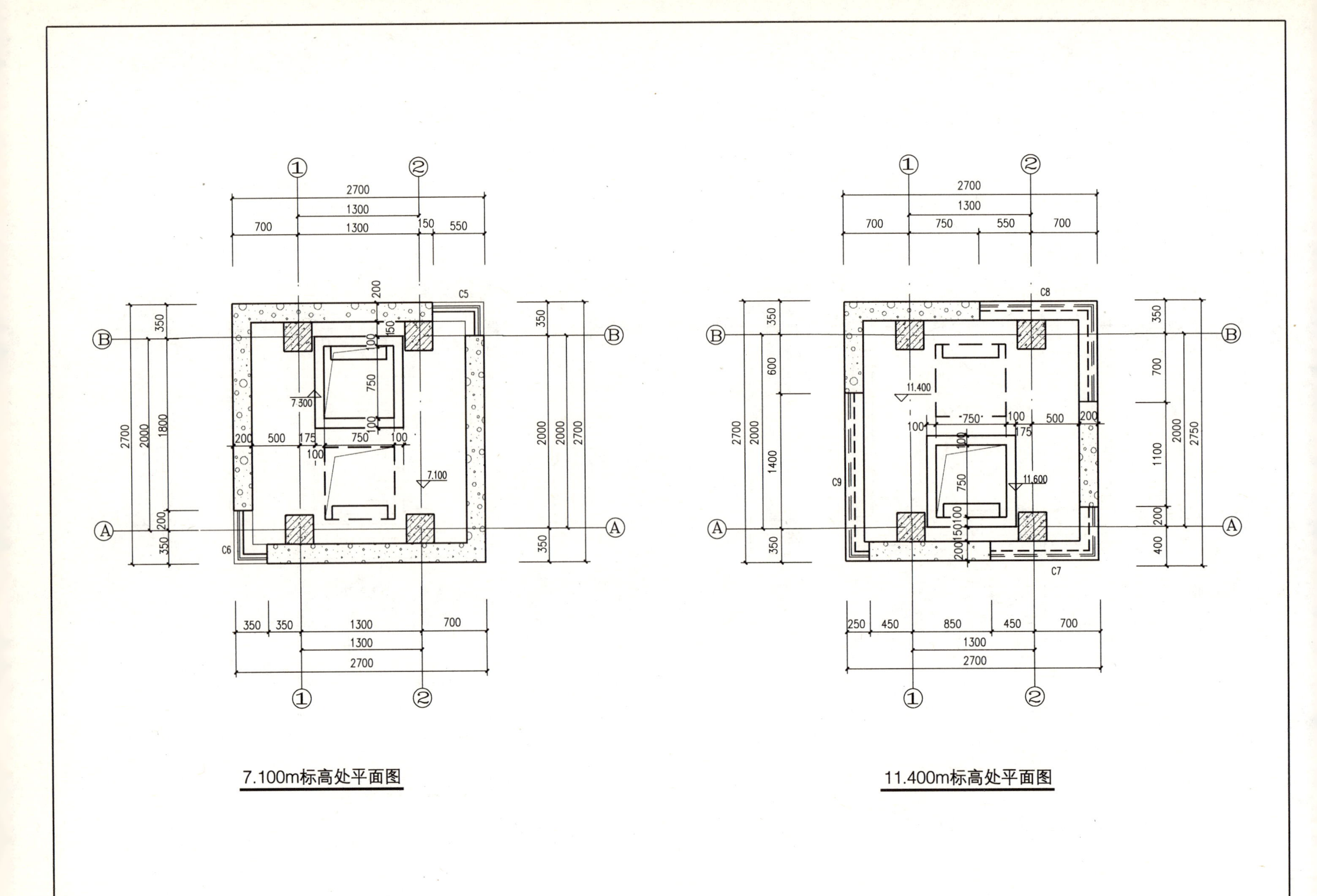

图 4-245 滨江公园和谐塔（3）

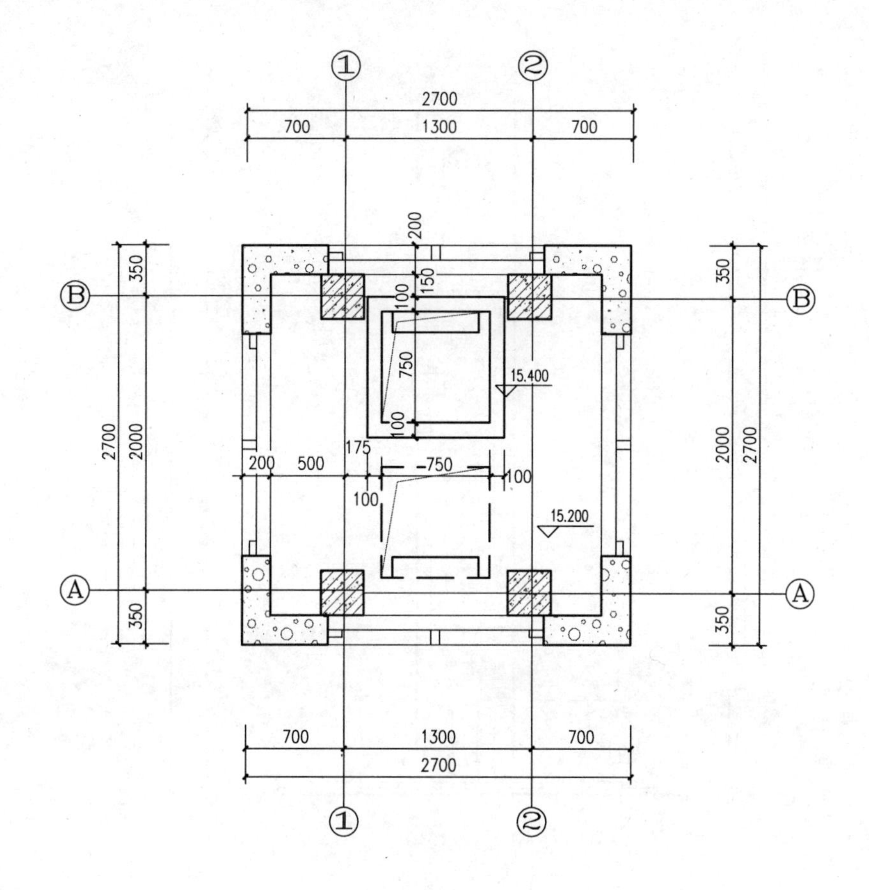

15.200m标高处平面图

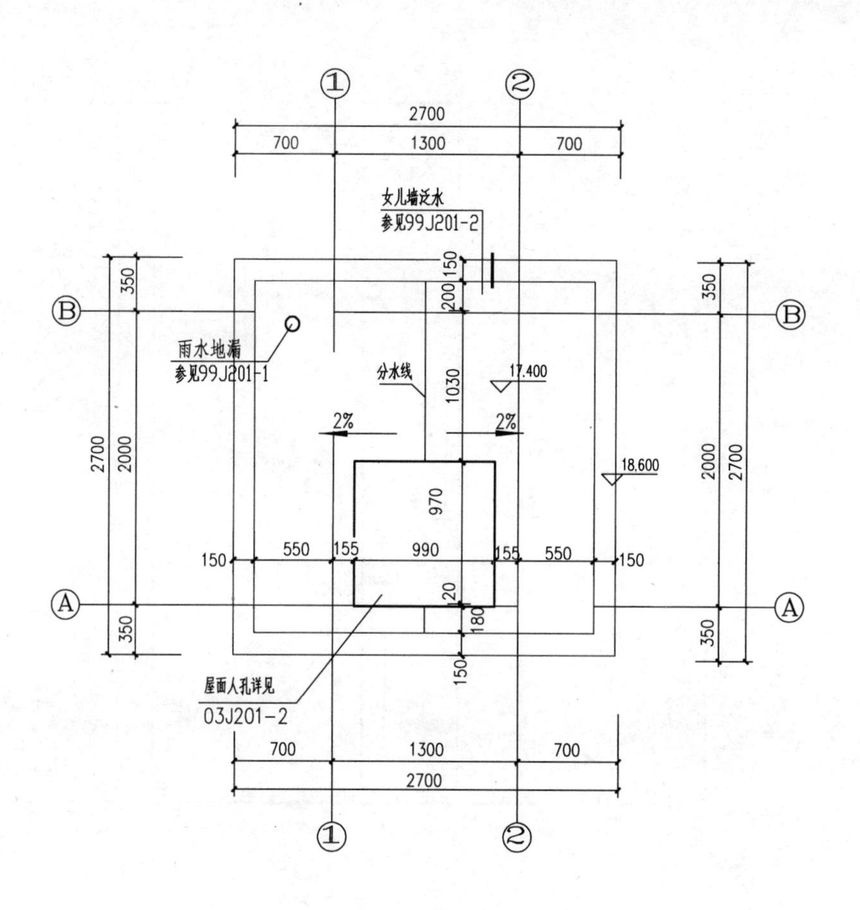

顶层平面图

图 4-246 滨江公园和谐塔（4）

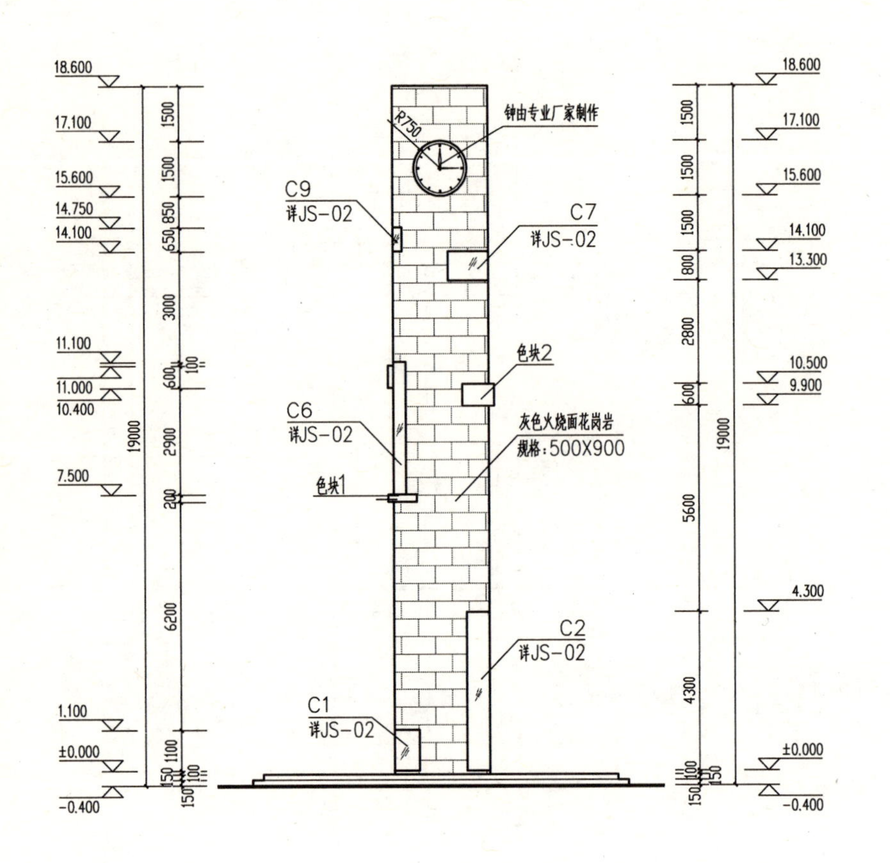

①-②立面图

钟由专业厂家制作

R750

C8

详JS-02

灰色火烧面花岗岩

规格：500X900

色块3

C5

详JS-02

C4

详JS-02

C3

详JS-02

18.600

17.100

15.600

14.550

13.850

11.150

11.000

10.500

10.400

9.900

7.500

7.150

6.350

3.500

2.000

±0.000

-0.400

19000

②-①立面图

图 4-247　滨江公园和谐塔（5）

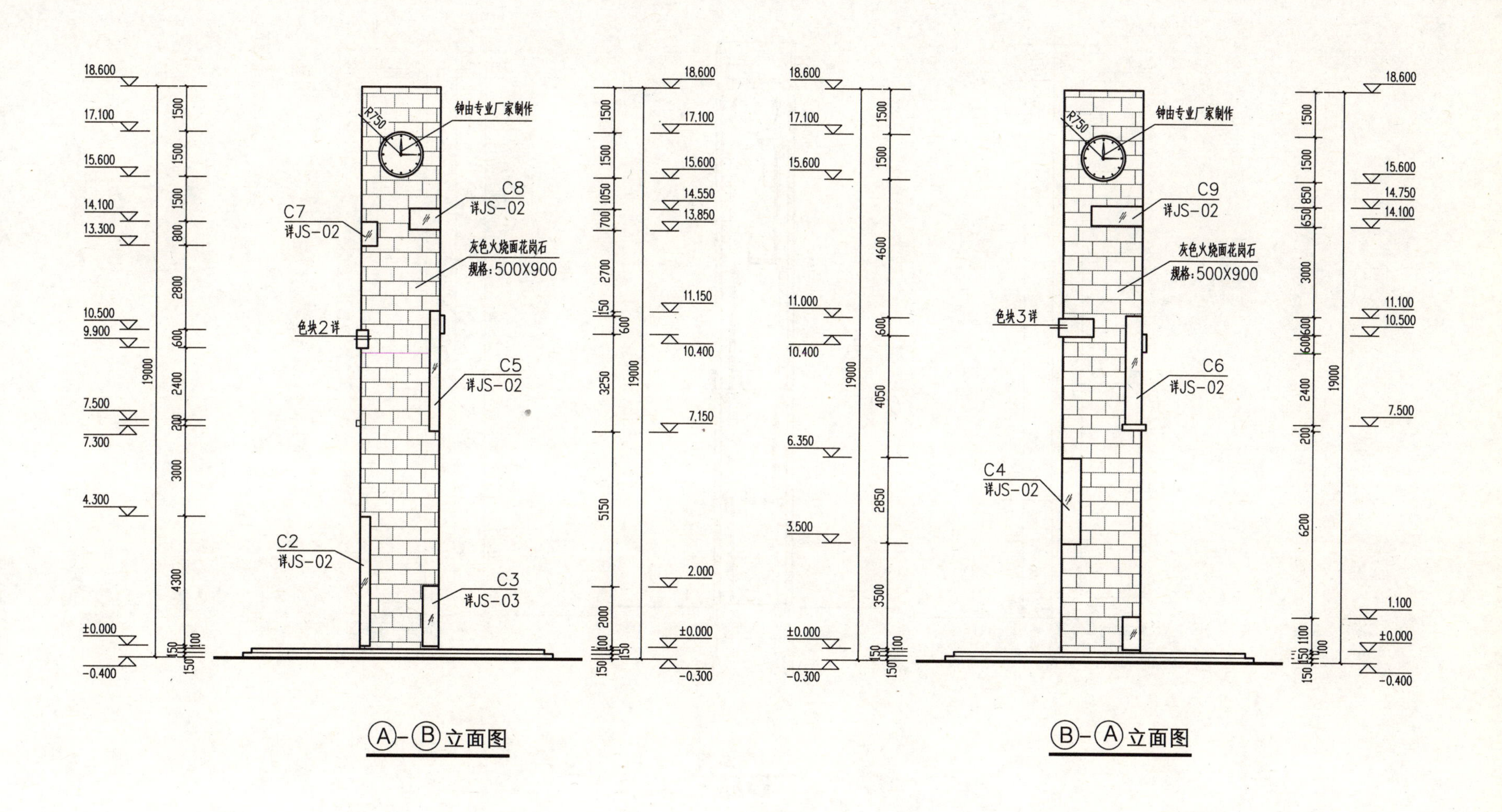

图 4-248　滨江公园和谐塔（6）

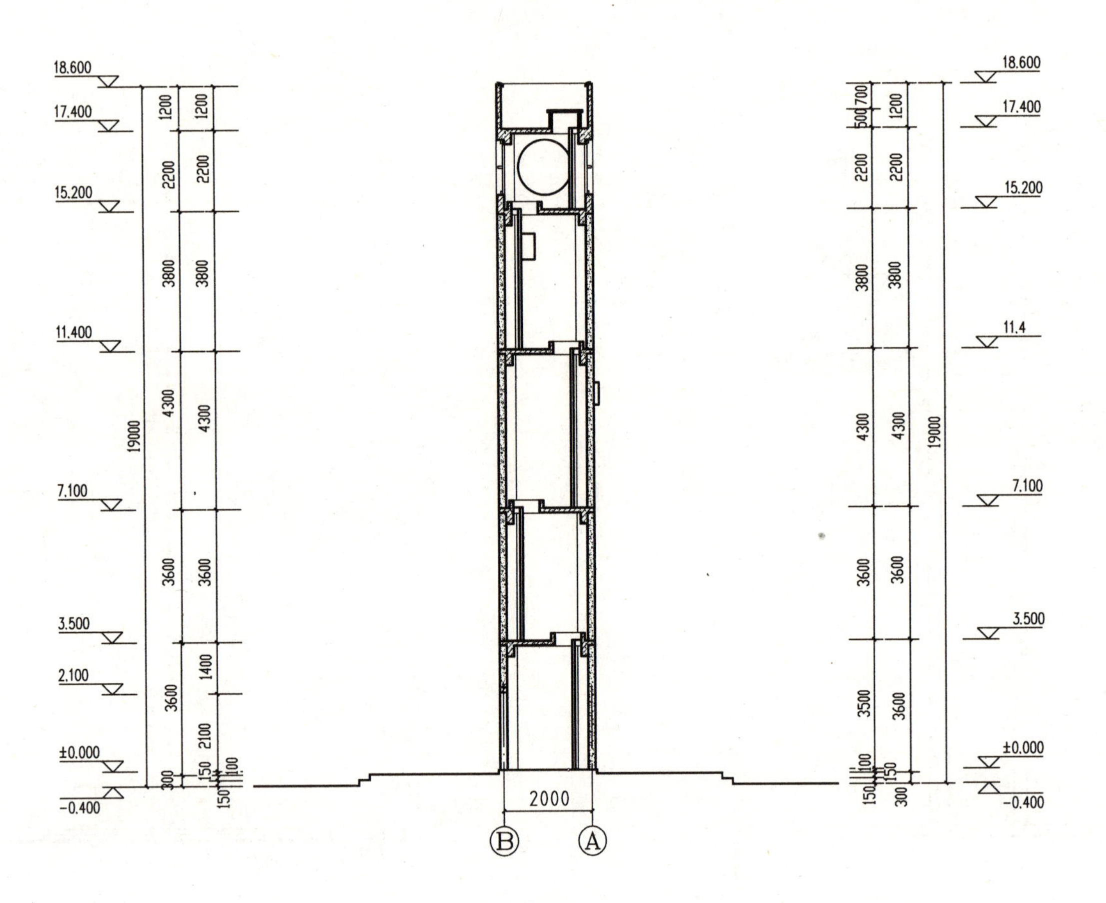

1-1剖面图

平面详见(2)

图 4-249 滨江公园和谐塔（7）

4.4.3 牌坊

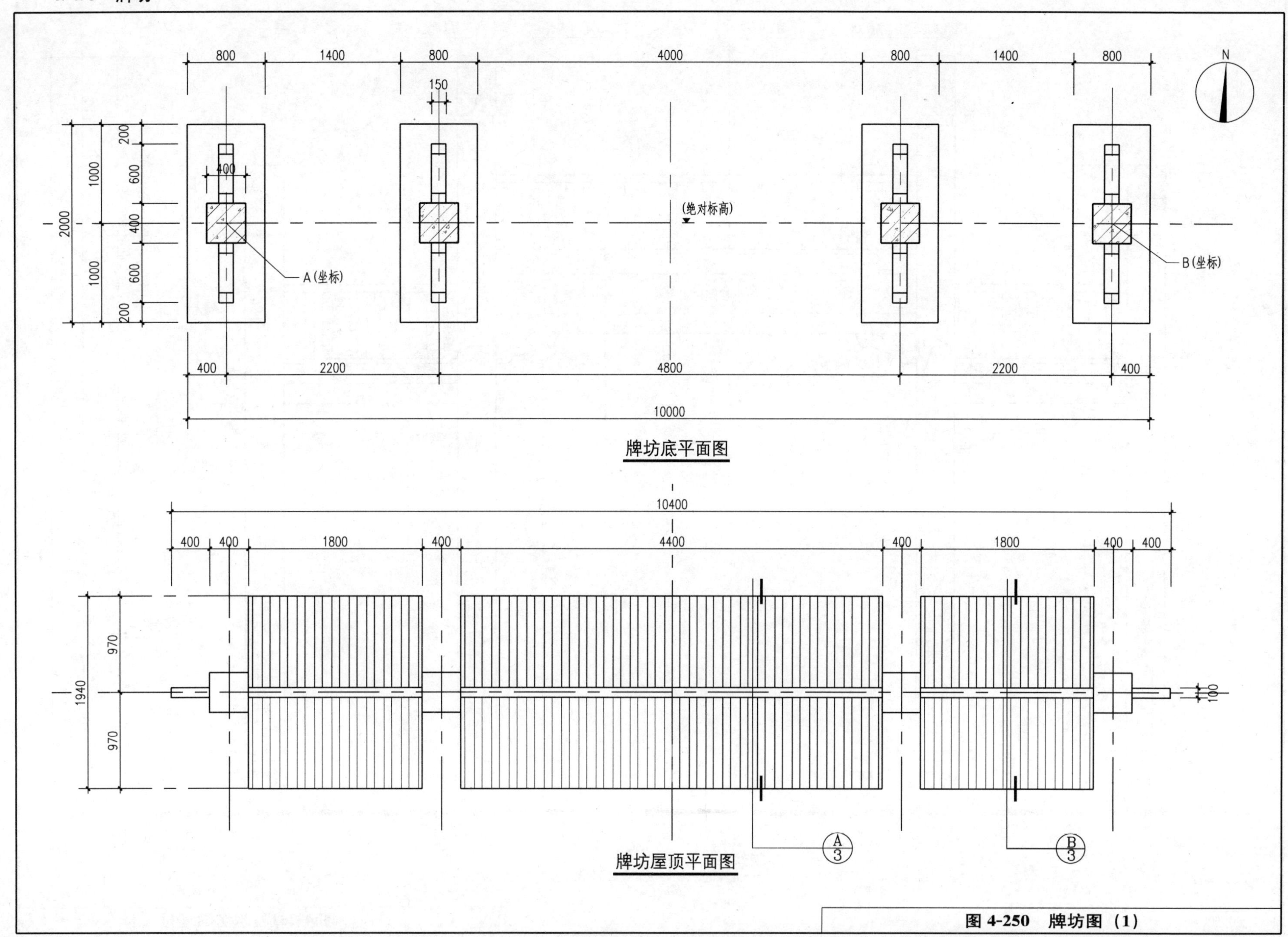

图 4-250 牌坊图（1）

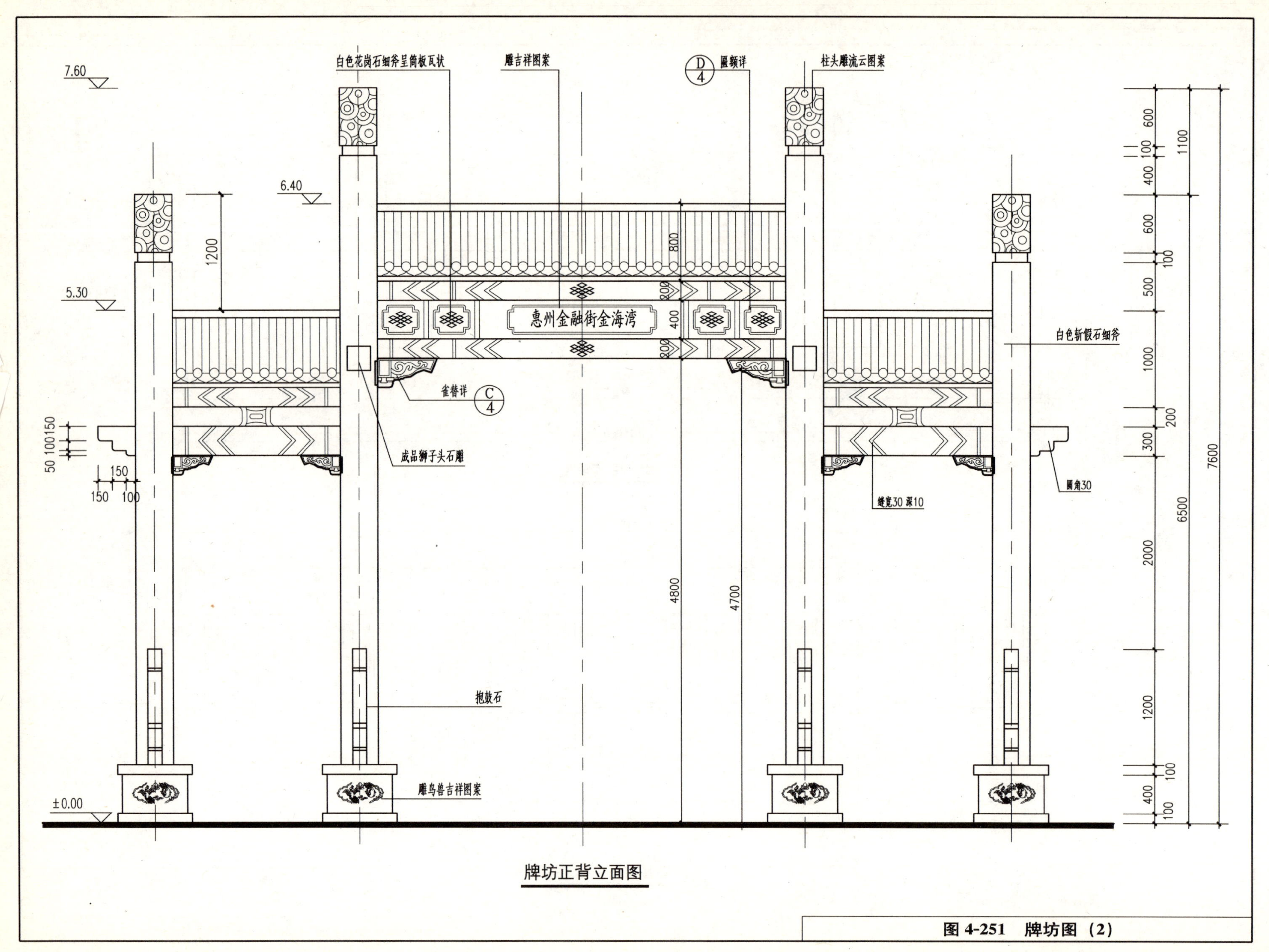

7.60
6.40
5.30
±0.00
白色花岗石细斧呈筒板瓦状
雕吉祥图案
匾额详
柱头雕流云图案
惠州金融街金海湾
白色斩假石细斧
雀替详
成品狮子头石雕
抱鼓石
雕鸟兽吉祥图案
缝宽30 深10
圆角30
1200
4800
4700
7600
6500
1100
牌坊正背立面图

图 4-251 牌坊图（2）

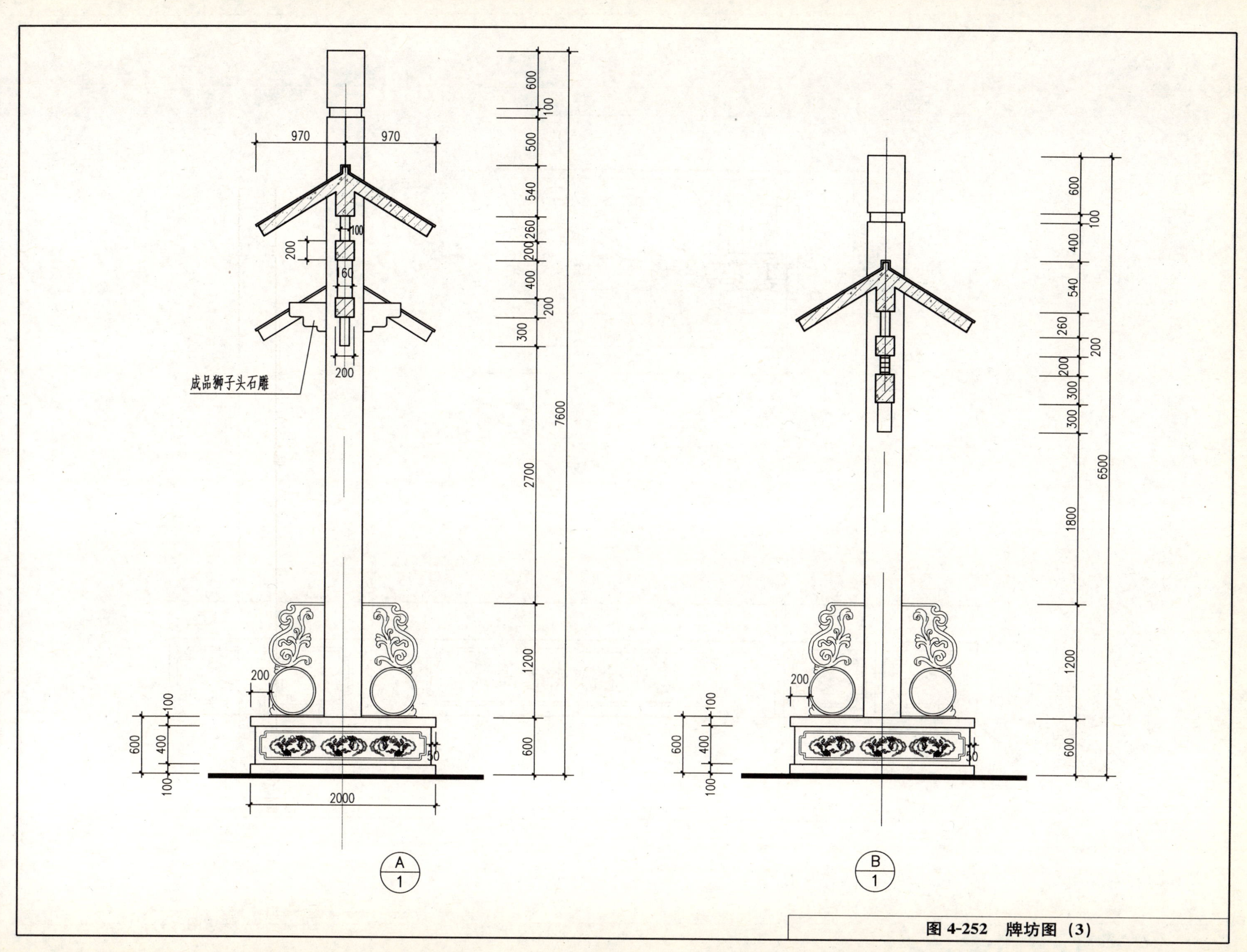
970
970
600
100
500
540
260
200
400
200
300
100
200
60
200
成品狮子头石雕
7600
2700
1200
200
100
600
400
100
600
50
2000
A
1
600
100
400
540
260
200
200
300
300
6500
1800
1200
200
100
600
400
100
600
50
B
1

图 4-252　牌坊图（3）

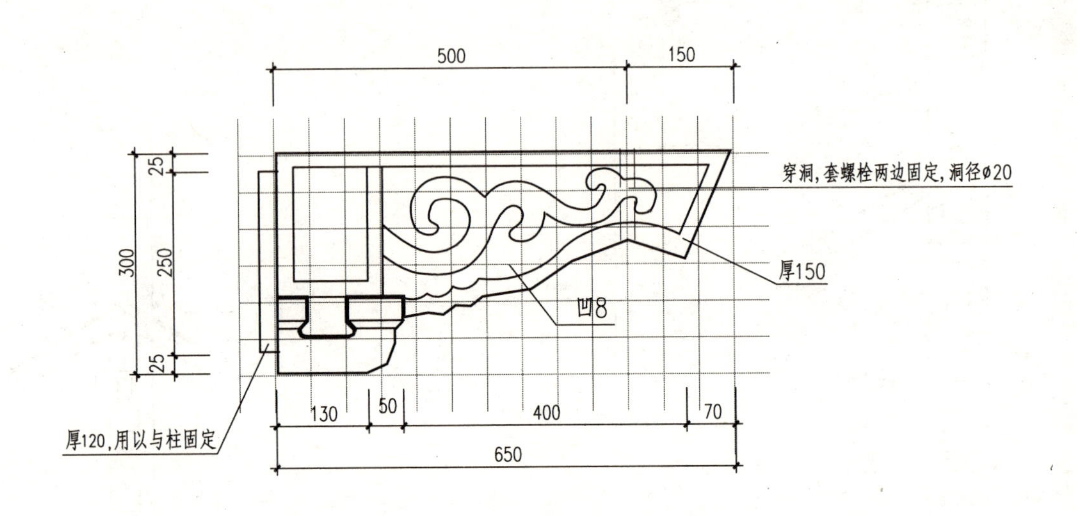

500
150
穿洞,套螺栓两边固定,洞径ø20
25
300
250
25
厚150
凹8
130
50
400
70
650
厚120,用以与柱固定
C
2
网格为50x50
注:次间雀替按此乘以0.7.

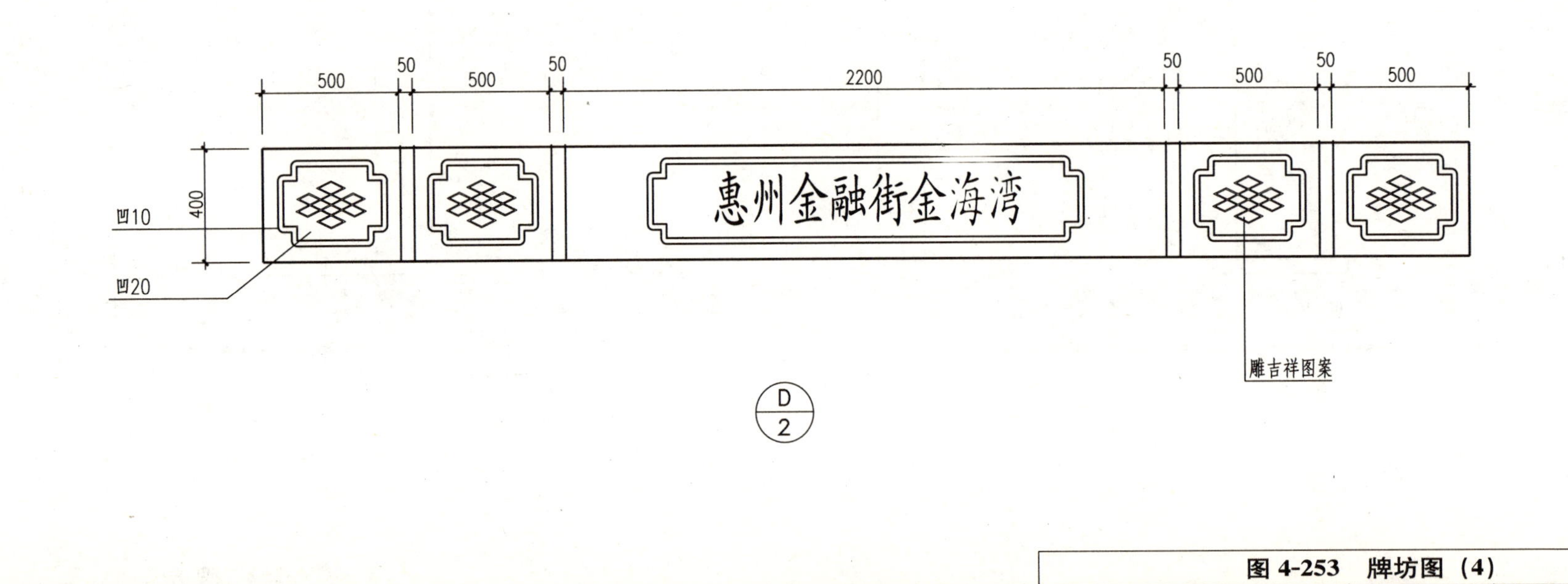

500
50
500
50
2200
50
500
50
500
400
凹10
凹20
惠州金融街金海湾
雕吉祥图案
D
2

图 4-253　牌坊图（4）